高职高专“十二五”规划教材

半导体技术基础

杜中一　主编

王　永　姚伟鹏　副主编

化学工业出版社

·北京·

本书针对高职教学及学生的特点，根据微电子、电子制造、光电子以及光伏等专业人才培养方案的需要，系统地介绍了半导体技术相关的基础知识。本书主要包括半导体物理基础、硅半导体材料基础、化合物半导体材料基础、P-N结、双极型晶体管、MOS场效应晶体管、其他常用半导体器件、半导体工艺化学、半导体集成电路设计原理、半导体集成电路设计方法与制造工艺等内容。

本书“以应用为目的，以实用为主，理论以必需、够用为度”作为编写原则，突出理论的实用性，语言通俗易懂，内容全面，重点突出，层次清楚，结构新颖，实用性强。

本书可作为微电子、电子制造、光电子以及光伏等相关专业的高职高专学生的教材或学习参考用书。

图书在版编目（CIP）数据

半导体技术基础/杜中一主编．—北京：化学工业出版社，2011.1（2024.2重印）

高职高专“十二五”规划教材

ISBN 978-7-122-09925-9

Ⅰ．半… Ⅱ．杜… Ⅲ．半导体技术-高等学校：技术学院-教材 Ⅳ．TN3

中国版本图书馆CIP数据核字（2010）第222774号

责任编辑：王听讲　　文字编辑：徐卿华

责任校对：宋　玮　　装帧设计：韩　飞

出版发行：化学工业出版社（北京市东城区青年湖南街13号　邮政编码100011）

印　　装：北京科印技术咨询服务有限公司数码印刷分部

787mm×1092mm　1/16　印张13¼　字数326千字　　2024年2月北京第1版第2次印刷

购书咨询：010-64518888　　售后服务：010-64518899

网　　址：http://www.cip.com.cn

凡购买本书，如有缺损质量问题，本社销售中心负责调换。

定　　价：38.00元

前　　言

电子制造产业已经成为当今世界先导产业，也是我国国民经济的支柱产业。随着半导体产业及电子制造业在我国的迅速发展，企业需要大量的相关专业技术人才，因此许多高职高专院校已经开设微电子、电子制造、光电子、光伏等专业。这些专业都需要学生了解半导体的基础知识，作为专业基础课进行学习。

由于半导体技术涉及材料、微电子、电子、物理、化学等专业，属于交叉学科，涉及许多全新的领域，教材及参考书籍较少，适合高职高专的教材更少。很多高职高专院校都在调整相应的教学内容，迫切希望能够有一本内容新颖、翔实，语言通俗易懂，深入浅出地介绍半导体技术基础的教材。为此，我们编写了《半导体技术基础》一书。

本书针对高职高专教学及学生的特点，根据微电子、电子制造、光电子以及光伏等专业人才培养方案的需要，系统地介绍了半导体技术相关的基础知识。本书主要包括半导体物理基础、硅半导体材料基础、化合物半导体材料基础、P-N结、双极型晶体管、MOS场效应晶体管、其他常用半导体器件、半导体工艺化学、半导体集成电路设计原理、半导体集成电路设计方法与制造工艺等半导体技术基础的内容。学生掌握半导体技术基础知识，将为后续课程如集成电路芯片制造工艺、集成电路封装、光电及光伏技术等打下理论基础。

本书由大连职业技术学院杜中一担任主编；南京信息职业技术学院王永、西安航空技术高等专科学校姚伟鹏任副主编；南京信息职业技术学院韩萌、大连职业技术学院张薪薪、潘洪坤参编。全书共分为11章，其中第1、2、6章由杜中一编写；第3、4章由王永编写；第5章由潘洪坤编写；第7、8章由韩萌编写；第9章由张薪薪编写；第10、11章由姚伟鹏编写。全书由杜中一负责组织及统稿。

我们将为使用本书的教师免费提供电子教案，需要者可以到化学工业出版社教学资源网站：http：//www. cipedu. com. cn免费下载使用。

由于半导体技术发展迅速，以及编者水平有限，书中难免有不足之处，敬请广大读者批评指正。

编者

2010年10月

目　录

第1章　半导体技术概述

1.1　半导体技术

1.1.1　半导体集成电路发展史

1. 电信号处理工业的诞生

1904年弗莱明在真空中加热的电丝（灯丝）前加了一块板极，从而发明了第一只电子管。他把这种装有两个极的电子管称为二极管，利用新发明的电子管，可以给电流整流。如今，打开一架老式普通的电子管收音机，可以很容易看到灯丝烧得红红的电子管。它是电子设备工作的心脏，是电子工业发展的起点。

1906年德佛瑞斯特在二极管的灯丝和板极之间巧妙地加了一个栅板，从而发明了第一只真空三极管。真空三极管有一个栅极和两个被栅极分开的电极，它们放置在玻璃密封的空间。密封空间内部为真空，以防止元件烧毁并易于电子的移动。真空三极管不仅反应更为灵敏，能够发出音乐或声音的振动，而且集检波、放大和振荡三种功能于一体。因此，许多人都将三极管的发明看作电子工业真正的诞生起点。真空三极管使得收音机、电视和其他消费电子产品成为可能。它也是世界上第一台电子计算机的大脑，这台被称为电子数字集成器和计算器（ENIAC）的计算机于1947年在宾夕法尼亚的摩尔工程学院进行首次演示。

这台电子计算机和现代的计算机大相径庭。它占地约1500ft^2（1ft＝304.8mm），重30t，工作时产生大量的热，并需要一个小型发电站来供电，当时花费了40万美元。ENIAC的制造用了1.9万个真空管和数千个电阻及电容器。

真空管有两个重要的电子功能，即开关和放大。开关是指电子器件可接通和切断电流；放大则较为复杂，它是指电子器件可把接收到的信号放大，并保持信号原有特征的功能。真空管有一系列的缺点。体积大，连接处易于变松，导致真空泄漏、易碎、要求相对较多的电能来运行，并且元件老化很快。基于真空管的计算机的主要缺点是由于真空管的烧毁而导致运行时间有限。这些问题成为许多实验室寻找真空管替代品的动力。

2. 晶体管的发明

晶体管是半导体制成的固体电子元件。像金、银、铜、铁等金属，它们导电性能好，叫做导体。木材、玻璃、陶瓷、云母等不易导电，叫做绝缘体。导电性能介于导体和绝缘体之间的物质，就叫半导体。晶体管就是用半导体材料制成的，这类材料最常见的便是锗和硅两种。

1947年12月23日，美国科学家巴丁博士、布莱顿博士和肖克莱博士，在导体电路中正在进行用半导体晶体把声音信号放大的实验。3位科学家惊奇地发现，在他们发明的器件中通过的一部分微量电流，竟然可以控制另一部分流过的大得多的电流，因而产生了放大效应。这个器件就是在科技史上具有划时代意义的成果——晶体管，如图1-1所示。这3位科学家因此共同荣获了1956年诺贝尔物理学奖。

晶体管促进并带来了“固态革命”，进而推动了全球范围内的半导体电子工业。晶体管

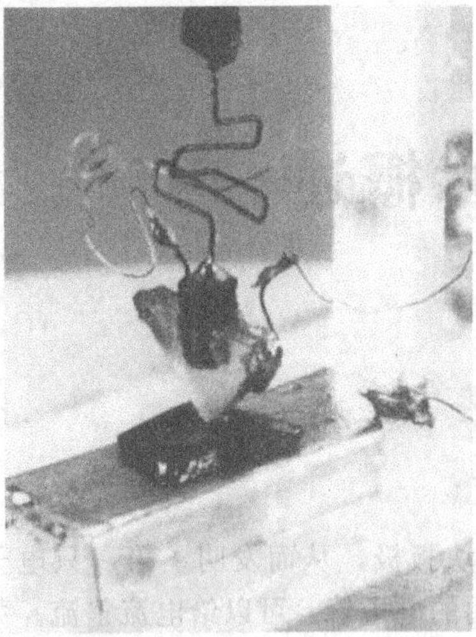

图 1-1 第一个晶体管

不但有真空管的功能，而且具有固态、体积小、重量轻、耗电低并且寿命长的优点。作为主要部件，它首先在通信工具方面得到应用，并产生了巨大的经济效益。由于晶体管彻底改变了电子线路的结构，集成电路以及大规模集成电路应运而生，这样制造像高速电子计算机之类的高精密装置就变成了现实。

3. 集成电路的产生

晶体管的问世被誉为20世纪最伟大的发明之一，它解决了电子管存在的大部分问题。可是单个晶体管的出现，仍然不能满足电子技术飞速发展的需要。随着电子技术应用的不断推广和电子产品发展的日趋复杂，电子设备中应用的电子器件越来越多。比如二次世界大战末出现的B29轰炸机上装有1000个电子管和1万多个无线电元件。电子计算机就更不用说了，1960年上市的通用型号计算机有10万个二极管和2.5万个晶体管。一个晶体管只能取代一个电子管，极为复杂的电子设备中就可能要用上百万个晶体管。一个晶体管有3条腿，复杂一些的设备就可能有数百万个焊接点，稍一不慎，就极有可能出现故障。为确保设备的可靠性，缩小其重量和体积，人们迫切需要在电子技术领域来一次新的突破，这些都预示着集成电路技术的问世。集成电路是在一块极其微小的半导体晶片上，将成千上万的晶体管、电阻、电容，包括连接线做在一起，它是材料、元件、晶体管三位一体的有机结合。本质上，集成电路是最先进的晶体管——外延平面晶体制造工艺的延续。

1958年12月在美国得州仪器公司（TI）工作的基尔比（Jack Kilby）成功地制作出世界上第一片集成电路，如图1-2所示。他使用一根半导体单晶硅制成了相移振荡器，这个振荡器所包含的4个元器件已不需要用金属导线相连，硅棒本身既用为电子元器件的材料，又构成使它们之间相连的通路。

图 1-2 第一片集成电路

同年，另一家美国著名的仙童电子公司也宣称研制成功集成电路。由该公司赫尔尼等人所发明的一整套制作微型晶体管的新工艺——“平面工艺”被移用到集成电路的制作中，使集成电路很快从实验室研制试验阶段转入工业生产阶段。

1959年，英特尔（Intel）的始创人Jean Hoerni和Robert Noyce，在Fairchild Semiconductor开发出一种崭新的平面科技，令人们能在硅表面铺上不同的物料来制作晶体管，在连接处铺上一层氧化物作保护。这项技术上的突破取代了以往的人手焊接。而以硅取代锗使集成电路的成本大为下降，令集成电路商品化变得可行。由集成电路制成的电子仪器从此大行其道，到20世纪60年代末期，接近九成的电子仪器是以集成电路制成。时至今日，每一枚计算机芯片中都含有过百万个晶体管。

在基尔比的集成电路面世初期，没有人能想像到这一片微细的芯片能对社会造成多大的冲击。如果没有了集成电路的发明，今时今日许多电子产品根本没有可能面世。集成电路衍生出整个现代计算机工业，四五十年代那些动辄用上整个房间的计算机已被现今的桌面计算机、笔记本电脑所淘汰；集成电路亦将通信科技重新定位，为人与人、公司与公司、国与国之间的通信提供全新的实时数据传送方法。事实上，若缺少了集成电路，人类今天可能还未能冲出地球去探索太空和登陆月球。集成电路的应用层面已达至教育、运输、生产及娱乐，可谓现今社会不可或缺的一环。在晶体管技术基础上迅速发展起来的集成电路，带来了半导体技术的突飞猛进。半导体技术的不断进步，极大降低了晶体管的成本，在 1960 年生产 1 只晶体管要花 10 美元，而今天 1 只嵌入集成电路里的晶体管的成本还不到 1 美分，这使晶体管的应用更为广泛了。不仅如此，半导体技术通过微型化、自动化、计算机化和机器人化，将从根本上改变人类的生活。

4. 工艺发展趋势及摩尔定律（Moore's Law）

从 1947 年开始，半导体工业就已经呈现出在新工艺和工艺提高上的持续发展。工艺的提高导致了具有更高集成度和可靠性的集成电路的产生，从而推动了电子工业的革命。这些工艺的改进归为两大类：工艺和结构。工艺的改进是指以更小尺寸来制造器件和电路，并使之具有更高的密度、更多数量和更高的可靠性。结构的改进是指新器件设计上的发明使电路的性能更好，实现更佳的能耗控制和更高的可靠性。

集成电路中器件的尺寸和数量是 IC 发展的两个共同标志。器件的尺寸是以设计中最小尺寸来表示的，叫做特征图形尺寸，通常用微米来表示。

英特尔公司的创始人之一戈登·摩尔（Gordon Moore）在 1964 年预测了集成电路的发展趋势，提出了集成电路的集成度会每 18 个月翻一番，即单个芯片上晶体管的数目每 18 个月翻一番，这个预言后来成为著名的摩尔定律并被证明十分准确。

摩尔分析了集成电路迅速发展的原因，指出集成度的提高主要是三个方面的贡献：一是特征尺寸不断缩小；二是芯片面积不断增大；三是集成电路结构不断改进。在回顾半导体芯片业的进展并展望其未来时，“摩尔定律”对整个半导体世界意义深远。

1.1.2 半导体技术的发展趋势

半导体集成电路产品的发展趋势主要体现在如下几个方面。

1. 特征图形尺寸减小，晶圆尺寸增大

近几十年，集成电路的发展趋势是体积越来越小，速度越来越快，电路规模越来越大，功能越来越强，衬底晶圆尺寸越来越大。由于光刻和多层连线技术的极大提高，使单个元件特征图形尺寸减小，电路密度增加，电路速度大大提高，芯片或电路耗电量大大降低，出现了大规模和超大规模集成电路。提高速度和减小体积、提高集成度是统一的，体积小了速度就快。

2. 低成本，高可靠性

超大规模集成电路制造成本和价格比小规模集成电路大幅度下降是显而易见的。不管超大规模集成电路内部线路结构多么复杂，它们所包含的元器件数目如何庞大，一旦完成制版，制造一块超大规模集成电路芯片，其所需的成本几乎与制造一块小规模集成电路芯片相差无几。

超大规模集成电路的生产特点是设计、研制费用较高，这实际上是将一部分整机设计所需要的费用转移到元器件上去了，但一经投产，成本就开始下降，且随着生产批量的加大成本可进一步降低。价格的降低又促进应用的普及，应用的普及又向电路的生产单位提出更大的需求量。可以说，没有电子设备的大规模集成化，就不会呈现电子技术应用的大普及。今天电子设备的价格已反映出集成电路的研制和生产水平，特别是超大规模集成电路的水平。现在每个家庭平均拥有的集成电路芯片在200块以上，而且还在不断增长，这在大规模集成电路发展起来之前是不可能达到的。

发展到超大规模集成电路后，一块电路就是一个系统，甚至就是一个功能齐全的完整电子系统，其内部包含的大量元器件都已彼此极其紧密地集成在一块小芯片上，避免了由于外部焊接和相互连接的损坏而引起的故障，以及由于元器件与元器件、电路与电路之间装配不密、互连线过长而受到的外来干扰及大量功耗，从而更保证了系统工作的可靠性。由大规模集成电路组装的系统，其可靠性要比具有相同功能的中、小规模集成电路组成的系统又高100倍以上。

3. 缺陷密度减小，内部连线水平不断提高

虽然从晶体管发明至今，半导体技术的历史只有短短六十多年，但发展之迅猛，常常令人感到迷惑：晶体管特征尺寸的极限是多少？50nm？27nm？还是更小尺寸？对于这个问题，如同原子物理中的“基本粒子”一样，发现“基本粒子”以后，又发现更小的“粒子”。光学光刻时代的极限问题也早已提出，可是光学光刻技术仍然在发展，人们还会利用几十年间形成的成熟的半导体技术去开拓新的领域，发展新型半导体技术。世界集成电路的生产水平在2004年进入0.1μm，2011年有望达到0.05μm。整个半导体技术领域的前沿热点从制造技术、器件物理、工艺物理到材料技术等方面全部进入了100nm以下的纳米领域。随着特征图形尺寸的减小，以及在元件表面上使用多层绝缘层和导电层相叠加的多层连线工艺，在制造中，减小缺陷密度和缺陷尺寸的要求变得十分关键。

1.2 半导体与电子制造

据统计，当今发达国家国民生产总值增长部分的70%与电子有关。电子制造工业增长速率一般为GDP增长速率的3倍，是一个国家繁荣的核心工业。1995年以后，电子制造业已经超过机械制造业。近十余年来电子产品的发展，特别是个人电子产品迅速普及，导致电子制造业已经超过任何其他的行业，已经发展成为全球第一大产业。电子制造业的发展离不开半导体技术的不断进步。

1.2.1 电子制造基本概念

“电子制造”（electronic manufacture）是一个描述电子产品从生产半导体晶圆片开始到生产出电子产品的物理实现过程。简单地说，电子制造就是以电子产品与系统作为制造对象与目标而从事的各种制造活动。电子制造涉及电子、机械、材料、物理、化学等许多学科的交叉。图1-3是电子制造的物理实现过程。

半导体制造指的是利用微细加工技术将各单元器件按一定的规律制作在一块微小的半导体片上进而形成半导体芯片的过程，也称为集成电路制造。

在半导体器件制作过程中，有前工程和后工程之分。二者以硅圆片（wafer）切分成晶片（chip）为界，在此之前为前道工序，在此之后为后道工序。

所谓前道工序是从整块晶圆片入手，经过多次重复的制膜、掺杂和光刻等工序，制成半导体芯片，开发材料的电子功能，以实现所要求的元器件特性。

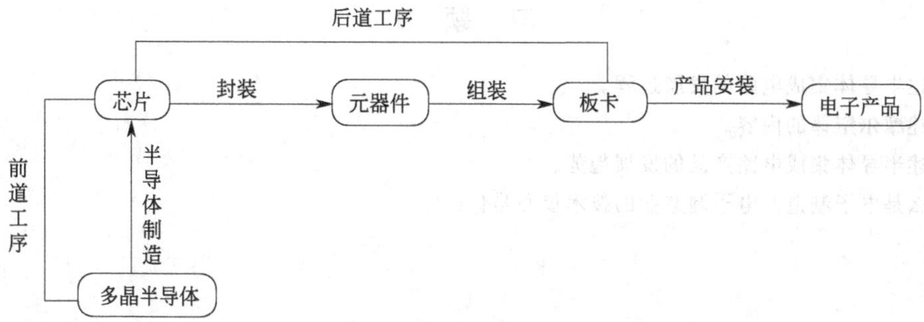

图 1-3 电子制造的物理实现过程

所谓后道工序是从由晶圆片切分好的一个一个的小晶片入手，进行装片、固定、键合连接、塑料灌封、引出接线端子、检查、打标等工序，完成作为器件、部件的封装体，以确保元器件的可靠性并便于与外电路连接。电子封装主要是完成后道工序。

1.2.2 电子制造业的技术核心

为了达到系统延迟的最小化，芯片封装应更接近，间距更小。因此半导体元器件向多引脚、轻重量、小尺寸、高速度发展，如图 1-4 所示。制造设备需求方面，半导体制程发展快速，线宽也不断朝向物理、化学、光学的极限前进。

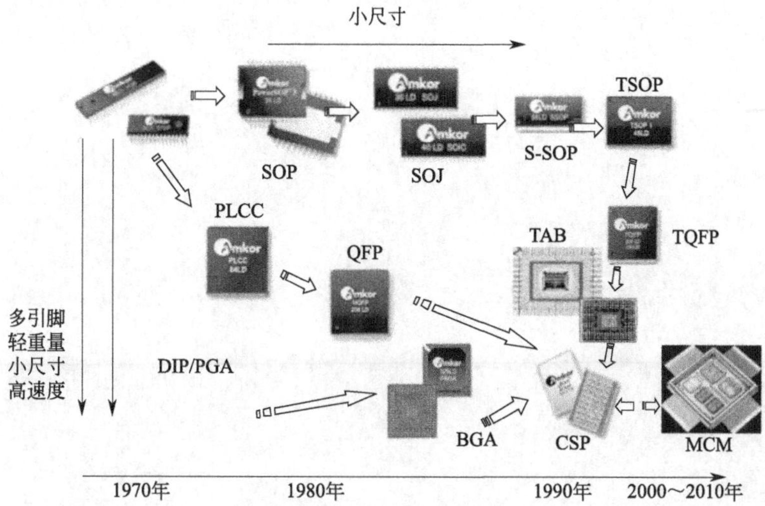

图 1-4 电子元器件发展趋势

半导体专用设备制造商的地位已不再仅是提供硬件设备，而同样能提供软件，包括工艺菜单、工艺控制及工艺集成，半导体专用设备工业的重要地位日益增强。正是基于产业链中的技术定位，使得全球电子产业的利润更多地集中在了上游材料与设备制造领域。这也是为何全球产业向中国转移，而电子材料与设备制造的领先企业仍集中于美国和日本的主要原因。

因此对于电子制造业而言，随着制造技术的进步，制造工艺的自动化程度越来越高，越来越多的核心电子制造技术固化在设备中，而新材料的不断出现，使得产品能够不断突破原有材料的物理性能限制，实现向更高性能迈进。因此，设备与材料产业的发展，是构成电子制造业技术进步的核心。

习 题 1

1. 简述半导体集成电路的发展过程。
2. 简述摩尔定律的内容。
3. 简述半导体集成电路产品的发展趋势。
4. 什么是电子制造？电子制造业的技术核心是什么？

第2章 半导体物理基础

2.1 半导体能带

2.1.1 电子的共有化

在孤立原子中，原子核外的电子按照一定的壳层排列，每一壳层容纳一定数量的电子。由于静电引力（库仑力），使电子只能在围绕原子核的轨道上运动，即轨道上，电子出现的概率最大。根据量子力学，虽然在空间的所有范围内都有电子出现的概率，但对单个原子中的电子而言，其概率的最大值则局限在离原子核中心很小的范围内即玻尔半径数量级。

制造半导体器件所用的材料大多是单晶体。单晶体是由原子按一定周期重复排列而成，且排列相当紧密，相邻原子间距只有零点几个纳米的数量级。当原子间距很小时，原子间的电子轨道将相遇而交叠，晶体中每个原子的电子同时受到多个原子核和电子（包括这个原子的电子和其他原子的电子）作用。

电子不仅可以围绕自身原子核旋转，而且可以转到另一个原子周围，即同一个电子可以被多个原子共有，电子不再完全局限在某一个原子上，可以由一个原子转到相邻原子，将可以在整个晶体中运动。

由于晶体中原子的周期性排列而使电子不再为单个原子所有的现象，称为电子共有化，如图 2-1 所示。在晶体中，不但外层价电子的轨道有交叠，内层电子的轨道也可能有交叠，它们都会形成共有化运动，但内层电子的轨道交叠较少，共有化程度弱些；外层电子轨道交叠较多，共有化程度强些。

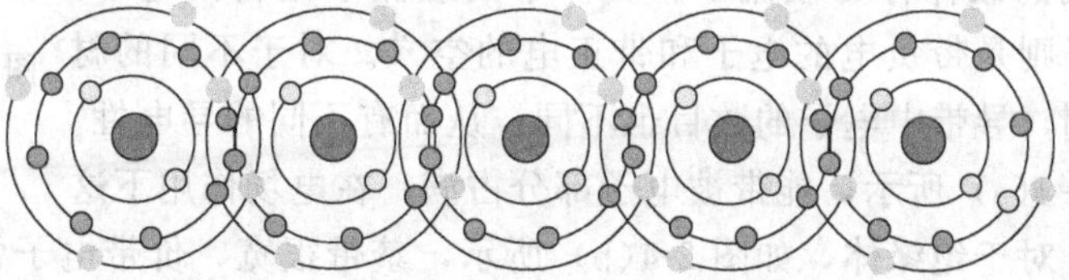

图 2-1 电子共有化示意图

2.1.2 能带

在孤立原子中，原子核外的电子按照一定的壳层排列，每一壳层容纳一定数量的电子。每个壳层上的电子具有分立的能量值，也就是电子按能级分布，这种能量值称为能级。而半导体中的电子是在周期性排列且固定不动的大量原子核的势场和其他大量电子的平均势场中运动。这个平均势场也是周期性变化的，且周期与晶格周期相同。

1. 能带

晶体中大量的原子集合在一起，而且原子之间距离很近（以硅为例，每立方厘米的体积内有 5×10^{22}个原子，原子之间的最短距离为 0.235nm ），致使离原子核较远的壳层发生交叠，壳层交叠使电子不再局限于某个原子上，有可能转移到相邻原子的相似壳层上去，也可能从相邻原子运动到更远的原子壳层上去。从而使本来处于同一能量状态的电子产生微小的能量差异，与此相对应的能级扩展为能带。

2. 允带、禁带、满带、空带

允许被电子占据的能带称为允许带，也叫允带，允许带之间的范围是不允许电子占据的，此范围称为禁带。原子壳层中的内层允许带总是被电子先占满，然后再占据能量更高的外面一层的允许带。被电子占满的允许带称为满带，每一个能级上都没有电子的能带称为空带，如图 2-2 所示。

3. 价带、导带

1）价带与导带的意义　对于半导体，所有价电子所处的能带是所谓价带，比价带能量更高的能带是导带。在热力学零度温度下，半导体的价带是满带，受到光电注入或热激发后，价带中的部分电子会越过禁带进入能量较高的空带，空带中存在电子后即成为导电的能带即导带，如图 2-2 所示。

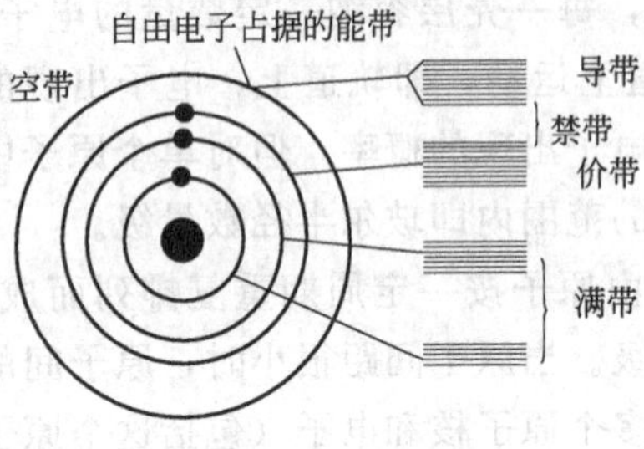

图 2-2　能带示意图

导带是半导体最外面（能量最高）的一个能带，是由许多准连续的能级组成的；是半导体的一种载流子，即自由电子（简称为电子）所处的能量范围。导带中往往只有少量的电子，大多数状态（能级）是空着的，则在外加作用下能够发生状态的改变，故导带中的电子能够导电，即为载流子。

2）价带与导带的关系　导带底是导带的最低能级，可看成是电子的势能，通常，电子就处于导带底附近；离开导带底的能量高度，则可看成是电子的动能。导带的底能级表示为 E_c，价带的顶能级表示为 E_v，E_c 与 E_v 之间的能量间隔为禁带宽度 E_g，单位是能量单位 eV（电子伏特）。价带与导带的关系如图 2-3 所示。

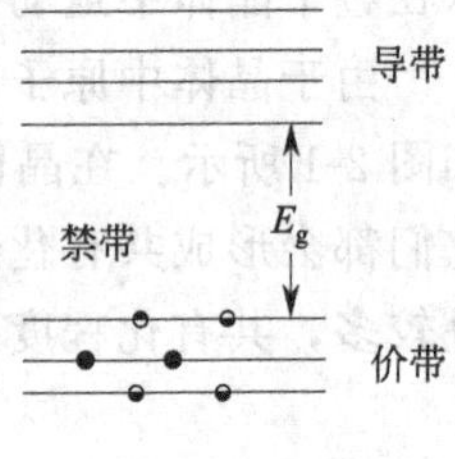

图 2-3　价带与导带的关系示意图

导体或半导体的导电作用是通过带电粒子的运动（形成电流）来实现的，这种电流的载体称为载流子。导体中的载流子是自由电子，半导体中的载流子则是带负电的电子和带正电的空穴。对于不同的材料，禁带宽度不同，导带中电子的数目也不同，从而有不同的导电性。对于金属，如图 2-4(a) 所示，能带被电子部分占满，在电场作用下这些电子可以导电。对于绝缘体，如图 2-4(b) 所示，禁带很宽，价带电子常温下不能被激发到空的导带。对于半导体，如图 2-4(c) 所示，禁带比较窄，常温下，部分价带电子被激发到空的导带，形成有少数电子填充的导带和留有少数空穴的价带，都能带电。

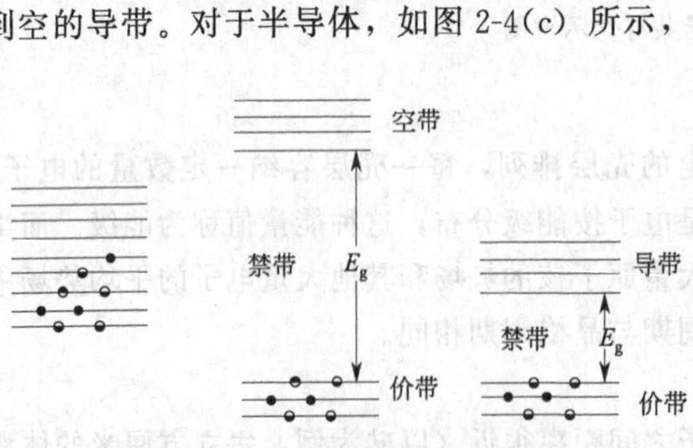

图 2-4　导体、绝缘体、半导体的能带示意图

例如，绝缘材料 SiO_2 的 E_g 约为 5.2eV，导带中电子极少，所以导电性不好，电阻率大于 $10^{12}\Omega\cdot cm$。半导体 Si 的 E_g 约为 1.12eV，锗约为 0.67eV，砷化镓约为 1.42eV，导带中有一定数目的电子，从而有一定的导电性，电阻率为 $10^{-3}\sim10^{12}\Omega\cdot cm$。金属的导带与价带有一定程度的重合，$E_g=0$，价电子可以在金属中自由

运动，所以导电性好，电阻率为 $10^{-6}\sim10^{-3}\Omega\cdot cm$。

对于未掺杂的本征半导体，导带中的电子是由它下面的一个能带（即价带）中的电子（价电子）跃迁上来而形成的，这种产生电子（同时也产生空穴，空穴是半导体的另外一种载流子）的过程，称为本征激发。在本征激发过程中，电子和空穴是成对产生的，则总是有电子浓度等于空穴浓度，这实际上就是本征半导体的特征。因此可以说，凡是两种载流子浓度相等的半导体，就是本征半导体。这就意味着，不仅未掺杂的半导体是本征半导体，就是掺杂的半导体，在一定条件下（例如高温下）也可以转变为本征半导体。

价带的能量低于导带，它也是由许多准连续的能级组成的。但是价带中的许多电子（价电子）并不能导电，而少量的价电子和空穴才能导电，故称空穴是载流子。空穴的最低能量即势能，也就是价带顶，通常空穴就处于价带顶附近。

价带顶与导带底之间的能量差，就是所谓半导体的禁带宽度。这就是产生本征激发所需要的最小平均能量。这是半导体最重要的一个特征参量。

2.1.3　杂质能级

理想的半导体晶体是十分纯净不含任何杂质，晶格中的原子严格按周期排列的。但实际应用中的半导体材料原子并不是静止在具有严格周期性的晶格的格点位置上，而是在其平衡位置附近振动，半导体材料并不是纯净的，而是含有若干杂质，即在半导体晶体中存在着与组成半导体的元素不同的其他化学元素的原子，而且晶格结构并不是完整无缺的，而存在着各种形式的缺陷。极其微量的杂质和缺陷，能够对半导体材料的物理性质和化学性质产生决定性的影响。例如在硅晶体中，若以 10^5 个硅原子中掺入一个杂质原子的比例掺入硼（B）原子，则硅晶体的电导率在室温下将增加 10^3 倍。用于生产一般硅平面器件的硅单晶，位错密度要求控制在 $10^3 cm^{-2}$以下，若位错密度过高，则不可能生产出性能良好的器件。由于杂质和缺陷的存在，会使严格按周期排列的原子所产生的周期性势场受到破坏，有可能在禁带中引入允许电子存在的能量状态（即能级），从而对半导体的性质产生决定性的影响。

1. 半导体中的杂质

半导体中的杂质主要有两方面的来源：一是制备半导体的原材料纯度不够高以及单晶制备过程中及器件制造过程中的沾污；二是为了半导体的性质而人为地掺入某种化学元素的原子。

通过研究可以知道，晶体内部是有空隙的，比如金刚石结构中原子只占晶胞体积的 34%，还有 66%是空隙，这些空隙通常称为间隙位置。因此杂质存在半导体晶体中的填充方式有两种：一种是杂质原子位于晶格原子间的间隙位置，叫做间隙式杂质填充；第二种是杂质原子取代晶格原子而位于晶格格点处，叫做替位式杂质填充。如图 2-5 所示是硅晶体晶格中的间隙式杂质填充和替位式杂质填充的平面示意图。

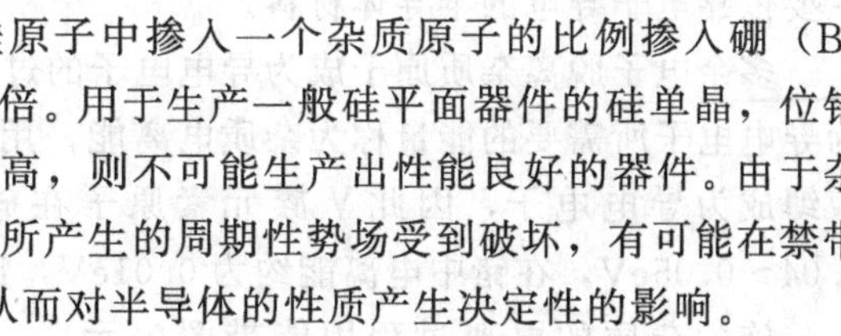

图 2-5　硅晶体晶格中的间隙式杂质填充和替位式杂质填充的平面示意图

原子半径一般比较小，如锂离子（Li^+）的半径为 0.68Å（$1Å=10^{-10}m$），所以锂离子进入硅、锗、砷化镓后以间隙式杂质的形式存在。原子的半径与被取代的晶格原子的半径大小比较相近，且它们的价电子壳层结构也比较相近。如硅、锗是Ⅳ族元素，与Ⅲ、

Ⅴ族元素的情况比较相近，所以Ⅲ、Ⅴ族元素在硅、锗晶体中都是替位式杂质。单位体积中的杂质原子数，称为杂质浓度。

2. 施主（donor）杂质和施主能级

以硅中掺入磷（P）为例，来说明Ⅴ族元素杂质的作用。当一个磷原子占据了硅原子的位置，如图 2-6 所示，磷原子有五个价电子，其中四个价电子与周围的四个硅原子形成共价键，还剩余一个价电子。磷原子成为一个带有一个正电荷的磷离子（P^+），称为正电中心磷离子。其效果相当于形成了一个正电中心和一个多余的电子。

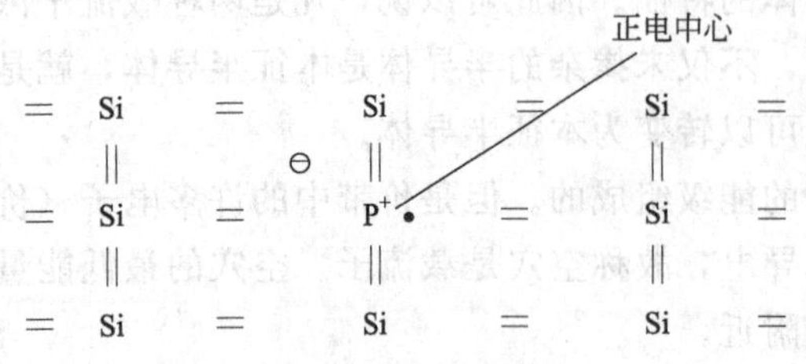

图 2-6　硅中掺入施主杂质磷（P）

多余的电子束缚在正电中心周围，但这种束缚作用比共价键的束缚作用弱得多，只要很小的能量就可以使多余电子挣脱束缚，成为自由电子在晶格中运动，起到导电的作用。这时磷原子就成了一个少了一个价电子的磷离子，它是一个不能移动的正电中心。Ⅴ族元素杂质在硅、锗中电离时，能够施放电子而产生导电电子并形成正电中心，称为施主杂质，也称为 N 型杂质。施放电子的过程称为施主电离。施主杂质在未电离时是中性的，称为束缚态或中性态，电离后成为正电中心，称为离化态。纯净半导体中掺入施主杂质后，施主杂质电离，使导带中的导电电子增多，即电子密度大于空穴密度，增强了半导体的导电能力，成为主要依靠电子导电的半导体材料。

多余电子脱离杂质原子成为导电电子的过程称为杂质电离。使这个多余电子挣脱束缚成为导电电子所需要的能量称为杂质电离能，用 ΔE_D 表示。由于多余电子很容易挣脱原子的束缚成为导电电子，因此Ⅴ族元素原子在硅、锗中的电离能很小，在硅中电离能约为 0.04～0.05eV，在锗中电离能约为 0.01eV，比硅、锗的禁带宽度小得多。

施主杂质的电离过程用能带图表示，如图 2-7 所示，电子得到能量 ΔE_D 后，就从施主的束缚态跃迁到导带成为导电电子，被施主杂质束缚时的电子的能量比导带底 E_C 低 ΔE_D，称为施主能级，用 E_D 表示，施主电离能 $\Delta E_D = E_C - E_D$。由于 ΔE_D 远小于禁带宽度 E_g，所以施主能级位于离导带底很近的禁带中。由于施主杂质相对较少，杂质原子间的相互作用可以忽略，所以施主能级可以看做是一些具有相同能量的孤立能级。在纯净的半导体中掺入施主杂质，杂质电离后，导带中的导电电子增多，半导体的导电能力增强了。

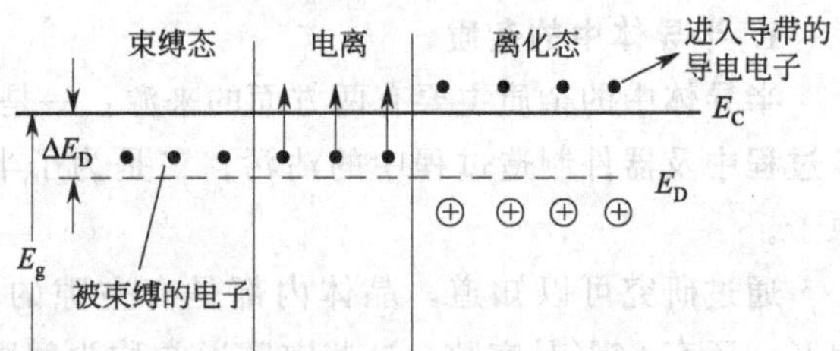

图 2-7　施主杂质的电离能带图

3. 受主（acceptor）杂质和受主能级

以硅中掺入硼（B）为例，来说明Ⅲ族元素杂质的作用。当一个硼原子占据了硅原子的位置，如图 2-8 所示，硼原子有三个价电子，当它和周围的四个硅原子形成共价键时，还缺少一个电子，必须从别处的硅原子中夺取一个价电子，于是在硅晶体的共价键中产生了一个空穴。硼原子成为一个带有一个负电荷的硼离子（B^-），称为负电中心硼离子。其效果相当于形成了一个负电中心和一个多余的空穴。

多余的空穴束缚在负电中心周围，但这种束缚作用比共价键的束缚作用弱得多，只要很小的能量就可以使多余空穴挣脱束缚，成为自由空穴在晶格中运动，起到导电的作用。这时硼原子就成了一个多了一个价电子的硼离子，它是一个不能移动的负电中心。Ⅲ族元素杂质在硅、锗中能接受电子而产生导电空穴，并形成负电中心，称为受主杂质，也称为P型杂质。空穴挣脱受主杂质束缚的过程称为受主电离。受主杂质未电离时是中性的，称为束缚态或中性态。纯净半导体中掺入受主杂质后，受主杂质电离，使价带中的导电空穴增多，即空穴密度大于电子密度，增强了半导体的导电能力，成为主要依靠空穴导电的半导体材料。

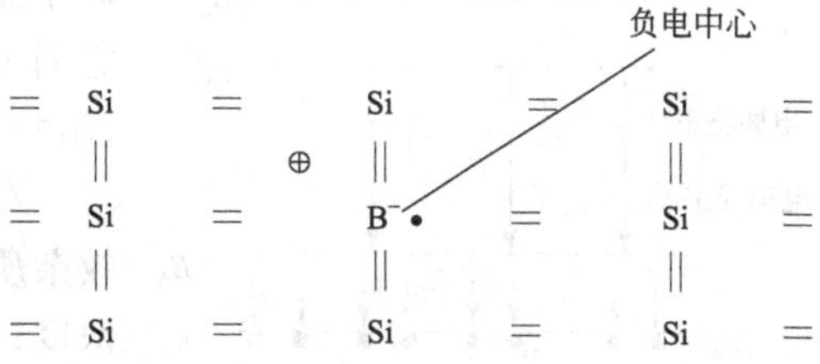

图 2-8　硅中掺入施主杂质硼（B）

多余空穴脱离杂质原子成为导电空穴的过程称为杂质电离。使这个多余空穴挣脱束缚成为导电空穴所需要的能量称为杂质电离能，用 ΔE_A 表示。由于多余空穴很容易挣脱原子的束缚成为导电空穴，因此Ⅲ族元素原子在硅、锗中的电离能很小，在硅中约为0.045～0.065eV，在锗中约为0.01eV，比硅、锗的禁带宽度小得多。

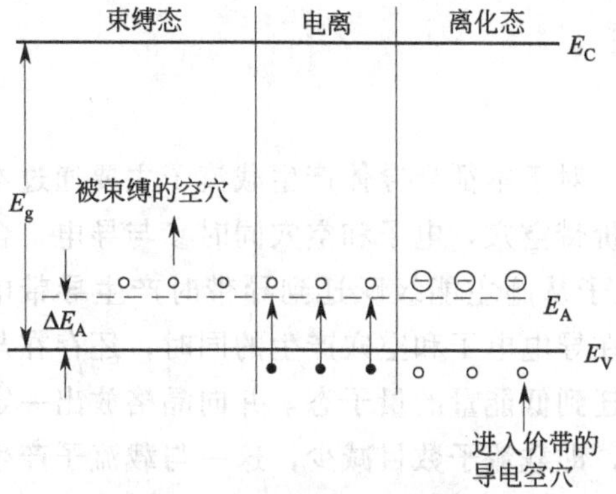

图 2-9　受主杂质的电离能带图

受主杂质的电离过程用能带图表示如图 2-9 所示，空穴得到能量 ΔE_A 后，就从受主的束缚态跃迁到价带成为导电空穴，被受主杂质束缚时的空穴的能量比价带顶 E_V 低 ΔE_A，称为受主能级，用 E_A 表示，施主电离能 $\Delta E_A = E_V - E_A$。由于 ΔE_A 远小于禁带宽度 E_g，所以受主能级位于价带顶很近的禁带中。由于受主杂质相对较少，杂质原子间的相互作用可以忽略，所以受主能级可以看做是一些具有相同能量的孤立能级。在纯净的半导体种掺入受主杂质，杂质电离后，导带中的导电空穴增多，半导体的导电能力增强了。

4. 杂质的补偿作用

在半导体材料中，同时存在着施主和受主杂质，应该比较两者浓度的大小，由浓度大的杂质来决定半导体的导电类型，从而判断半导体是 N 型还是 P 型。施主和受主杂质之间有相互抵消的作用，称为杂质的补偿作用。

用 N_D 表示施主杂质浓度，用 N_A 表示受主杂质浓度，n 表示导带中的电子浓度，p 表示价带中的空穴浓度。

当 $N_D > N_A$ 时，如图 2-10 所示，因为受主能级低于施主能级，所以施主杂质的电子首先跃迁到受主能级上，填满 N_A 个受主能级，还剩 $N_D - N_A$ 个电子在施主能级上，在杂质全部电离的条件下，它们跃迁到导带中成为导电电子，这时，$n = N_D - N_A \approx N_D$，半导体是 N 型的。

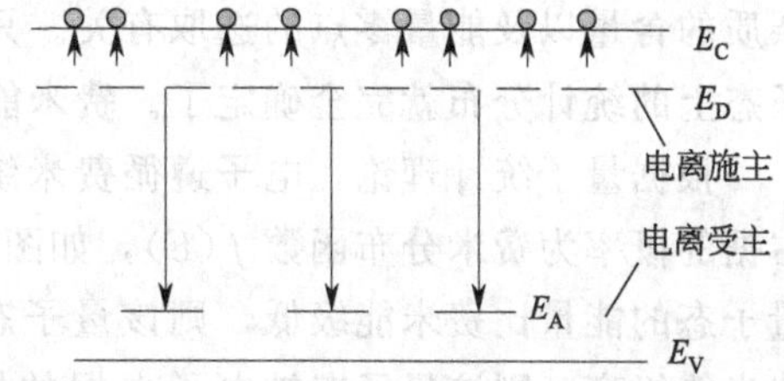

图 2-10　施主杂质浓度高于受主杂质浓度补偿作用示意图

当 $N_A > N_D$ 时，如图 2-11 所示，首先施主能级上的全部电子跃迁到受主能级上，因为受主能级

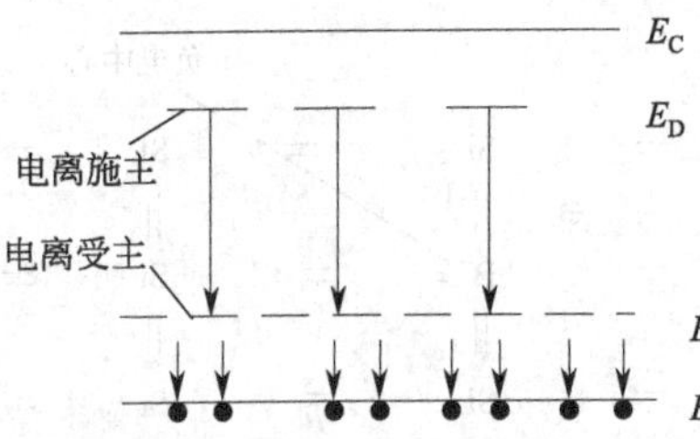

图 2-11 受主杂质浓度高于施主杂质浓度补偿作用示意图

高于施主能级，所以受主能级还有 N_A-N_D 个空穴，它们可以跃迁到价带成为导电空穴，所以，$p=N_A-N_D\approx N_A$，半导体是 P 型的。

经过补偿之后，半导体中的净杂质浓度，称为有效杂质浓度。当 $N_D>N_A$ 时，则 N_D-N_A 为有效施主浓度；当 $N_A>N_D$ 时，则 N_A-N_D 为有效受主浓度。利用杂质补偿的作用，就可以根据需要用扩散或离子注入等方法来改变半导体中某一区域的导电类型，以制备各种器件。

但是如果出现 $N_D\approx N_A$ 的现象，这时，施主电子刚好填充受主能级，虽然晶体中杂质可以很多，但不能向导带和价带提供电子和空穴，此时称为杂质的高度补偿。这种材料容易被误认为是高纯度的半导体，实际上却含有很多杂质，性能很差。

2.2 半导体的载流子运动

参与导电的电子和空穴统称为半导体的载流子。对于本征半导体产生载流子主要通过本征激发，电子从价带跃迁到导带，形成导带电子和价带空穴，电子和空穴同时参与导电。含有杂质的半导体产生载流子主要通过杂质电离，电子从施主能级跃迁到导带时产生导带电子；电子从价带激发到受主能级时产生价带空穴。在导电电子和空穴产生的同时，还存在与之相反的过程，即电子也可以从高能量的量子态跃迁到低能量的量子态，并向晶格放出一定的能量，从而使导带中的电子和价带中的空穴减少，即载流子数目减少，这一与载流子产生过程相反的过程称为载流子的复合。

一定温度下，载流子产生和复合的过程建立起动态平衡，即单位时间内产生的电子-空穴对数等于复合掉的电子-空穴对数，称为热平衡状态。此时半导体中的导电电子浓度和空穴浓度都保持一个稳定的数值。处于热平衡状态下的导电电子和空穴称为热平衡载流子。半导体的导电性与温度密切相关，这主要是由于半导体中的载流子浓度随温度剧烈变化所造成的。

2.2.1 载流子浓度与费米能级

1. 费米能级

在一定的温度热平衡状态下，电子按能级大小具有一定的统计分布规律，即电子在不同的能量的量子态上统计分布概率是一定的。这里需要介绍一个常数，即费米能级 E_F，大多数情况下，费米能级的数值在半导体能带的禁带范围内，和温度、半导体材料的导电类型、杂质的含量以及能量零点的选取有关。只要知道了 E_F 的数值，在一定温度下，电子在各量子态上的统计分布就完全确定了。费米能级在半导体物理中是个很重要的物理参数。

根据量子统计理论，电子遵循费米统计规律，对于能量为 E 的一个量子态被一个电子占据的概率为费米分布函数 $f(E)$，如图 2-12 所示。当系统的温度高于热力学零度时，如果量子态的能量比费米能级低，则该量子态被电子占据的概率大于 50%；若量子态的能量比费米能级高，则该量子态被电子占据的概率小于 50%；若量子态的能量等于费米能级时，则该量子态被电子占据的概率为 50%。因此，费米能级是量子态基本上被电子占据或基本上是空的一个标志。当 $T>0\text{K}$ 时，若 $E<E_F$，则 $f(E)>1/2$；若 $E=E_F$，则 $f(E)=1/2$；

若 $E>E_F$，则 $f(E)<1/2$。

对于本征半导体，费米能级大致在禁带的中央，如图 2-13(c) 所示；对于 N 型半导体，费米能级比较靠近导带，并且掺杂浓度越高，费米能级离导带越近，如图 2-13(a)、(b) 所示；对于 P 型半导体，费米能级比较靠近价带，并且掺杂浓度越高，费米能级离价带越近，如图 2-13(d)、(e) 所示。

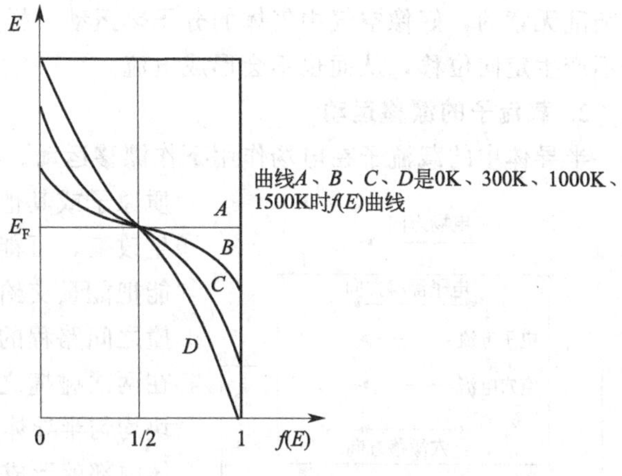

图 2-12　不同温度的费米分布函数曲线

2. 本征半导体的载流子浓度

当半导体的温度大于热力学零度时，就有电子从价带激发到导带去，同时价带中产生空穴，这就是本征激发。由于电子和空穴成对出现，导带中的电子浓度应等于价带中的空穴浓度，也就是本征载流子浓度。一定的半导体材料，其本征载流子浓度随温度上升而迅速增加；不同的半导体材料在同一温度下，禁带宽度越大，本征载流子浓度就越小。

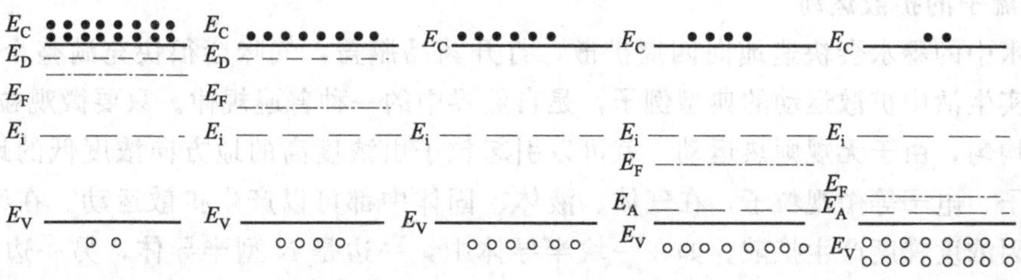

图 2-13　不同掺杂半导体的费米能级

3. 杂质半导体的载流子浓度

通常在室温下所有的杂质都已电离，一个杂质原子可以提供一个载流子。一般来说掺入半导体中的杂质浓度远大于本征激发的载流子浓度。N 型半导体中，电子为多数载流子，简称多子，空穴为少数载流子，简称少子；P 型半导体中，空穴为多数载流子，电子为少数载流子。

对于杂质浓度一定的半导体，随着温度的升高，载流子则是从以杂质电离为主要来源过渡到以本征激发为主要来源。相应地，费米能级则从位于杂质能级附近逐渐移近到禁带中线处。而当温度一定时，费米能级的位置由杂质浓度所决定，例如 N 型半导体，随着施主浓度的增加，费米能级从禁带中线逐渐移向导带底方向。对于 P 型半导体，随着受主杂质浓度的增加，费米能级从禁带中线逐渐移向价带顶附近。

2.2.2　载流子的运动

半导体内的载流子有三种运动：载流子的扩散运动、载流子的热运动和载流子的漂移运动。

1. 热运动

在没有任何电场作用时，一定温度下半导体中的自由电子和空穴因热激发所产生的运动是杂乱无章的，好像空气中气体的分子热运动一样。由于是无规则的随机运动，合成后载流子不产生定向位移，从而也不会形成电流。

2. 载流子的漂移运动

半导体中的载流子在电场作用下作漂移运动。在运动过程中，载流子会与晶格原子、杂质原子或其他散射中心碰撞，速度和运动方向将会发生改变，可能从晶格中获得能量，速度变大，也有可能把能量交给晶格，速度变小。大量载流子在两次碰撞之间路程的平均值，叫做平均自由程。大量载流子在两次碰撞之间时间的平均值叫做平均自由时间。一块均匀半导体，两端加以电压，如图 2-14 所示，在半导体内部就形成电场，载流子将会在电场力的作用下产生定向运动。空穴带正电，电子带负电，所以两者漂移运动的方向不同，电子载流子逆电场方向漂移运动，而空穴载流子顺着电场方向漂移运动。从而形成了电子电流和空穴电流，它们的电流方向相同。所以，载流子在电场力作用下的定向运动称为漂移运动，而漂移运动产生的电流称漂移电流。半导体中的导电作用是电子导电和空穴导电的总和。

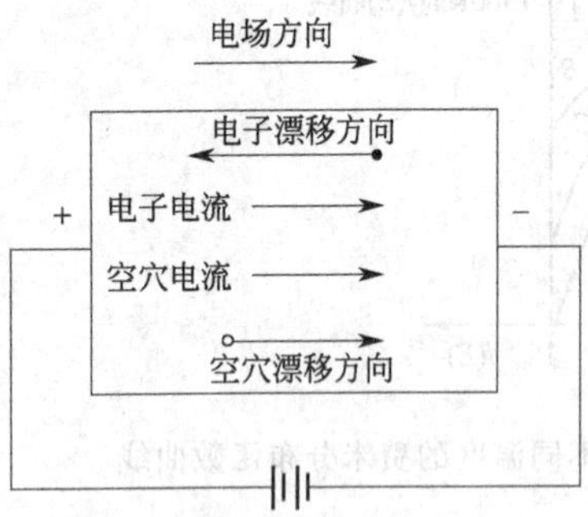

图 2-14　载流子电场作用下的漂移运动

3. 载流子的扩散运动

滴入水中的墨水会快速地向四周扩散，打开药品瓶盖，气味会很快充满整个房间等现象，是现实生活中扩散运动的典型例子，是自然界中的一种普遍规律。只要微观粒子在各处的浓度不均匀，由于无规则热运动，就可以引起粒子由浓度高的地方向浓度低的地方扩散。分子、原子、电子等微观粒子，在气体、液体、固体中都可以产生扩散运动。在半导体中，载流子会因浓度梯度产生扩散。如在一块半导体中，一边是 N 型半导体，另一边是 P 型半导体，则 N 型半导体一边的电子浓度高，而 P 型半导体一边的电子浓度低。反之，空穴载流子是 P 型半导体一边高，而 N 型半导体一边低。由于存在载流子浓度梯度而产生的载流子运动称为扩散运动。由于电子载流子和空穴载流子分别带负电和正电，扩散运动导致正负电荷搬迁，从而形成电流，这种由扩散运动形成的电流称扩散电流。

对于一块均匀掺杂的半导体，例如 N 型半导体，电离施主带正电，电子带负电，由于电中性的要求，各处电荷密度为零，所以载流子分布也是均匀的，即没有浓度差异，因而均匀材料中不会发生载流子的扩散运动。

综上所述，半导体中的载流子除了热运动外，还包括载流子的漂移运动和载流子的扩散运动，若半导体中载流子浓度不均匀，同时又有外加电场的作用，那么除了载流子的扩散运动外，载流子还要作漂移运动。这时扩散电流和漂移电流叠加在一起构成半导体的总电流。

习　题　2

1. 什么是电子共有化？
2. 半导体中的杂质主要有哪两方面的来源？
3. 分别解释间隙式杂质和替位式杂质。
4. 什么是受主杂质？什么是施主杂质？
5. 半导体内的载流子有哪三种运动？

第3章 硅半导体材料基础

3.1 半导体材料概述

3.1.1 半导体材料的发展

人类对半导体材料的认识是从18世纪电现象被发现以后开始的。当时根据物质的导电性质，将它们分为导体、绝缘体和介于两者之间的半导体三大类。并对当时的半导体特性作了一些研究，发现半导体的主要特征如下：①电阻率大体在$10^{-3}\sim10^{12}\Omega\cdot cm$范围；②电阻率的温度系数是负的；③通常具有很高的热电势；④具有整流效应；⑤对光具有敏感性，能产生光伏效应或光电导效应。

到20世纪初，人们已应用半导体材料先后制成了氧化亚铜低功率整流器和硒整流器等。

尽管对半导体做了大量的研究工作，但由于在本质上缺乏理论上的认识，因此进展不大。直到19世纪30年代初，由于量子力学的发展，提出了能带的概念。固体能带论揭示了半导体的本质，为其后材料和器件的发展打下了坚实的理论基础。

1947年锗晶体管的诞生引起了电子工业的革命，打破了电子管一统天下的局面，从此人类从使用电子管的时代进入半导体时代，如图3-1所示。此后，由于制造器件的需要，半导体材料的制备技术获得很大进步，如直拉单晶、区熔提纯、高纯硅的制备以及无位错硅单晶拉制等技术逐步完善和成熟，基本上解决了硅、锗器件的材料问题。

图3-1 世界上第一只锗晶体管及其发明者

进入20世纪60年代，半导体工业的发展发生了一次飞跃，这是由于以硅氧化和外延生长为前导的硅平面器件工艺的形成，使硅集成电路的研制获得成功。今天，大规模集成电路和超大规模集成电路已成为微电子技术的核心，为航天技术、高速计算技术等高科技的发展提供了条件，促进了整个社会的技术革命。

在研究硅、锗材料的同时，对其他半导体材料也进行了大量的研究。1952年Wellker H发现周期表中Ⅲ族和Ⅴ族元素形成的化合物及其多元化合物也是半导体。这些化合物，如GaAs具有许多硅、锗不具备的优异特性，像电子迁移率高，禁带宽度大，并且是直接跃迁型能带结构和具有负阻效应等，适合制作微波和光电器件，因此引起人们的广泛注意。但由于这些化合物制备远比硅、锗困难，直到20世纪50年代末才用水平布里奇曼法制备了GaAs单晶。1965年氧化硼液态密封法拉GaAs单晶技术的实现，为工业化生长技术成功地用于化合物半导体薄膜的生长，使半导体激光器等化合物半导体器件相继问世，化合物半导体的发展进入了高潮。

到了20世纪70年代，分子束外延生长（MBE）、金属有机气相外延生长（MOVPE）

技术的发展，可以把外延层控制在原子层数量级，制备出量子阱、超晶格和应变层复合材料。超晶格的出现可以说是半导体材料发展的新的里程碑。这类低维结构材料推动着量子阱激光器、高速二维电子器件和光电集成器的发展。同时为根据半导体能带结构的差异而设计、生长新型的超晶格材料，为器件制作从“杂质工程”走向“能带工程”开拓了广阔的道路。

对于以 GaN 为首的Ⅲ-Ⅴ族氮化物，在经历了长期的研究之后，终于在 20 世纪 90 年代初获得高质量 P 型 GaN 外延薄膜材料，制作了高亮度蓝色发光二极管并迅速产业化，为实现全彩显示奠定了基础，开辟了半导体在显示领域应用的新天地，发光二极管（LED）全彩显示屏如图 3-2 所示。蓝色激光器也达到实用化的水平。此外，GaN 及其多元化合物还是半导体照明的首选材料。半导体灯将有可能像 50 年前，晶体管取代电子管那样替代白炽灯，使照明工程进入一个新时代。GaN 基材料系在微电子领域的应用正在积极的研发之中。有人根据材料的重要性和开发成功的先后，分别称 Si 为第一代，GaAs 为第二代，GaN 为第三代半导体材料，可见 GaN 的重要性。

图 3-2　发光二极管（LED）全彩显示屏

半导体材料的研发是从无机材料开始的，但不久人们就很自然地想到了有机材料，因为有机材料种类比无机材料多得多，从中一定能找到具有半导体性质的材料。结果早在 20 世纪 60 年代初发现一些有机材料和高分子聚合物属于半导体材料，利用它们可以制作多种半导体元器件，一般说来它们具有制作与使用方便、价格便宜等优点，但有的寿命成为妨碍其发展的和使用的问题，比如用有机/聚合物半导体制作发光二极管。过去它们由于寿命低未能实用，这几年在这方面有所突破，使用寿命已达到 1 万小时以上，应用范围不断扩大。对有机半导体材料，器件和应用的研究方兴未艾，日新月异，具有美好的前景。

3.1.2　半导体材料的分类

对半导体材料可从不同的角度进行分类，例如根据其性能可分为高温半导体、磁性半导体、热电半导体；根据其晶体结构可分为金刚石型、闪锌矿型、纤锌矿型、黄铜矿型半导体；根据其结晶程度可分为晶体半导体、非晶半导体、微晶半导体，但比较通用且覆盖面较全的则是按其化学组成的分类，依此可分为元素半导体、化合物半导体和固溶半导体三大类，如表 3-1 所示。在化合物半导体中，有机化合物半导体虽然种类不少，但至今仍处于研究探索阶段。

表 3-1　半导体材料分类及其开发情况

类　别	化学通式	材料举例	开　发　程　度
元素半导体		硅、锗	硅、锗、硒已大量应用
二元化合物[①]			
Ⅲ-Ⅴ族	A^3B^5	砷化镓	砷化镓、磷化镓已批量生产，其他也在开发中
Ⅱ-Ⅵ族	A^2B^6	硫化镉	硫化镉、硒化镉、碲化镉已在少量应用
Ⅳ-Ⅳ族	A^4B^4	碳化硅	仅此一种，少量应用

续表

类　别	化学通式	材料举例	开发程度
Ⅳ-Ⅵ族	A^4B^6	碲化铅	少量应用
Ⅴ-Ⅵ族	$A_2{}^5B_3{}^6$	碲化铋	批量生产
Ⅲ-Ⅵ族	A^3B^6	碲化镓	尚未应用
Ⅰ-Ⅵ族	$A_2{}^1B^6$	氧化亚铜	应用很少
三元化合物①			
Ⅰ-Ⅲ-Ⅵ族	$A^1B^3C_2{}^6$	$CuInSe_2$	$CuInSe_2$ 用于太阳能电池
Ⅱ-Ⅳ-Ⅴ族	$A^2B^1C_2{}^5$	$CdSnAs_2$	研究不多
Ⅰ-Ⅷ-Ⅵ族	$A^1B^3C_2{}^6$	$CuFeS_2$	研究不多
四元化合物①		$Cu_2FeSnSe_4$	研究不多
固溶半导体①			
二元固溶体	$A_{1-x}B_x$	$Si_{1-x}Ge_x$	已获应用
三元固溶体	$A_{1-x}A'_xB$	$Ga_{1-x}Al_xAs$	多种已获应用
四元固溶体	$A_{1-x}A'_xB_{1-y}B'_y$	$In_{1-x}Ga_xAs_{1-y}P_y$	几种已获应用
非同族固溶体		$InAs\text{-}CdSnAs_2$	研究不多

① 此表所列子项只举其中重要者，并未完全列出。

1. 元素半导体

已知有 12 种元素具有半导体性质，目前使用的元素半导体主要是硅和锗。处于Ⅲ-A 族的只有硼，其熔点高（2300℃），制备单晶困难，而且其载流子迁移率很低，对它研究的不多，未获实际应用。Ⅳ-A 族中第一个元素是碳，它的同素异形体之一金刚石具有优良的半导体性质，但制备单晶困难，是目前研究的重点；石墨是碳的另一种同素异形体，系层状结构，难以获得单晶，故作为半导体材料未获得应用。Ⅳ-A 族中第二个元素是硅，具有优良的半导体性质，是现代最主要的半导体材料。再往下是锗，它具有良好的半导体的性质，是重要的半导体材料之一。

锡在常温下的同素异形体为β-Sn，属六方晶系，但在 13.2℃以下可变为立方晶系灰锡（α-Sn），灰锡具有半导体性质。在从β-Sn 转化为α-Sn 的过程中，体积增大并变成粉末，故难以在实际中应用。

在磷的同素异形体中，只有黑磷具有半导体性质，由于制备黑磷及其单晶的难度较大，未获工业应用。

砷的同素异形体之一的灰砷具有半导体性质，但由于制备单晶困难，且其迁移率较低，故未获应用。

锑的同素异形体之一的黑砷具有半导体性质，但它在 0℃以上不稳定，亦未获应用。

硫的电阻率很高，属绝缘体，但它具有明显的光电导性质，因此硫作为半导体材料还未获得应用。

硒的半导体性质发现得很早，现用于制作整流器、光电导器件等。

碲的半导体性质已有较多的研究，但因尚未找到 N 型掺杂剂等原因，未得到应用。

2. 化合物半导体

化合物半导体材料的种类繁多，性能各异，因此用途也就多种多样。化合物半导体按其构成的元素数量可分为二元、三元、四元等。按其构成元素在元素周期表中的位置可分为Ⅲ-Ⅴ族、Ⅱ-Ⅳ族等。目前还没有找到一个严密的公式可以毫无例外地发现某个化合物是否属于半导体，常用的方法是先找到一个已知的化合物半导体，然后按元素周期表的规律进行替换。例如砷化镓，它是半导体，如果用 Ga 下面的替换镓，就变成 InAs，也是半导体，同样，如果把 As 换成 P 或 Sb，同样也是半导体。这种替换是垂直方向的，它服从周期表的规律，即从上往下金属性变强，最后就不是半导体了。也可以在周期表中进行横向置换，仍以 GaAs 为中心，Ga 向左移变成 Zn，As 向右移变成 Se，ZnSe 是半导体。这些置换都要注意原子价的平衡。在垂直移动时，原子价不发生变化，但在横向移动时，就要考虑两个元素同时平移。同时在原子价总和不变的前提下也可以用两元素取代一个，例如 ZnSe，Zn 是二价，可以用其左右的 Cu 与 Ga 取代，即 $CuGaSe_2$ 也是半导体材料。

3. 固溶半导体

由两个或两个以上的元素构成的具有足够含量的固体溶液，如果具有半导体性质，就称为固溶半导体，简称固溶体或混晶。因为不可能做出绝对纯的物质，材料经提纯后总要残留一定数量的杂质，而且半导体材料还要有意地掺入一定的杂质，在这些情况下，杂质与本体材料也形成固溶体，但因这些杂质的含量较低，在半导体材料的分类中不属于固溶半导体。另一方面，固溶半导体又区别于化合物半导体，因后者是靠其价键按一定化学配比所构成的。固溶体则在其固溶度范围内，其组成元素的含量可连续变化，其半导体及有关性质也随之变化。固溶体增加了材料的多样性，为应用提供了更多的选择性。

为了使固溶体具有半导体性质，常常使两种半导体互溶，如 $Si_{1-x}Ge_x$（其中 $x\leqslant1$）；也可将化合物半导体中的一个元素或两个元素用其同族元素局部取代，如用 Al 来局部取代 GaAs 中的 Ga，即 $Ga_{1-x}Al_xAs$，或用 Ga 局部取代 In，用 P 局部取代 As 形成 $In_{1-x}Ga_xAs_{1-y}P_y$ 等。固溶半导体可分为二元、三元、四元、多元固溶体；也可分为同族或非同族固溶体等。

3.2 硅材料的主要性质

硅在自然界分布很广，在地壳中的含量很大，仅次于氧，是组成岩石矿物的一个基本元素，以石英砂和硅酸盐出现。硅是半导体材料中最重要的元素半导体，是位于元素周期表中第三周期ⅣA 族的第二个元素，如图 3-3 所示。

图 3-3　硅在元素周期表中位置

硅具有银白色或灰色金属光泽，晶体硬而脆，硅的外观如图 3-4 所示。硅熔体密度比固体密度大，故熔化后会发生体积收缩，类似于冰与水的关系。

3.2.1 硅材料的化学性质

在室温下，硅的化学性质比较稳定，与空气、水和酸均无反应，但与强酸、强碱作用，硅极易被 HNO_3-HF 的混合酸所溶解，因此，在硅片加工及集成电路器件工艺中，HNO_3-HF 混合酸常常用作

图 3-4　硅的外观

硅的腐蚀液。在高温下，硅与锗的化学活性大，可与氧、卤素、卤化氢、碳等反应。

硅与卤素或卤化氢作用可生成相应的卤化物。生成的 $SiCl_4$ 可作为硅外延生产的原料，生成的 $SiHCl_3$ 是高纯硅化学提纯的中间产物。

$$Si + Cl_2 \longleftrightarrow SiCl_4$$
$$Si + HCl \longleftrightarrow SiHCl_3 + H_2$$

硅的卤化物具有强烈的水解性，在空气中吸水而冒烟，并随着分子中 Si—H 键的增多其稳定性减弱，例如，$SiCl_4$ 比 $SiHCl_3$、SiH_4 等稳定。

硅在高温下可与 H_2O、O_2 发生如下反应，硅平面工艺中，常用此反应制备 SiO_2 掩蔽膜。

$$Si + O_2 \xrightarrow{1100℃} SiO_2$$
$$Si + H_2O \longrightarrow SiO_2 + H_2$$

硅和碳同一族，它们也可以生成烷烃化合物，分子式为 Si_nH_{2n+2}。

硅烷的活性很高，在空气中自燃，固态硅烷与液氧混合，在 −190℃ 低温下也易发生爆炸，因其具有危险性，故使用受到限制。

$$SiH_4 + O_2 \xrightarrow{爆炸} SiO_2 + H_2O$$

硅烷由于 4 个键都是 Si—H 键，很不稳定，易热分解。用这一特性可制取高纯硅。

$$SiH_4 \longrightarrow Si + H_2$$

3.2.2　硅材料的晶体结构

固体材料是由大量的原子（或离子）按一定的方式排列组成的，原子的排列方式称为固体材料的结构。固体材料按其结构可以分为晶体、非晶体和准晶体。晶体中的原子在空间上作周期性排列，具有长程有序性；非晶体中粒子在空间的分布是完全无序的或仅仅具有短程有序，不具有长程的周期性；准晶体的结构介于晶体和非晶体之间。

人们使用的硅材料就属于晶体，为了研究硅晶体材料的各种性质，必须了解晶体的共性。

1. 晶体的共性

（1）长程有序　长程有序是晶体最突出的特点。晶体中的原子是按一定规则排列的，这种至少在微米数量级范围的有序排列，称为长程有序。晶体分为单晶体和多晶体，多晶体是由许许多多小单晶（晶粒）构成。对于单晶体，在整体范围内原子是规则排列的。对于多晶体，在各晶粒范围内，原子是有序排列的。地球上大部分固态物质都属于晶体材料。金刚石和石英等是典型的自然单晶体，而生活中广泛使用的单晶体，大多数是人工生长出来的。常用的金属材料一般都是多晶体材料。单晶、多晶和非晶体原子排列的简图如图 3-5 所示。

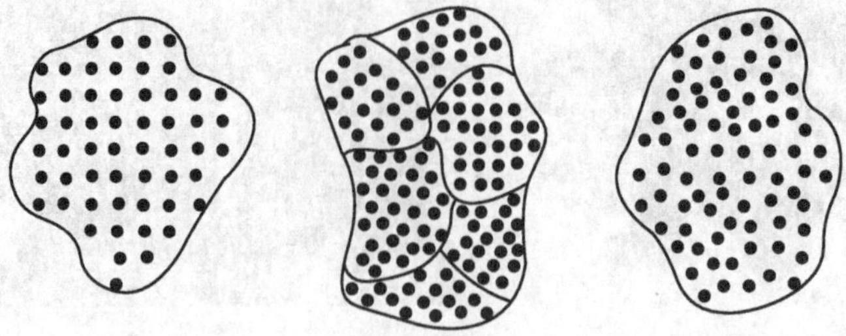

图 3-5　单晶、多晶和非晶体原子排列

（2）自限性　晶体具有自发地形成封闭几何多面体的特性，称之为晶体的自限性。这一特性是晶体内部源于的规则排列在晶体宏观形态上的反映，即晶体具有规则几何外形，例如自然界中存在的水晶及金刚石等，如图 3-6 所示。晶体之所以具有规则的几何外形，是因其内部的质点作规则的排列，实际上是晶体中最基本的结构单元重复出现的结果。

图 3-6　水晶及金刚石晶体外形

由于生长条件的不同，同一种晶体的外形会有差异。在某条件下生长的晶体的晶面数目和相对大小，与另一条件下生长的同一种晶体的晶面情况会有很大的差别。图 3-7 是不同生长条件下得到的石英晶体的不同外形结构图。

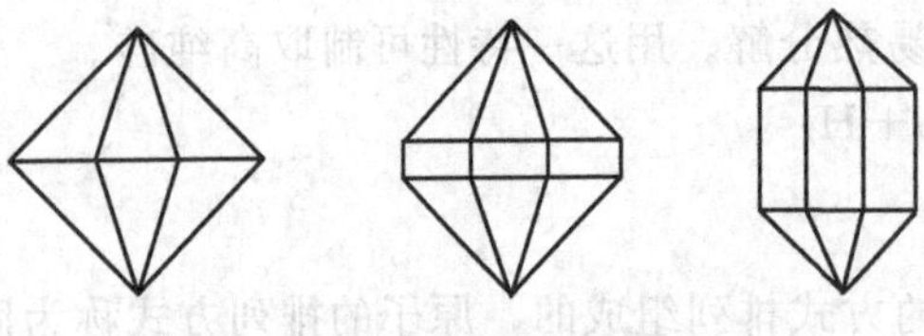

图 3-7　石英晶体的不同外形结构图

（3）各向异性　晶体的物理性质是各向异性的。例如，平行石英的 c 轴入射单色光，不产生双折射；而沿其他方向入射单色光，会产生双折射。晶体常具有沿某些确定方位发生劈裂的现象，方解石和云母就是最好的例子，晶体的这一解理性也是各向异性的表现。正因为晶体的物理性质是各向异性的，因此有些物理常数一般不能用一个数值来表示。例如弹性常数、压电常数、介电常数、电导率等一般需要用张量来描述。需要指出的是，晶体的各向异性是晶体区别于非晶体的重要特性。

（4）对称性　晶体在某几个特定的方向上所表现出的物理、化学性质完全相同。在晶体中，如果沿某些特定的方向原子排列的密度相同，则沿这些方向的性能相同。

（5）固定的熔点　晶体在加热过程中，温度上升到某一特定温度时，晶体才开始熔化，且在熔化过程中温度保持不变，直到晶体全部熔化后，温度才又开始上升，如图 3-8 曲线

A。这说明晶体具有固定的熔点。如石英晶体的熔点为 1470℃，硅单晶的熔点为 1420℃。而玻璃等非晶体的加热过程则不同，它的整个固体先变软，然后逐渐熔化成液体，如图 3-8 曲线 B。它们没有确定的熔点，而只是在某一温度范围内发生软化。非晶体软化的温度范围称软化区。

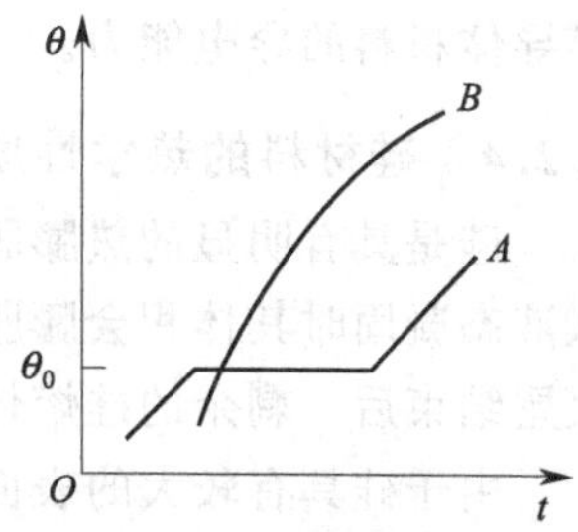

图 3-8　晶体和非晶体的加热曲线

2. 硅晶体的金刚石结构

硅原子序数为 14，核外电子分布为：

$$\mathrm{Si}—1\mathrm{S}^2 \quad 2\mathrm{S}^2 2\mathrm{P}^6 \quad 3\mathrm{S}^2 3\mathrm{P}^2$$

硅每个原子周围都有 4 个最近的原子，可与邻近的 4 个原子生成 4 个共价键，形成正四面体结构，上述正四面体累积起来就得到金刚石结构，如图 3-9 所示。

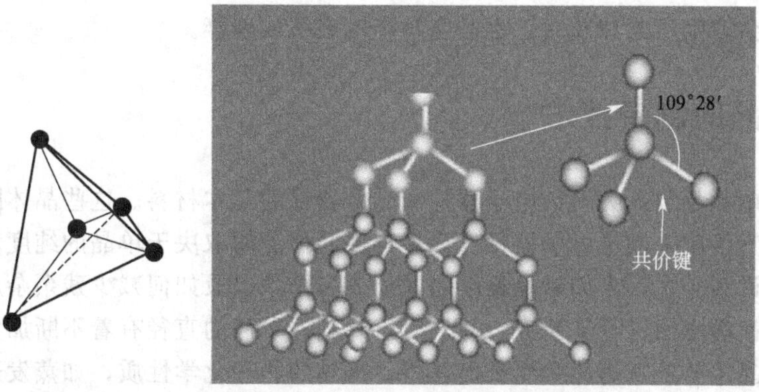

(a) 正四面体　　(b) 金刚石结构示意图

图 3-9　正四面体及金刚石结构示意图

半导体硅、锗都是金刚石结构，在无外界约束的自由生长体系中生长的锗、硅是正八面体。从气相生长的硅单晶棒，外形一般为六面体。从熔体中用直拉法生长的锗和硅的单晶，由于是在强制系统中生长的，单晶的外形介于棱柱与圆柱之间。

3.2.3　硅材料的电学性质

半导体的导电能力介于导体和绝缘体之间，半导体之所以得到广泛应用，是因为它的导电能力受掺杂、温度和光照的影响十分显著。

① 半导体的电导率随温度升高而迅速增加。半导体对温度敏感，体积又小，热惯性也小，寿命又长，因此在无线电技术、远距离控制与测量、自动化等许多方面都有广泛的应用价值。

② 杂质对半导体材料导电能力的影响非常大。例如，纯净硅在室温下的电阻率为 $2.14\times10^9\Omega\cdot\mathrm{cm}$，若掺入 1%的杂质（如磷原子），其电阻率就会降至 $2000\Omega\cdot\mathrm{cm}$。虽然此时硅的纯度仍旧很高，但电阻率却降至原来的 $1/10^6$ 左右，绝大多数半导体器件都利用了半导体的这一特性。

③ 光照对半导体材料的导电能力也有很大的影响。例如，硫化镉（CdS）薄膜的暗电阻为几十兆欧，然而受光照后，电阻降为几十千欧，电阻值在受光照以后改变了几百倍。由于半导体这种性质，因此成为自动化控制中的一个重要元件。

④ 除温度、杂质、光照外，电场、磁场及其他外界因素（如外应力）的作用也会影响

半导体材料的导电能力。

3.2.4 硅材料的热学性质

硅是具有明显的热膨胀及热传导性质的材料，当硅在熔化时其体积会缩小，反之，当硅从液态凝固时其体积会膨胀，正因如此，在采用直拉法（CZ 法）技术生长晶体过程中，在收尾结束后，剩余的硅熔体冷却凝固时会导致石英坩埚破裂现象。

由于硅具有较大的表面张力和较小的密度（液态时为 $2.533g/cm^3$），据此特性可采用悬浮区熔技术生长晶体，此法既可避免石英坩埚对硅的沾污，又可进行多次区熔提纯及制备低氧高纯的区熔硅单晶。

3.2.5 硅材料的机械性质

在室温时，硅是一种无延展性的脆性材料，但在温度高于 700～800℃时，硅却具有明显的热塑性，在应力的作用下会呈现塑性变形。硅的抗拉应力远远大于抗剪应力，故在硅片的加工过程中会产生弯曲和翘曲，也极容易产生裂纹或破碎。

3.3 硅单晶的制备技术

半导体硅单晶是制造大多数电子器件和光电器件的基本材料。这些晶体既可用外延生长的衬底，也可直接用来制造电子器件。许多器件的性能均取决于单晶的纯度、完整性及其均匀性。因此，许多年来，人们对晶格缺陷的形成和排除以及如何减少残余杂质的浓度、改善掺杂剂的均匀性等方面进行了研究，并且可以看到，单晶的直径有着不断加大的趋势。

半导体单晶主要是从熔体中生长而获得。熔体的物理化学性质，如蒸发速率、温度和化学反应性，在很大程度上决定了晶体是否有可能生长的条件。因此，发展了多种从熔体生长单晶的方法，各自又都有其自己的适用场合。无论采用哪一种方法都必须首先制备高纯硅的基本成分，本节将介绍用于制取和提纯硅的方法，然后阐述从熔体生长晶体的主要工艺，以及硅晶体中杂质与缺陷的性质与影响。

3.3.1 高纯硅的制备

在浸入式电极电弧炉中，用碳还原石英制取冶金级的硅。碳的来源有煤、焦炭等，其反应为：

$$SiO_2+C\longrightarrow Si+CO$$

冶金级硅的纯度接近 98%～99%，主要的杂质有铝（Al）和铁（Fe）。硼和磷的含量是重要的，因为很难把它们从硅中除去。冶金级硅含杂质多，不能作原料生产较高质量的硅单晶，必须进一步提纯，制得高纯硅，才能满足生长较高质量硅单晶。制取高纯多晶一般采用化学方法对冶金级硅提纯，工业上用化学方法制取高纯硅有三种方法：①四氯化硅氢还原法；②三氯氢硅氢还原法；③硅烷热分解法。其工艺流程如图 3-10 所示。

由于三氯氢硅具有易于提纯、反应速度快等原因，所以我国工业上制取多晶硅多采用此法。一般用冶金级的硅粉与无水氯化氢通过流态化床反应来制成三氯氢硅，即

$$Si+HCl\longrightarrow SiHCl_3+H_2$$

合成的 $SiHCl_3$ 中含有一定量的 $SiCl_4$ 和多种杂质的氯化物，必须将它们除去。提纯的方法有络合物形成法、固体吸附法、部分水解法和经常使用的精馏法。精馏提纯是利用混合液中各组分的沸点不同（挥发性的差异）来达到分离各组分的目的。它是在精馏塔中，上升

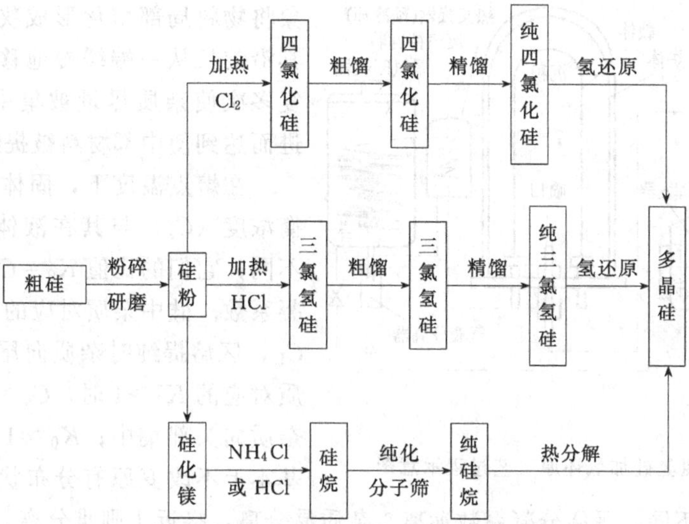

图 3-10　化学方法制取高纯硅工艺流程图

的气相与下降的液相接触，通过热交换进行部分汽化和部分冷凝实现质量交换的过程，经过多次交换来达到几乎完全分离各组分的提纯方法，如图 3-11 所示。

然后，用提纯过的三氯氢硅在氢气氛中进行还原反应，于是发生化学气相沉积，最后形成半导体级高纯多晶硅。这一反应是流态化床的逆过程。

$$SiHCl_3 + H_2 \xrightarrow{1100℃} Si + 3HCl$$

三氯氢硅加氢还原工艺过程如图 3-12 所示。

制得的高纯多晶硅的纯度通常用其残留的 B、P 含量表示，称为基硼量、基磷量，B、P 较难去除，且是影响电性能的主要杂质。我国高纯硅的基硼量$\leqslant 5\times10^{-11}$；基磷量$\leqslant 1\times10^{-10}$。

因为用这种方法制取的多晶硅纯度极高，不能用标准分析技术进行鉴定。首先必须把多晶硅转化成单晶，一般采用悬浮区熔法，然后根据电阻率和霍尔测量来推出杂质的含量。通常，电活性杂质的浓度一般为 1ppb❶ 以下。对一般晶锭的各种应用而言，这个纯度已能满足需要了。但对一些特殊应用，如某些类型的红外辐射探测器，它要求约 20000Ω · cm 的电阻率（杂质浓度在 0.02ppb 以下），这么高的电阻率只能在高真空条件下用悬浮区熔法才能达到。

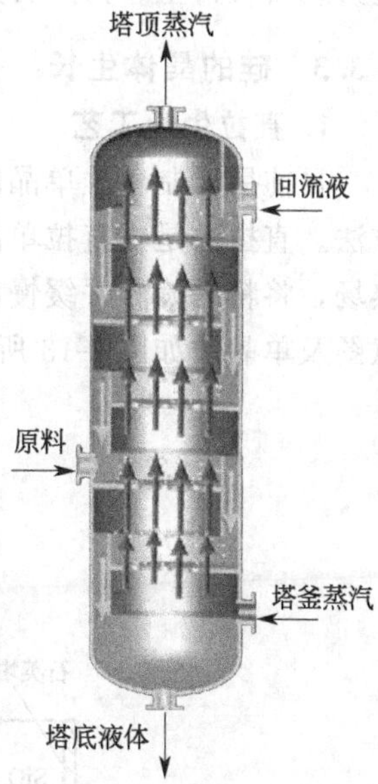

图 3-11　精馏提纯示意图

3.3.2　硅的提纯技术

区熔提纯是 1952 年蒲凡（M. G. Pfann）提出的一种物理提纯方法，它是制备超纯半导体材料、高纯金属的重要方法，其中包括锗和硅。

人们很早就发现，将含有杂质的晶态物质熔化后再结晶时，杂质在结晶的固体和未结晶的液体中浓度是不同的，这种现象叫分凝现象（亦叫偏析现象）。区熔提纯就是利用分凝现

❶ $ppb = 10^{-9}$，余同。

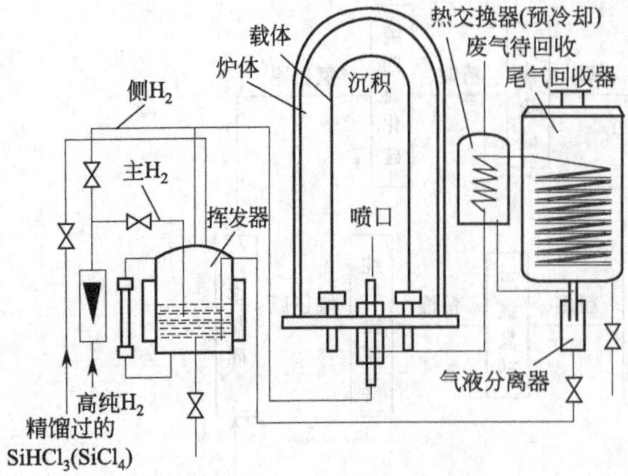

图 3-12 三氯氢硅加氢还原工艺过程示意图

象将物料局部熔化形成狭窄的熔区，并令其沿锭长从一端缓慢地移动到另一端，重复多次使杂质尽量被集中在尾部或头部，进而达到使中部材料被提纯的技术。

在熔点温度下，固体中某一杂质的平衡浓度（C_s）与其在液体中的浓度（C_L）不同，它们的比值 $K_0=C_s/C_L$ 称为平衡分凝系数。硅中杂质对应的 $K_0<1$ 时，$C_s<C_L$，区熔提纯时杂质向尾部集中；硅中杂质对应的 $K_0>1$ 时，$C_s>C_L$，区熔提纯时杂质向头部集中；$K_0\approx1$ 时，区熔提纯时基本上不改变原有分布状态。对于不同杂质平衡分凝系数不同，平衡分凝系数远离 1 杂质易分离，接近 1 则难分离。

区熔提纯是一个狭窄的熔区通过需要提纯的材料棒。这一熔区可借助电阻加热或射频感应加热来形成。熔区的移动有两种方法：一种是移动材料棒，如把材料棒装在水平的高纯石墨舟或石英舟里；另一种是移动热源。

3.3.3 硅的晶体生长

1. 直拉生长工艺

目前用于制备硅单晶的主要生长工艺是直拉法，并经过进一步改进使之发展成为完善的方法。直拉法是在直拉单晶炉内，向盛有熔硅坩埚中，引入籽晶作为非均匀晶核，然后控制热场，将籽晶旋转并缓慢向上提拉，单晶便在籽晶下按籽晶的方向长大。直拉法拉制单晶示意图及单晶炉如图 3-13 所示。

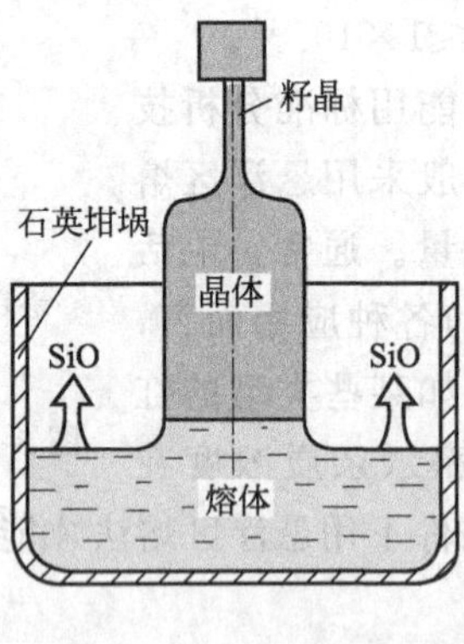

图 3-13 直拉法拉制单晶示意图及单晶炉

直拉法的生长炉如图 3-14 所示。第一步是熔化盛装在坩埚里的多晶原料，坩埚置于耐火的高纯材料或水冷材料制作的拉晶炉里，炉子或者被抽真空或者有一定的诸如氩气或氢气等惰性气体。一般的坩埚装置由内外坩埚组成，内坩埚为石英坩埚，用来盛装熔料；外坩埚为高纯石墨坩埚，它起支撑石英坩埚的作用。对锗而言，通常只使用一个石墨坩埚。用电阻加热或射频加热使原料熔化。把一定数量的掺杂剂加入熔体里，或使用预先掺好的杂质原料。熔完以后，把经过定向的小籽晶慢慢地降到熔体里，有意地让籽晶的一小部分熔掉以保证熔体与籽晶的充分融接。当达到热平衡时，使籽晶沿着垂直的方向从熔体向上慢慢提拉，同时降低熔体的温度，即生长过程开始。在晶体和熔体的界面上固化的材料与籽晶有相同的结晶形式和取向。然后，再降低输入功率，晶体直径随之增加。为了减少热的不对称性，籽晶和坩埚一般都要旋转，因此，晶体成为有规则的柱体。当达到所要求的直径时，必须调节热条件使晶体保持等直径生长。这就意味着，固-液界面的位置是处在使弯月面与晶体的接触角 θ 正好是等直径生长所要求的角度（硅的 $\theta=11°$，锗的 $\theta=13°$）。用这种工艺所能得到的最大直径实际上仅取决于生长设备的容量和有效功率。

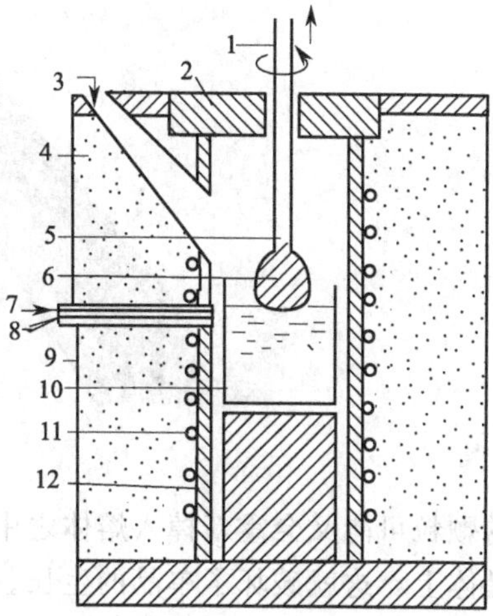

图 3-14　直拉法生长炉示意图

1—提拉杆；2—隔热塞；3—观察孔；4—隔热层；5—籽晶；6—生长成的晶体；7—测量用热电偶；8—控制用热电偶；9—固溶液；10—坩埚；11—加热元件；12—氧化铝瓷管

直拉法单晶生长工艺流程如图 3-15 所示。在工艺流程中最为关键的是“单晶生长”或称拉晶过程，它又分为润晶、缩颈、放肩、等径生长、拉光等步骤。

当熔体温度稳定在稍高于熔点，将籽晶放在上面烘烤几分钟后将籽晶与熔体熔接，这一步叫润晶或下种，润晶过程可以减少籽晶与熔体间温差，防止籽晶因热应力产生缺陷；为了消除位错要将籽晶（晶体）拉细一段叫缩颈，通过缩颈可将部分位错排出单晶；之后要把晶体放粗到要求的直径叫放肩；有了正常粗细后就保持此直径生长，称之为等径生长，为了保持单晶等径生长，控制的参数主要是拉速和加热功率。提高拉速、加热功率则晶体变细；反之，降低拉速和加热功率则使晶体加粗。最后将熔体全部拉光，全过程如图 3-16 所示，得到的单晶棒如图 3-17 所示。

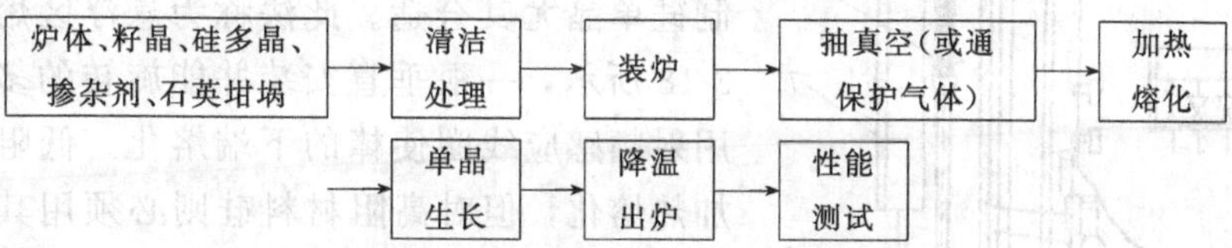

图 3-15　直拉法单晶生长工艺流程

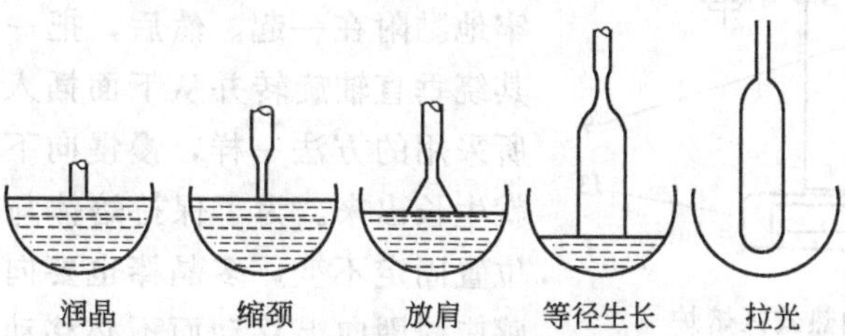

图 3-16　直拉单晶生长过程示意图

硅的直拉工艺有一个很大的缺点，因为熔硅的化学反应性很活泼。熔体与石英坩埚壁的直拉接触会引起熔体的沾污，尤其是氧。这些氧杂质会使晶体在生长期间或生长后的热处理中产生氧施主或形成微缺陷，而且从熔体中蒸发出来的一氧化硅会在坩埚上沉积。这些沉积

图 3-17 硅单晶棒

的颗粒可能又会重新掉入熔体之中，并在熔体中有向生长着的晶体运动的倾向，从而黏附在晶体上，这就破坏了单晶的生长。弥补的办法是用大的惰性气体流或降低压力，硼是熔凝石英中的常见杂质，一般也会有一定数量溶解于熔体之中。

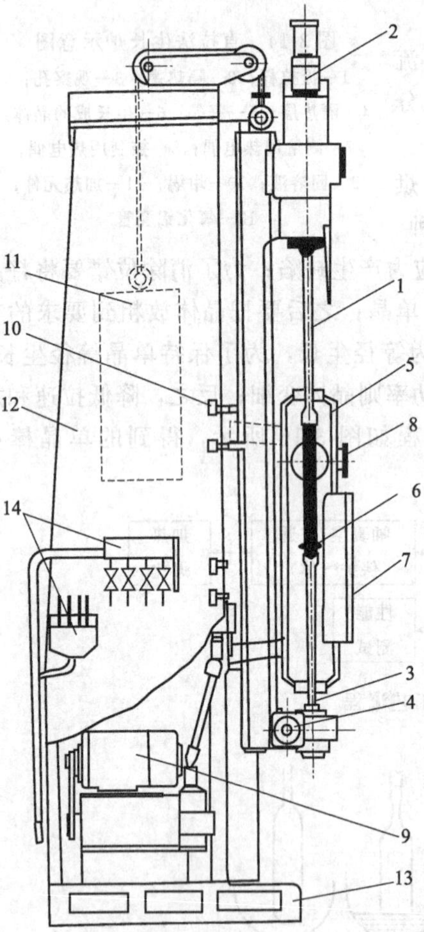

图 3-18 真空内热式区熔炉

1—上轴；2—上轴传动装置；3—下轴；4—下轴传动装置；5—炉筒；6—高频线圈；7—视孔；8—抽真空接头；9—传动装置；10—限位开关；11—重锤；12—炉体；13—底座；14—冷却水系统

晶体也可能沾污碳杂质。碳的主要来源是石墨托碗和加热部件。因为熔锗的化学反应性不活泼，利用石墨坩埚能生长出半导体级的高纯锗晶体。通常采用所谓的悬浮坩埚装置，可以获得轴向均匀的掺杂分布。用来制造核子探测器的超高纯锗单晶（残留的电学活性杂质浓度在 10^{16}个/cm^3 以下），则用石英坩埚拉制出来。

2. 悬浮区熔生长工艺

为了防止由于熔体与坩埚材料的化学反应造成的玷污，而发展了无坩埚拉直工艺，这种工艺对拉制硅单晶尤其合适。此法称为悬浮区熔工艺，如图 3-18 所示，一根垂直安装并能旋转的多晶硅棒，利用射频感应线圈使棒的下端熔化。低阻硅可以直接加热熔化，但对高阻材料硅则必须用其他方法使棒预热。因为硅密度低、表面张力大，加上高频电场产生的悬浮力的作用支撑着熔融硅，使之与硅棒牢牢地黏附在一起。然后，把一根经过定向的籽晶使其绕垂直轴旋转并从下面插入熔体中，与直拉工艺所采用的方法一样，慢慢向下抽拉籽晶，于是单晶就生长出来。为了保持熔体与高频感应线圈的相对位置固定不变，多晶棒也要向下移动。也可使高频感应线圈向上移动而不必移动整根料棒和晶体。生长装置可以拉制比料棒直径大的晶体。常规生产的晶体直径一般为 7.5～10cm。如果在垂直多晶棒的顶部建立熔区，那么，也可以用相反的方向拉晶。这种工艺叫做基座拉晶法，它拉制的晶体直径比基座的直径小。由于没有坩埚，所以晶体中最终的杂质含量主要是决定于原材料和气氛的纯度以及生长容器的清洁度。晶体也可在真空下生长。除了高频加热之外，还可用电子束聚焦的加热方法。

在区熔法制备成单晶中，往往是将区熔提纯与制备单晶结合在一起，能生长出质量较好的中高阻硅单晶。区熔法制单晶与直拉法很相似，甚至拉制的单晶也很相像，其主要工艺流程如图 3-19 所示。但是硅区熔单晶也有其特有的问题，如高频加热线圈的分布、形状；加热功率、高频频率，以及拉制单晶过程中需要特殊注意的一些问题，如硅棒预热、熔接、鼓棱等问题；又如为保证一定的单晶直径，上下轴的配合等，都是在直拉法制备单晶中所没有遇到的问题。

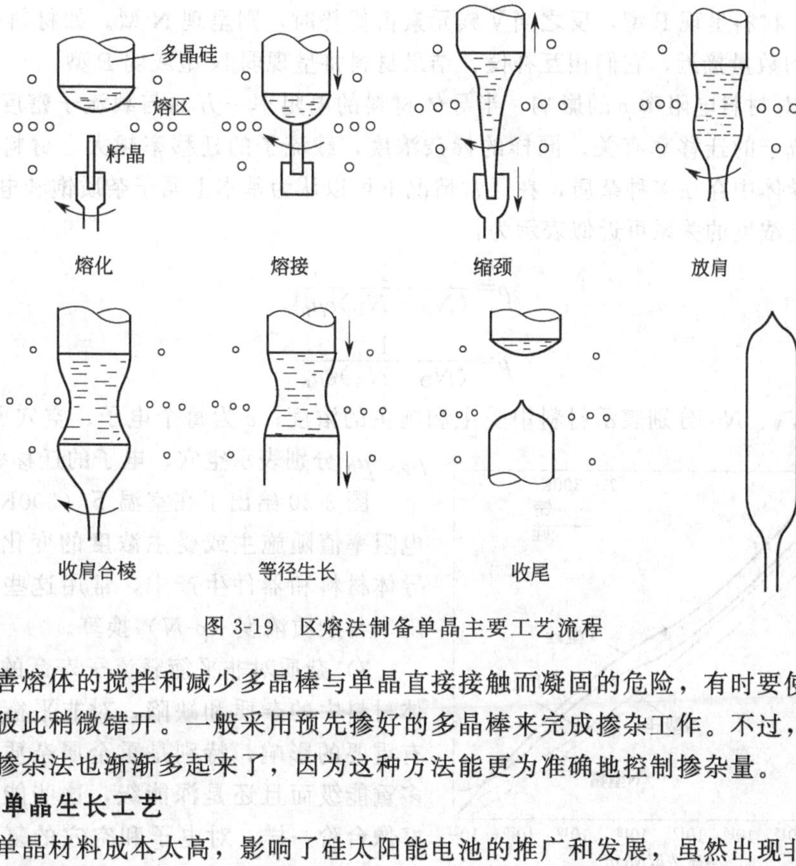

图 3-19　区熔法制备单晶主要工艺流程

为了改善熔体的搅拌和减少多晶棒与单晶直接接触而凝固的危险，有时要使多晶棒和单晶的垂直轴彼此稍微错开。一般采用预先掺好的多晶棒来完成掺杂工作。不过，采用生长过程中的气相掺杂法也渐渐多起来了，因为这种方法能更为准确地控制掺杂量。

3. 片状单晶生长工艺

由于硅单晶材料成本太高，影响了硅太阳能电池的推广和发展，虽然出现非晶态硅的太阳能电池，但生长片状单晶有可能成为生产中降低成本、提高材料利用率的有效方法。

片状单晶制法主要有四种：①枝蔓法和蹼状法；②斯杰哈诺夫法；③形状可控薄膜晶体生长法（EFG）；④横拉法。

（1）枝蔓法和蹼状法　枝蔓法是在过冷的熔体中生长树枝状晶体，选取枝蔓籽晶与过冷熔体接触，可生长成两个平行的、具有孪晶结构的双晶薄片；蹼状法是以两枝蔓为骨架，在过冷熔体中迅速提拉，利用熔硅较大的表面张力，带出一个液膜，凝固后可得蹼状晶体。

（2）斯杰哈诺夫法　用与熔硅不浸润的材料做模具，利用熔硅自身的重力挤压从模具间隙竖直向下拉出晶片。

（3）形状可控薄膜晶体生长法　使用一个可被熔硅浸润的模具，熔硅通过狭缝毛细管作用上升到模具顶形成液膜，再用籽晶引小成片状晶体。

（4）横拉法　横向拉晶法是利用坩埚内的熔硅表面张力形成一个凸起的弯月面，用片状籽晶在水平方向与熔硅熔接，利用氩或氦等惰性气体强制冷却造成与籽晶相接的熔体表面的过冷层来进行生长。

3.3.4　晶体中杂质与缺陷

1. 杂质对材料性能的影响

世界上没有绝对纯的物质，纯只是相对的。因此在实际制备的半导体材料中，常共存着多种杂质，材料最终显现的电学性质则是它们共同作用的结果。

1）杂质对材料导电类型的影响　当材料中共存施主和受主杂质时，它们将相互发生补偿，材料的导电类型取决于占优势的杂质。例如，在锗、硅材料中、当Ⅲ族杂质元素在数量上占优势时，材料呈现P型，反之当Ⅴ族元素占优势时，则呈现N型。如材料中N型杂质和P型杂质的数量接近，它们相互补偿，结果材料将呈现弱N型或弱P型。

2）杂质对材料电阻率ρ的影响　半导体材料的电阻率一方面与载流子密度有关，另一方面又与载流子的迁移率有关。同样的掺杂浓度，载流子的迁移率越大，材料的电阻率越低。如果半导体中存在多种杂质，在通常情况下可以认为基本上属于杂质饱和电离范围，其电阻率与杂质浓度的关系可近似表示为：

$$\rho=\frac{1}{(N_A-N_D)e\mu_p}$$

$$\rho=\frac{1}{(N_D-N_A)e\mu_n}$$

式中，N_A、N_D分别表示材料中受主和施主的浓度；e为每个电子、空穴所带的电量；μ_p、μ_n分别表示空穴、电子的迁移率。

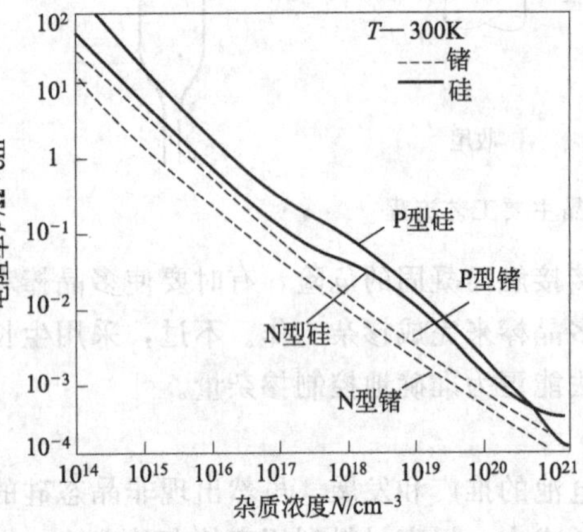

图3-20　室温下（300K）硅、锗单晶电阻率与杂质浓度的关系

图3-20给出了在室温下（300K）硅、锗的电阻率值随施主或受主浓度的变化关系。在半导体材料和器件生产中，常用这些曲线进行电阻率与杂质浓度（ρ-N）换算。

3）杂质对非平衡载流子寿命的影响　半导体材料中的杂质和缺陷，对非平衡载流子寿命有重要的影响，特别是重金属杂质，它们具有多重能级而且还是深能级，这些能级在禁带中好像台阶一样，对电子和空穴的复合起“中间站”的作用，成为复合中心。它捕获导带中的电子和价带中的空穴使两者复合，这就大大缩短了非平衡载流子的寿命。

2. 硅晶体中掺杂量

1）只考虑杂质分凝时的掺杂　直拉法生长晶体过程，实际上是一个正常凝固过程，如果材料很纯，材料的电阻率ρ与杂质浓度C_S有如下关系：

$$\rho=\frac{1}{C_S e\mu}$$

其中，μ为电子或空穴迁移率。

正常凝固的杂质分布为：

$$C_S = KC_0(1-g)^{(1-K)}$$

上面两式结合，可得到在拉出单晶的某一位置 g 处的电阻率与原来熔体中杂质浓度 C_0 的关系。

$$\rho = \frac{1}{e\mu KC_0(1-g)^{-(1-K)}}$$

如果要拉 W 克硅，则所需加入的杂质量 m 计算如下：

$$\frac{m}{A} = \frac{W}{d} \cdot C_0 \cdot \frac{1}{N_0}$$

$$m = C_0 \frac{WA}{dN_0} = \frac{1}{\rho e\mu K(1-g)^{-(1-K)}} \times \frac{WA}{dN_0}$$

式中，A 为杂质的摩尔质量；d 为硅的密度；C_0 为单位体积杂质浓度；N_0 为阿伏伽德罗常数；K 为杂质的分凝系数。

掺杂的量很小，难以准确称量，一般把杂质和硅做成合金，称为母合金，再掺入，可以准确地控制掺杂量。常用的母合金有 P-Si、B-Si 等合金。

2）考虑坩埚污染及蒸发的掺杂　在实际生产中，由于多晶硅、坩埚来源不同，各批料的质量波动较大，由拉晶系统引入的沾污亦不相同，误差很大。因此，常用一些经验估算方法，下面介绍在真空下拉制 N 型中、高阻硅单晶掺杂量的估算法。

① C_S 的确定。对一批新的多晶原料和坩埚，不掺杂拉单晶，测量出导电类型和头部电阻率 ρ，由 ρ-N 图（图 3-20）确定 C_S，C_S 是硅料、坩埚和系统共同沾污的结果。

② 求出原料和坩埚沾污在熔体中产生的杂质浓度

$$C_{L1} = \frac{C_{S1}}{K_1}$$

③ 若所要求硅单晶是 N 型，取 ρ 上相应于单晶头部电阻率，由 ρ-N 图确定 C_{S2}，C_{S2} 对应的熔体中杂质浓度：

$$C_{L2} = \frac{C_{S2}}{K_2}$$

④ 应加入杂质使熔体中含有的杂质浓度为：

$$C_L = C_{L2} - C_{L1} \text{（试拉单晶为同型）}$$

$$C_L = C_{L2} + C_{L1} \text{（试拉单晶不同型）}$$

⑤ 考虑杂质的蒸发作用，最初加入杂质后，熔硅内杂质浓度应为：

$$C_{L0} = C_L \exp\left(-\frac{EA}{V}t\right)$$

式中，E 为蒸发常数；A 为蒸发面积，它是坩埚中熔硅表面面积；V 为熔硅体积；t 为拉晶时间。

⑥ 根据母合金中杂质原子总数应等于掺入杂质后熔硅中所含杂质数，得：

$$M_{合金} C_m = C_{L0} W_{硅}$$

对于拉重掺杂单晶，因原料和坩埚沾污引入的杂质浓度远比掺杂量小，而且重掺杂单晶又常在气氛下生长，蒸发作用也较小，这时所掺杂量可只考虑杂质分凝情况计算。

例 3-1　将 1000g 高纯多晶硅拉制成 $\rho = 10^{-20}\,\Omega \cdot \mathrm{cm}$ 的 N 型单晶。试拉单晶为 N 型，头部电阻率为 $300\Omega \cdot \mathrm{cm}$，问应掺入电阻率为 $8\times10^{-3}\Omega \cdot \mathrm{cm}$ 的 P-Si 合金多少？

已知坩埚直径为 13cm，硅和母合金熔化到放肩约 1h。蒸发常数 $E = -10^{-4}\,\mathrm{cm/s}$，硅密

度 $d_{Si}=2.5\text{g/cm}^3$，$K_{磷}=0.35$。掺 P 母合金电阻率为 $8\times10^{-3}\Omega\cdot\text{cm}$，对应杂质浓度为 $7\times10^{18}\text{cm}^{-3}$；试拉单晶 N 型，$\rho=300\Omega\cdot\text{cm}$，对应杂质浓度为 $1\times10^{13}\text{cm}^{-3}$；要求拉制的 N 型单晶 $\rho=20\Omega\cdot\text{cm}$，对应杂质浓度为 $3\times10^{14}\text{cm}^{-3}$。

解 原料和坩埚沾污引入的杂质（ρ-N 图）对应杂质浓度为 $1\times10^{13}\text{cm}^{-3}$。

$$C_{L1}=\frac{C_{S1}}{K_{磷}}=\frac{10^{13}}{0.35}=2.86\times10^{13}\text{g/cm}^3$$

要求拉制的 N 型单晶 $\rho=20\Omega\cdot\text{cm}$，对应杂质浓度为 $3\times10^{14}\text{cm}^{-3}$。

$$C_{L2}=\frac{C_{S2}}{K_{磷}}=\frac{3\times10^{4}}{0.35}=8.57\times10^{14}\text{g/cm}^3$$

试拉制单晶为 N 型，要求拉制的单晶也为 N 型。

$$C_L=C_{L2}-C_{L1}=8.28\times10^{14}\text{g/cm}^3$$

考虑蒸发损失：

$$C_{L0}=C_L\exp\left(-\frac{EA}{V}t\right)=9.33\times10^{14}\text{g/cm}^3$$

所需加入母合金量：

$$M_{合金}=W_{硅}\frac{C_{L0}}{C_m}=0.133\text{g}$$

3. 硅晶体中杂质均匀性

在生长的单晶中，杂质的分布是不均匀的。这种不均匀性会造成电阻率在纵向和径向上不均匀，从而对器件参数的一致性产生不利影响。纵向电阻率不同，做出的不同器件电阻率不同；径向电阻率的差异会使大面积器件电流分布不均匀，产生局部过热，引起局部击穿，降低耐压和功率。

1）硅单晶纵向电阻率　一支直拉硅单晶，从头到尾杂质分布不同、电阻率也不同。影响单晶杂质浓度分布情况有以下几个方面：拉制硅单晶时熔体中杂质进行扩散和蒸发，结晶时杂质分凝，硅熔体还受到其他杂质的污染。杂质的扩散速度很慢，一般可以忽略，杂质分凝影响较大，拉制单晶硅时常用的掺杂元素磷、砷、锑和硼、铝、镓，它们在硅中的平衡分凝系数均小于 1，因而单晶中杂质比熔体中少。由于分凝出的杂质在熔体中不断积累，熔硅中的杂质浓度越来越高，晶体尾部的杂质浓度也越来越高，电阻率越来越低。在单晶生长界面附近熔体中有一层杂质含量较大的富集层（厚度为 δ），而杂质分凝又在生长界面处进行，实际分凝效果服从 $K_{有效}$。

$K_{有效}$受晶体生长速度即拉晶速度 f 和富集层厚度 δ 影响。当提高单晶生长速度时，$K_{有效}$增大，即单晶的纵向电阻率均匀性变好，当单晶生长速度无限大时，$e^{-f\delta/D}$ 趋于零，$K_{有效}=1$，整个单晶都是均匀的。当单晶生长速度很慢很慢，生长速度为零时，$K_{有效}$中的 $e^{-f\delta/D}$ 项等于 1，那么 $K_{有效}=K_0$。这样晶体由于杂质的积累，纵向电阻率均匀性差。由此看来，提高单晶的生长速度，使单晶的纵向电阻率均匀，而降低单晶的生长速度，单晶的纵向电阻率均匀性较差，况且单晶的生长速度太慢，生长效率低，一般生产上不采取低速生长。

拉制硅单晶时，由于硅熔点温度高，熔点又处于真空或流动气氛中，熔硅和杂质的蒸发比较厉害，在长时间的硅单晶生长中，由于杂质蒸发使杂质浓度降低，蒸发系数较大的杂质尤其明显，如磷、锑、砷等。但是，由于杂质蒸发，杂质浓度降低，可以补偿一部分由于杂质分凝效应导致杂质浓度的升高，由此看来，蒸发反而对单晶纵向电阻率均匀有利。但是，

蒸发速度常数 E 和蒸发时间常数 t 有关。

在拉晶时逐渐提高真空度和逐渐增大气体（氩气）流量，都可以提高蒸发速度，降低熔体由于分凝效应的杂质积累，改善单晶纵向电阻率。熔体的蒸发表面积受单晶直径影响，尽量保持单晶等直径生长，不能粗细不均匀，单晶粗细不均，熔硅的蒸发表面积由小到大变化，熔硅的杂质浓度发生高低变化，单晶电阻率由低向高变化。但是在硅中蒸发常数小的杂质，单晶粗细变化对其电阻率影响小。例如掺杂硼的 P 型硅单晶，由于硼在硅中蒸发常数小，蒸发对熔硅中硼杂质浓度影响不大，因此，掺硼的 P 型硅单晶纵向电阻率一般比较均匀。

在单晶炉内，由于用石墨做发热体和保温系统，用石英坩埚做容器熔化多晶硅，而石墨和石英的纯度比起多晶硅来纯度要低很多，一般低 3～5 个数量级，在高温下对熔硅的影响比较严重，若在气氛下拉晶，气氛中杂质对熔硅也有影响，一般说来，碳对单晶电阻率影响不大，而碳和气氛中的氧结合溶于硅中，使硅电阻率发生变化。石英坩埚含硼量较高，随着单晶生长，硅和石英作用：

$$Si + SiO_2 \longrightarrow SiO\uparrow$$

硼溶于硅中，熔硅中硼的浓度逐渐增大。如果拉制 P 型硅单晶，电阻率会越来越低，如果拉制 N 型硅单晶，由于 P 型杂质的补偿，电阻率会越来越高。

总之，分凝、蒸发、污染影响单晶杂质分布，影响单晶中电阻率的分布，而这三种因素同时影响熔硅，单晶电阻率到底如何变化，必须考虑这三种因素的综合作用。如果分凝占主导作用，单晶中的杂质浓度越来越高，电阻率会越来越低；如果挥发占主导作用，单晶中的杂质浓度会越来越低，电阻率会越来越高。如果坩埚污染严重（主要是硼杂质），P 型单晶电阻率会越来越低，N 型单晶电阻率会越来越高。

2）硅单晶径向电阻率　硅单晶生长过程中，熔体中杂质的扩散、对流、蒸发、分凝、污染，不但影响纵向电阻率的纵向分布，而且也影响电阻率的径向分布，同时单晶硅生长界面状态也会影响杂质在硅单晶中的分布。不同的生长条件，硅单晶中径向电阻率的均匀性不同。

直拉法拉制硅单晶中，坩埚中的熔硅温度近似对称分布，靠近坩埚边缘熔硅温度高，中心熔硅温度低，因此边缘部的熔硅向中心流动，使坩埚边缘含 P 型杂质较高的熔硅向中心流动，同时 P 型杂质向中心扩散。构成一个边缘到中心 P 型杂质逐渐减小的负浓度梯度，拉制 N 型单晶，单晶径向从边缘到中心 P 型杂质补偿由大到小，因此，N 型杂质浓度由低到高，单晶电阻率由高到低变化。考虑熔体蒸发，坩埚中心部分熔体被单晶覆盖，不能蒸发，边缘部分不被单晶覆盖，杂质大量蒸发，使 N 型杂质浓度降低，也会使熔体杂质浓度由边缘到中心逐渐增加，使单晶边缘电阻率高于中心。P 型单晶则变化相反，单晶边缘电阻率低，中心电阻率高。

单晶在生长时，最初散热以传导和肩部辐射为主，因此生长界面凸向熔体，就是单晶中心部分生长快，边缘部分生长慢，因此，单晶中心部分有效分凝系数大于边缘，使单晶的中心部分杂质浓度高，电阻率低。单晶的尾部散热以表面辐射为主，生长界面凹向熔体，单晶的边缘比中心部分生长快，因此，边缘部分的有效分凝系数比中心部分大。边缘部分的杂质浓度比中心部分高，因此边缘部分电阻率低。

由此看来，只有平坦生长界面，单晶边缘和中心部分的有效分凝系数才相等，杂质浓度一致，电阻率均匀。为使单晶生长界面平坦，在拉晶过程中，适当地改变拉晶速度，强烈搅拌熔体，加强熔体的对流和扩散，使熔体中杂质分布均匀，单晶径向电阻率均匀性提高。提高上下轴转速，可使熔体搅拌加强；上轴或者下轴有规律忽快忽慢地作匀加速或匀减速旋转，也可加强搅拌；上下轴作不同心的旋转（即所谓偏心拉晶），既加强搅拌，又改变了晶体和熔体的对称接触，可使径向电阻率均匀性大大改善。

由此看来，单晶中径向杂质分布在单晶生长过程中既受分凝的影响，又受到蒸发和坩埚污染的影响。N型单晶的掺杂元素蒸发速度常数都较大，径向电阻率受蒸发影响较大，拉晶时的真空度、坩埚和单晶比例影响单晶径向电阻率的均匀性较大。拉P型单晶，P型掺杂元素的蒸发速度常数都很小，蒸发作用不显著，真空度、坩埚和单晶比例影响较小，而硼的分凝系数较大，一般说来，P型单晶径向电阻率均匀性好。

总的说来，硅单晶中掺杂元素的蒸发速度常数大，径向电阻率均匀性差，掺杂元素的蒸发速度常数小，径向电阻率均匀性较好；坩埚质量高（指坩埚纯度），单晶硅径向电阻率均匀性好；熔硅搅拌剧烈，即上下轴转速快，硅中熔体杂质分布均匀，硅单晶径向电阻率均匀；单晶硅的生长界面平整电阻率均匀，坩埚和单晶中心不对称向电阻率较均匀。

3）硅单晶析出及杂质条纹　直拉硅单晶中有时会出现析出，析出是在硅单晶中形成散粒（或颗粒）掺杂剂单质现象。硅单晶的析出一般在掺杂量比较大的重掺杂的单晶中出现，在硅中平衡分凝系数较小的锑、砷、磷重掺杂单晶析出更明显。

直拉单晶硅生长时，由于杂质的分凝（$K_0<1$），硅熔体杂质原子浓度升高，凝固点降低，虽然一部分杂质原子在热对流和机械搅拌作用下和整个硅熔体重新分布，但是生长界面的熔硅比离生长界面较远处熔硅杂质浓度更高，熔硅中的杂质浓度随着离生长界面的远近由高到低变化。因此，紧靠着生长界面的硅熔体比远处的硅熔体凝固温度低，所以实际结晶温度T低于凝固点温度T_L，界面附近的熔硅虽然是正的温度梯度，但熔硅会过冷。

生长界面附近熔硅过冷区的存在，使宏观生长的生长界面变得不稳定，逐渐形成胞状界面，称为栅格结构。硅单晶生长时熔硅有一定厚度过冷层，栅格的突出部分进一步向熔硅内生长，一方面放出结晶潜热，另一方面排出杂质，潜热使突出部分周围温度升高，杂质则在突出部分的侧面扩散，也向其他地方扩散，侧向扩散使得两个突出部分的凹处杂质浓度增大，相应的熔体平衡结晶温度T_L降低；T_L的降低和突出部分周围熔体温度升高两种效应结合，可以消除突出部分邻近熔体的组分过冷。栅格突出部分的生成和熔化可能使栅格凹处熔体汇集成一个液滴，这个液滴含有浓度极高的杂质，液滴被栅格包裹随晶体生长，生长过程中，栅格顶部凝固，于是大部分杂质聚集在最后凝固的液滴中，在分凝作用下，排出的杂质最后凝固，形成杂质析出。

熔硅中杂质是饱和状态，拉晶过程中如果温度变化，由于分凝作用，杂质出现过饱和，生长界面会极不稳定，容易形成栅格结构或杂质液滴。液滴附着在生长界面上，形成杂质析出。如果单晶生长速度过大，熔硅会发生组分过冷，产生杂质析出。

硅单晶中的杂质条纹不但在杂质平衡分凝系数较小的锑、磷、砷重掺单晶中产生，杂质平衡而分凝较大的硼重掺单晶也经常出现。单晶生长界面凸向硅熔体时，从微观角度看，生长界面成台阶状，由于杂质分凝和坩埚、籽晶旋转，生长界面各处杂质浓度不同，台阶凹处杂质浓度较高，结晶过程中凹处可能被封闭，封闭部分凝结分凝出极少的杂质单质，由单晶在旋转中生长，生长界面经化学腐蚀会显示出间隔的条纹。

单晶中的杂质析出和杂质条纹对单晶质量危害很大，应尽量消除。生产中消除杂质析出和杂质条纹主要采取以下几种措施。

① 选择合适的热系统，热场是硅单晶生长的重要部分，热场的优劣严重影响硅单晶的

生长质量。重掺杂单晶生长的热场保温性好，纵向梯度较大，不容易产生组分过冷，热场的热对称性要好，单晶生长过程中不容易产生回熔现象。拉制重掺杂单晶一般用氩气作保护气氛，氩气流量要适当。氩气不流动时，一般保护炉膛压力为 0.4～0.5kgf/cm^2（1kgf/cm^2 = 98.0665kPa）。

② 在保证硅单晶电阻率合适情况下，尽量减少掺杂量，避免由分凝效应生长界面附近熔硅中杂质过饱和。

③ 适当增大籽晶转速和坩埚转速，加强熔硅搅拌，使结晶分凝效应排出的杂质尽快扩散，保持熔硅杂质浓度分布均匀。

④ 尽量保持拉晶温度稳定，防止温度突变，避免单晶回熔和组分过冷产生析出。

⑤ 采用变速拉晶，单晶头部拉快些，逐渐降低拉速，消除分凝效应导致熔硅杂质浓度的升高，消除因拉速不变而大幅度降温形成组分过冷，尽量使生长界面平坦，是避免杂质析出和产生杂质条纹的关键。总之，硅单晶产生杂质析出和杂质条纹和单晶生长过程紧密联系，不同的单晶炉，生产相同或不同的单晶品种，生产技术条件也不同。以上提出的只是几个原则，具体条件要在生产实践中探索。

4）硅单晶中的氧和碳　直拉硅单晶中的氧和碳是一类很重要的杂质，氧和碳在直拉单晶中，可能形成微沉淀，可能在微沉淀基础上形成微缺陷，严重影响单晶质量，影响大规模集成电路性能和制造。

氧原子在硅单晶中大部分以间隙原子状态存在，成 Si—O—Si 状态或 SiO_2 和 SiO_4 状态，在熔点时，氧在固态硅的溶解度为 $(2.75\pm0.15)\times10^{18}\,cm^{-3}$，在熔硅中的溶解度为 $(2.20\pm0.15)\times10^{18}\,cm^{-3}$。直拉硅单晶的氧主要来源于多晶硅，它的含氧量一般为 $10^{16}\sim10^{17}\,cm^{-3}$ 数量级，而直拉单晶硅中的含氧量一般在 $6\times10^{17}\sim2\times10^{18}\,cm^{-3}$，可见，单晶生长过程中有大量的氧进入。

石英坩埚对硅单晶的氧沾污非常严重，在 1420℃ 以上高温下，硅熔体和石英坩埚进行化学反应：

$$Si(熔体)+SiO_2(固体)\longrightarrow SiO$$

反应结果，石英坩埚上生成一层固体一氧化硅，并不断溶解于熔硅中，生成一氧化硅气体也会溶解于熔硅，使熔硅氧浓度增高。

氩气气氛下拉晶时，氩气中的氧会以不同形式溶入熔硅中，使硅单晶氧浓度增高。

直拉硅单晶一般单晶头部氧浓度高，尾部氧浓度低，单晶新面中心氧浓度高，边缘氧浓度低。硅单晶的这种氧浓度分布既受坩埚污染影响，也受拉晶时氧蒸发和氧分凝效应影响。坩埚中熔硅虽然离坩埚壁越近氧浓度越高，但在拉晶过程中，被单晶覆盖的熔硅氧不能蒸发，其余部分氧蒸发较快，在熔硅对流作用下，形成单晶中含氧量边缘高而中心低的现象。氧在硅中的平衡分凝系数一般认为是 1.25，这很容易解释硅单晶头部含氧高尾部含氧低的事实。目前对硅单晶中氧的作用认为既有害也有利。氧在硅单晶中形成氧沉淀，产生微缺陷和氧条纹，影响单晶质量，也可以利用硅单晶含氧高的特点制造某些大规模集成电路，化害为利。

碳原子在硅单晶中处于替位状态，直拉硅单晶碳浓度在 $5\times10^{16}\sim3\times10^{17}$ 个/cm^3，碳的来源有三个：多晶硅含碳量一般为 $1\times10^{16}\sim3\times10^{16}$ 个/cm^3，单晶炉热系统的石墨器件和保护气氛（氩气）中残留的氧在高温下进行化学反应。

$$C+O_2\longrightarrow CO$$

$$C+O_2 \longrightarrow CO_2$$
$$CO+O_2 \longrightarrow CO_2$$
$$CO \longrightarrow CO_2+C$$

石英坩埚在高温下和石墨反应：

$$SiO_2+C \longrightarrow SiC+CO_2$$
$$SiO_2+C \longrightarrow SiC+CO$$

在高温下主要以一氧化碳形式存在，一氧化碳溶入硅中使硅单晶中的含氧量增高。

直拉硅单晶工艺中，经常采用下列措施降低单晶中的氧碳含量。

① 选用含氧、碳较低的多晶硅原料，多晶硅熔化时温度不要太高，尽量降低多晶硅和坩埚的反应，减少一氧化碳和一氧化硅的生成。

② 在真空下生长的硅单晶一般氧碳含量较低，在氩气下拉晶时，氩气中含氧、碳和水分通过氩气带出炉外，降低单晶炉内一氧化碳和一氧化硅的分压，减少它们溶入熔硅的量；减压法拉晶可使单晶炉保持低的压强，又使炉内氩气交换迅速，降低硅单晶的氧碳含量。

③ 坩埚和单晶直径比例要适当，硅单晶生长过程中，石英坩埚中的熔硅表面是低氧区，熔硅和坩埚接触部分是高氧区，中部熔硅为过渡区，坩埚和单晶直径比例适当，一方面使一氧化碳和一氧化硅挥发快，溶入熔硅量减少；另一方面单晶远离坩埚壁附近的高氧区，单晶氧碳含量自然减少。

晶体和坩埚旋转严重影响单晶中的含氧量。晶体和坩埚旋转，使熔硅的搅拌作用增强，高氧区熔硅和低氧区熔硅混合，从而使单晶中含氧量增加。如果晶体和坩埚旋转产生的强迫对流刚好抑制熔硅产生的自然对流，单晶中的含氧量不但不会增加，反而减少。在一定的硅单晶生长条件下，合适的晶体和坩埚旋转速非常重要。

拉晶速度增加，单晶硅中含氧量一般说来增加，当速度大于一定值后，单晶中氧反而降低。拉晶速度大时，单晶生长速度快，熔硅表面一氧化硅蒸发时间短。导致单晶含氧量增加，拉速很大时，影响熔硅流动，熔体表面低氧区中的熔硅很容易对流到生长界面处，使硅单晶中含氧量降低。偏心法拉晶可以降低单晶中的含氧量。偏心拉晶时，单晶的生长界面不断地经过熔硅表面低氧区，熔硅表面被单晶永远覆盖区大大减小，一氧化硅和一氧化碳蒸发量增大，单晶中含氧量减少。

4. 晶体中缺陷

晶体是由分子、原子或离子组成的，这些微粒在晶体中按一定规律周期性、对称性排列。研究晶体中微粒的排列，就要研究这些微粒的空间位置。实际晶体的空间点阵和理想的空间点阵不同，它不是完全有规则周期排列，点阵在排列上有这样或那样不规则性，存在着点阵畸变，偏离空间点阵。那些偏离点阵的结构通称晶体缺陷，晶体缺陷会产生于晶体生长、硅锭和硅片的各项工艺中。

1） 晶体缺陷分类　根据缺陷相对晶体尺寸或影响范围大小，可分为以下几类。

（1） 点缺陷　点缺陷特征是三个方向的尺寸很小，只有几个原子间距，如各种溶质原子引起的周围畸变区；空位、间隙原子以及这几类点缺陷的复合体。

空位是当一个原子从其格点位置移动到晶体表面时，晶格点阵缺少原子所致；间隙原子是存在于晶体结构的空隙中；Frenkel 缺陷是当一个原子离开其格点位置并产生了一个空位时，产生间隙原子-空隙对，即 Frenkel 缺陷。如图 3-21 所示。

随器件技术变得越来越复杂，半导体硅中的点缺陷也越来越重要。晶体生长中影响点缺

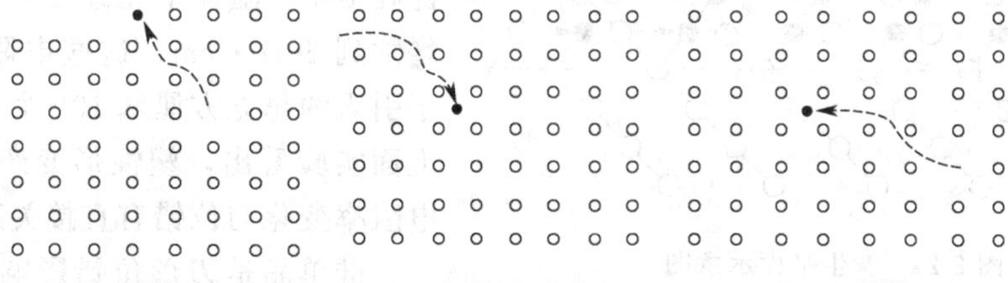

图 3-21　点缺陷示意图

陷产生的是生长率（晶体以多快的速率拉制）和晶体熔体界面的温度梯度（熔体和固体晶体之间的温度差）。控制晶体冷却速率，可以有效减少缺陷的产生。半导体制造中的热处理也能导致点缺陷的产生。

另一种点缺陷是由于化学元素杂质引入到格点里所产生的。在制备过程中杂质的引入可能是有目的的，也可能是无意的。它们可占用原有原子的位置，成为替位杂质。被无意引入硅中的杂质主要是氧和碳，在 VLSI 器件中控制这些杂质很重要。

(2) 线缺陷　线缺陷特征是缺陷在两个方向上尺寸很小（与点缺陷相似），第三个方向上的尺寸很大，可以贯穿整个晶体，属这一类缺陷主要是位错。位错有三种基本类型：刃形位错、螺形位错、混合位错。

在单晶中，晶胞形成重复性结构，如果晶胞错位，这种情况称为位错。如整齐排列的一堆砖有一层沿一个方向发生了错位，位错示意图如图 3-22 所示。

位错可以在晶体生长和硅片制备过程中的任意阶段产生。发生在晶体生长之后的位错通常由作用在硅片上的机械应力所造成，例如不均匀的受冷或受热以及超过硅片承受范围的应力。一些情况下，位错是由器件制作过程中硅片表面的热氧化所引入，称为氧化导致层积位错（OISF）。

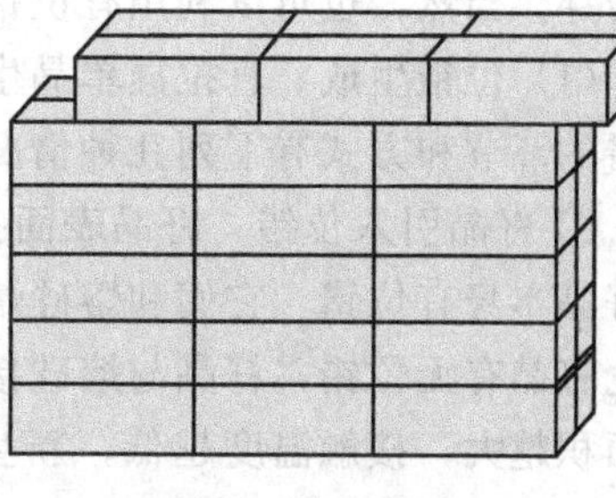

图 3-22　位错示意图

(3) 面缺陷　面缺陷的特征是一个方向上尺寸很小，在其他两个方向上的尺寸很大，存在于晶体的外表面及各种内界面。一般晶界、孪晶界、亚晶界、相晶界以及层错等属于这一类。

层错与晶体结构有关，经常发生在晶体生长过程中。滑移就是一种层错，它沿着一个或更多的平面发生滑移，如图 3-23 所示。

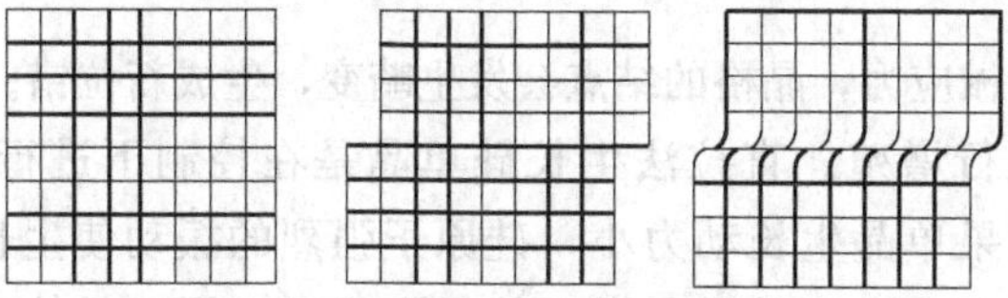

图 3-23　层错示意图

孪生平面也是一种层错，即在一个平面上，晶体沿着两个不同的方向生长，如图 3-24 所示。这种孪生平面是因为在生长过程中的热影响或机械振动而产生。滑移和孪生平面在半导体制造中都不可接受。

(4) 体缺陷　体缺陷是三维缺陷，在三个方向上尺寸都较大，例如晶体孔晶、漩涡条纹、杂质条纹、包裹体、慢沙（由包裹体组成的层状分子）。

2) 硅单晶位错　位错对硅单晶的电学性质影响很大，将电阻率 6Ω·cm 的 N 型硅单晶，在 725℃温度下压缩 2.5%，单晶仍为 N 型，电阻率却增加到 150Ω·cm。同样的硅单

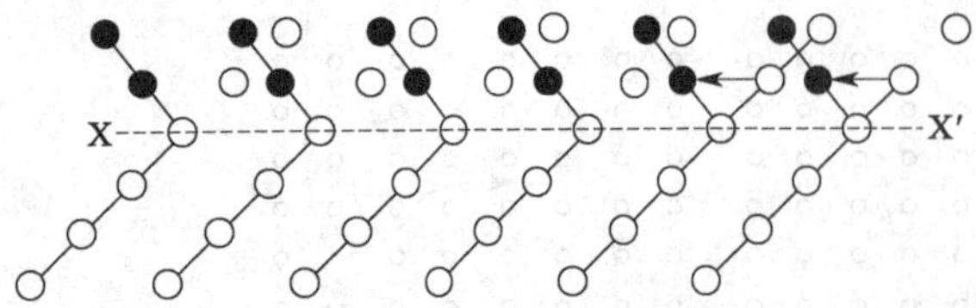

图 3-24　孪生平面示意图

晶在 850℃温度下压缩 1.8%，则电阻率增加到 50Ω·cm。这些电阻率变化相当于引入约每立方厘米 10^{15} 个受主中心。从上面实验看出，塑性形变产生位错运动，电阻率变化与位错有直接关系。

硅单晶是刃形位错影响载流子浓度，它的主要特点是沿位错线有一串未饱和的悬挂键上未配对的电子可能离开位错变成传导电子，刃形位错作为一排施主中心向导带提供电子。刃形位错也可能作为一排受主，位错的未饱和键接受电子，把自由电子配成电子对，自由电子数目减少，空穴数相应增加。由此看来，位错能够改变载流子浓度。一般说来，N 型硅单晶中位错主要起受主作用，P 型硅单晶中位错起施主作用。

位错作为一个线电荷和空间电荷圆柱成为陷阱和复合中心，严重影响少数载流子寿命，它作为复合中心使少数载流子寿命缩短。

位错对迁移率也有影响，位错线是一串受主，接受电子后，形成一串负电中心，由于库仑力作用，在位错线周围形成一个圆柱形的正空间电荷区，空间电荷区内存在电场，增强了电子散射，电子迁移率减小。

位错附近存在应力场，杂质沿位错线迅速扩散。或者沉淀在位错线上，制造晶体管器件时，在 P-N 结处形成扩散管道或杂质局部聚集，使 P-N 结整流特性变坏，产生局部击穿或软击穿，当然，也可以利用有位错单晶寿命短的特点，制造高速开关器件。

(1) 位错生成　直拉硅单晶生长过程中，生产工艺的不良，可能使单晶产生位错。产生位错的环节和方式有下列几种情况。

① 籽晶引入位错　籽晶表面损伤、机械磨损裂痕等使籽晶表面晶格受到破坏形成位错或籽晶本身有位错。它们和熔硅熔接时，籽晶中位错晶体生长不断延伸和增殖。另一方面，无论籽晶有无位错，籽晶与熔硅接触时受到强烈的热冲击，生长新位错并进行位错增殖，接触面积越大，接触温度越低，新生的和增殖的位错越多，熔接后的籽晶位错密度一般都在 $10^3 \sim 10^4 cm^{-3}$ 数量级。

熔硅温度较低，籽晶和熔硅熔接不好也会产生位错。如果单晶生长界面温度太低，籽晶和熔硅接触不好，新生长的单晶与籽晶晶格不完全一致，产生了大密度的位错。熔硅表面有浮渣，浮渣附着在籽晶表面，使单晶产生不同取向，同样可以产生位错。

② 单晶生长中位错　硅单晶中的位错除籽晶中的位错延伸、增殖外，生长过程中还可能产生新的位错增殖。

晶体在生长时，如果受到机械振动，产生机械应力，晶格的结点会发生畸变，生成新位错。

硅单晶生长中，热应力也会产生位错和进行增殖。直拉法生长硅单晶是在控制下进行，生长系统的热场决定单晶内部的温度梯度，如果单晶生长动力小，硅原子强烈的振动使生长界面附近产生位错，单晶内部如果径向温度梯度较大，单晶各微区的热膨胀率不同。晶体表面温度低，膨胀率小，中间温度高，膨胀率大。因此单晶表面受到扩张的应力，内部受到压缩应力，单晶内部位错受到应力作用进行增殖。在热应力较强时，晶体内部即使没有位错，强大的热应力也会使晶体产生新位错并进行增殖。

熔硅温度的起伏和单晶生长速率的起伏，可以引起结晶界面上原子振动的变化，使原子排列偏离点阵，产生晶格畸变，形成位错，也可能使单晶偏离生长取向产生位错。

硅单晶内杂质浓度过高，形成杂质析出也容易产生位错，掺杂量很大的重掺锑、重掺磷、重掺砷硅尤其明显。硅单晶生长有杂质析出时，单晶逐渐冷却，它们体积收缩率和形成的新相不同，硅和新固相交界处会产生足够的应力，形成位错；另一方面，单晶内杂质浓度高，使硅晶格变化较大，晶格常数的这种不均匀性可以形成足够的应力，产生位错。

③ 单晶冷却过程位错生成　直拉单晶硅生长结束后，单晶和熔硅脱离接触，进行冷却。单晶冷却时，晶体表面和中心由于收缩率不同产生很大的应力，同时晶体表面存在温度梯度，产生很强的热应力，这些应力都足以使单晶界面生成新位错。

(2) 单晶无位错生长　硅单晶生长过程中，无论在引晶、缩颈或单晶长大时，熔硅中的浮渣、籽晶上的固体杂质等异质晶核都会使单晶产生位错，发生晶变；单晶炉传动系统（上轴、下轴、炉体）机械振动同样使单晶产生位错。纯净的籽晶、熔硅表面与单晶炉体平衡是保证单晶无位错生长的基本条件。熔硅温度变化、单晶的回熔或加快生长也可能形成位错，因此单晶的无位错生长中熔硅温度稳定是非常必要的。

无位错晶核一旦生成，进行放肩、转肩、等直径生长，这些过程熔硅温度变化较大，容易产生位错。为了避免单晶位错生成，采取缓慢放肩，圆滑转肩，减小温度变化的方法，但目前一般采用放平肩、垂直转肩，同样保证单晶无位错生长。

熔体的结晶动力是结晶部分表面过冷，表面各部分过冷度大小影响整个结晶面状况。无位错单晶结构在热力学上处于最低能态，是结晶学上稳定状态，温度在一定范围内变化，稳定结构不会破坏，这是放平肩、垂直转肩的理论基础。无位错单晶能连续生长，必须时时保证适当的结晶动力，不断高速单晶生长条件，降温或升温，升坩埚或降低生长速度等，使熔硅温度尽量不变，保证产生的结晶潜热，熔硅传给单晶热量和单晶散热平衡。

单晶炉的热场对单晶位错的产生作用很大，优良的热场容易生长无位错单晶，较差的热场使单晶界面弯曲，严重的凸向熔体或凹向熔体，弯曲界面产生较大的热应力，容易形成位错。优良的热场是无位错单晶生长的重要条件。

重掺杂硅单晶的晶体点阵中杂质原子较多，容易发生晶格畸变，产生位错。硅单晶中的某种杂质浓度达到或接近饱和，温度降低时会产生杂质析出；单晶生长速度较大也会使杂质来不及分凝在单晶内析出。因此，重掺杂单晶的无位错生长，要特别注意热场温度稳定和单晶生长速度。

单晶尾面脱离熔硅后，由于热应力作用往往产生位错，沿滑移面向单晶内部延伸。<111>晶面的单晶延伸较长，约等于晶体尾部直径长度。<100>晶向晶体延伸较短，为提高单晶成晶率，工艺上采取单晶尾部尽量缩细，使位错在单晶内部有较短的延伸。

各种面缺陷的形成都和位错形成有关，大部分由位错的增殖、延伸、交错形成。晶核是孪晶式晶核长大后由于温度和机械振动的干扰都可以形成面缺陷，因此消除位错的一切措施都可以消除面缺陷。

3.4　集成电路硅衬底加工技术

集成电路硅衬底较多采用硅单晶抛光片，硅单晶抛光片的制备工艺流程比较复杂，加工工序多而长，必须严格控制每道工序的加工质量，以能获得满足集成电路工艺技术要求、质量合格的硅单晶抛光片。图 3-25 所示是典型、传统的大直径硅抛光片加工工艺流程示意图（不含各道工序硅片的清洗）。

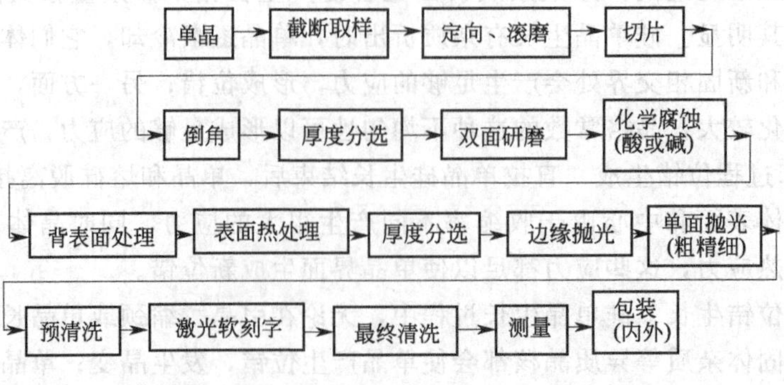

图 3-25 典型大直径硅抛光片加工工艺流程

在选定合理的硅抛光片制备工艺流程后，还要选择、配置具有较高加工精度的工艺设备和相适应的测试仪器，生产厂房还必须具有相关辅助设施，生产过程进行工艺优化选择及使用，切实实施每道工序中“精细”、“严格”的科学管理制度，才可能确保抛光片的翘曲度、总厚度偏差、表面局部平整度、表面粗糙度等具有更高的加工精度。

3.4.1 硅单晶抛光片的制备

硅锭在拉单晶炉中生长完成后，整形处理是接下来的第一步工艺。整形处理包括在切片之前对单晶硅锭做的所有准备步骤。

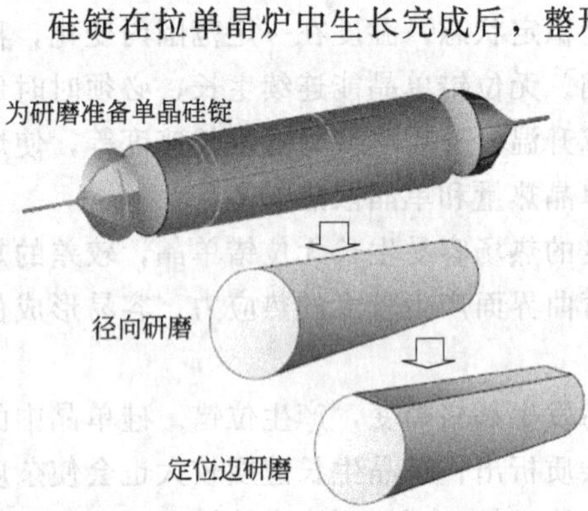

图 3-26 硅锭径向研磨过程

第一步是把硅锭的两端去掉。两端通常叫做籽晶端和非籽晶端。当两端被去掉后，可用四探针来检查电阻以确定整个硅锭达到合适的杂质均匀度。

下一步是径向研磨来产生精确的材料直径。由于晶体生长中直径和圆度的控制不可能很精确，所以硅锭都要长得稍大一点以进行径向研磨。对半导体制造中流水线上硅片的传送，精确的直径控制是非常关键的。图 3-26 显示了径向研磨过程。

晶体材料在切片前，需要进行定向。例如单晶硅材料，一方面为了确定管芯划片时最佳方向（对【111】单晶参考定位面为＜100＞面）。另一方向，为使抛光片衬底在外延时，有利于减少外延层表面角锥缺陷，降低层错密度及减少隐埋图形的畸变和位移。一般要求切割片（衬底片）【111】朝向最近的【110】偏离 4°～5°。

对于硅片定位边或定位槽，半导体业界传统上在硅锭上做一个定位边来标明晶体结构和硅片的晶向。主定位边标明了晶体结构的晶向，如图 3-27 所示。还有一个次定边标明硅片晶向的导电类型。

在美国，硅片定位边在 200mm 及以上的硅片已被定位槽所取代。具有定位槽的硅片在硅片的一小片区域上有激光刻写的关于硅片的信息。对 300mm 硅片来讲，激光刻印达成了一个标准，激光刻印于硅片背面靠近边缘的没有利用的区域。定位槽和激光刻印如图 3-28 所示。300mm 硅片没有利用到的区域是在固定质量区域面积之外，固定质量区域（FQA）是指硅片上容纳芯片的面积。现在没有利用的区域一般是 3mm，但在将来有可能减少到 2mm。

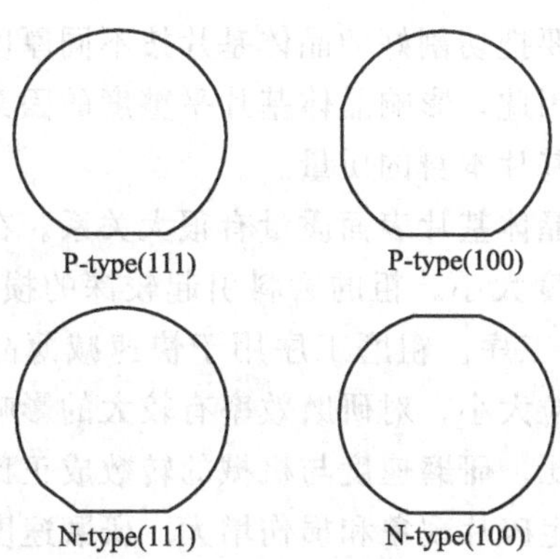

图 3-27　硅片标识定位边

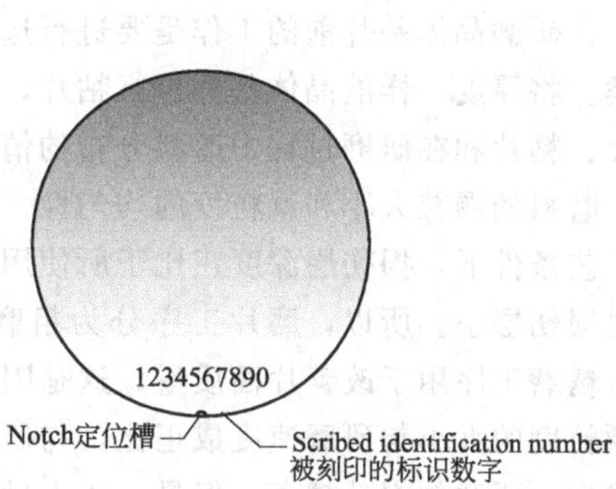

图 3-28　硅片定位槽和激光刻印

一旦整形处理完成后，硅锭就准备进行切片。这是硅锭生长后的第一个主要步骤。对于 200mm 及以上的硅片来讲，切片是用带有金刚石切割边缘的内圆切割机来完成的，如图 3-29 所示。使用内圆切割机是因为边缘切割时能更稳定，使之产生平整的切面。

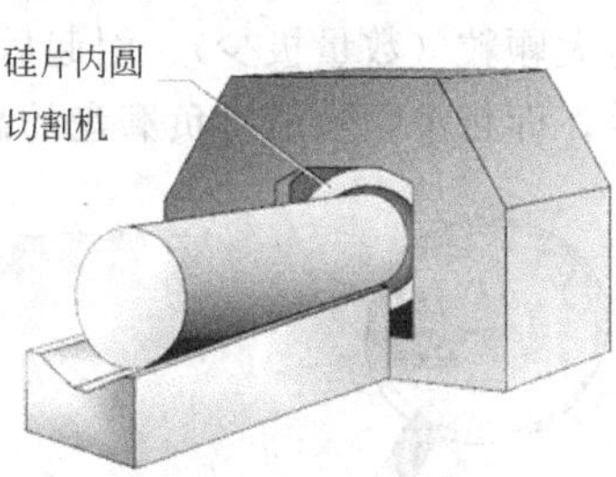

图 3-29　内圆切割机

对于 300mm 的硅片，由于大直径的原因，内圆切割机不再符合要求。300mm 的硅锭目前都是用线锯来切片的。线锯能比传统的内圆切割机产生更多的硅切片，这是因为用浆料覆盖的线来代替金刚石覆盖的锯刃，有更薄的切口损失。线锯在切片过程中减少了对硅片表面的机械损伤，但在切片的时候对硅片表面平整度控制方面还存在问题。设备的进步正在解决 300mm 及其以上硅片的切片问题，以达到精确控制硅片尺寸的目的。

图 3-30　线切割机

硅片的厚度在切片过程中得到了精确的控制。300mm 硅片的目前厚度是 (775+25)μm。更厚的硅片能够承受在半导体制造高温工艺中的热能以及机械振动。线切割过程是自由研磨过程。使直径为 0.15～0.3mm 不锈钢线作为刀具，切割线上镀金刚石微粉。线轴上按照所需芯片厚度加工出线槽，电机带动切割线在切割液的辅助作用下完成晶体切割，线切割机如图 3-30 所示。线切割具有效率高、锯痕损失小的优点。缺点是：片厚不均、切割过程中智能检测控制很难实现、风险大、成本高等。

切片完成后，传统上要进行双面的机械磨片以去除留下的损伤，达到硅片两面高度的平行及平坦。磨片工序就是用各种磨料，对切割好的晶体进行加工处理，目的是去除因切割时刀片振动及机器本身精度造成的晶体基片表面的机械损伤层，提高晶体基片的平整度，使晶体基片达到适合抛光的标准。

研磨基片时，一般要选用双面磨片机，特别是晶体基片提供商，只能选择四轨迹的双面研磨机。用这种设备研磨出的晶体基片的平整度可得到保证。在实验室中研磨晶体基片时，可选用各种小型的单面磨片机，比较灵活实用。

在研磨晶体基片前的工作是要进行选片。也就是要把切割好的晶体基片按不同厚度进行分类。将厚度一样的晶体基片进行粘片，准备研磨。因此，影响晶体基片平整度的因素包括选片、粘片和在研磨过程中磨料分布的情况以及晶体基片本身的质量。

磨料的颗粒大小和颗粒度的均匀性，与被研磨的晶体基片表面质量有很大关系。在一定的工艺条件下，损伤层深度正比于所使用的磨料颗粒度大小。粗的磨料引起较深的损伤层，反之损伤层小。所以，磨片工序分为粗磨和精磨两道工序。粗磨工序用于快速减薄晶体基片，精磨工序用于改善片面质量，这是因为磨料的颗粒大小，对研磨效率有较大的影响，磨料颗粒度的大小与研磨速度成正比，与研磨质量成反比。研磨速度与机械的转数成正比。压力越大，研磨效率就越高。但是，压力过大，容易产生碎片现象和损伤增大。研磨速度是随磨料的浓度增加而加快的，要得到好的研磨质量，又能提高生产效率，就必须用适当的磨料、合理的压力和合适的机器转数。

选择质量好的磨料是非常重要的，对同一种型号的磨料，其颗粒大小也会不均匀，尤其是大颗粒（数量极少），引起后果极坏。因为磨料的颗粒度越大，加到磨盘底下的磨料就越少，即每个颗粒所担负磨盘的总压力就越大，而磨料颗粒又把加于它的压力，传给所研磨的晶体基片的表面，所以对加工的晶体基片表面的损伤就越深，造成深的损伤。不但会对晶体基片产生很深的损伤层，而且使表面造成划道。

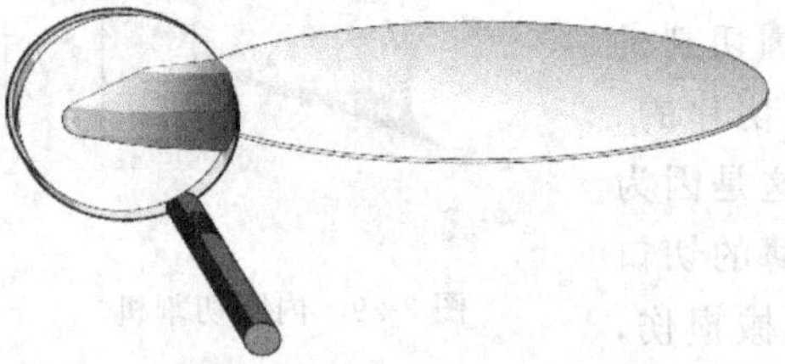

图 3-31　倒角后的硅片边缘

对硅片倒角可使硅片边缘获得平滑的半径周线，如图 3-31 所示，这一步可以在磨片之前或之后进行。在硅片边缘的裂痕和小裂缝会在硅片上产生机械应力并会产生位错，尤其是在硅片制备的高温过程中，小裂缝会在生产过程中成为有害沾污物的聚集地并产生颗粒脱落。平滑的边缘半径对于将这些影响降到最小来说是重要的。

倒角目的主要有三个。

1）防止晶圆边缘碎裂　晶圆在制造与使用的过程中，常会受到机械手等的撞击，而导致晶圆边缘破裂，形成应力集中的区域。这些应力集中的区域会使得晶圆在使用中不断地释放污染粒子，进而影响产品的成品率。

2）防止热应力的集中　晶圆在使用时，会经历无数高温工艺，如氧化、扩散等，当这些工艺中产生热应力的大小超过硅晶格的强度时，即会产生位错与层错缺陷，晶边磨圆可以避免该类材料缺陷在晶边产生。

3）增加外延层光刻胶层在晶圆边缘的平坦度　在外延工艺中，锐角区域的生长速度会比平面高，因此，用没有磨圆的晶圆，容易在边缘产生突起。同样，在利用旋转涂布机涂光刻胶时，光刻胶溶液也会发生在晶圆边缘堆积现象，这些不平整的边缘会影响掩膜板对焦的精确性。

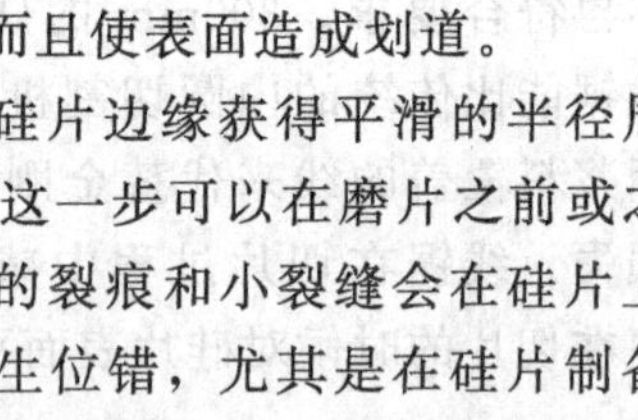

图 3-32　除去硅片表面损伤的化学刻蚀

硅片整形的目的是去除硅片表面和边缘损伤及沾污。硅片损伤的深度依赖于生产厂家的特定工艺，但一般有几微米深。为了消除硅片表面的损伤，硅片供应商采用硅片刻蚀或化学刻蚀工艺消除硅片表面损伤和沾污，如图 3-32 所示。在刻蚀工艺中，通常要腐蚀掉硅片表面约 20μm 的硅以保证所有的损伤都被去掉。刻蚀可以用酸性或碱性化学物质进行。

制备硅片的最后一步是化学机械化平坦化（CMP），目的是得到高平整度的光滑表面。CMP 又叫抛光。对 200mm 及以前的硅片来说，CMP 传统上仅对上表面进行抛光，背面仍保留化学刻蚀后的表面。这就会在背面留下相对粗糙的表面，大约要比经过 CMP 后的表面粗糙三倍左右。它的目的是提供一个粗糙表面来方便器件传送。

对 300mm 硅片来说，用 CMP 进行双面抛光（DSP）是最后一步主要的制备步骤。硅片在抛光盘之间行星式的运动轨迹在改善表面粗糙度的同时也使硅片表面平坦且两面平行，如图 3-33 所示。由于这是硅片制备的最后一步，沿着硅片大直径的平整度能够容易得以保证。最后硅片的两面会像镜子一样，抛光后硅片如图 3-34 所示。

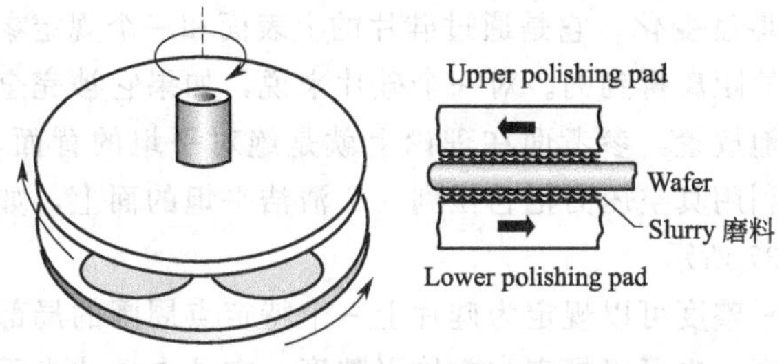

图 3-33　双面硅片抛光

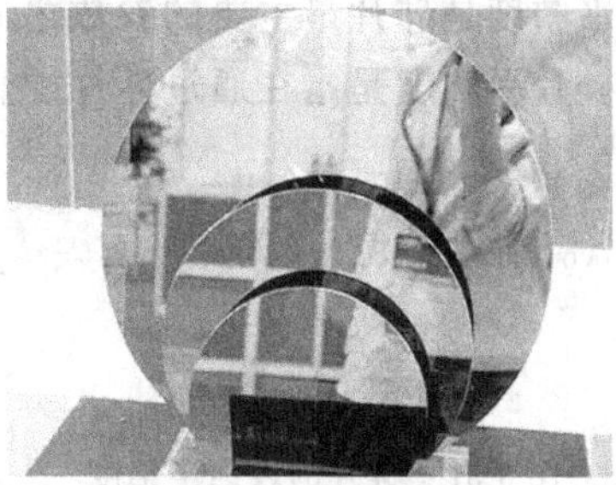
图 3-34　抛光后硅片

半导体硅片发送给芯片制造厂之前，必须清洗达到超净的洁净状态。清洗规范在过去几年中经历了相当大的发展，使硅片达到几乎没有颗粒和沾污的程度。

在包装硅片之前，会按照客户要求的规范来检查硅片是否达到质量标准。硅片供应商必须仔细地包装要发货给芯片制造厂的硅片。如果硅片在运输中损坏或者被包装的材料损坏，前面的努力就会白费。硅片一般叠放在有窄槽的塑料片架上或“船”里以支撑硅片，如图 3-35 所示。

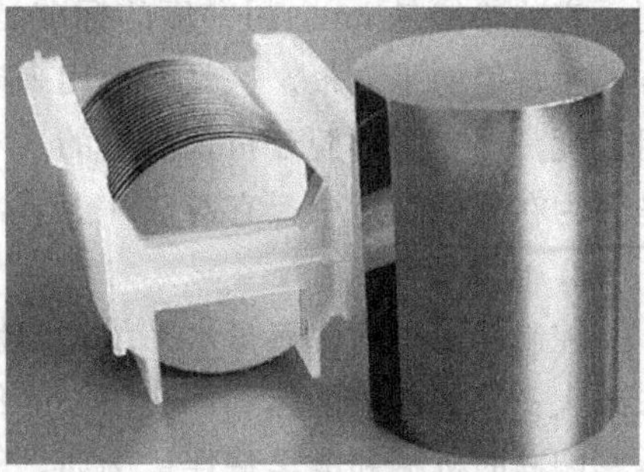
图 3-35　硅片塑料片架

碳氟化合物树脂材料常被用于盒子材料使颗粒产生减到最少。所有的设备和操作工具都必须接地，放走可能吸引颗粒的电荷积累。

装满硅片后，片架就会放在充满氮气的密封小盒里以免在运输过程中氧化和其他沾污。当硅片到达硅片制造厂后，它们被转移到其他标准化片的架里，方便加工过程中传送和处理。一种正在开发中的传送容器是能容纳 25 个硅片的容器，叫做前开口传送盒（FOSB），它与硅片制造厂里的自动传送系统有较好连接。

3.4.2　硅单晶抛光片的质量检测

对硅片测量来说，硅片的均匀性是关键的。重要的硅片质量要求如下：物理尺寸、平整度、微粒粗糙度、含氧量、晶体缺陷、颗粒、体电阻率。供应商必须通过检查硅锭和硅片质量来控制硅片质量，以达到质量参数要求。如把有缺陷的硅片交给半导体芯片制造厂，会造成严重的后果。

1. 物理尺寸

为了达到芯片生产中器件制造的要求，以及适合硅片制造厂自动传送设备的要求，硅片必须规定物理尺寸。在硅片的制备中，尺寸控制包括许多测量，例如直径、厚度、晶向位置和尺寸、定位边和硅片形变。图 3-36 表示了一种硅片变形。造成硅片变形最可能的原因是切片工艺。

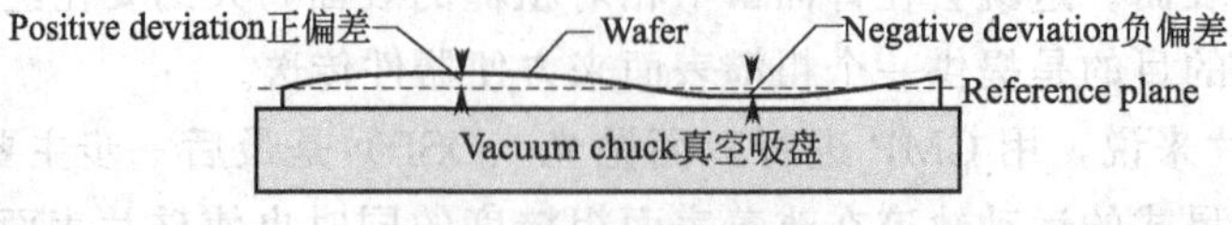

图 3-36　硅片变形

2. 平整度

平整度是硅片最主要的参数之一，主要是因为光刻工艺对局部位置的平整度是非常敏感的。硅片平整度是指在通过硅片的直线上的厚度变化。它是通过硅片的上表面和一个规定参考面的距离得到的。对一个硅片来说，如果它被完全平坦地放置，参考面在理论上就是绝对平坦的背面，比如利用真空压力把它拉到一个清洁平坦的面上，如图 3-37 所示。

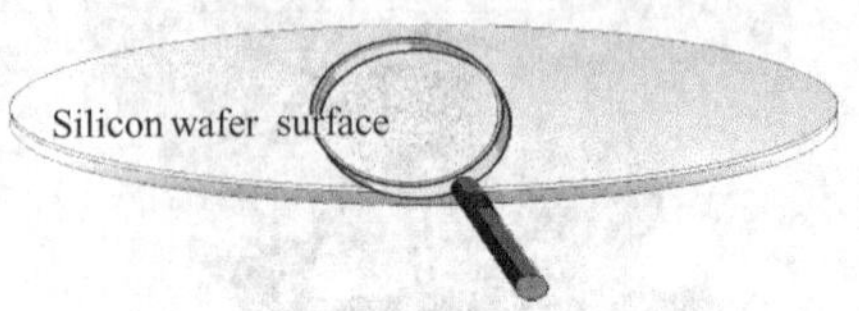

图 3-37　硅片的表面平整度

平整度可以规定为硅片上一个特定点周围的局部平整度，也可以规定为整体平整度，它是在硅片表面的固定质量面积（FQA）上整个硅片的平整度。固定质量面积不包括硅片表面周边的无用区域。测量大面积的平整度要比小面积难控制。

3. 微粒粗糙度

微粒粗糙度是实际表面同规定平面的小数值范围的偏差，它有许多小的距离很近的峰和谷，它是硅片表面纹理的标志。表面微粒粗糙度测量了硅片表面最高点和最低点的高度差别，它的单位是 nm。粗糙度的标准是用均方根来表示的，它是规定平面所有测量数值的平方的平均值的平方根。这是一个用来确定最可能的测量数据的普通统计方法。硅片表面微粒粗糙度是用光学形貌分析仪测量的。对芯片制造来讲，表面微粒粗糙度的控制非常重要，这是因为在器件制造中，它对硅片上非常薄的介质层的击穿有着负面影响。

4. 含氧量

控制硅锭中的含氧量水平的均匀性是非常重要的，而且随着更大的直径尺寸，难度也越来越大。少量的氧能起到俘获中心的作用，它能束缚硅中的沾染物。然而，硅锭中过量的氧会影响硅的机械和电学特性。例如，氧会导致 P-N 结漏电流的增加，也会增大 MOS 器件的漏电流。

硅中的含氧量是通过横断面来检测的，它能对硅晶体结构进行成分分析。一片有代表性的硅被放在环氧材料的罐里，然后研磨并抛平使其露出固体颗粒结构。用化学腐蚀剂使要识别的特定元素发亮或发暗。样品准备好后，使用透射电镜（TEM）描述晶体的结构，目前硅片中的含氧量被控制在 24～33ppm[❶]。

5. 晶体缺陷

为了使前面讨论的各种晶体缺陷减到最少，必须对硅片加以控制。目前要求每平方厘米的晶体缺陷少于 1000 个。横断面技术是一种控制晶体内微缺陷的方法。

❶ ppm$=10^{-6}$，余同。

6. 颗粒

硅片表面颗粒的数量应该加以控制，使在芯片制造中的成品率损失降到最低。减少颗粒的主要方法是在硅工艺中尽量减少颗粒的产生，并且采用有效的清洗步骤去除颗粒。典型的硅片洁净度规范是在 200mm 的硅片表面每平方厘米少于 0.13 个颗粒。测量到的颗粒尺寸要大于或等于 0.08μm。

7. 体电阻率

硅锭的体电阻率依赖于在晶体生长前掺杂到硅熔体中的杂质浓度。最普通的杂质是产生 P 型硅的硼和产生 N 型硅的磷。在整个晶体硅中得到均匀电阻率十分重要，但在实际的晶体生长过程中，沿半径方向存在温度梯度，使硅锭中心位置达到最大值并由内到外逐渐减小。径向的温度梯度使硅锭沿半径方向的掺杂浓度不同。在硅锭两端去除以后，检查硅锭电阻率和均匀性，电阻率是用四探针法测量。

8. 外延层

在某些情况下，需要硅片有非常纯的与衬底有相同晶体结构的硅表面，还要保持对杂质类型和浓度的控制。这是通过在硅表面淀积一个外延层来达到。

在硅外延中，硅基片作为籽晶在硅片上面生长一薄层硅。新的外延层会复制硅片的晶体结构。由于衬底硅片是单晶，外延层也是单晶。而且，外延层可以是 N 型也可以是 P 型，这并不依赖于原始硅片的掺杂类型。例如，在 P 型硅片上外延一层电学活性杂质浓度比衬底还要低的 P 型硅是可以的。硅外延发展的起因是为了提高双极器件和集成电路的性能。外延可以在重掺杂的衬底上生长一层轻掺杂的外延层。这在优化 P-N 结的击穿电压的同时降低了集电极电阻，在适中的电流强度下提高了器件速度。外延在 CMOS 集成电路中变得重要起来，因为随着器件尺寸不断缩小它将闩锁效应降到最低。外延层通常是没有沾污的。外延层的厚度可以不同，用于高速数字电路和典型厚度是 0.5～5μm，用于硅功率器件的典型厚度是 50～100μm。

3.5　硅的外延生长技术

外延生长这种在具有一定结晶取向的原有晶体（一般称为衬底）上延伸出并按一定晶向生长膜层的方法，是一种具有历史渊源的现象，许多存在于自然界的晶体就是借助此种方法生成的。今天，可以采取多种不同的手段人为地实现这种晶体的生长。早在 20 世纪 60 年代，气相生长外延工艺即已开始用于半导体工业。此后，气相外延在该领域内起着关键性的作用。事实上，半导体工业所经历的飞跃发展，几乎都是由气相外延促成的。材料科学家如若没有气相生长外延工艺的帮助，就制造不出形形色色精湛的器件，当然这些器件更不会达到现有的质量和工作性能。

发展硅外延的主要动机是为了改善双极型晶体管及后来的双极型集成电路的性能。通过在重掺杂的硅衬底上生长一层轻掺杂的外延层，双极型器件得到优化，在维持低集电区电阻的同时，获得高的集电极-衬底击穿电压。低的集电区电阻提供了在中等电流时的高的器件工作速度。最近外延工艺已被用于制造先进的 CMOS 大规模集成电路。这些电路中，器件被做在重掺杂的衬底上的一层很薄的（3～7μm）轻掺杂的外延层中。这种结构减少了在功率增加或在遭到辐射脉冲时 CMOS 电路可能经受的闩锁效应。在外延层中制造器件中其他优点还有：器件掺杂浓度的精确控制，并且这层中可以不含氧和碳。外延工艺缺点包括：

①增加了工艺复杂性和硅片成本；②在外延层中产生缺陷；③自掺杂；④图形改变和冲坏。

3.5.1 外延生长概述

根据外延层的性质、生长方法和器件制作方式不同，可以把外延分成不同的种类。如果外延层与衬底是同种材料，则称为同质外延，在硅上外延生长硅，在 GaAs 上外延生长 GaAs 均属于同质外延。如果衬底材料和外延层是不同种材料则称为异质外延，在蓝宝石上外延生长硅，在 GaAs 上外延生长 GaAlAs 等属于异质外延。若器件制作在外延层上叫正外延，而器件制作在衬底上外延层只起支撑作用，叫做反外延。由外延生长方法来看，外延又分为直接外延和间接外延两种。直接外延是用加热、电子轰击或外加电场等方法使生长的材料原子获得足够能量，直接迁移沉积在衬底表面上完成外延生长的方法，如真空淀积、溅射、升华等。间接外延法是利用化学反应在衬底表面上沉积生长外延层，广义上称为化学气相淀积。

最常见是把外延生长分成两个大的类别：同质外延和异质外延。这两大类的每一类都拥有一定范围的系统，在极端的情况下，也会出现某种程度的重叠，并且严格地说，分类也不见得就很准确。不过在最终分析中，这并不重要。表 3-2 归纳的就是这两大类的实例。

严格说来，同质外延生长是把特定的材料定向结晶淀积在由同类材料构成的具有一定取向的衬底上，也就是将 A 淀积在 A 上。因此，它是衬底结晶晶格的准确的延伸。此种类型的真正同质外延，又叫自外延，并没有实际上的工艺用途。它是评价诸如外延膜衬底界面、衬底取向效应、衬底净化程序的影响、生长温度和生长速率的影响以及气体反应物的影响等基本生长机理，进行学术研究的一种理想而重要的工具。也用它来鉴别结晶缺陷的形成，参数的影响及其控制，以及如何尽力去消除某一些参数的影响。这类研究为获取更多的外延淀积知识奠定了基础。

同质外延膜中的掺杂剂还能使材料的电学性能产生重大变化，而这种性能正是器件工程师制造出成功的器件工艺所必不可少的。把材料 B 的膜沉积在衬底 A 上，或把 A 膜沉积在 B 上，是异质外延的基本判据。外延生长类型如表 3-2 所示。

表 3-2 外延生长类型

类别		膜/衬底组成[①]	晶格结构	晶格失配	热膨胀失配	缺陷问题	范 例
真同质外延		A/A AB/AB ABC/ABC	相同	无	无	没有	Si/Si, GaAs/GaAs, ZnS/ZnS, $Pb_{1-x}Sn_xTe/Pb_{1-x}Sn_xTe$
膺同质外延		A/A^B	相同	少量	少量	没有	非掺杂硅/掺杂硅，非掺杂硅/硅的扩散区
		A^B/A	相同	少量	少量	没有或有些	掺杂硅/非掺杂硅
		A^B/A^C	相同	少量	少量	没有或有些	掺硼硅/掺碳硅
真异质外延	化学	A/B	相同	常见，可能显著	一般，可能显著	有	Ge/GaAs, GaN/Al_2O_3, GaP/Si, ZnS/GaAs, GaN/α-SiC, $ZnSe/MgAl_2O_4$, BP/Si
	结晶学	A/B	不同	常见，可能显著	一般，可能显著	有	Si/Al_2O_3, $CdTe/Al_2O_3$, AlN/Al_2O_3, GaAs/BeO
膺异质外延		AB/AC AB/BD ABC/AB ABCD/AD ABCD/DEFG	一般相同	常见，可能显著	一般，但往往很小	正常	GaP/GaAs, $Ga_yAl_{1-y}As/GaAs$, $In_yGa_{1-y}As_xP_{1-x}/InP$, $Hg_{1-x}Cd_xTe/CdTe$, $(EuY)_3Fe_5O_{12}/(DyGa)Ga_5O_{12}$

① 字母表示不同的化学元素。

归纳起来外延生长特点如下。

① 生长不同于衬底类型的外延材料，例如低高阻、NP 型、掺杂浓度变化。

② 与掩膜技术结合，在指定的区域进行外延生长，为集成电路和结构特殊的器件的制作创造了条件。

③ 可以生长异质、多层、多组分化合物且组分可变的超薄层。

④ 可在低于材料熔点温度下进行外延生长，生长速率可控，可以实现原子级尺寸厚度的外延生长。

⑤ 生长难拉制单晶，例如 GaAs 单晶质量差，且纯度低、缺陷多；GaN 单晶不能拉制，都可以通过外延生长实现生长。

外延层应满足条件如下。

① 表面应平整、光亮，没有亮点、麻坑、污渍和滑移线等表面缺陷。

② 晶体完整性好，位错和层错密度低。

③ 外延层的本底杂质浓度要低，补偿少，自掺杂要少。

④ 对于异质外延，外延层与衬底的组分间应突变（要求组分缓变的例外），并尽量降低外延层和衬底间组分互扩散，化合物外延生长更要注意这一点。

⑤ 掺杂浓度控制严格，分布均匀，使得外延层有符合要求而均匀的电阻率。

⑥ 外延层的厚度符合要求，均匀性和重复性好。

⑦ 有埋层的衬底上外延生长后，埋层图形畸变很小。

⑧ 外延片直径尽可能大，利于器件批量生产，降低成本。

⑨ 对于化合物半导体外延层和异质结外延热稳定性要好等。

3.5.2　硅气相外延生长技术

外延生长可以从气相（VPE）、液相（LPE）或固相（SPE）中获得。在硅工艺中，气相外延得到了最广泛的应用，因为它对杂质浓度有良好的控制以及能获得晶体的完整性。

气相外延之所以普及是因为它具有广泛的适应性，无论是化学体系的选择和工艺参数的控制，抑或工艺规模的大小及对有关工业化工艺处理的适应能力。在各种不同的气相生长外延系统中，人们对硅系统的了解最为透彻。造成这种情况的部分原因是由于硅在半导体工业上的重要性，因而多年来人们进行大力研究的结果，也是因为该系统相对比较简单的缘故。其他外延过程绝大部分都是二元或多元系统，或者是外延膜与衬底的更为复杂的组合，它们的沉积过程一般比硅更为复杂。

1. 硅气相外延生长原料及过程

外延生长是一个化学气相淀积的过程。以下是化学气相淀积五个基本步骤：①反应物被运输到衬底上；②反应物被吸附在衬底表面上；③在表面发生化学反应以生成薄膜和反应产物；④反应产物从表面放出；⑤反应产物从表面被运走。在某些情况下，在步骤①之前先进行一个气相反应以形成薄膜的前身（反应物）。

有四种主要的硅的化学原料被用于外延淀积。它们是四氯化硅（$SiCl_4$）、三氯硅烷（$SiHCl_3$）、二氯硅烷（SiH_2Cl_2）和硅烷（SiH_4）。氢还原的 $SiCl_4$ 使用最广泛，因而也得到最多的研究。对较薄的外延层和较低淀积温度的要求使 SiH_2Cl_2 和 SiH_4 的使用有所增加。

每种原料用于不同的温度和不同的应用。表 3-3 列出了原料、典型的淀积温度和淀积速率。

表 3-3 硅源的淀积特性

硅的来源	淀积温度/℃	生长速率/(μm/min)	特 点
四氯化硅($SiCl_4$)	1150～1250	0.4～1.5	温度高、选择性好
三氯硅烷($SiHCl_3$)	1100～1200	0.4～2.0	易于还原、淀积温度高
二氯硅烷(SiH_2Cl_2)	1050～1150	0.4～3.0	温度低、外延质量好
硅烷(SiH_4)	950～1050	0.2～0.3	温度低、用于SOS、有气相淀积问题

使用 $SiCl_4$ 要求高的淀积温度为 1150～1250℃，这导致了严重的自掺杂和外扩散。这种原料的主要优点是在反应室的壁上很少有淀积发生，因而减少了清洗的频率。由于减少反应室中硅的剥落，导致了较低的颗粒沾污。$SiCl_4$ 用于在器件上淀积厚的能忍受高温（和伴随的无意掺杂效应）的膜。

$SiHCl_3$ 具有与 $SiCl_4$ 相似的特性，除了它能在较低温度（1100～1200℃）下淀积。它主要用于淀积较厚的外延层，因为它具有大于 1μm/min 的淀积速率。但是由于它无法提供超过 $SiCl_4$ 的优点，这种材料在 VLSI 中已很少得到应用。

SiH_2Cl_2 被广泛用于在较低温度（1000～1100℃）下淀积较薄的膜。较低的温度减少了外扩散和自掺杂，可获得预期的外延层的电阻率。有报道称，由 SiH_2Cl_2 制备的薄膜比由 SiH_4 或 $SiCl_4$ 制得的薄膜具有更小的缺陷密度。另外，与高温下由 $SiCl_4$ 淀积得到的薄膜相比，使用 SiH_2Cl_2 可增加器件的产出。

SiH_4 被用于在低于 1000℃的温度下淀积非常薄的外延层。淀积得到的薄膜自掺杂和外扩散效应非常少。使用 SiH_4 的另一个重要优点是它不会引起图形的变形。使用 SiH_4 的缺点是在较低温度下会发生热解，引起在反应室壁上的严重的淀积，反应室需多次清洗，减少了有效产量。

$SiCl_4$ 的氢还原的整个反应可作如下表示：

$$SiCl_4 + H_2 \longrightarrow Si + HCl$$

$SiCl_4$ 的还原反应过程会出现作为中间产物的 $SiHCl_3$ 和 SiH_2Cl_2。这些反应是可逆的，这意味着硅在淀积的同时也被 HCl 所刻蚀。在低温和高温时反应的平衡有利于反应朝刻蚀方向进行。当温度低于 900℃、高于 1400℃时，会发生刻蚀反应（负生长速率）。

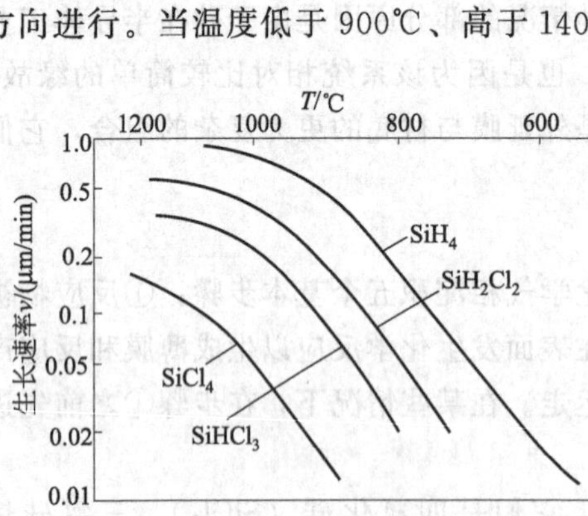

图 3-38 硅的生长速度与温度的关系

外延膜的生长速率取决于几个参数：①化学源；②淀积温度；③反应物的摩尔分数。图 3-38 比较了以 $SiCl_4$、$SiHCl_3$、SiH_2Cl_2 和 SiH_4 为硅源，硅的生长速度对温度的变化。对这四种反应物，观察到了两种生长模式。在高温模式中，气相质量运输控制是主要的，生长速率仅很弱地取决于温度。在低温时生长速率取决于表面控制的反应，这时强烈地（指数形式）取决于温度。转变点决定于反应物的摩尔分数、反应室的类型、气体流动速率和特定的活性气体的种类。通常在高温区进行生产性的淀积，因为在此模式下，温度变化的影响最小。

2. 硅气相外延生长设备

外延反应室是高温、批量生产的化学气相淀积（CVD）系统。VLSI 器件置于外延系统上的要求已成为设备技术进步的推动因素，这些要求有：①严格的厚度和电阻率控制；②少量的工艺诱发缺陷；③减少图形移动和冲坏；④减少自掺杂；⑤降低工作温度；⑥处理 150mm 硅片的能力；⑦高产量的要求。

目前有两种主要的设备用于商业应用，它们是多片的射频感应加热的烙饼式反应室和多片的红外辐射加热的桶式反应室。烙饼和桶的称谓来源于用于在淀积过程中抓住硅片的支架的构造。第三种构造（很少用于 VLSI 生产）是射频感应加热的水平反应室。外延淀积设备至少包括：①一个用来隔离外延生长环境的石英钟形罩或反应管；②一个气体分配系统以提供受到控制的各种化学种类（气流和工艺序列通常由微处理器控制）；③一个硅片加热源（可以是射频或红外）；④一个尾气系统处理流出的气体。使用一个聚焦于硅片表面的红外感应的光学高温计可获得对温度的监测和控制。由于在高温时硅片发射率的变化，这种测量设备所显示的温度经常要比实际温度低 50～100℃。在辐射加热系统中，热电偶也可用于测量温度。

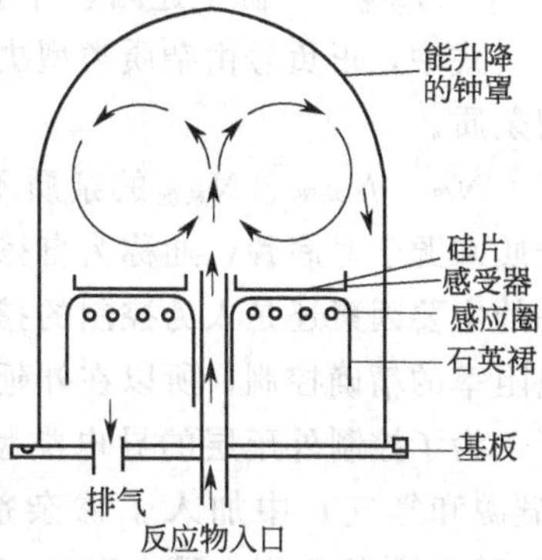

图 3-39　垂直烙饼式反应室

在图 3-39 中示出了感应加热的垂直烙饼式反应室。硅片放置在碳化硅涂覆的石墨支架上，而支架由在它下面的射频线圈加热。为减少热诱发的滑移，支架被机加工以适合在边缘抓住硅片。反应物从支架的中央进入然后从周围被排出。气体在整个硅片上均匀分布，导致了一个恒定的生长速率。纵向的气流减少了自掺杂效应，因为在这种情况下一个稳定的边界层难以形成。但这种烙饼结构容易使颗粒落在硅片上并嵌在正在生长的薄膜中。该系统具有处理直径大到 200mm 的硅片的能力，但硅片尺寸增加时装载尺寸减小了。该系统能在低压和常压下工作，低压淀积可进一步减少自掺杂和图形移动。

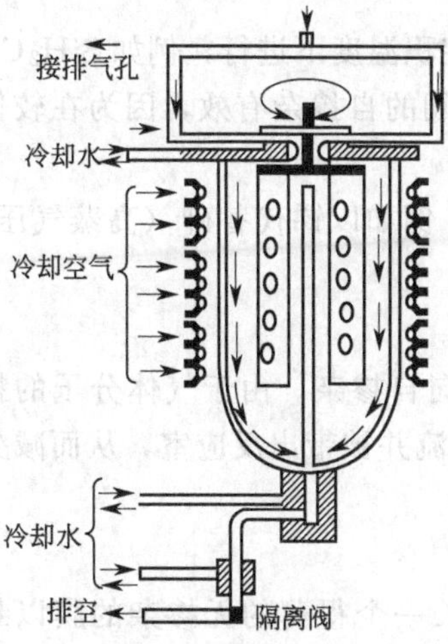

图 3-40　桶式反应室

图 3-40 画出了辐射加热的桶式反应室。支架（碳化硅涂覆的石墨）有一个六角形的剖面，每一面能容纳几个硅片，数量取决于硅片直径。硅片与垂直方向成 2.5°，气流平行于硅片表面，气体从腔体的顶部进入，从底部排出。这样的气流导致了边界层的形成，这有助于增加硅片间的自掺杂和气体源的耗尽效应。这种耗尽效应有助于减少从气体进入部分往下的淀积速率。硅片的加热由在反应室内排列的水冷的石英灯完成。这种加热方式减少了硅片中的热诱发滑移。这样的系统既能在低压下工作以减少自掺杂，也可在常压下工作。由于硅片的位置近于垂直，它们不易受到颗粒的沾污。

两种反应室都可提供整个硅片的、硅片到硅片的和批到批的好于±5%的电阻率和厚度均匀性。对于电阻率小于 0.1Ω·cm 或大于 1Ω·cm（厚度小于 1μm），均匀性降低小于±5%。两种反应室在生产率方面都受到对于大直径的硅片时的最大装载量的限制，一个典型的装载量为 12 片 125mm 的硅片，整个淀积过程超过 60min，这导致了低的硅片产量。

3. 硅外延层电阻率的控制

不同器件对外延层的电参数要求是不同的。例如，功率器件要求外延层电阻率为 1～

10Ω·cm，数字集成电路则要求 0.2～0.5Ω·cm，这就需要在外延生长过程中，精确控制外延层中的杂质浓度和分布来解决。

外延层中杂质来源很多，总的载流子浓度 $N_{总}$ 可以表示为：

$$N_{总}=N_{衬底}\pm N_{气}\pm N_{邻片}\pm N_{扩散}\pm N_{基座}\pm N_{系统}$$

式中 $N_{衬底}$——衬底中挥发出来的杂质掺入外延层中的杂质浓度分量；

$N_{气}$——外延层中来自混合气体的杂质浓度分量；

$N_{邻片}$——外延层中来自相邻衬底的杂质浓度分量；

$N_{扩散}$——衬底中杂质经固相扩散进入外延层的杂质浓度分量；

$N_{基座}$——来自基座的杂质浓度分量；

$N_{系统}$——除上述因素外整个生长系统引入的杂质浓度分量。

式中，正负号由杂质类型决定，以衬底杂质为基准，正号表示同类型杂质，负号表示反型杂质。

$N_{气}$、$N_{基座}$、$N_{系统}$的杂质不是来源衬底片，因此称为外掺杂；$N_{扩散}$、$N_{衬底}$、$N_{邻片}$的杂质来源于衬底片，通称为自掺杂。尽管外延层中的杂质来源于各方面，但决定外延层电阻率的主要因素还是人为控制的掺杂剂的多少；即 $N_{气}$ 起主导作用，其他杂质会干扰外延层电阻率的精确控制，所以在外延时应采取各种办法来抑制它们，或减少其影响。

为了控制外延层的导电类型和载流子浓度（电阻率），在整个生长过程中在反应气体（硅源和氢气）中加入了掺杂剂（杂质）。典型的掺杂剂是使用它们的氢化物。双硼烷（B_2H_6）被用于引入硼，磷烷（PH_3）引入磷，而砷烷（AsH_3）引入砷，一般氢化物在氢气中被稀释到低浓度（10～1000ppm）。使用这些气体必须谨慎，因为它们是剧毒的。尽管氢化物在室温以上时相对不稳定，在反应室中大量的氢气的存在却可避免它们的分解。

自掺杂设置了一个对外延层的最小厚度和掺杂水平的极限。因而必须减小自掺杂，可使用几种技术来减少这些效应，主要包括以下几方面。

① 为避免硼的自掺杂，外延淀积过程应在尽可能最低的淀积温度下进行，例如 SiH_2Cl_2 可以在比 $SiCl_4$ 低的温度下淀积。但应注意的是，这只对减少硼的自掺杂有效，因为在较低温度时砷的自掺杂增加。

② 应使用有较低蒸气压和低扩散率的衬底和埋层掺杂剂，例如以锑代替砷（高蒸气压）或磷（高扩散率）。

③ 如果有必要，用轻掺杂的硅封住衬底和/或支架的背面。

④ 在降低的压强（亚大气压）下操作外延系统以减少横向自掺杂。由于气体分子的扩散率在气压减小时增加了，这使得掺杂剂原子能迅速到达主气流并被带出反应室，从而减少横向自掺杂。这种方法只对磷和砷有作用，而对硼无效。

⑤ 使用离子注入的埋层以减小衬底表面浓度。

⑥ 使用覆盖—吹气—生长的顺序：在埋层或衬底上先生长一个很薄的无掺杂的膜以封住掺杂剂，紧跟着吹气，再在生长剩下的外延层时引入掺杂剂。

⑦ 在 HCl 刻蚀之后采用一个低温吹气的工艺以保证刻蚀时涉及的掺杂剂被带出系统。

4. 硅外延层缺陷

1）外延层中的缺陷　在外延淀积期间，在薄膜中可能发生工艺诱发的晶体缺陷。这些缺陷源于：①反应室的沾污；②硅片的预处理；③衬底的不完美性。用于检测存在的缺陷的方式包括：化学刻蚀、光学和电子显微镜检查、深能级瞬态谱（DLTS）和 X 射线貌相术。

在这部分描述外延缺陷的成核机制，然后讨论如何能减少这类缺陷。

首先是外延层的晶体质量不会超过衬底的质量，因而在硅片预处理时必须非常小心。外延前的硅片清洁与炉子前的硅片清洁过程（包括擦片）很相似，它要求从硅片的正面和背面去除颗粒、有机的和无机的（重金属、钠）沾污。一般的清洁过程是不够的，还要求有一个额外的温度超过 1100℃的即时的无水 HCl（含 1%～5%HCl 的氢气）的刻蚀来从表面去除剩余的沾污。必须小心以避免硅衬底的有效厚度的丧失，因为在高温时刻蚀速率很快。如要求较低的温度（1050℃），已发现 SF_6 是即时刻蚀中 HCl 的合适的替代品。

曾认为如没有实时的 HCl 刻蚀，或在淀积过程中不存在含氯的物质，将无法制备双极器件的高质量的外延膜。但是，最近的研究表明在只经受一次湿法外延前清洁的硅片上，可以制备出优秀器件质量的外延材料。这种膜的原料是 SiH_4 和 H_2，淀积温度低至 900℃。该结果表明生长高质量、外扩散或自掺杂没有或很少的薄的外延层（$<1\mu m$）是可能的。

在反应室中一个潜在的杂质源是 SiC 覆盖的石墨支架，当 SiC 涂覆层裂开时它可能释放出金属杂质。对支架的高温 HCl 的处理能充分减少这些杂质。

外延淀积引起的最常见的缺陷是位错和层错。外延膜中位错的产生有几种机制，包括以下几种。

① 衬底中的位错线到达衬底表面时增殖进入正在生长的薄膜。位错多的衬底导致了位错多的薄膜，因而应当采用无位错的衬底材料。

② 在薄膜和衬底之间存在着大的晶格参数的差异（例如，衬底重掺杂而外延层轻掺杂），这导致了失配位错。外延膜中靠近衬底处形成的失配位错释放了这种失配。

③ 由超过硅的屈服强度的热应力引起，并造成滑移。

淀积过程中硅片前面和后面之间的温度梯度造成了热应力。这些梯度引起了一系列变化并最终引起滑移。这一系列变化如下所示：当射频加热支架（它反过来以辐射和通过支架的热传导来加热硅片背面）时，硅片前面辐射热量到环境中。这导致了硅片的背面和前面之间几度的温差，和前面和背面之间热膨胀的不同的量。由于硅片背面比前面膨胀得多，硅片会形成碗的形状以适应这种效应（硅片弯曲），这使得硅片边缘离开支架。现在硅片边缘从支撑物获得较少的热，并冷至一个比硅片的其他部分低的温度，造成硅片进一步的弯曲。这种弯曲最后使热应力超过高温时硅片的屈服强度，导致了晶体滑移。对于较大直径的硅片，温差趋于增加。在射频加热的反应室中，通过将样品架做成口袋的形状，这样硅片只在边缘处与支架相接触，可以充分减小这个问题。通过在硅片上安置热反射器，也可减小背面和前面之间的温差。最近的解决滑移问题的方法包括使用聚焦于硅片前面的辐射加热器以减少通过硅片的净热流。另一方面，在红外加热的反应室中，可以提供能减小这个问题的从前面加热的方式。

外延层中层错的成核有两个不同的原因：①衬底上微小的表面台阶；②衬底上或反应室本身的杂质。如前面提到的，已发展出一个外延层生长的原子模型。在这个模型中，薄膜倾向于以二维台阶的方式沿着<110>方向增殖。已表明这些侧向移动的台阶在衬底上可能遇到障碍，导致了堆垛次序的错误。衬底中滑移带的出现或衬底上的颗粒也能成为层错的核。表面上局部区域的二氧化硅、氮化硅或碳化硅也提供了层错的成核位置。这些化合物的来源包括：①淀积时反应室中残余的水汽或二氧化碳（可能在衬底上生成 SiO_2）；②碳氢沾污，它可导致衬底上的 SiC 小块的生成。金属杂质（铁、铜、镍）能混入气体中随后以固溶物的形式与硅膜一起淀积。当从淀积温度迅速冷却时，这些杂质在室温时仍以固溶体的形式存在。进一步的热处理，如随后的氧化，能使这些杂质沉淀，导致了氧化诱发层错。

反应室中落在衬底上的颗粒也能作为层错的成核位置。辐射加热的桶式反应室具有一个有效的边界层（气流平行于硅片表面），这能避免颗粒从气体中进入到硅片上。通过使用低的灯泡功率，这能消除颗粒的静电迁移，能进一步减少穿过边界层的颗粒。

2）减少外延膜中缺陷的技术　除了上面所讨论的清洁工艺，通过在淀积前使用衬底的洁净区和氧本征吸杂（IG）工艺，能减少外延层中的缺陷。通过在硅片上应用外延前的本征吸杂能获得改善的硅外延层。这些技术在几种不同的外延器件结构中研究，包括 P^- 上长 N、P^+ 上长 P 和 N^+ 上长 N(CMOS)。重掺杂的 N^+ 硅片不利于氧的沉淀，需要 40h 以上的退火以诱发体微缺陷。实验表明使用多晶硅背吸杂的原始硅片，伴随着 IG 工艺（采用高—低—高的退火过程），将大大减少在 N^+ 衬底中形成微缺陷的时间。

一种获得低缺陷外延层的最新技术是采用应力层。通过用锗对最初淀积的硅作有意识的合金化，在衬底和外延层的有源部分之间形成应力层。形成的硅-锗合金具有与硅衬底不同的晶格参数，通过形成失配位错可容许这个失配。外延的器件层淀积在硅-锗应力层上。反过来，失配位错可作为重金属沉淀的位置，因而能捕获这些杂质使之离开器件的有源区。外延的硅-锗层以每层的锗浓度逐渐增加的顺序淀积，失配位错的密度会随锗浓度的增加而增加。每一层中插入了一个无应力的硅层，最后淀积硅的器件层，较轻掺杂的外延层（具有较大的吸杂效率）接近于器件层。观察表明即使在高温（>1000℃）热循环之后，失配位错也没有到达器件层，结果表明这种方式在从外延层中吸走金、铜、铁和镍是有效的。

习　题　3

1. 半导体材料的主要特性有哪些？
2. 简述硅材料的化学性质及其实际应用。
3. 分别说明 N 型半导体和 P 型半导体。
4. 简述高纯硅的主要制备技术。
5. 区熔提纯的原理是什么？
6. 简述直拉法单晶生长工艺过程。
7. 简述杂质对硅单晶材料性能的影响。
8. 怎样控制硅晶体中杂质均匀性？
9. 晶体中缺陷有哪些种类？各自有哪些特点？
10. 硅单晶中产生位错的原因有哪些？如何降低位错密度？
11. 简述硅单晶抛光片的制备过程。
12. 硅气相外延生长原料有哪些？硅外延层电阻率如何控制？

第 4 章　化合物半导体材料基础

4.1　化合物半导体材料概述

按化学组分分类，化合物半导体是由两种或两种以上元素以确定原子配比形成的化合物，并具有确定的禁带宽度和能带结构等半导体性质。通常所说的化合物半导体多指晶态无机化合物半导体。主要是二元化合物，其次是三元和多元化合物及某些稀土化合物。

目前已经得到实用的二元化合物半导体材料只有部分Ⅲ-Ⅴ族、Ⅱ-Ⅵ族、Ⅳ-Ⅵ族及Ⅳ-Ⅳ族化合物等，涉及的相关元素如图 4-1 所示。三元和多元化合物半导体材料迄今在工业上得到应用相对较少。

Ⅲ-Ⅴ族化合物半导体是元素周期表中ⅢA 族元素 B、Al、Ga、In 和ⅤA 族元素 N、P、As、Sb 所形成的化合物半导体材料，以及它们所形成的若干种固溶体。

Ⅱ-Ⅵ族化合物半导体材料指元素周期表中ⅡB 族元素 Zn、Cd、Hg 与ⅥA 族元素 O、S、Se、Te 所形成的二元化物半导体材料。

Ⅳ-Ⅵ族化合物半导体材料指元素周期表中ⅣA 族元素 Ge、Sn、Pb 与ⅥA 族元素 S、Se、O、Te 所形成的部分二元化合物。

Ⅱ	Ⅲ	Ⅳ	Ⅴ	Ⅵ
	B 5	C 6	N 7	O 8
	Al 13	Si 14	P 15	S 16
Zn 30	Ga 31	Ge 32	As 33	Se 34
Cd 48	In 49	Sn 50	Sb 51	Te 52
Hg 80	Tl 81	Pb 82	Bi 83	Po 84

图 4-1　化合物半导体相关元素

因为化合物至少由两个元素构成，由于它们彼此间的原子结

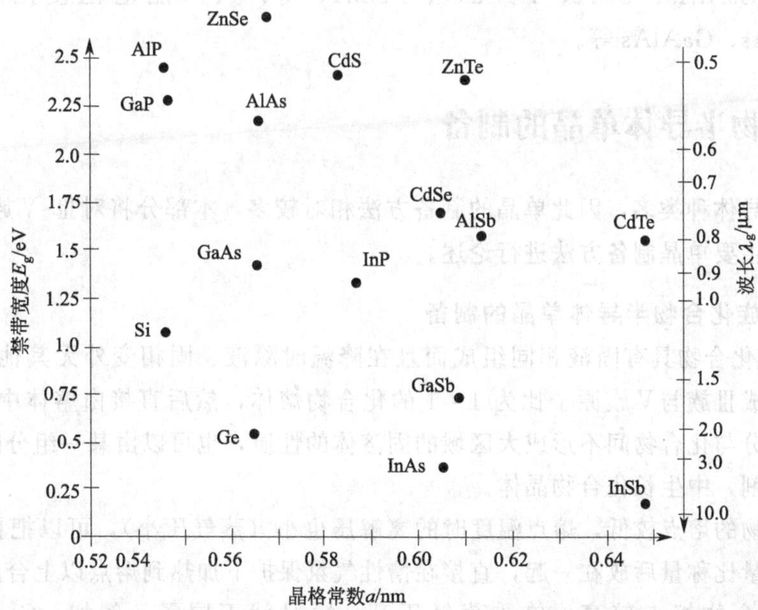

图 4-2　二元化合物半导体禁带宽度、晶格常数及相应波长的关系

构不同，价电子必然向其中一种元素靠近，而远离另一种元素，这样在共价键中就有了离子性。这种离子性会影响到材料的熔点、禁带宽度、迁移率、晶体结构等，部分二元化合物半导体材料禁带宽度、晶格周期等如图 4-2 所示。化合物半导体材料晶体结构主要为闪锌矿、纤锌矿、黄铜矿型。

化合物半导体的组成规律一般服从元素周期表排列的法则。对已知的化合物半导体材料，其组成元素在同一族内垂直变换，其结果是随着元素的金属性增大而其带隙变小，直到成为导体。反之，随着非金属性增加而其带隙变大，直至成为绝缘体。

二元化合物的晶格常数和禁带宽度等都是一定的，在应用时常受到限制，如光电器件的发射波长由材料的禁带宽度限定。但由两种化合物形成的三元或四元化合物，其晶格常数、禁带宽度等随组分变化而改变，如图 4-3 所示。因为四元系比三元系多一个自由度，能在相当宽的范围内独立地调节晶格常数和禁带宽度，因而能较容易地满足制作激光器结构材料等的要求。

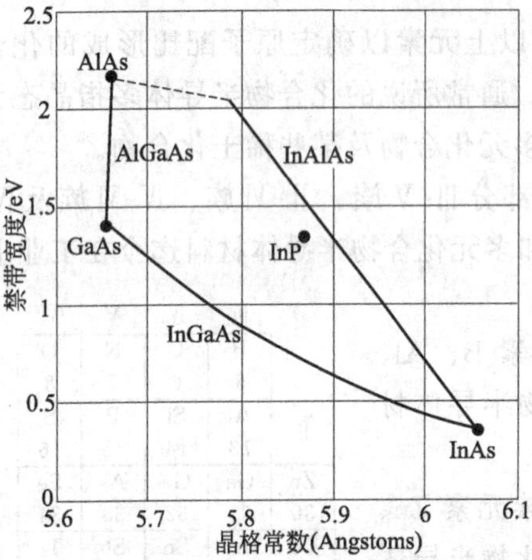

图 4-3　三元化合物半导体禁带宽度与晶格常数关系

化合物及其固溶体的品种繁多，性能各异，给应用扩大了选择。在光电子方面，所有的发光二极管、激光二极管都是用化合物半导体制成的，已获工业应用的有 GaAs、GaN、GaP、GaAlAs、GaAsP、InGaAsP 等；用作光敏元件、光探测器、光调制器的有 InAsP、CdS、CdSe、CdTe、GaAs 等；一些宽禁带半导体（SiC、ZnSe 等）、三元化合物具有光电子应用的潜力；GaAs 是制作超高速集成电路的最主要的材料；微波器件的制作使用 GaAs、InP、GaAlAs 等；红外器件则用 GaAs、GaAlAs、CdTe、HgCdTe、PbSnTe 等；太阳能电池使用 CdS、CdTe、$CuInSe_2$、GaAs、GaAlAs 等。

4.2　化合物半导体单晶的制备

化合物半导体种类多，因此单晶的制备方法相对较多，本部分将对Ⅲ-Ⅴ族、Ⅱ-Ⅵ族化合物半导体的主要单晶制备方法进行论述。

4.2.1　Ⅲ-Ⅴ族化合物半导体单晶的制备

由Ⅲ-Ⅴ族化合物具有固液相同组成而且在降温时除液、固相变外无其他相变的特点，所以可以先合成Ⅲ族与Ⅴ族原子比为 1∶1 的化合物熔体，然后直接由熔体中生长其单晶；另外，根据组分与化合物间不形成大区域的固溶体的性质，也可以由某一组分的溶液（常以Ⅲ族元素作溶剂）中生长化合物晶体。

通常锑化物的熔点较低，熔点温度时的离解压也小（蒸气压小），可以把Ⅲ族元素与锑元素按化学计量比称量后放在一起，直接在惰性气氛保护下加热到熔点以上合成。但是砷化物、磷化物化合物熔点较高，单质蒸气压高，情况就不同了。例如，GaAs 的熔点为 1237℃，但砷很易挥发，而且在高温下有很高的蒸气压，在不到 800℃时已超过 10^6Pa，如把 Ga、As 一起放在密闭容器中加热，那么在未充分化合之前就可能把反应器炸掉。因此 GaAs 合成与晶体生长采用二温区设备。Ga、As 分别封在抽空的石英管两端，Ga 端温度一般略大于 1237℃，砷端温度为 617℃。

目前Ⅲ-Ⅴ族化合物体单晶主要是从熔体中生长的。生长Ⅲ-Ⅴ族化合物晶体的方法与锗、硅晶体大致相向，有直拉法和横拉法，对于在熔化时不离解的锑化物，可利用制备锗、硅单晶的相同设备，在保护气氛下生长。对于蒸气压较大的砷化物和磷化物，则要适当改变设备与工艺，控制砷、磷，防止熔体离解。

下面以 GaAs 单晶制备为例，介绍水平布里奇曼法和液态密封法。

1. 水平布里奇曼法

水平布里奇曼法又叫横拉法。两温区水平布里奇曼法生长 GaAs 设备见图 4-4，加热炉分为低温炉与高温炉，它们分别供电、测温和控温，高温炉外部有一个开有观察孔的保温炉，它装在区熔传动机构上，可以左右移动。

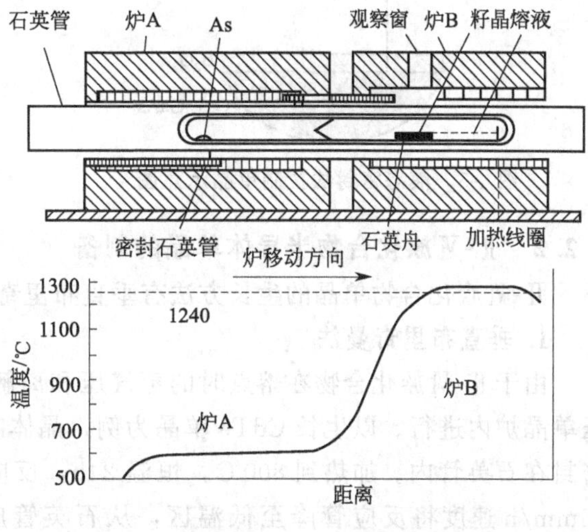

图 4-4 水平布里奇曼法的装置和温度分布图

反应室为圆柱形石英管，中间有石英隔窗，一端放有用金刚砂打毛后清洗干净的石英舟，另一端则装砷。为了使整个体系能保持 9×10^4Pa 的砷蒸气，装砷量要比按化学计量计算的量要多一些。合成 GaAs 时，先将纯 Ga 盛于石英舟内，放在石英反应管一端，纯砷放到另一端。然后在高真空下分别加温除去氧化膜。通常 Ga 在 700℃，1.3×10^{-3}Pa 下恒温处理 2h 除去氧化膜。砷在 280℃，1.3×10^{-3}Pa 真空下恒温处理 2h 除去氧化膜。随后在真空条件下分别用氢氧焰封闭石英管。为方便操作将 Ga 用干冰或液 N_2 冷冻凝固，用石英撞针（或用固体 As）撞破石英隔窗，将反应管放入炉中，Ga 舟置于高温炉中，砷端置于低温炉中，通电升温。开始高、低温炉同时升至 617℃，然后将低温炉恒温于 617℃，高温端升至 1250℃恒温，开动区熔机，使熔区由锭的一端移到另一端，这时 GaAs 便合成好了。GaAs 合成后，将保温炉退回锭的前端，即可进行晶体生长。生长晶体时可利用预先放入的籽晶引晶，并可以应用缩颈技术，以降低位错密度。

2. 液态密封法

液态密封法也称 LEP 法或称 LEC 法，它是目前拉制大直径Ⅲ-Ⅴ族化合物晶体的最重要的方法。它是在高压炉内，将欲拉制的化合物材料盛于石英坩埚中，上面覆盖一层透明而黏滞的惰性熔体，将整个化合物熔体密封起来，然后再在惰性熔体上充以一定压力的惰性气体用此法来抑制化合物材料的离解，用这种技术可拉制 GaAs、InP、GaP 等的大直径单晶。

液态密封法拉制单晶的原料，一般先在炉外合成多晶体，但对于 GaAs，也可以在炉内直接合成后拉晶，如图 4-5 所示。在炉内有一石英杯，杯内装 Ga，另有一石英安瓿装 As，B_2O_3 预先在 900～1000℃下加热脱水，并同时将 Ga 杯、As 安瓿调到炉上或炉边适当位置烘烤，以便除去氧化膜。除氧后，降温至 600～700℃，将 Ga 倒入石英坩埚内，充以 1.5×10^5Pa 的 Ar 气。合成时将 As 安瓿下端毛细管尖端通过 B_2O_3 液层插入 Ga 液中，逐渐升温至合成温度，安瓿内砷变成蒸气溶入 Ga 内生成 GaAs。合成后拔出 As 安瓿管，并按 Si 直拉法拉晶程序，引晶—缩颈—放肩—等径生长—收尾拉光等步骤拉制 GaAs 单晶。

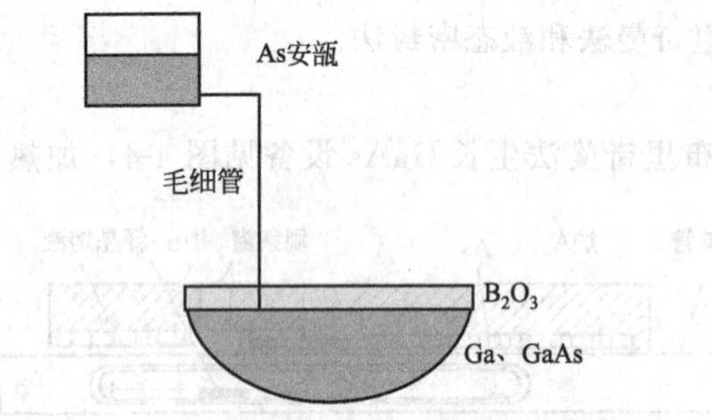

图 4-5 液态密封法拉制单晶示意图

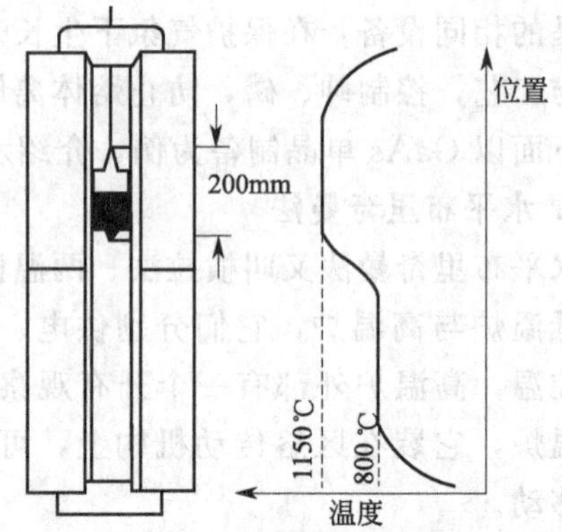

图 4-6 垂直布里奇曼炉及炉温分布

4.2.2 Ⅱ-Ⅵ族化合物半导体单晶的制备

Ⅱ-Ⅵ族化合物单晶的生长方法有垂直布里奇曼法、升华法、移动加热法等。

1. 垂直布里奇曼法

由于Ⅱ-Ⅵ族化合物在熔点时的蒸气压和离解度都较大，若从熔体中生长晶体必须在高压单晶炉内进行。以生长 CdTe 单晶为例，晶体制备如图 4-6 所示，首先将提纯的 Cd 和 Te 密封在石英管内。加热到 800℃，恒温 24h，反应生成 CdTe。然后加热到 1150℃熔化，以 15mm/h 速度将反应管降至低温区，从石英管底部开始生长晶体。用此方法也可以制备 ZnSe、CdSe、CdS 等的单晶。

2. 升华法

升华法是利用Ⅱ-Ⅵ族化合物固体在某一温度、压力下可以发生升华的现象，使升华的蒸气冷凝生成晶体。图 4-7 为用升华法制备Ⅱ-Ⅵ族化合物单晶材料的装置及温度分布图。以制备 CdSe 单晶为例加以说明。炉体为双温区管式电阻炉。反应器由直径不同的两段石英管焊接构成。粗管用于生长晶体，下部细长尾管在整个生长过程中处于较低温度。用控制尾管温度的方法来抑制源升华时的分解，保证晶体生长并控制化学比偏离。CdSe 多晶封入真空石英管中，置于炉内。管锥部由温度最高处匀速上升，移向低温区，CdSe 在锥部首先冷却成核。目前用此法已生长出大尺寸的 CdSe、CdS、ZnSe 等Ⅱ-Ⅵ族化合物单晶。

3. 移动加热法

移动加热法分为移动溶液法和移动升华法，目前主要采用移动溶液法。装置和温度分布如图 4-8 所示。以 Te 为溶剂生长 CdTe 单晶时，生长温度为 700℃。随着反应管向下移动，CdTe 源溶入 Te 溶液中，在下面的固液界面 CdTe 单晶从反应管下端向上生长。移动溶液法与前两种方法相比，除了具有生长温度较低的优点外，溶剂材料还具有吸杂作用。

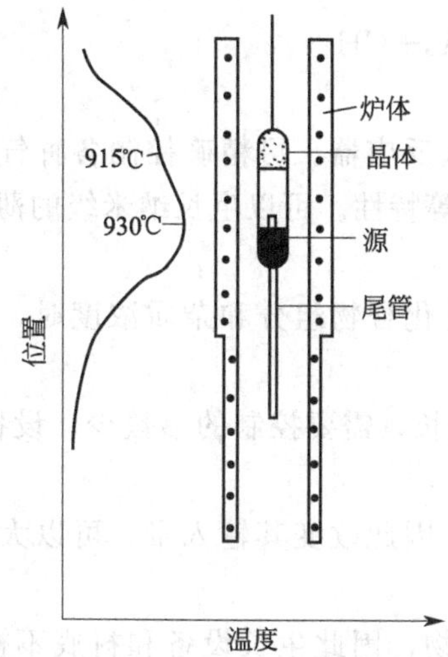

图 4-7　升华法制备Ⅱ-Ⅵ族化合物单晶材料的装置及温度分布图

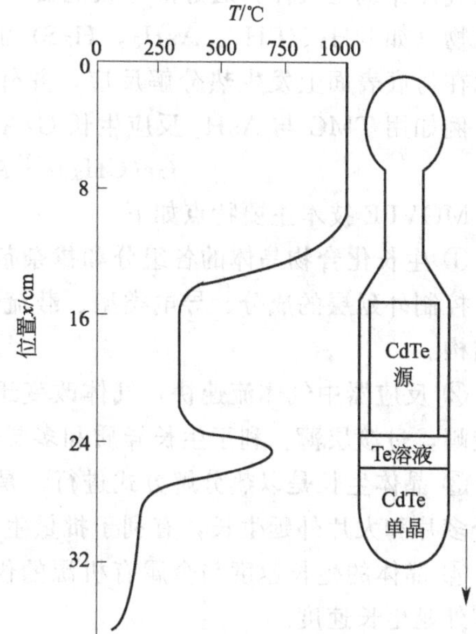

图 4-8　移动加热法示意图

4.3　化合物半导体外延生长技术

对于化合物半导体，因为从熔体生长的单晶纯度低，缺陷多，电阻率温度系数是负的，而且不能制作多层异质结构，作欧姆接触也很困难，远远不能满足器件制作的要求。化合物半导体的各种外延技术相继问世，使材料的质量和器件的性能得到很大的改善。与体单晶相比，外延材料纯度高，电学特性好，具有正的温度系数，外延层的晶体完整性也有所提高。外延生长可以制备厚度和杂质均匀分布的薄层及异质多层结构，以满足器件制作的需要。

目前绝大多数器件都是用外延层作为有源层，而单晶则用来作衬底。主要的外延方法有气相外延、液相外延、分子束外延等。

4.3.1　气相外延生长

化合物半导体气相外延生长方法较多，其中金属有机物气相外延生长（MOVPE）使用较为广泛，本节进行重点介绍。MOVPE 技术是于 1968 年提出来的生长化合物半导体薄层晶体的方法，又称为 MOCVD，它是采用Ⅲ族、Ⅱ族元素的有机化合物和Ⅴ族、Ⅵ族元素的氢化物等作为晶体生长的原材料，以热分解方式在衬底上进行外延生长Ⅲ-Ⅴ族、Ⅱ-Ⅵ族化合物半导体以及它们的多元化合物的薄层单晶。Ⅲ、Ⅱ族金属有机化合物一般使用它们的烷基化合物，如 Ga、Al、In、Zn、Cd 等的甲基或乙基化合物：$Ga(CH_3)_3$、$Ga(C_2H_5)_3$ 等，为了简单明了常用它们英文名称的缩写来表示，缩写中 2 表示为“D”；3 表示为“T”；CH_3 表示为“M”；C_2H_5 表示为“E”。例如 $Ga(CH_3)_3$ 缩写为 TMGa 或 TMG、$Ga(C_2H_5)_3$ 缩写为 TEGa 或 TEG。

这些金属有机化合物中的大多数是具有较高蒸气压的液体（也有的是固体）。用氢气或惰性气体作载运气体，通过液体鼓泡器（固体则掠过表面）将其携带，与Ⅴ族或Ⅵ族元素的氢化物（如 NH_3、PH_3、AsH_3、H_2S）混合，通入反应器，当流经加热的衬底表面时，它们就在衬底表面上发生热分解反应，并外延生长成化合物晶体薄膜，热分解反应是不可逆的。例如用 TMG 与 AsH_3 反应生长 GaAs。

$$Ga(CH_3)_3 + AsH_3 \longrightarrow GaAs + CH_4$$

MOVPE 技术主要特点如下。

① 生长化合物晶体的各组分和掺杂剂都以气态通入反应器。可精确控制各种气体的流量，控制外延层的成分、导电类型、载流子浓度、厚度等特性。可以生长纳米级的薄层和多层结构。

② 反应器中气体流速快，气体改变迅速，改变多元化合物组分和杂质浓度时，杂质分布陡峭，过渡层薄，利于生长异质和多层结构。

③ 晶体生长是以热分解方式进行，是单温区外延生长，需要控制的参数少，设备简单。便于多片和大片外延生长，有利于批量生长。

④ 晶体的生长速度与金属有机源的供给量成正比，因此改变其输入量，可以大幅度地改变外延生长速度。

⑤ 源及反应产物中不含有 HCl 一类腐蚀性的卤化物，因此生长设备和衬底不被腐蚀，自掺杂比较低。

MOVPE 设备分为卧式和立式两种，有常压和低压、高频感应加热和辐射加热，反应室有冷壁和热壁。因为源是易燃、易爆、毒性很大的物质，要考虑系统气密性好，流量、温度控制精确，组分变换要迅速，整个系统要紧凑等。

设备主要组成包括：源供给系统、气体输运和流量控制系统，反应室加热及温度控制系统，尾气处理及安全防护报警系统，自动操作及电控系统等。

下面以 GaAs 为例讨论 MOVPE 工艺，如图 4-9 所示，把处理好的 GaAs 衬底装到基座上，调整好 TMG 源的恒温器以及其他应设定的参数，如流量、温度等。然后系统抽空、充 H_2（如系低压生长应调整好反应室内压力）。接着升温，待温度达到 300℃时，开始通 AsH_3，在反应室内形成 As 气氛，以防止 GaAs 衬底受热分解。待温度升至外延生长温度时，通入 TMG 进行外延生长。在生长完后，停止通 TMG，降温到 300℃时再停止通 AsH_3，待温度降至室温时开炉取出外延片。

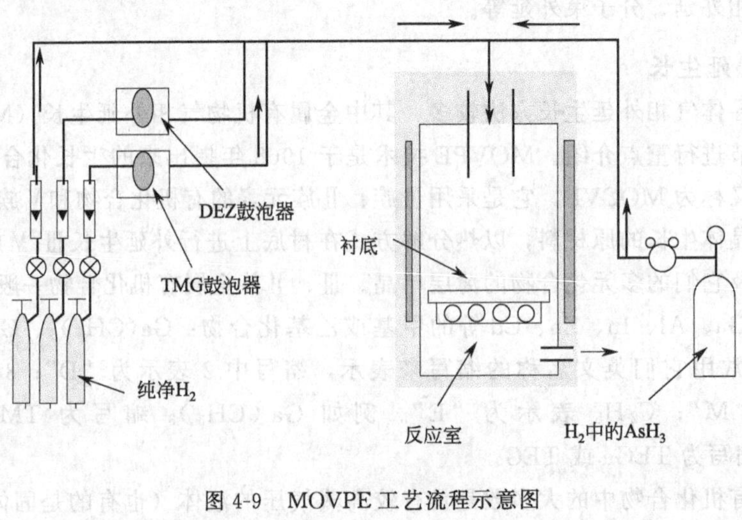

图 4-9 MOVPE 工艺流程示意图

4.3.2　液相外延生长

液相外延技术（LPE），是一种从生长界面处于饱和状态的熔融溶液中进行沉积，借以在单晶衬底上生长外延层的技术。例如从被砷饱和的富镓溶液中生长 GaAs 外延层，该技术广泛用于生长诸如 GaAs、GaAlAs 和 GaP 等这样一些半导体以及石榴石等磁性材料的单晶层，以供多种用途。光电子器件、微波器件和磁泡器件都是利用此法所制备的结构制造成功的。

与其他外延技术相比，液相外延有以下优点：

① 生长设备比较简单；

② 生长速率快；

③ 外延材料纯度比较高；

④ 掺杂剂选择范围较广泛；

⑤ 外延层的位错密度通常比它赖以生长的衬底要低；

⑥ 成分和厚度都可以比较精确地控制，重复性好；

⑦ 操作安全，没有气相外延中反应气体和反应产物所造成的高毒、易燃、易爆和强腐蚀等危险。

液相外延技术的出现，对于化合物半导体材料和器件的发展起了重要的推动作用。目前这一技术已广泛用于生长 GaAs、GaAlAs、GaP、InP、GaInAsP 等半导体材料和制作发光二极管、激光二极管、太阳能电池、微波器件等。

液相外延的最大缺点是当外延层与衬底的晶格失配大于 1%时生长发生困难。其次，由于生长速率较快，难以得到纳米厚度的外延材料。此外，外延层的表面形貌一般不如气相外延的好。

液相外延整套系统配置示意图如图 4-10 所示。

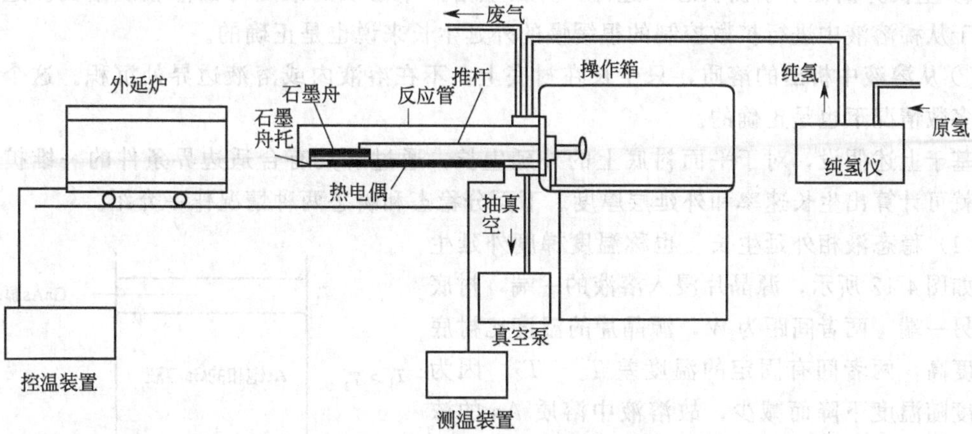

图 4-10　液相外延系统配置

1. 液相外延生长原理和生长方法

1）生长原理　液相外延生长的基础是溶质在液态溶剂内的溶解度随温度降低而减少。因此一个饱和溶液，在它与单晶衬底接触后被冷却时，如条件适宜，就会有溶质析出，析出的溶质就外延生长在衬底上。这里所述的外延，是指在晶体结构和晶格常数与生长层足够相似的单晶衬底上生长，使相关的晶格结构得以延续。如果衬底和外延层是由相同的材料组成的称为同质外延，反之称异质外延。在 GaAs 衬底上生长 $Ga_{1-x}Al_xAs$ 外延层就是异质外延的典型例子。液相外延生长过程可由平衡相图来描述，下面以 GaAs 衬底上生长 GaAs 外延层为例作说明。图 4-11 为 Ga-As 二元体系的 T-C 图。由图可知，可以用 Ga 作溶剂，在低于 GaAs 的熔点温度下生长 GaAs 晶体。如 Ga 溶液组分为 C_{L1}，当温度为 T_a 时，溶液与 GaAs 衬底接触，这时由于 A 点处于液相区，未饱和，所以它将溶掉 GaAs 衬底（吃片子）。衬底被溶掉后，溶液中 As 含量增加，相点 A 向右移动至 B 后，GaAs 衬底才停止溶解，溶液饱和。如果溶液组分为 C_{L1} 的 Ga 溶液，在 T_b 的温度下与 GaAs 衬底接触，此时溶液处于饱和状态，衬底将不会溶解。这时如果降温，溶液呈过饱和状态，若溶液不存在过冷，就会有 GaAs 析出。溶液组分将沿液相线上箭头方向向 C_{L2} 移动，析出的 GaAs 将外延生长在衬底上。

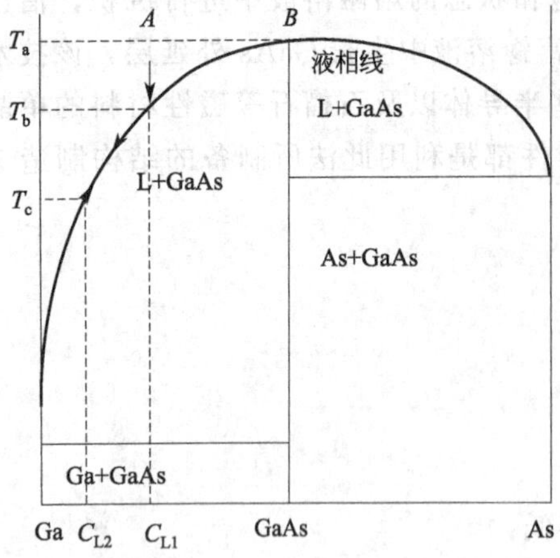

图 4-11 GaAs 液相外延生长原理

2）生长方法 由于动力学因素对生长速率的影响很大，仅从平衡液相线数据计算得到的生长层厚度与实际结果一般相差很大。为此，人们建立了几种理论模型来解决这个问题。对于从稀溶液进行的外延生长，一般采用简单扩散控制模型。该模型除假设生长溶液中不存在对流外，还包括以下三个假设。

① 生长溶液处于等温状态。对于富 Ga 的 GaAs 溶液来说，这个假设可以认为是正确的，至少在与溶液扩散长度相当的距离内是正确的。因为热扩散速率（约 0.5cm/s）远大于溶质扩散速率（约 5×10^{-5}cm/s）。

② 生长界面处于平衡状态。这样，界面上溶液中溶质的浓度可由液相线给出。这个假设对于从稀溶液中进行扩散控制的很缓慢的外延生长来说也是正确的。

③ 从溶液中析出的溶质，只生长在衬底上，不在溶液内或溶液边界处沉积。这个假设在大多数情况下也是正确的。

基于上述假设，对于平面衬底上的外延生长，通过解具有合适边界条件的一维扩散方程，就可计算出生长速率和外延层厚度。下面分稳态和瞬态两种情况作一介绍。

（1）稳态液相外延生长 也称温度梯度外延生长。如图 4-12 所示，源晶片浸入溶液的一端，衬底放在另一端，两者间距为 W，源晶片的温度比衬底的温度高，两者间有固定的温度差 T_1-T_2。因为溶解度随温度下降而减少，故溶液中溶质 As 的浓度从源晶片表面到衬底表面逐渐降低。当建立起稳态浓度分布时，源的溶解与衬底上的生长速率相等。溶液内的溶质浓度梯度则是溶质从源晶片向衬底输运的驱动力。

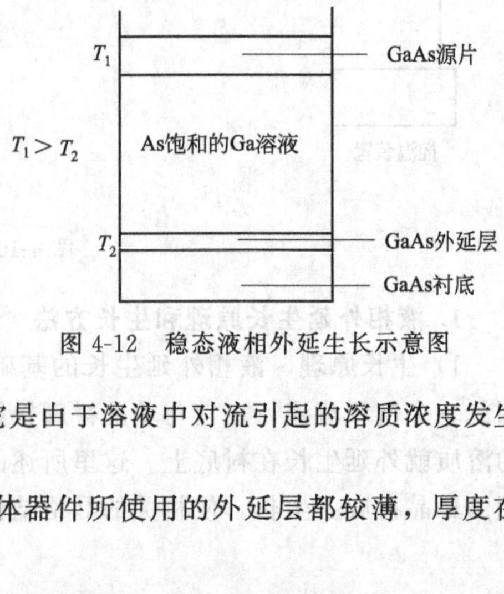

图 4-12 稳态液相外延生长示意图

稳态法外延生长的缺点是外延层厚度不均匀，它是由于溶液中对流引起的溶质浓度发生变化造成的。

（2）瞬态液相外延生长 绝大多数化合物半导体器件所使用的外延层都较薄，厚度在

0.1μm 到几微米之间。这种薄外延层可用瞬态液相外延生长技术生长，外延层厚度比稳态法生长的要均匀得多。瞬态生长法有四种，分别为平衡冷却法、分步冷却法、过冷法和两相溶液冷却法，如图 4-13 所示。每种瞬态生长过程在每次开始生长前都不让衬底与溶液接触，同时将系统加热到高于与溶液的初始组成相对应的液相线温度 T_1，然后冷却。图中箭头分别指示四种生长方法所采用的衬底与溶液开始接触的时间和温度。

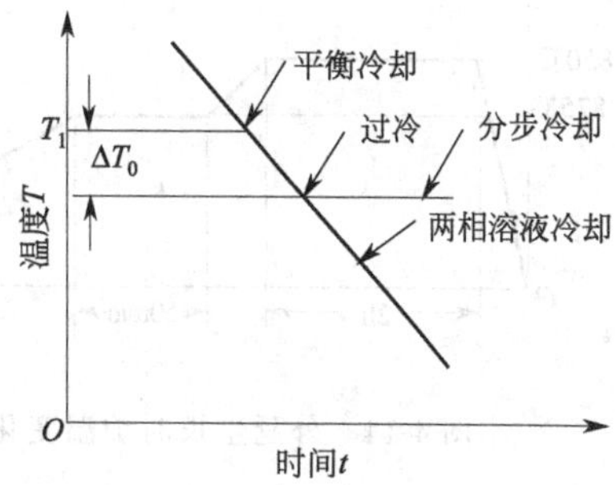

图 4-13　四种瞬态生长的溶液冷却过程

① 平衡冷却法　该方法在整个液相外延生长过程中采用恒定的冷却速度。当温度达到 T_1 时（此时溶液刚好饱和），使衬底与溶液接触，在接触瞬间两者处于平衡状态。这种技术在双晶片法中有变化，在操作开始时，温度保持恒定，使溶液与源晶片（或陪片）先接触，待溶液达到平衡后，再将源晶片换成衬底片并开始冷却生长。

② 分步冷却法　如果溶液与衬底接触之前能够承受相当大的过冷而不出现自发结晶，则可采用分步冷却法进行外延生长。在该方法中，一开始衬底和溶液就被以恒定的速度冷却到低于 T_1 的某一温度（不能出现自发结晶），并在该温度下恒温。然后使衬底与溶液接触，保持在同样的温度下生长，直到生长终结为止。这种方法之所以称为分步冷却法是因为它相当于使衬底和溶液在 T_1 下达到平衡，然后再将它们突然冷却到较低的温度，所以也有人称其为突冷法。

③ 过冷法　与分步冷却法相似，将衬底和溶液以恒定的速度冷却到低于 T_1 的某一不出现自发结晶温度，然后再使它们相接触。但是，在这种情况下，要连续不断地以均匀速度进行冷却，直到生长结束为止。

④ 两相溶液冷却法　这种方法将温度下降到远低于 T_1，足以在溶液中出现自发结晶，再使衬底与溶液接触，并以同样的冷却速度连续冷却。自发结晶使溶液中溶质浓度降低到饱和浓度。从这种意义上讲，该方法与平衡冷却法有点像。但实质上应将其看作是过冷法的一种变通方式，而不是平衡冷却法的改进。此外，由于在结晶上持续不断的沉积，所以在经过足够长的生长时间后，其生长层厚度甚至还低于无结晶相存在的平衡冷却生长。

2. 液相外延工艺过程

1）外延生长前的准备工作

(1) 石墨舟处理　本实验采用的石墨舟为高纯石墨制成的普通七槽水平滑动舟。为避免生长源泄漏，舟和衬底间的缝隙要适当，这就要求实验前把石墨舟的各个部件修整好，达到最佳的匹配状态；为避免生长源沾污，舟要非常干净，使用前先要用王水浸泡 24h，去除杂质，然后用沸去离子水煮至酸碱度为中性，再在真空下进行高温烘烤。真空度应高于 10^{-3}Pa，温度在 1000℃以上。由于舟的纯度对外延层的纯度有很大影响，处理时要尽量达到实验要求。

(2) 反应管处理　用王水浸泡 24h，再用去离子水反复冲洗后烘干待用。

(3) 炉温设定　本实验使用的是自动控温炉，可通过程序的设定自动升温、恒温、降温。图 4-14 是本实验的温度变化示意图，两段恒温时间分别为烧镓（脱氧）2h，熔源 50min，生长时降温速度为 0.5℃/min。

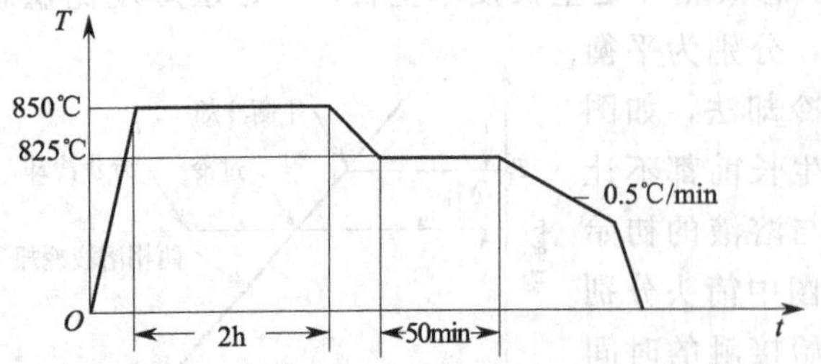

图 4-14　外延生长时炉温变化示意图

(4) 衬底制备　外延生长在衬底上进行，衬底的好坏直接影响外延片的质量。因此，衬底制备在外延生长中占重要位置。通常有定向、切割、研磨、抛光、腐蚀、清洗等工序。本实验采用 N 型〈100〉向单面抛光 GaAs 衬底，解理面积为 $5\times7mm^2$，厚度为 380μm，与石墨舟托板槽大小和深度一致。经甲苯、丙酮、无水乙醇超声清洗后，用 511 腐蚀液（即 $H_2SO_4:H_2O_2:H_2O=5:1:1$）进行表面化学腐蚀抛光，再用去离子水反复清洗，然后浸泡在乙醇中备用。

(5) 生长源称量　本实验要求设计并生长出一种以 GaAs 为有源发光区（发光波长约为 870nm)、以 AlAs 组分为 0.3 的 P 型和 N 型 $Al_{0.3}Ga_{0.7}As$ 为上下限制层的双异质结端面发光激光器或发光管结构，而且要求上下限制层的载流子浓度分别为 $5\times10^{17}cm^{-3}$ 和 $1\times10^{17}cm^{-3}$。因此，所设计的器件至少应为三层结构。按组分源和杂质源量计算方法算出每层的组分源和杂质源量并用微量天平称好。实验所用的 As 源为高纯 GaAs 多晶，Al、Te、Zn、Ge 和 Sn 源则为高纯单质源。

(6) 生长源腐蚀清洗　GaAs 多晶与衬底的腐蚀清洗方法相同。其他生长源的超声清洗过程同上，但腐蚀过程中所用的腐蚀液是不同的。

Te：用稀 HNO_3（在去离子水中滴几滴 HNO_3）腐蚀。

Sn：用 $H_2SO_4:H_2O=1:1$ 腐蚀液腐蚀。

Ge：用 $HNO_3:HF=1:1$ 腐蚀液腐蚀。

Al：用 NaOH 溶液（在去离子水中放入一小块 NaOH）腐蚀。

另外要注意在腐蚀液的配制过程中各成分倾倒的先后次序，GaAs 衬底和多晶源要用热 511 腐蚀液（60～70℃）腐蚀，各种生长源的腐蚀时间均约为 1min。

2) 外延生长步骤

(1) 开炉　按操作规程启动生长温度已设置好的外延炉，炉温会自动升至 850℃脱氧温度并恒定，此过程大约需要 1h。

(2) 烧杯和量桶清洗　实验中要用到的玻璃和石英器皿均要用去离子水冲洗干净，并在滤纸上空干。

(3) 称 Ga 和装 Ga　本实验使用纯度为 99.9999% 的高纯 Ga 作生长源溶剂，每槽 Ga 量均为 500mg，称好后应立即装入石墨舟源槽中，以减少在空气中的氧化和沾污。

(4) 抽真空和通氢气　装好 Ga 后，按操作规程开启机械泵和有关真空阀门将石英反应管抽至真空状态（10min 左右）后，关闭机械泵和有关真空阀门；与此同时严格按操作规程开启纯氢仪和氢气瓶：打开纯氢仪的加热器，当温度达到 300℃时，缓慢打开高压氢气瓶阀门并利用氢气表上的减压阀将原氢压力仔细调节为 0.25MPa 左右，然后缓慢打开纯氢仪的原氢阀，当原氢压力表的指示达到 0.25MPa 时，打开纯氢仪的尾气阀并将尾气流量调至合适程度，接着依次打开纯氢仪上和操作箱下面的纯氢阀，将高纯氢引入石英反应管，当纯氢仪的纯氢压力指示超过大气压时，打开操作箱下的废气阀，将废气通过塑料管道排放到窗外大气中。

(5) 脱氧 通氢 30min 后，将外延炉推至石英反应管上，对 Ga 在氢气氛下进行高温(850℃) 脱氧 2h，以便除去 Ga 的氧化物和沾污物。

(6) 装源 脱氧结束后，将石英反应管从炉膛中退出，待反应管的温度降至接近室温时，打开反应管，将处理好的衬底片及生长源快速装入石墨舟相应的衬底片槽和生长源槽中。这里要求快速装源，是为了尽量减少其在大气中的氧化和沾污。

(7) 熔源 生长源装好后，向反应管中通氢 30min 后，重新将外延炉推至反应管上，在氢气氛和 825℃恒温下，熔源 50min，以保证源的充分溶解和均匀混合。

(8) 外延生长 熔源结束后，开始执行降温生长程序，降温速度为 0.5℃/min，当温度降至 804℃时，开始陪片生长，陪片的作用是精确调整生长源的饱和度。当温度降至 800℃时，开始正片生长，若器件结构为三层双异质结，正片上的下限制层、有源层和上限制层的生长时间应分别控制在 4～6min、20～30s 和 4～6min，此时，三层的生长厚度分别为 1.5～2μm、0.2～0.4μm 和 1.5～2μm。生长过程中不同生长源的切换是通过由不锈钢定位器控制的石英杆推动滑动石墨源液槽完成的。

(9) 关炉取片 生长结束后，将石英反应管退出炉膛并按规程关闭外延炉。待反应管的温度降至接近室温后，关闭纯氢仪的加热器，待加热器的温度降至低于 200℃后，关闭操作箱下纯氢仪和氢气瓶上的所有阀门。以上工作完成后，打开反应管密封腔，从石墨舟片托上取下生长好的外延片，擦洗干净后包上镜头纸装入样品袋备用。然后将石墨舟各组件仔细地用滤纸擦拭干净，组装到一起，放入石英反应管，定好位置，封好密封腔，以备下次实验用。至此，整个外延实验结束。

4.3.3 其他外延生长技术

1. 分子束外延 (MBE)

分子束外延技术主要是一种可在原子尺度上精确控制外延层厚度、掺杂和界面平整度的半导体超薄层单晶薄膜制备技术，可用以直接生长制备出二维、一维、零维的纳米结构。它是在 20 世纪 50 年代发展起来的真空淀积Ⅲ-Ⅴ族化合物的三温度法和 1968 年 Arthur 对镓和砷原子与 GaAs 表面相互作用的反应动力学研究的基础上，由美国 Bell 实验室在 20 世纪 70 年代初期开创的。它推动了以半导体超薄层微结构材料为基础的新一代半导体科学技术的发展。

分子束外延有一些独特的特点，对生长半导体薄膜和结构是极其有利的。它的生长温度较低，这就把诸如扩散这类不希望的热激活过程减少到最低限度。其生长速率较慢，使得有可能精确控制厚度。生长表面或生长界面达到原子级光滑度，因而可制得极薄的薄膜。最后是它能方便地引入不同种类的蒸气，只要加上带有合适闸门的源箱，这就使得容易制造出在薄膜组成和掺杂剂浓度上具有复杂剖面分布的结构。由于已制得了层厚度为原子尺寸标度的 GaAs 和 $Al_xGa_{1-x}As$ 超细周期结构，上述特点得到了极其有力的证明。分子束外延的另一个特点是在超高真空环境下操作，这就使得能够在可控制的确定的表面条件下进行表面研究。

MBE 的基本原理如图 4-15 所示，在超高真空 ($<10^{-10}$ Torr[1]) 系统中相对地放置衬底和多个分子束源炉 (喷射炉)，将组成化合物 (如图中的 GaAs) 的各种元素 (如 Ga、As

---

[1] 1Torr=133.322Pa，下同。

等）和掺杂剂元素（如 Si、Be 等）分别放入不同的喷射炉内，加热使它们的分子（或原子）以一定的热运动速度和一定的束流强度喷射到加热的衬底表面上，与表面相互作用（包括在表面迁移、分解、吸附和脱附等）进行单晶薄膜的外延生长。各喷射炉前的挡板用来改变外延膜的组分和掺杂。根据设定的程序开关挡板、改变炉温和控制生长时间，则可生长出不同的化合物或不同组分比的三元、四元固溶体以及它们的异质结，制备各种超薄微结构材料，以 GaAs-$Al_xGa_{1-x}As$（$0\leqslant x\leqslant 1$）材料的生长为例，以镓喷射炉蒸发出的原子束射到 GaAs 衬底表面，在合适的生长温度范围（500～600℃）被表面吸附，黏附系数（指入射束中被稳定吸附在表面上的原子所占的比例）为 1。而对于从砷喷射炉中升华出来的 As_4 分子束或再经热裂解形成的 As_2 分子束，其黏附系数取决于 GaAs 衬底表面上 Ga 原子的吸附情况。当表面没有被吸附的 Ga 原子时，As 原子的黏附系数为零。有 Ga 原子时则砷分子遇到成对的 Ga 原子会分解为 As 原子而被吸附，从而在衬底上生长出 Ga、As 组成比为 1∶1 的 GaAs 单晶薄膜。同时打开 Al 炉挡板，Al 原子的黏附系数和 Ga 原子一样也是 1，则生成 $Al_xGa_{1-x}As$ 膜。x 值的大小在一定的生长温度范围内主要由 Ga 和 Al 的原子束流强度比决定。因此如果快速和周期地开关 Al 炉挡板，则可生长出每层厚度仅为零点几个纳米的 GaAs/$Al_xGa_{1-x}As$ 超晶格材料。

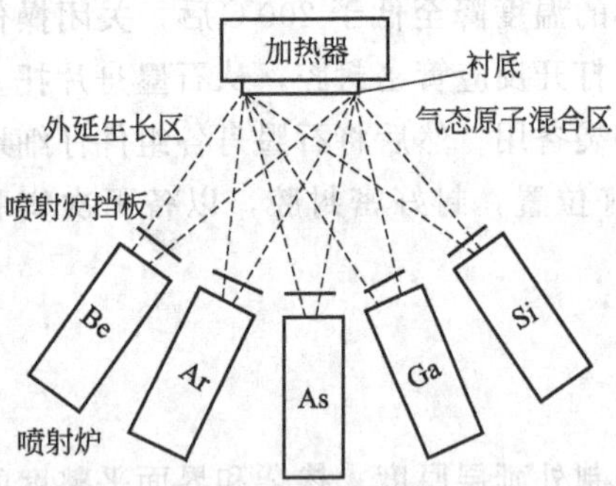

图 4-15 MBE GaAs-$Al_xGa_{1-x}As$ 原理图

与其他半导体纳米薄膜生长技术相比，MBE 主要有以下特点。

① 超高真空条件下生长，残余气体分压强低，杂质污染少，外延膜纯度高。

② 生长速率低（0.1～2.0μm/h），在合适的生长条件下能实现二维层状生长，可精确地控制单原子层厚度的生长和获得原子级平整的表面和界面。

③ 生长温度低，扩散效应小，可获得十分陡变的掺杂分布和异质界面。

④ 可任意改变外延层的组分、掺杂和连续生长复杂的多层异质结构。利用异质材料的晶格失配应力和不同晶向上材料的生长速率不同，可直接生长出不同维度的低维纳米材料。

⑤ 在生长过程中，可利用配置在生长室上的高能电子衍射仪等表面分析手段，原位观察研究外延表面的结构和生长机理。

⑥ 可将 MBE 设备与其他某些半导体工艺设备进行真空连接，使材料生长、蒸发，镀膜、注入和刻蚀等半导体器件制造工艺全部在真空中连续进行。

2. 溅射

溅射过程可定义为因受到高能投射粒子的撞击而引起的靶粒子喷射。早在 1852 年的文献中 Grove 就对溅射作了首次报道；但现在，它已发展为一门有关粒子-表面相互作用的科学分支。超高真空工艺与检测散射粒子、溅射物和注入材料状态的高灵敏度微分析技术平行发展，促进了该科学分支的进步。目前，溅射正在半导体工艺的许多领域内获得应用，包括器件制造程序中的图形选择腐蚀、衬底清洗、绝缘层、钝化层和金属接触的沉积，以及供薄膜和体材料化学分析用的样品的截取。溅射沉积半导体膜还用于诸如 ZnO 表面声波电视滤波器、电传打字系统的 CdSe 光电探测器、CdS 光伏器件以及（Pb、Sn）Te 红外探测器等商品器件。

溅射是物理过程而不是化学过程。因此该技术极适于生长熔点和蒸气压大不相同的元素组分所构成的化合物与合金。溅射靶材料的瞬时组成等于经过一个初始瞬间后的体靶的组成。如果沉积时给衬底加一偏压，从而改变了元素的相对黏着概率，则还可以灵活控制膜化学的性质。化学渐变结的生长及超晶格结构的生长已经证明了这一点，并且也易于实现掺杂。溅射还用于生长诸如（GaAs）$_{1-x}$Si$_x$ 和 In（Sb、Bi）这样一些亚稳定合金。另外，溅射还极适于大面积薄膜的沉积及极适于获得黏结优异的薄膜-衬底。

溅射也有一些缺点，这与沉积膜的用途有关。例如在金属氧化物半导体（MOS）工艺中，高能光子、电子、离子以及在无约束辉光放电溅射过程中所出现的中性物质等对衬底和生长膜的轰击，是不希望出现的。此外，溅射沉积过程中薄膜的生长速率往往较其他技术低。结合到生长膜内的溅射气体，可能会增加膜的应力，降低了退火对减少生长带入的结构缺陷密度的效果。此外，在溅射系统内时常出现的相当高的本底气体压力，有可能造成对薄膜的玷污。但采用诸如磁等离子约束、衬底加偏压和离子束溅射等这样一些技术，在任何给定的实验中，都能把其中的一个或更多的问题减到最低程度甚或消除。

在任何类型的膜淀积过程中，膜生长环境的净化都是必不可少的。溅射时需要采用高真空系统，最好是采用可以烧烤的超高真空系统。在辉光放电溅射过程中，为了使净化过的溅射气体在所需要的工作压力下保持高的通过量，高的抽真空速度变得很重要，这样就使该系统在淀积时可以连续净化。主要溅射方法如下。

1）辉光放电溅射　在辉光放电溅射过程中，离子系从在 $10^{-4}\sim10^{-1}$Torr 的压力下工作的低密度等离子体中抽提出来。对于等离子体材料表面改性和合成薄膜材料的工艺，所使用的等离子体通常都是由辉光放电产生的。在辉光放电实验中，气压一般要小于 100Torr，施加的电场强度在 50～1000V/cm，产生的电子能约为 1eV，电子密度为 $10^{9}\sim10^{12}$ cm^{-3}。辉光放电产生的等离子体是一种冷等离子体，有时也称为低温等离子体，其电子温度远大于离子的温度。辉光放电又可以分为直流辉光放电、射频辉光放电和微波放电。下面分别对这三种放电形式作简单介绍。

(1) 直流辉光放电　典型的直流辉光放电如图 4-16 所示。在一密封的石英玻璃中充满待放电的气体，气压约为 0.1～10Torr，并插入两个金属电极。当管内气压处于上述气压范围某一固定值，且当电源电压 U 高于气体的击穿电压 U_B 时，气体开始电离，形成辉光放电。这种放电的电压约为几百伏，电流约为几百毫安。

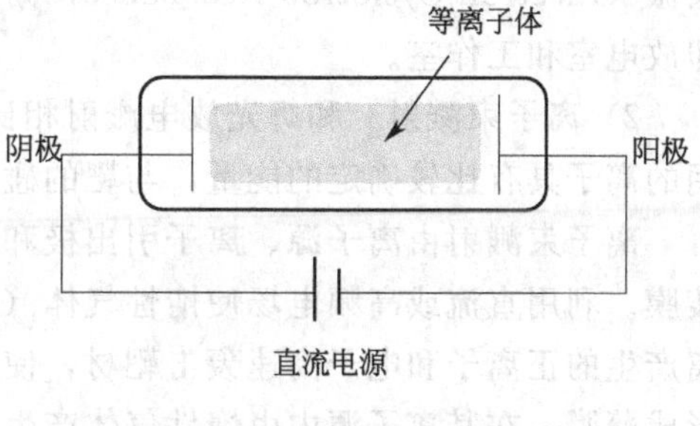

图 4-16　直流辉光放电装置示意图

直流辉光放电装置的优点是结构较简单，造价较低。缺点是电离度较低，且电极易受到等离子体中的带电粒子的轰击。电极受到带电粒子的轰击后，将产生表面原子溅射，这样一来，不仅电极的使用寿命被缩短，同时溅射出来的原子将对等离子体造成污染。

(2) 射频辉光放电　射频辉光放电是在薄膜合成工艺和集成电路制备工艺中最常采用的一种放电类型。放电的频率一般在兆赫以上，目前国际上常用的射频放电频率为 13.56MHz。这种放电可以产生大体积的稳态等离子体。根据电源的耦合方式的不同，射频放电可以分为电容耦合型和电感耦合型；根据电极放置的位置，又可以分为外电极式和内电极式，外电极式又称无极式。图 4-17 为外电极式的电容耦合型和电感耦合型放电装置示意图。对于外电极式放电来说，电容耦合是将两环形电极以适当间隔匹配在放电管上，或者把

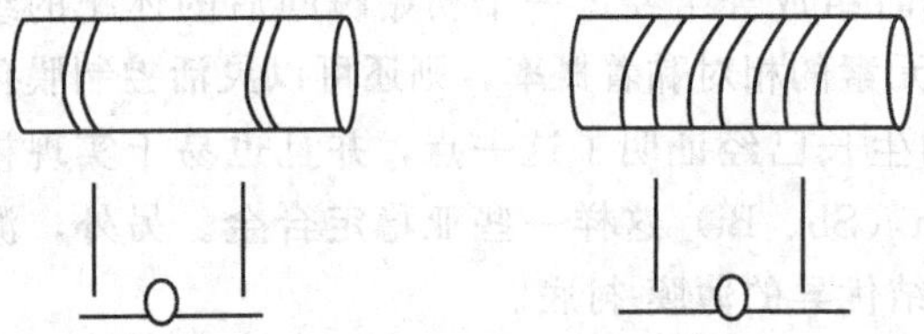

(a) 电容耦合　　(b) 电感耦合

图 4-17　外电极式射频放电装置示意图

电极分别放置在圆筒形放电管的两侧。加在电极上的高频电场能透过玻璃管壁使管内的气体放电形成等离子体。而电感耦合则用绕在放电管上的线圈代替电极，借助于高频磁场在放电管中产生的涡流电场来电离气体。无极放电的最大优点是避免了由电极的溅射而造成的污染，可以产生均匀而纯净的等离子体。这对采用等离子体技术制备高纯度的薄膜材料非常重要。对于内电极式放电来说，大多采用平行板型。由于平行板型放电稳定性好、效率高，且易获得大面积的均匀等离子体，因此这种形式的放电装置特别适用于等离子体化学气相沉积制备薄膜的工艺。

（3）微波放电　微波放电是将微波能量转换为气体分子的内能，使之激发、电离以产生等离子体的一种放电方式。这种放电虽然与射频放电有许多相似之处，但能量的传输方式却不相同。在微波放电中，通常采用波导管或天线将由微波电源产生的微波耦合到放电管内，放电气体存在的少量初始电子被微波电场加速后，与气体分子发生非弹性碰撞并使之电离。若微波输出的功率适当，便可以使气体击穿，实现持续放电。这样产生的等离子体称为微波等离子体。由于这种放电无需在放电管中设置电极而输出的微波功率可以局域地集中，因此能获得高密度的等离子体。图 4-18 是一种微波电子回旋共振（Electron Cyclotron Resonance，简称 ECR）放电装置。这种放电装置分为两部分，即放电室和工作室。

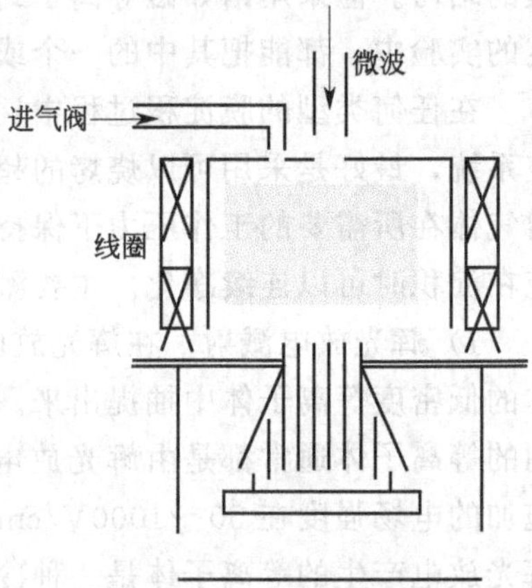

图 4-18　ECR 微波等离子体放电装置

2）离子束溅射　和辉光放电溅射相比，离子束溅射沉积能够在较低的压力下进行，所用的离子具有比较确定的能量，与靶的碰撞角也易于精确控制。

离子束溅射由离子源、离子引出极和沉积室三大部分组成，在高真空或超高真空中溅射镀膜。利用直流或高频电场使惰性气体（通常为氩）发生电离，产生辉光放电等离子体，电离产生的正离子和电子高速轰击靶材，使靶材上的原子或分子溅射出来，然后沉积到基板上形成薄膜。在其离子源内由惰性气体产生的离子具有较高能量（通常为几百到几千电子伏），可以通过一套电气系统来控制离子束的性能，从而改变离子轰击靶材料产生不同的溅射效应，使靶材料沉积到基片上形成纳米材料。溅射法中的靶材无相变，化合物的成分不易发生变化；又由于溅射沉积到基片上的粒子能量比蒸发沉积高出几十倍，所形成的纳米材料附着力大。

3）磁控溅射　离子束溅射形成薄膜过程中可把衬底控制在较低的温度范围，它不仅能溅射各种合金和难熔金属，而且可以溅射像 SiO_2 这样的绝缘膜。溅射膜具有较好的均匀性、重复性以及良好的台阶覆盖，同时溅射膜可以较精确控制，对于制造细小尺寸的绝缘膜更为有利。但由于溅射中使用高电压和气体，仪器装置较为复杂，纳米材料的形成受溅射气氛的影响较大，沉积速率也较低。而随之发展起来的射频磁控溅射技术就可同时达到快速和低温的要求，用射频磁控溅射法制取的 SiO_2 膜具有结构致密、纯度高等优点。

磁控溅射是一种溅射镀膜法，它对阴极溅射中电子使基片温度上升过快的缺点加以改良，在被溅射的靶极（阳极）与阴极之间加一个正交磁场和电场，电场和磁场方向相互垂直。当镀膜室真空抽到设定值时，充入适量的氩气，在阴极（柱状靶或平面靶）和阳极（镀膜室壁）之间施加几百伏电压，便在镀膜室内产生磁控型异常辉光放电，氩气被电离。在正交的电磁场的作用下，电子以摆线的方式沿着靶表面前进，电子的运动被限制在一定空间内，增加了同工作气体分子的碰撞概率，提高了电子的电离效率。电子经过多次碰撞后，丧失了能量，成为“最终电子”进入弱电场区，最后到达阳极时已经是低能电子，不再会使基片过热。同时高密度等离子体被束缚在靶面附近，又不与基片接触，将靶材表面原子溅射出来沉积在工件表面上形成薄膜。而基片又可免受等离子体的轰击，因而基片温度又可降低。更换不同材质的靶和控制不同的溅射时间，便可以获得不同材质和不同厚度的薄膜。

4.4 化合物半导体的应用

4.4.1 发光二极管的显示和照明方面的应用

发光二极管简称 LED，是在半导体 P-N 结或与其类似的结构加正向电流时以高效率发出可见光、近红外光或近紫外光的器件。按照不同半导体基本材料的物理特性，发光二极管所产生的光的波长是不同的。传统意义的 LED 仅指发射可见光的二极管，发光波长在 380～760nm。但随着新材料的开发和器件工艺的不断成熟，发光二极管的范围已扩展到近红外和近紫外区域。发射红外辐射的二极管叫红外发光二极管，发射紫外辐射的二极管称为紫外发光二极管。LED 产业的重心一直在可见光部分，约占 LED 总量的 90%以上。随着近年来半导体的基础研究以及相关制备技术不断取得新的成果，发光二极管的研制有了飞速的进展，性能明显提高，大大扩展了发光二极管的应用领域。发光二极管在显示与照明方面的应用得到了越来越多的重视。

作为发光二极管的注入电致发光有悠久的研究历史。早在 1907 年朗德曾报道过在金刚砂晶体通以正反两个方向的电流时可看到发光现象。在这以后，洛塞夫对这种现象作了更细致的研究，一般认为他的文章是最早发表的注入发光现象的报告。

1952 年观察到 Ge 和 Si 的 P-N 结有复合发光现象。当时，关于半导体的物理性质已有相当多的知识，同时器件工艺也正在提高。正因为如此，才有可能从基础方面来研究复合发光现象。可见光发光二极管进入商品化阶段最早要追溯到 1962 年，当时在美国通用电气公司工作的 Holonyak 博士用化合物半导体材料磷砷化镓研制出第一批发光二极管。但它们的亮度很低，小于 0.1lm/W，大约比白炽灯效率低 150 倍，而且很贵，通用电气公司当时未予以重视。这第一批发光二极管非常重要，后来 Monsanto 和 HP 公司就是在此基础上改进性能并降低成本，于 1968 年生产 $GaAs_{0.6}P_{0.4}$/GaAs 的红色发光二极管，在大约十年时间内，它成为市场上的主导产品。

继 GaAsP 红色发光二极管之后，新研究和开发的液相外延生长（LPE）GaP：ZnO 红色 LED 和 GaP：N 绿色 LED 在 20 世纪 70 年代中期进入市场，其后 Craford 等人研制的氢化物气相外延以磷化镓为衬底的 $GaAs_{0.35}P_{0.65}$：N/GaP 橙红色 LED 和 $GaAs_{0.15}P_{0.85}$：N/GaP 黄色 LED 面世，不久也成为商品。在 1985 年之前，LED 的性能通常小于 2lm/W，包括单异质结 AlGaAs/GaAs LED，其应用仅限于指示灯。这种应用要求 LED 亮或不亮，显示一种状态而已。

AlGaAs材料相对讲也是较早的LED材料，先用液相外延，后来也用金属有机化学气相淀积（MOCVD）方法生产。早在1980年前，首先由日本仙台大学的西泽润一教授研制成功，后来在Stantey公司发展并进行生产，采用透明衬底技术，使发光效率接近10%，在20世纪80年代后期到90年代初大量应用。但由于退化问题较为突出，在室外显示大屏幕和汽车高位刹车灯的应用上暴露出这一缺点，因此发展新材料成为当时的迫切任务。

AlGaInP材料系和AlGaInN材料系是在20世纪80年代才发展起来的，这两个材料系成熟的主要原因在于MOCVD技术的成熟。由于AlGaInP材料生长时，低温下Al在表面的迁移率较低，容易形成二维生长；但高温下In的预反应及在生长表面的脱附，降低了In的并入效率，所以高质量的AlGaInP材料外延生长的温度窗口很小。而且长期以来，P型AlGaInP材料难以获得，给形成良好的P-N结带来很大影响。因此，在1991年才由美国HP公司的Craford等和日本东芝公司研制成功。实用化质量的AlGaInP LED器件在1994年采用低压金属有机物化学气相淀积（LP-MOCVD）技术获得。AlGaInP LED通常采用GaAs作衬底。其后Craford等人又开发了GaP透明衬底技术，将红色和黄色双异质结材料制成LED，其发光效率提高到20lm/W，这就使LED的发光效率超过了白炽灯（15lm/W），后又提高到40～50lm/W。而在近几年来采用截头锥体倒装结构技术，红、黄光LED可分别达到102lm/W和68lm/W，外量子效率提高了5～7倍。用此材料制成的绿光（525nm）LED，也达到了18lm/W。

高性能的AlGaInN LED于1993年由日本Nichia公司的Nakamura等研制成功。通过控制合金的组分，AlGaInN系材料的禁带宽度可在1.9～6.2eV连续变化。这大大扩展了LED的发光范围，使发光二极管的颜色覆盖了整个可见光区，并扩展到紫外范围。

AlGaInN LED的研制成功，使LED的动态全彩显示成为可能，大大拓展了LED的应用领域。在AlGaInN系材料研究早期，由于没有合适的单晶衬底材料（蓝宝石衬底与GaN的晶格失配度高达16%），生长较高质量的GaN材料十分困难，GaN基材料发展曾十分缓慢。直到20世纪80年代末，两步法GaN生长工艺和P型层退火工艺的发展，GaN材料和器件制备工艺才取得突破性进展。继1993年研制出高亮度GaN基蓝光LED之后，Nichia公司很快又推出了绿色（525nm）和蓝绿色（505nm）LED，不久又推出了以蓝色芯片上覆盖钇铝石榴石为主体的荧光粉制成的超高亮度白光LED。它由蓝光激发荧光粉产生黄绿光并与蓝光合成白光，合成白光的显色指数可达到80～85，亮度目前已超过6cd，发光效率也达到了25lm/W。日亚公司在2000年就生产了1亿只白光LED。白光LED具有体积小、亮度高、功耗低和坚固耐用等优点。由于发光波长只在可见光区，可避免白炽灯带来的背景辐射和荧光灯中的汞等有害物对人体带来的损害。同时，采用白光LED作照明光源，电压也将从220V降到5V以下，使用十分安全。而且LED具有很长的寿命，一般在10万小时以上，可用10年。因此白光LED研制成功就立即引起了各国的关注，被称为新一代“绿色照明光源”。目前白光LED在许多场合开始逐步替代白炽灯。随着工艺的不断成熟，其亮度不断提高。最近有报道GaN基蓝光LED最高光功率已达20mV，这意味着白光LED（蓝光+荧光粉）的流明效率将超过日光灯。

随着LED材料生长技术的发展和器件制备工艺的不断完善，LED的发光效率（lm/W）提高的速度达到每10年提高10倍，30年竟提高了1000多倍，导致今日的LED比之通用光源白炽灯甚至卤素灯具有更高的效率。图4-19为第一只LED面世以来，LED的材料系和发光效率随年代的发展历程。

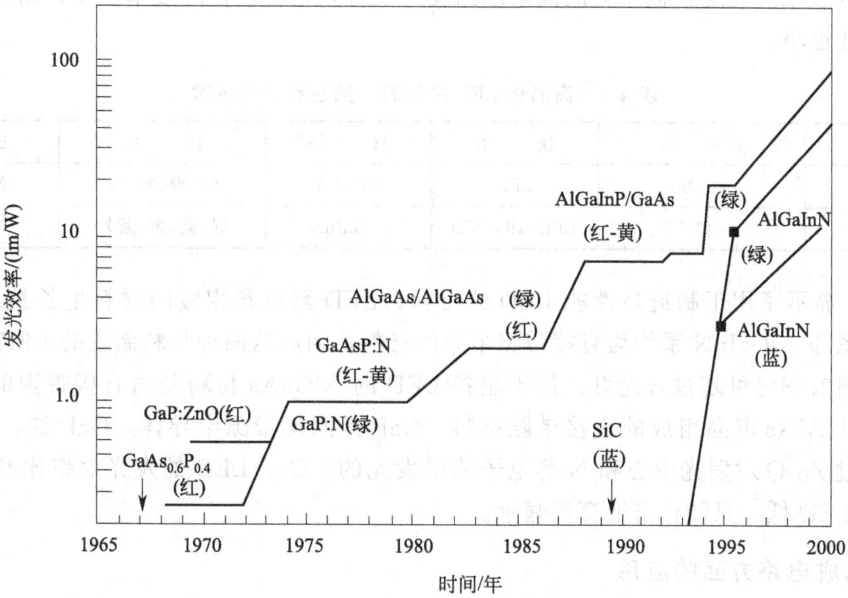

图 4-19　商品 LED 性能随时间的进展情况

目前，LED 的发展趋势主要是实现全彩、提高亮度、改进封装、显示大型化，LED 材料外延生长的新技术实现产业化。可以预见，在不久的将来，LED 的应用将更为普及，在显示和照明上发挥越来越重要的作用。

发光二极管材料的选择一般要求如下。

① 带隙宽度合适 P-N 结，注入的少数载流子与多数载流子复合发光时释放的光子能量小于或等于带隙宽度。因此，发光二极管材料的带隙宽度必须大于或等于所需发光波长的光子能量。因为可见光的长波限约为 700nm，所以就可见发光二极管而言，E_g 必须大于 1.78eV。要得到更短波长的发光二极管，所选择的材料的 E_g 要更大。如果要得到短波长的蓝色或紫色发光二极管，材料的 E_g 一般要大于 3.0eV。

② 可获得电导率高的 N 型和 P 型晶体，制备优良的 P-N 结，要有 N 型和 P 型两种晶体，而且这两种晶体的电导率应该很高。以有效提供发光所需的电子和空穴，提高发光二极管的发光效率。因此在材料的选择上，应该考虑是否能制备出电导率高的 N 型和 P 型晶体。

③ 可获得完整性好的优质晶体，晶体的不完整性对发光现象有很大影响。此处所说的不完整性是指能缩短少数载流子寿命并降低发光效率的杂质和晶格缺陷。因此，获得完整性好的优质晶体是制作高效率发光二极管的必要条件。获得优质晶体的影响因素很多，衬底的选择、晶体的性质、晶体的生长方法均与晶体的完整性有关。如 SiC 能满足①、②两个条件，但晶体生长温度很高，不能得到完整性好的晶体，这就成为研制 SiC 发光二极管的障碍。GaN 早期在制作蓝光二极管方面进展缓慢，主要是由于没有合适的衬底材料，生长的 GaN 晶体质量难以满足要求。衬底选择一般遵循结构匹配、晶格常数匹配、热膨胀系数匹配、可大尺寸和价格适宜等原则。

④ 发光复合概率大，发光复合概率大对提高发光效率是必要的，多用直接带隙材料制作发光二极管的原因就在于此，直接带隙材料的复合概率大。目前超高亮度 LED 绝大多数均是由直接带隙半导体材料制备的。但即便是间接跃迁晶体，只要能采用优质晶体并掺入适

当的杂质以形成发光复合概率大的高浓度的发光中心，也可获得高效率发光，而且光向外部发射的损耗也小。

表 4-1 商品化 LED 的材料、颜色和生长技术

材　料	颜　色	技　术	材　料	颜　色	技　术
GaP	红、绿	LPE	AlGaInP	红、橙、黄、绿	MOCVD
AlGaAs	红	LPE、MOCVD	AlGaInN	绿、蓝、紫、紫外	MOCVD

表 4-1 显示了用于制造高性能 LED 的材料、LED 颜色和相应的材料生长技术。其中，AlGaInP 系和 AlGaInN 系均为直接带隙半导体材料。因此这两种材料制备的 LED 发光效率最高。流明效率已可超过日光灯。用于制备 LED 的 AlGaAs 材料是由直接带隙的 GaAs 和间接带隙的 AlAs 混晶组成的直接带隙材料。GaP 是间接带隙半导体，GaP 红、绿光 LED 是分别通过 Zn-O 对发光中心和 N 等电子陷阱发光的。GaP LED 的发光效率比其他三种材料制备的 LED 低，只能作普通亮度显示。

4.4.2 集成电路方面的应用

1. 砷化镓（GaAs）

GaAs 是继 Si 之后发展最快的第二代化合物半导体材料，是一种性能优异的窄禁带半导体材料，被广泛用于各种光电子器件中。

GaAs 单晶是目前生产工艺最成熟、产量最大、应用面最广的化合物半导体材料，是重要的半导体光电子材料（主要采用电性单晶衬底）和重要的微电子材料（主要采用半绝缘单晶衬底）。

GaAs 属窄禁带半导体材料，电子迁移率和饱和速度高，所制器件比相应 Si 器件工作速度快，工作频率高，工作温度高；这使 GaAs 材料成为现代超高速电子器件和电路的重要材料。很容易制备出准非掺杂半绝缘 GaAs 单晶，其电阻率可达 107～109.2Ω·cm。它是理想的微波传输介质，在集成电路加工中不必制作另外的绝缘层，这既简化了加工过程，又减少了寄生电容而有利于提高器件工作速度和频率。

目前 GaAs 基集成电路只占整个市场的 5%左右，但在 1.2GHz 以上的高频、高速集成电路中，GaAs 基集成电路占商业市场的 70%以上。自 1974 年 GaAs 高速集成电路问世以来，其性能不断提高，应用领域不断扩大，已由军工应用为主发展到以民间为主。

GaAs 集成电路与 Si 集成电路相比，其主要特点是高频率、高速度、大功率、低噪声和低功耗；工作频率一般在 5～10GHz 以上。

目前 GaAs 集成电路中，因金属-半导体场效应晶体管（MESFET）工艺成熟、成本较低而占主导地位，一般用于 1～15GHz 频率。GaAs 器件高电子迁移率晶体管（HEMT）和赝配高电子迁移率晶体管（PHEMT）在微波、毫米波频段具有低噪声、高功率增益、低功耗、高效率等特点，已制出 100GHz 以下、性能良好的低噪声 HEMT 器件。摩托罗拉公司等研制的 AlGaAs/InGaAs/GaAs-PHEMT 单片微波集成电路（MMIC）功率放大器，在 8～14GHz 频段，输出功率 3.5W，功率附加效率（PAE）为 49.5%，适用于宽带相控阵 T/R 组件。

2. 磷化铟（InP）

InP 是一种重要的光电子和微电子基础材料，用于制造光纤通信用的激光器、探测器、网络光通信用的集成电路以及高频微波、毫米波器件等。

InP 有某些优于 GaAs 的性质：①电子峰值漂移速度比 GaAs 高，可以制作出工作速度和频率更高的器件；②热导率比 GaAs 高，所制器件有更大的功率输出；③器件比同类器件有更小的功耗和更低的噪声。不仅是重要的半导体光电子材料（主要采用导电性衬底），也是研制超高速电子器件和光电集成电路的重要基础材料（用半绝缘单晶衬底）。

目前，商品高速芯片的 f_T 为 110GHz，可用于 10Gbit/s 的光纤通信系统。对于 40Gbit/s 的系统中需要用 f_T＞150GHz 的器件，因此要用到 InGaAs/InP，和 GaAsSb/InP 异质结双极晶体管（HBT）器件。

InP 基 HBT 相对于 GaAs 基 HBT 的优点是：开通电压低、功耗小。InP HBT 有较低的表面复合速率（比 GaAs 器件低三个数量级），可使它在较小电流密度下获得较大增益，它还易于减小电流密度下获得较大增益，它还易于减小发射极尺寸而进行大规模集成，并进一步降低功耗。加之它的抗辐射性能更佳，很适合于卫星和军工应用。

以 HBT 为有源器件的 InP IC 可靠性也很好，已制出在电流密度 70000A/cm^2 时，平均无故障工作时间 107h 的 InP IC。一些著名的化合物半导体公司，如 Vitesse、TRW 公司等均已建立了采用直径 100mmSIINP 衬底的器件及电路生产线。2000 年研制出的 f_T、f_{max}分别为 190GHz、250GHz 的单异质结双极晶体管（SHBT）和 f_T、f_{max}早已分别为 150GHz、300GHz 的双异质结双极晶体管（DHBT）。

InP 基 HEMT 的 f_T、f_{max}早已分别达到 340GHz 和 600GHz，并已成为毫米波高端的支柱产品。已制出以 InP 基 HEMT 为有源器件的单卡微波集成电路（MMIC）、低噪声放大器（LAN）和功率固态 MMIC 放大器等。

中国电子科技集团公司第十三研究所随着光纤通信和光互连系统向宽带大容量方向发展，采用 InP/InGaAs HBT 与 PIN 光探测器单片集成方案，在国内首次实现了 1.55μm 波长 HBT/PIN 光接收光电集成电路（OEIC），在 2.5Gbit/s 和 3Gbit/s 传输速率下获得了清晰的眼图。采用金属有机化合物化学气相沉积（MOCVD）技术和常规发射极基极自对准结构技术，设计制作了 InP/InGaAs/InP 双异质结双结晶体管（DHBT）器件，对于发射极尺寸为 1.5μm×10μm 的器件小电流直流增益（β）约为 25，集电极-发射极击穿电压 $U_{ceo}\geqslant$ 10V，截止频率 f_T 和最高振荡频率 f_{max}分别为 50GHz 和 55GHz。

中国科学院上海微系统与信息技术研究所报道了中红外波段半导体光源，在波长覆盖 4.8～10μm 基于带内子带跃迁的 InP 基量子级联激光器（QCL）和 2.0～2.1μmGaSb 基带间跃迁 GaSb 基多量子阱激光器的研究结果。

该所对外延材料结构设计和气态源分子束外延（GSMBE）生长工艺，研制出 ϕ2 InP 基 HBT 和 ϕ4 InGaP/GaAs HBT 器件与电路，达到了目前采用国产外延材料研制的最好水平。通过引入新型的激光器波导和光栅结构，同时获得合适的光耦合系数和较低的波导损耗，从而得到了室温工作且阈值电流密度极低，波长 7.7μm 的分布反馈量子级联激光器，作为中红外激光光源，应用于高灵敏度的气体检测。

中国科学院长春光学精密机械与物理研究所采用液相金属有机化合物化学气相沉积（LP-MOCVD）技术生长了 $In_{0.53}Ga_{0.47}As/InP$ 红外探测器器件结构材料，利用半导体平面工艺制作了 InGaAs 红外探测器单元和线列器件，光谱响应范围 0.90～1.70μm，在 1.95V 偏压下，暗电流为 5.75×10^{-5}A，在反向偏压为－5V 时，电容为 6.96×10^{-12}F，理论计算量子效率为 73%，InGaAs 探测器的波段探测率为 10^{12}cm·Hz$^{1/2}$·W^{-1}。

3. 氮化镓（GaN）

GaN 作为第三代宽带半导体的典型代表，具有禁带宽度大、击穿电场高、电子饱和漂移速度高、抗辐射能力强和良好的化学稳定性等优异特性。

自 1993 年研制成功 GaN 金属-半导体场效应晶体管（MESFET）及 AlGaN/GaN 高电子迁移率晶体管（HEMT）以来，已成功研制出异质结场效应晶体管（HFET）、结型场效应晶体管（JFET）、双极结型晶体管（BJT）、金属氧化物半导体场效应晶体管（MOS-FET）、异质结双极晶体管（HBT）、整流二极管等多种 GaN 基电子器件。

GaN 基电子器件的主要特点是：工作温度高，已制出工作温度达 750℃ 的 GaN 基 HEMT；工作偏压较高（高于 InP 基 HEMT）以及具有较好的线性。

GaN 基材料是理想的高温、高频、大功率微波器件材料，其应用领域极为广泛，有望在航天航空、高温辐射环境、石油勘探、自动化控制、雷达与通信、汽车电子等方面发挥重要的作用。

4.4.3 太阳能电池方面的应用

化合物半导体和有机体有望成为下一代太阳能电池材料，已有相关研发活动围绕它们展开且得到了实际应用，但在近期，它们尚难以取代硅材料。理论上，化合物半导体的光电转换效率要比硅材料高，但仍存在缺陷，例如，化合物多晶薄膜 CIGS（Cu-In-Ga-Se）的转换效率为 13%，但铟却十分稀缺；GaAs 化合物薄膜中砷的大量使用则会带来不少环境问题，因此，目前化合物半导体材料的太阳能电池仅适合于特殊情况下的应用。

化合物半导体的数量比元素半导体多得多。二元系半导体的能隙宽度变化范围大。其中砷化镓、锑化铝、磷化铟、碲化镉的能隙与太阳光的匹配好，制备成同质结太阳能电池的理论转换效率高，是很有前景的光伏材料。三元系能在较大范围内调制能隙宽度，因此，化合物太阳能电池的特点是形成异质结，通过能隙的调制，可能与太阳光有更好的匹配，既扩展了光谱响应范围，也有很好的结特性，在取得高转换效率上具有明显的优势。

20 世纪 50 年代，硫化铜太阳能电池因成本可能很低而受到了很大的关注，但终因化学稳定性差而被放弃。然后，砷化镓太阳能电池的研究与开发成为热点。尽管砷有剧毒，在生产过程中注意防护，工作人员也不会受害。砷化镓太阳能电池本身的转换效率高。掺入铝后，能隙得到调制，多层砷化镓太阳能电池的实验室效率最高。更重要的是，它能耐高温、抗辐照，宜于聚光太阳能电池，也宜于太空使用。聚光砷化镓太阳能电池的效率接近 40%。虽然价格昂贵，也有很大的用途。目前，作为民用，研究得最多的是碲化镉薄膜太阳能电池和铜铟硒薄膜太阳能电池。后者是Ⅰ-Ⅲ-Ⅵ族三元化合物半导体。常用镓来调制能隙宽度，实际上已成为四元化合物。下面就上述主要类型的化合物半导体太阳能电池材料进行论述。

1. GaAs 太阳能电池

GaAs 为直接跃迁型化合物半导体，是非常理想的半导体太阳能电池材料，在 GaAs 单晶衬底上生长的单结电池效率已超过 25%，大都采用液相外延工艺。GaAs 又可与其他Ⅲ-Ⅴ族元素形成三元或四元固溶体半导体，能连续改变其带隙和晶格参数，从而易于制备多结、高效电池。

GaAs 基电池由于抗辐射性能好、效率高，20 世纪 80 年代以来，不断用于空间飞行器电源。由于制造成本较高，这类电池尚未进入地面应用市场。采用 Ge、Si 单晶衬底，是降低成本的方法之一，已研制出转换效率大于 20% 的 GaAs/Si 异质结电池和转换效率 23.3%

的 GaInP/GaAs/Ge 单片级联电池。每生产 1MW 电池所需 Ga、As 分别为 71kg 和 66kg。该种电池的产量还未见报道，但随着制备工艺的进步，尤其是它的超高效、强抗辐射性等独特性能，具有较好的发展前景。

2. CuIn(Ga)Ses$_2$(CIGS)太阳能电池

CuIn(Ga)Se$_2$(CIGS) 或 CuInSe$_2$(CIS) 是最重要的多元半导体光伏材料系统，由于具有优良的光电性能而受到光伏产业界的高度重视。

① CIS 吸收层为直接带隙半导体，其能隙为 1104eV，吸收系数高达 $10^5 cm^{-1}$，电池厚度仅 2～3μm，降低了原材料消耗。

② 掺入适量 Ga 取代 In 制成 CIGS 四元固溶半导体，其能隙在 1104～1170eV 范围内连续可调，易于选择作为太阳能电池应用的最佳能隙（吸收层最佳带隙约 115eV）。

③ 电池稳定性好，其组件经户外 7 年的光照试验，原有器件性能没有变化。

④ 转换效率高，CIGS 电池效率可接近 20%。

⑤ 抗辐射能力强，用于空间飞行器电源很有竞争能力。

⑥ 制造成本较低，据估计，115MW/a 的生产成本是晶体 Si 的 1/3～1/2，能量反馈时间（电池发电量等于制造该电池的能耗所需时间）不到 1 年，大大低于晶体 Si 电池。

电池的基本结构为玻璃/Mo/CIGS/CdS/ZnO。CIGS 的制备工艺可分为两类：共蒸发法和硒化法。前者是在衬底上用 Cu、In(Ga)、Se 进行蒸发、反应，后者则是先在衬底上生产 Cu、In（Ga）层，然后在 Se 气氛中进行硒化。成膜方法有溅射、喷镀热解、近距离升华(CSS)、分子束外延（MBE)、电沉积等。其中，电沉积前体法是一种简单、快速、新颖和低成本制造工艺，已利用该工艺制造出转换效率为 14.6%的电池。CIGS 电池问世以来，取得了令人瞩目的进展，预示该种电池有良好的发展潜力。

3. CdTe 电池

CdTe 也是良好的太阳能电池材料，具有以下特性。

① CdTe 的带隙为 1145eV，且为直接跃迁型，对可见光的吸收系数大于 $10^5 cm^{-1}$。

② CdTe 在 500℃时还是稳定的固相，高温下生成的 CdTe 略为富 Te，Cd 空位使其成为本征 P 型，它作为吸收层，光生载流子正好是迁移率较高的电子。

③ CdTe 或 Te+Cd 均可作为制备 CdTe 薄膜的原料，它们都容易提纯，从而也易于制备高纯 CdTe。

④ CdTe 键的离子性强，键能大（>5eV)，这使其热导性好，化学稳定性也好，其性能不易退化。所以 CdTe 是很理想的化合物半导体太阳能电池材料，其理论转换效率为 30%。

可采用多种工艺制备出转换效率大于 10%的 CdTe 电池，主要采用以下方法。

(1) 升华（高真空蒸发）法　CdTe 从加热坩埚（约 700℃）中升华，冷凝在衬底（300～400℃）上，典型沉积速率 1nm/s。

(2) 近距离升华法　1982 年即用此法制备 CdTe 基电池，采用玻璃衬底，衬底温度 500～600℃，沉积速率约 10nm/min。目前，效率为 15%～18%的电池是用此法制备的。

(3) 化学喷涂　此法于 1962 年首先用于 CdS/Cu2S 电池，后用于 CdTe；CdTe 在衬底（约 500℃）表面上热解形成 CdTe 膜。

(4) 电镀沉积法　CdTe 和 CdS 膜都可在 90℃水溶液中进行电镀沉积，400℃以上退火，调整其化学计量，已用此法制备出效率大于 14%的电池。

（5）丝网印刷法　由含 CdTe、CdS 浆料进行丝网印刷，制得 CdTe、CdS 膜，然后在约 600℃（CdTe）、700℃（CdS）于可控气氛下进行热处理约 1h，可制得含大晶粒的薄膜，并已制出效率大于 12%的电池。其他还有化学气相沉积（CVD）和原子层外延（ALE）等方法。CdTe 基电池是以 CdTe 作吸收层，CdS 作窗口层的 n^-CdS/p^-CdTe 半导体异质结电池，其典型结构为 MgF_2/玻璃/SnO_2BF/n^-CdS/p^-CdTe/背电极。该种电池生产中有 Cd 的毒性问题，但在做好防护及废旧组件回收处理的基础上，产业化方面亦占有一席之地。

习　题　4

1. 化合物半导体的定义是什么？主要有哪些类型的化合物半导体材料？
2. 简述 GaAs 单晶的制备方法。
3. Ⅱ-Ⅵ族化合物半导体单晶的制备方法有哪些？
4. 介绍金属有机物气相外延生长（MOVPE）技术，该技术有哪些特点？
5. 化合物半导体外延生长技术的作用及特点是什么？
6. 分析利用 MOVPE 技术生长 GaAs 外延层工艺过程。
7. 液相外延生长的原理及主要方法有哪些？
8. 简述 MBE 的基本原理。
9. 简述磁控溅射法主要原理及特点。
10. 简述化合物半导体的应用情况。

第 5 章　P-N 结

采用掺杂制造工艺，在一块半导体中获得不同掺杂的两个区域 P 型区和 N 型区，这种 P 型和 N 型区之间的冶金学界面称为 P-N 结，如图 5-1 所示。

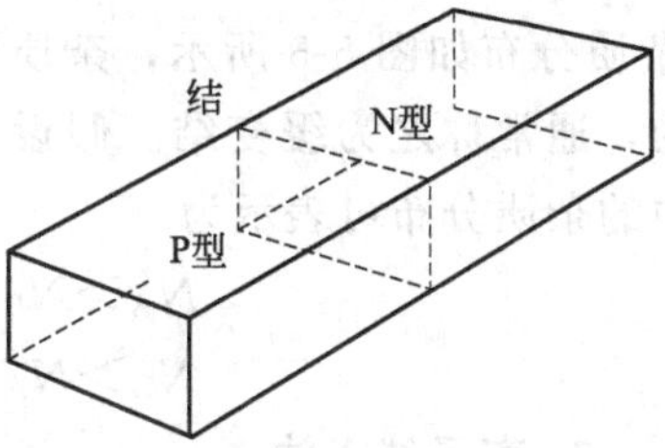

图 5-1　P-N 结

5.1　P-N 结及能带图

5.1.1　P-N 结的制造及杂质分布

1. 合金法

合金法制造 P-N 结如图 5-2 所示，把一小颗铝（或铟）球放在一块 N 型单晶硅（或锗）片上，加热到一定温度，形成铝硅的熔（或铟锗）融体，然后降低温度，熔融体开始凝固，在 N 型硅（或锗）片上形成一含有高浓度铝（或铟）的 P 型硅（或锗）薄层，它和 N 型硅（或锗）衬底的交界面即为 P-N 结。

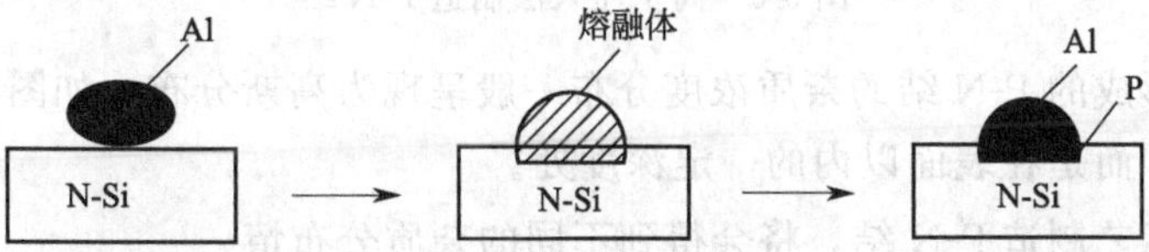

图 5-2　合金法制造 P-N 结

合金法制造 P-N 结的杂质分布如图 5-3 所示，N 型区中施主杂质浓度为 N_D，而且是均匀分布的，P 型区中受主杂质浓度为 N_A，也是均匀分布的。在交界面处，杂质浓度从 N_A（P 型区中）突变为 N_D（N 型区中），故称之为突变结。假设 P-N 结的位置在 $x=x_j$ 处，则突变结的杂质分布可表示为

$$\left.\begin{array}{l}N(x)=N_A(x<x_j)\\N(x)=N_D(x>x_j)\end{array}\right\}$$

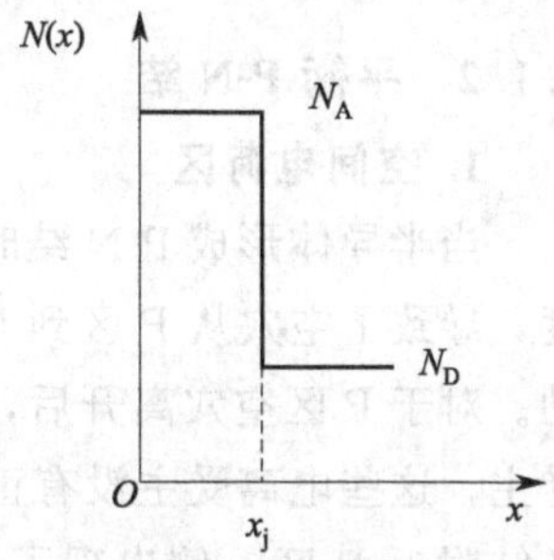

图 5-3　合金法 P-N 结杂质分布图

2. 扩散法

扩散法制造 P-N 结，如图 5-4 所示，在 N 型硅单晶上，生长一层 SiO_2，通过光刻、扩散将 P 型杂质扩散入 N 型硅单晶中，

形成 P-N 结，也称为扩散结。

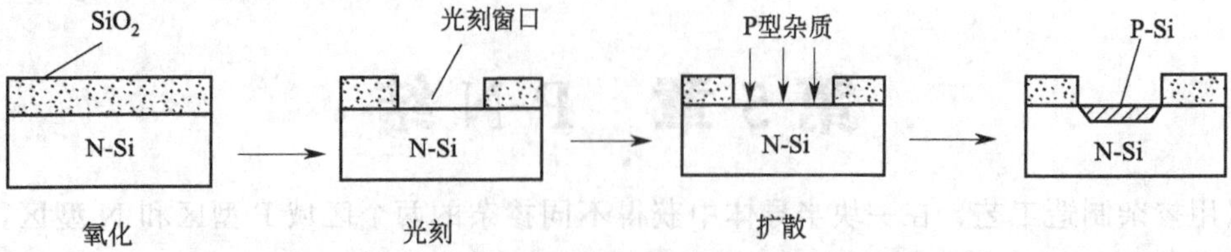

图 5-4 扩散法制造 P-N 结

由扩散法形成的 P-N 结，杂质分布如图 5-5 所示，杂质浓度从 P 区到 N 区是逐渐变化的，通常称之为缓变结。假设 P-N 结位置在 $x=x_j$ 处，则结中的杂质分布可表示为

$$\left.\begin{array}{l}N_A>N_D\ (x<x_j)\\N_D>N_A\ (x>x_j)\end{array}\right\}$$

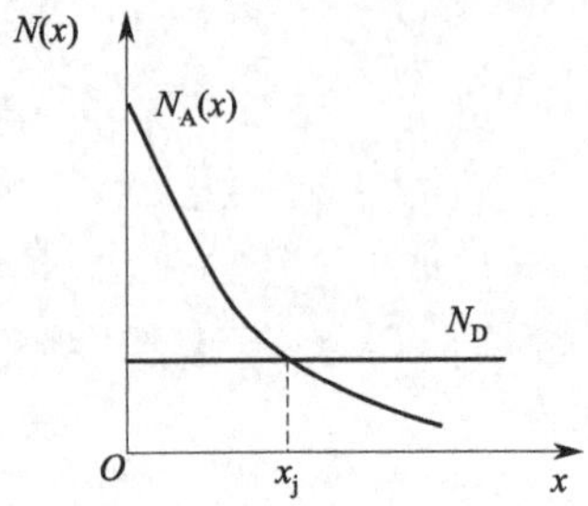

图 5-5 扩散法 P-N 结杂质分布图

3. 离子注入法

离子注入法是比合金法和扩散法都要新的掺杂技术，如图 5-6 所示，把杂质元素，如硼、磷等，经过离子化后成为掺杂离子，通过电场对离子进行加速，利用磁场使其运动方向改变，这样就可以控制离子以一定的能量进入半导体内部，达到掺杂的目的，经过退火就形成了 P-N 结。

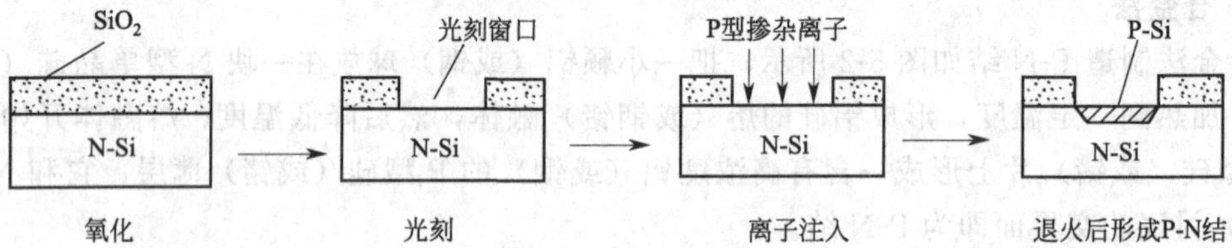

图 5-6 离子注入法制造 P-N 结

离子注入法形成的 P-N 结的杂质浓度分布一般呈现为高斯分布，如图 5-7 所示，浓度最高处不是在表面，而是在表面以内的一定深度处。

采用不同的工艺制造 P-N 结，将会得到不同的杂质分布情况。合金结和高表面浓度的浅扩散结一般可认为是突变结，而低表面浓度的深扩散结一般可认为是缓变结。

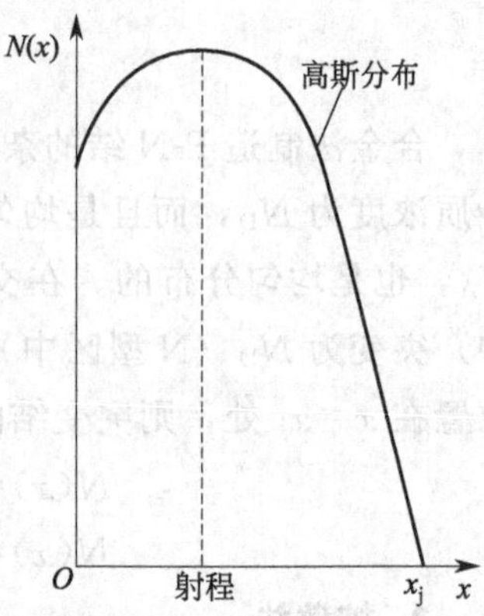

图 5-7 离子注入法 P-N 结杂质分布图

5.1.2 平衡 P-N 结

1. 空间电荷区

当半导体形成 P-N 结时，由于结两边存在着载流子浓度梯度，导致了空穴从 P 区到 N 区，电子从 N 区到 P 区的扩散运动。对于 P 区空穴离开后，留下了不可移动的带负电荷的电离受主，这些电离受主没有正电荷与之保持电中性，因此，在 P-N 结附近 P 区一侧出现了一个负电荷区；同理，在 P-N 结附近 N 区一侧出现了由电离施主构成的一个正电荷区，如图 5-8 所示。

通常把在 P-N 结附近的这些电离施主和电离受主所带电荷称为空间电荷，它们所存在的区域称为空间电荷区，也称为势垒区或耗尽层。空间电荷区中的这些电荷产生了从 N 区指向 P 区，即从正电荷指向负电荷的电场，称为内建电场，又叫自建电场。

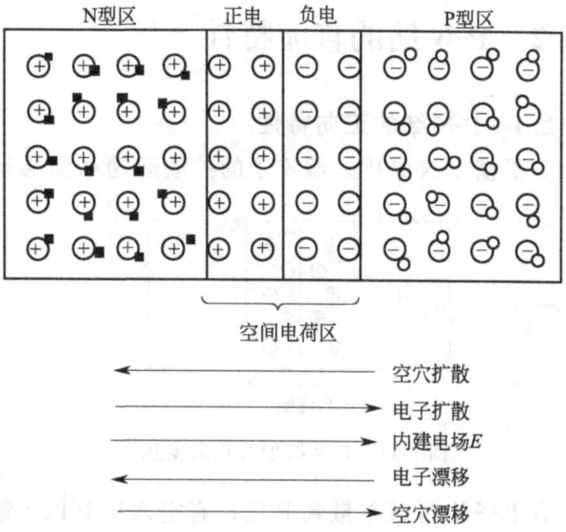

图 5-8　空间电荷区

2. 平衡 P-N 结的形成

在内建电场作用下，载流子作漂移运动，如图 5-8 所示，电子和空穴的漂移运动方向与它们各自扩散运动的方向相反。因此，内建电场起到阻碍电子和空穴继续扩散的作用。随着扩散运动的进行，空间电荷逐渐增多，空间电荷区逐渐扩展；同时，内建电场逐渐增强，载流子的漂移运动逐渐加强，在没有外加电压的情况下，载流子的扩散和漂移最终达到动态平衡。即从 N 区向 P 区扩散过去多少电子，同时就有同样多的电子在内建电场作用下返回 N 区。

电子的扩散电流和漂移电流的大小相等，方向相反，从而相互抵消。对于空穴，情况完全一致，因此没有净电流流过 P-N 结，即净电流为零。这时空间电荷的数量一定，空间电荷区不再继续扩展，保持一定的宽度，同时存在一定的内建电场。一般在这种情况下的 P-N 结称为热平衡状态下的 P-N 结，简称平衡 P-N 结。

3. 平衡 P-N 结的能带图

平衡 P-N 结可以用能带图来分析，独立的 N 型、P 型半导体的能带图，如图 5-9 所示，图中 E_{Fn} 和 E_{Fp} 分别表示 N 型和 P 型半导体的费米能级。N 型半导体的费米能级 E_{Fn} 在本征半导体的费米能级 E_i 之上，P 型半导体的费米能级 E_{Fp} 在本征半导体的费米能级 E_i 之下。

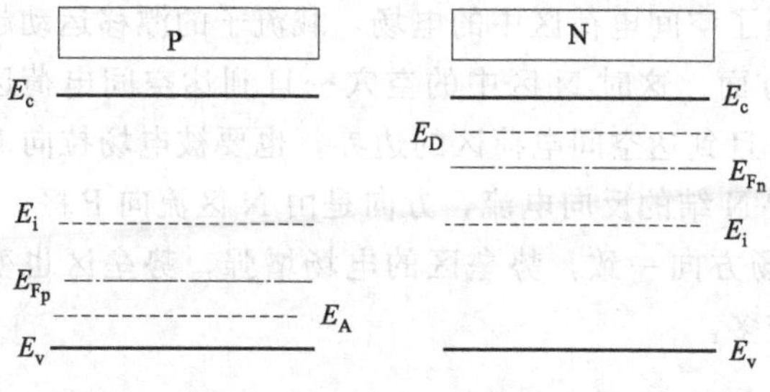

图 5-9　独立的 N 型、P 型半导体的能带图

当两块半导体结合形成 P-N 结时，若没有外加电压，按照费米能级的意义，电子将从费米能级高的 N 区流向费米能级低的 P 区，空穴则从 P 区流向 N 区。如图 5-10 所示，E_{Fn} 不断下移，而 E_{Fp} 不断上移，直至 $E_{Fn}=E_{Fp}$，即两个区域的费米能级拉平为 E_F，这时，P-N 结中有统一的费米能级 E_F，P-N 结处于平衡状态。

4. 平衡 P-N 结的载流子分布

对于绝大部分势垒区，其中杂质虽然都已电离，但载流子浓度比起 N 区和 P 区的多数载流子浓度小得多，好像已经耗尽了，所以通常也称势垒区为耗尽层。可以认为其中载流子浓度很小，可以忽略，空间电荷密度就等于电离杂质浓度。

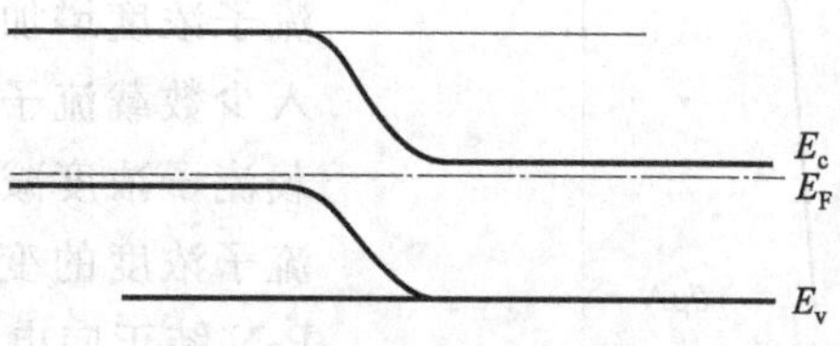

图 5-10　平衡 P-N 结的能带图

5.2 P-N结的直流特性

5.2.1 P-N结的正向特性

平衡P-N结中，载流子的扩散运动和漂移运动处于相对的平衡状态，空间电荷区存在自建电场。当P-N结加有正向偏压时，即P区接电源正极，N区接负极，如图5-11所示，外加电压的方向与自建场的方向相反，使空间电荷区中的电场减弱，这样就打破了扩散运动和漂移运动的相对平衡，使载流子的扩散运动超过漂移运动，扩散运动成为矛盾的主要方面。在这种情况下，将源源不断地有电子从N区扩散到P区，有空穴从P区扩散到N区，成为非平衡载流子，这种现象常称为P-N结的正向注入。

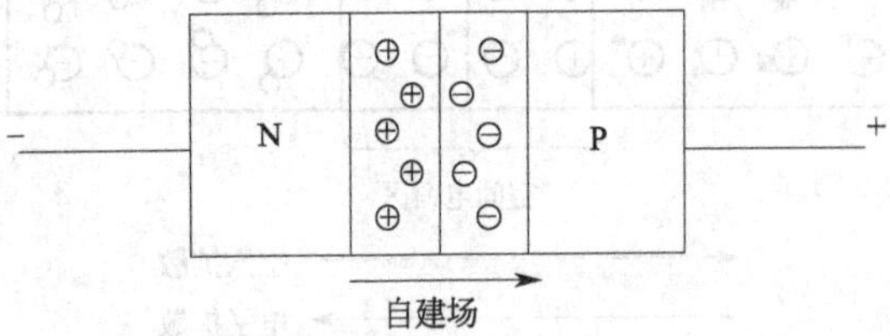

图5-11 P-N结加有正向偏压

势垒区内载流子浓度很小，电阻很大，势垒区外的P区和N区中载流子浓度很大，电阻很小，所以外加正向偏压基本降落在势垒区。正向偏压在势垒区中产生了与内建电场方向相反的电场，因而减弱了势垒区中的电场强度，这就表明空间电荷相应减少。故势垒区的宽度也减小。当增大正向偏压时，势垒降得更低，增大了流入P区的电子流和流入N区的空穴流。

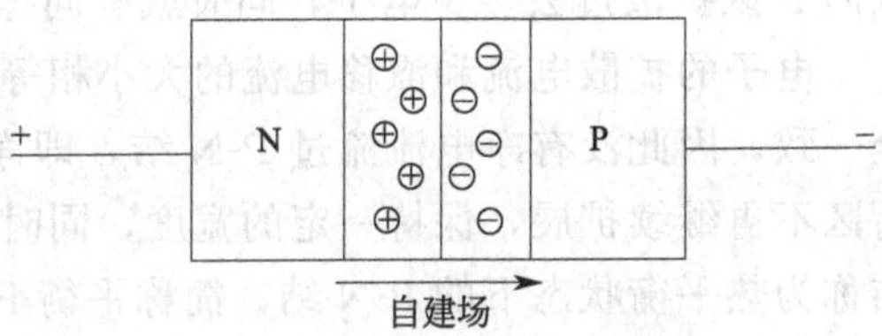

图5-12 P-N结加有反向偏压

5.2.2 P-N结的反向特性

当P-N结外加反向偏压时，如图5-12所示，外电场的方向与自建场的方向相同，增强了空间电荷区中的电场，载流子的漂移运动超过了扩散运动，漂移运动成为了矛盾的主要方面。这时N区中的空穴一旦到达空间电荷区边界，就要被电场拉向P区，P区中的电子一旦到达空间电荷区的边界，也要被电场拉向N区，常称这种现象为反向抽取。它们构成了P-N结的反向电流，方向是由N区流向P区。

反向偏压在势垒区产生的电场与内建电场方向一致，势垒区的电场增强，势垒区也变宽，空间电荷数量变多。

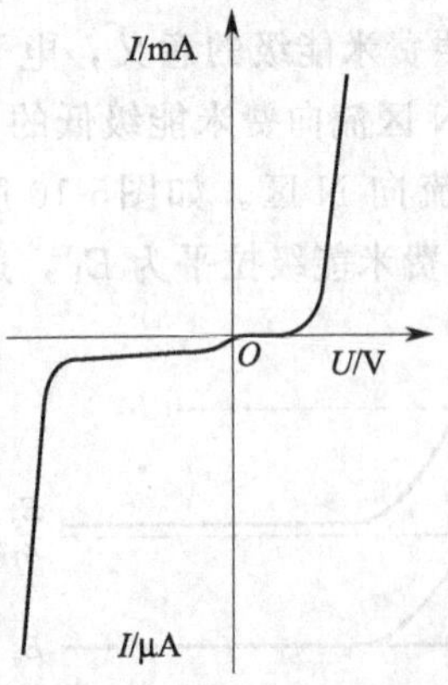

图5-13 P-N结的伏安特性

5.2.3 P-N结的伏安特性

将P-N的正向特性和反向特性组合起来，就形成了P-N结的伏安特性，如图5-13所示，P-N结的单向导电性是由正向注入和反向抽取各自矛盾的特殊性决定的。正向注入可以使边界少数载流子浓度增加，从而形成大的浓度梯度和大的扩散电流，而且注入少数载流子浓度随正向偏压增加而增长。反向抽取使边界少数载流子浓度减少，随反向偏压增加很快趋向于零，边界处少数载流子浓度的变化量最大不超过平衡时少数载流子浓度。这就是P-N结正向电流随电压很快增长而反向电流很快趋于饱和的物理原因。

5.3　P-N 结电容

P-N 结交界处存在势垒区，结两端电压变化引起积累在此区域的电荷数量的改变，从而显现电容效应。P-N 结电容分为两部分，即势垒电容和扩散电容。

5.3.1　势垒电容

当 P-N 结加正向偏压时，势垒区的电场随正向偏压的增加而减弱，势垒区宽度变窄，空间电荷数量减少。因为空间电荷是由不能移动的杂质离子组成，所以空间电荷的减少是由于 N 区的电子和 P 区的空穴过来中和了势垒区中一部分电离施主和电离受主。这就是说，在外加正向偏压增加时，将有一部分电子和空穴“存入”势垒区。反之，当正向偏压减小时，势垒区的电场增强，势垒区宽度增加，空间电荷数量增多，这就是由一部分电子和空穴从势垒区中“取出”。

加反向电压升高时，一方面会使耗尽区变宽，会使 P 区的空穴进一步远离耗尽区，也相当于对电容的放电。加反向电压减少时，就是 P 区的空穴、N 区的电子向耗尽区流，使耗尽区变窄，相当于充电。

P-N 结上外加电压的变化，引起了电子和空穴在势垒区的“存入”和“取出”作用，导致势垒区的空间电荷数量随外加电压而变化，这和一个电容器的充放电作用相似。这种 P-N 结的电容效应称为势垒电容。

5.3.2　扩散电容

P-N 结势垒电容主要研究的是多子，是由多子数量的变化引起电容的变化。而扩散电容研究的是少子。

在 P-N 结反向偏置时，少子数量很少，电容效应很少，也就可以不考虑了。在正向偏置时，P 区中的电子，N 区中的空穴，会伴着远离势垒区，数量逐渐减少。即离结近处，少子数量多，离结远处，少子的数量少，有一定的浓度梯度。

正向电压增加时，N 区将有更多的电子扩散到 P 区，也就是 P 区中的少子电子浓度、浓度梯度增加。同理，正向电压增加时，N 区中的少子空穴的浓度、浓度梯度也要增加。相反，正向电压降低时，少子浓度就要减少。这种由于扩散区积累的电荷数量随外加电压的变化所产生的电容效应，称为 P-N 结的扩散电容。

P-N 结反向偏置时电阻大，电容小，主要为势垒电容。正向偏置时，电容大，取决于扩散电容，电阻小。实验发现，P-N 结的势垒电容和扩散电容都随外加电压而变化，表明它们是可变电容。

5.4　P-N 结击穿

当 P-N 结加反向偏压时电流很小且趋于一个饱和值，然而若反向偏压不断加大，直至达到某一电压时，反向电流会突然急剧增加，这种现象称为 P-N 结击穿，发生击穿时的电压叫做击穿电压。击穿是 P-N 结的一个重要电学性质，击穿电压给出了 P-N 结所能承受的反向偏压的上限。有两种性质不同的击穿机制会导致 P-N 结的电击穿，一种是雪崩击穿，另一种是隧道击穿。

5.4.1 雪崩击穿

当反向偏压很大时，势垒区中的电场很强，在势垒区内的电子和空穴由于受到强电场的漂移作用，具有很大的能量，它们与势垒区内的晶格原子发生碰撞时，能把价键上的电子碰撞出来，成为导电电子，同时产生一个空穴，即第一代载流子。势垒区中电子碰撞出来一个电子和一个空穴，即第二代载流子，于是一个载流子变成了三个载流子。这三个载流子在强电场作用下，还会继续发生碰撞，产生第三代的电子-空穴对。空穴也如此产生第二代、第三代的载流子。如此继续下去，载流子就大量增加，这种繁殖载流子的方式称为载流子的倍增效应。由于倍增效应，使势垒区单位时间内产生大量载流子，像雪崩一样增加载流子迅速增大了反向电流，从而发生 P-N 结击穿，这就是雪崩击穿的机理。

雪崩击穿除了与势垒区中电场强度有关外，还与势垒区的宽度有关，因为载流子动能的增加，需要有一个加速过程，如果势垒区很薄，即使电场很强，载流子在势垒区加速达不到产生雪崩倍增效应所必需的动能，就不能产生雪崩击穿。

5.4.2 隧道击穿

隧道击穿是在高的反向电压下，P-N 结中存在强电场，它能够直接破坏共价键将束缚电子分离来形成电子-空穴对，由隧道效应，使大量电子从价带穿过禁带而进入到导带，形成大的反向电流，所引起的一种击穿机理，也称为齐纳击穿。

对于一定的半导体材料，势垒区中的电场越大，或隧道长度越短，则电子穿过隧道的概率越大，越容易发生隧道击穿。另外，隧道击穿需要的电场强度很大，只有在杂质浓度特别大的 P-N 结才做得到，因此一般的 P-N 结掺杂浓度没这么高，雪崩击穿机理是主要的，在重掺杂的情况下，隧道击穿机理变为主要的。

5.5 P-N 结的开关特性与反向恢复时间

5.5.1 P-N 结的开关特性

半导体二极管是由具有一个 P-N 结的半导体加上相应的引出线和管壳封装而成的。由 P 型半导体引出的电极称为阳极；由 N 型半导体引出的电极称为阴极。利用 P-N 结正、反向电流相差悬殊这一特性，可以把二极管作开关使用。二极管处于正向，电流很大，相当于接有负载的外回路与电源相连的开关闭合，回路处于接通状态；二极管处于反向，反向电流很小，相当于外回路的开关断开，回路处于断开状态。

把二极管作为开关使用时，若回路处于开态，在二极管上有微小压降，对硅管约为 0.7V，锗管约为 0.25V；当回路处于关态时，在回路中有微小电流，这与一般的机械开关有所不同。

5.5.2 P-N 结的反向恢复时间

作为开关应用的二极管主要是利用了它的通、断特性，即二极管对正向及反向电流表现出的开关作用。二极管和一般开关的不同在于，“开”与“关”由所加电压的极性决定，而且“开”态有微小的压降，“关”态有微小的电流。如图 5-14 所示，当电压由正向变为反向时，电流并不立刻变小，而是在一段时间 t_s 内，反向电流始终很大，二极管并不关断。经过 t_s 后，反向电流才逐渐变小，再经过 t_f 时间，二极管的电流才成为反向漏电流值。t_s 称为储存时间，t_f 称为下降时间。$t_r=t_s+t_f$ 称为反向恢复时间或称关断时间，以上过程称为

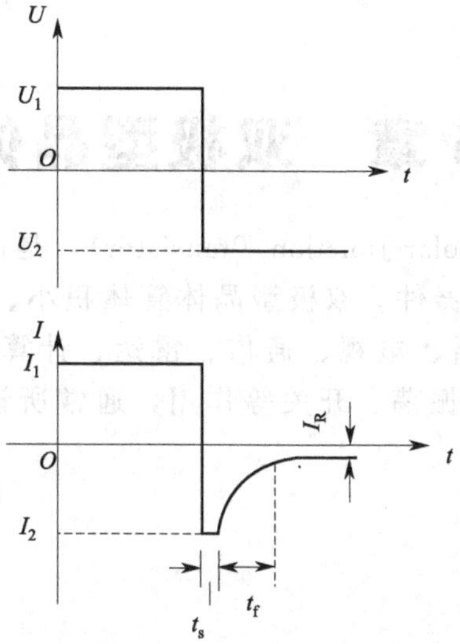

图 5-14　二极管的反向恢复时间

反向恢复过程。这实际上是由电荷存储效应引起的，反向恢复时间就是存储电荷耗尽所需要的时间。该过程使二极管不能在快速连续脉冲下当做开关使用。如果反向脉冲的持续时间比 t_r 短，则二极管在正、反向都可导通，起不到开关作用。

因此了解二极管反向恢复时间对正确选取二极管和合理设计电路至关重要。反向恢复时间限制了二极管的开关速度，如果脉冲持续时间比二极管反向恢复时间长得多，这时负脉冲能使二极管彻底关断，起到良好的开关作用；如果脉冲持续时间和二极管的反向恢复时间差不多甚至更短的话，这时由于反向恢复过程的影响，负脉冲不能使二极管关断。所以要保持良好的开关作用，脉冲持续时间不能太短，也就意味着脉冲的重复频率不能太高，这就限制了开关的速度。

习　题　5

1. 采用不同的工艺制造 P-N 结，杂质分布情况有何不同？
2. 平衡 P-N 结有什么特点？
3. 什么是 P-N 结势垒电容和扩散电容？
4. P-N 结的开关特性是什么？
5. 为什么说二极管反向恢复时间对正确选取二极管和合理设计电路至关重要？

第 6 章 双极型晶体管

双极型晶体管 BJT（Bipolar Junction Transistor），是由两个 P-N 结构成，具有放大电信号作用的三端半导体器件。双极型晶体管体积小、重量轻、耗电少、寿命长、可靠性高，已广泛用于广播、电视、通信、雷达、计算机、自控装置、电子仪器、家用电器等领域，起放大、振荡、开关等作用，通常所说的晶体管就是指双极型晶体管。

6.1 晶体管概述

6.1.1 晶体管基本结构

从基本结构来看，晶体管由两个十分靠近的，分别称为发射结和集电结的 P-N 结组成。两个 P-N 结将晶体管划分为三个区：发射区、基区和集电区。由三个区引出的电极分别称为发射极、基极和集电极，用符号 E、B、C（e、b、c）表示。晶体管的基本形式可分为 PNP 型和 NPN 型两种。PNP 型晶体管结构示意图和电路符号分别如图 6-1(a) 所示，NPN 型晶体管结构示意图和电路符号分别如图 6-1(b) 所示。

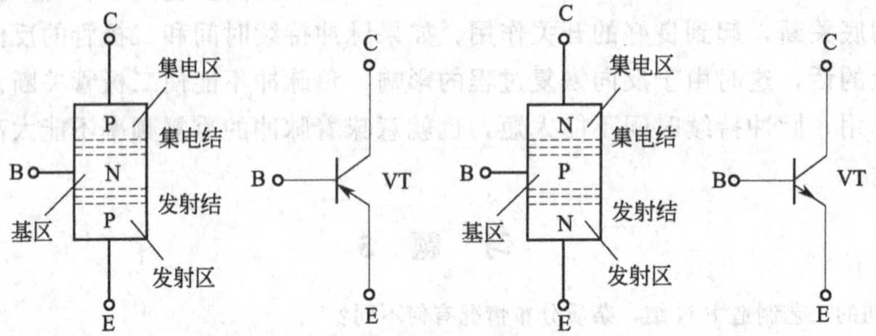

(a) PNP型　　(b) NPN型

图 6-1　晶体管结构示意图和电路符号

双极型晶体管的工作主要依靠它的发射极电流能够通过基区传输到达集电区而实现的，为了保证这一传输过程，一方面要满足内部条件，即要求发射区杂质浓度要远大于基区杂质浓度，同时基区厚度要很小；另一方面要满足外部条件，即发射结要正向偏置（加正向电压），集电结要反向偏置。

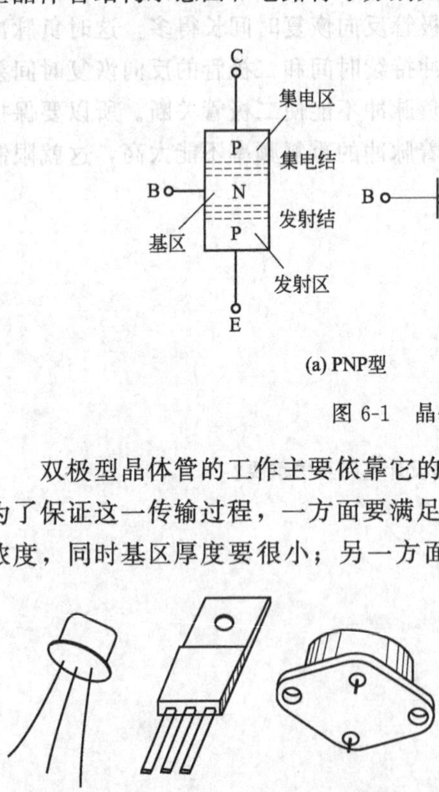
(a)　(b)　(c)

图 6-2　小、中、大功率晶体管

双极型晶体管种类很多，按照频率分，有高频管，低频管。按照功率分，有小、中、大功率管，如图 6-2 所示，图（a）是小功率管，图（b）为中功率管，图（c）为大功率管。按照半导体材料分，有硅管和锗管等，当前国内生产的锗管多为 PNP 型，硅管多为 NPN 型。

6.1.2　晶体管的制造工艺及杂质分布

不同工艺制造的晶体管杂质分布有很大的区别，而杂质分布又会对晶体管性能产生重大的影响。

1. 合金晶体管

合金管是早期发展起来的晶体管，比如锗 PNP 合金晶体管，如图 6-3 所示，其结构是在 N 型锗片上，一边放受主杂质铟镓球，制成发射极；另一边放铟球，制成集电极。加热形成液态合金后，再慢慢冷却。冷却时，锗在铟中的溶解度降低，析出的锗将在晶片上再结晶。再结晶区中含大量的铟镓而形成 P 型半导体，从而形成 PNP 结构。

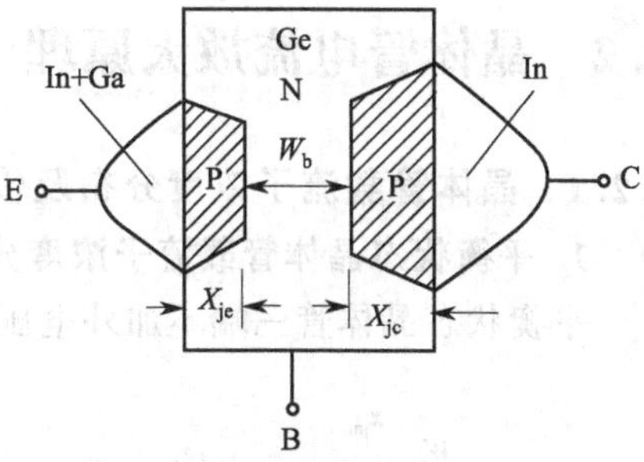

图 6-3　合金晶体管结构

合金晶体管杂质分布如图 6-4 所示，其中 W_b 为基区宽度，X_{je}和 X_{jc}分别为发射结和集电结的结深。合金结的杂质分布特点是：三个区的杂质分布近似为均匀分布，基区的杂质浓度最低，且两个 P-N 结都是突变结。载流子在基区内的传输主要靠扩散进行，故又称为扩散型晶体管。

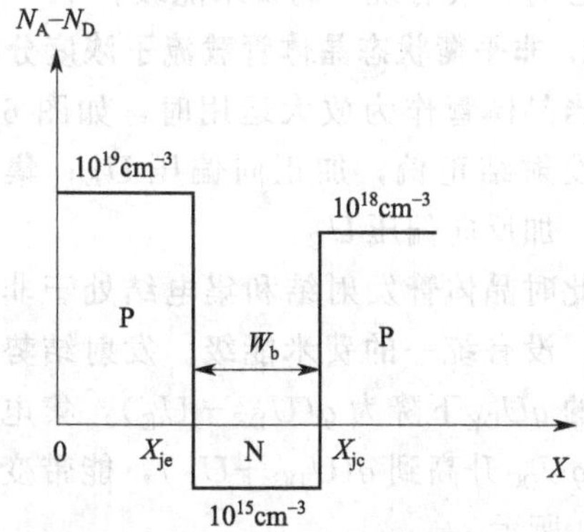

图 6-4　合金晶体管杂质分布图

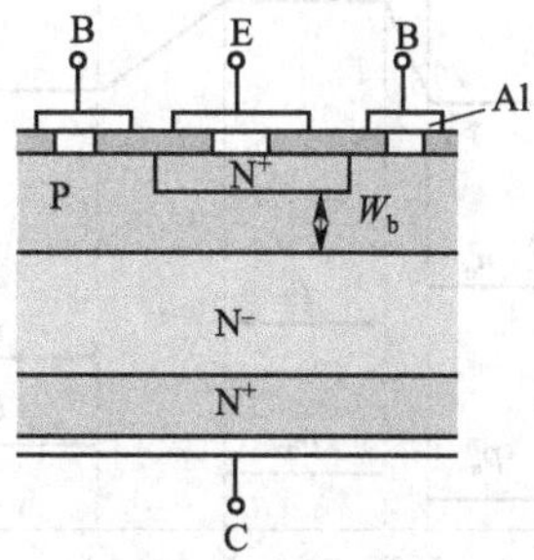

图 6-5　平面晶体管结构图

合金结的主要缺点是基区较宽，一般只能做到 10μm 左右。因此频率特性较差，只能用于低频使用。

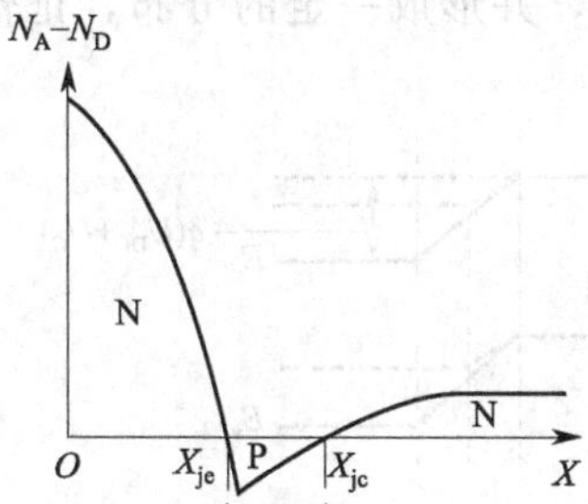

图 6-6　平面晶体管杂质分布图

2. 平面晶体管

凡采用所谓平面工艺来制作的晶体管，都称为平面晶体管。现在所使用的硅 BJT 几乎都是平面晶体管。相对于台面晶体管而言，这种晶体管的芯片表面基本上是平坦的，故有“平面”之称。平面晶体管结构如图 6-5 所示，在高浓度的 N$^+$衬底上，生长一层 N 型的外延层，再在外延层上用硼扩散制作 P 区，后在 P 区上用磷扩散形成一个 N$^+$ 区。其结构是一个 NPN 型的三层式结构，上面的 N$^+$ 区是发射区，中间的 P 区是基区，底下的 N 区是集电区。

平面晶体管的发射区和基区是用杂质扩散的方法制造得到的，所以在平面管的三层结构即三个区域的杂质分布是不均匀的，其杂质分布如图 6-6 所示。平面晶体管的基区存在自建电场，载流子在基区内除了扩散运动外，还存在漂移运动，而且往往以漂移运动为主，所以又称为漂移型晶体管。

6.2 晶体管电流放大原理

6.2.1 晶体管载流子浓度分布及传输

1. 平衡状态晶体管载流子浓度分布

平衡状态晶体管三端不加外电压时，晶体管的能带和载流子的分布如图 6-7 所示。假设发射区 E、基区 B 和集电区 C 的杂质皆为均匀分布，分别用 N_E、N_B、N_C 表示，且 $N_E>N_B$，$N_B>N_C$，即杂质浓度 $N_E>N_B>N_C$。W_e 为发射区宽度，W_b 为基区宽度，W_c 为集电区宽度。x_{me} 为发射结势垒宽度，x_{mc} 为集电结势垒宽度。发射结和集电结的接触电势差分别为 U_{DE} 和 U_{DC}。晶体管在平衡状态时，具有统一的费米能级。

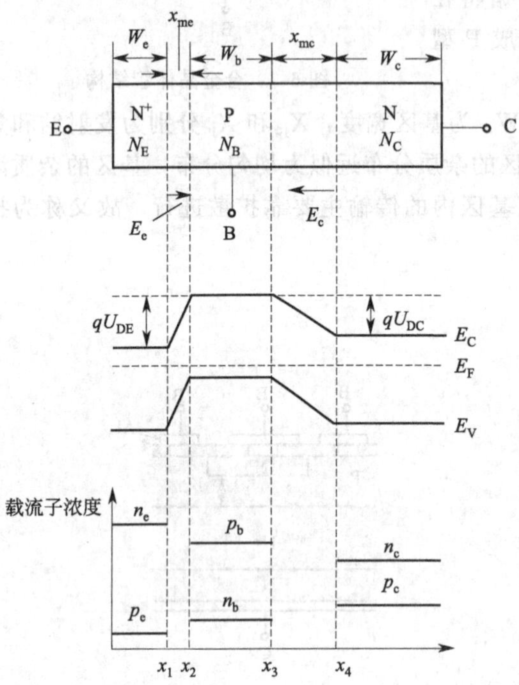

图 6-7 平衡状态晶体管的能带和载流子的分布图

2. 非平衡状态晶体管载流子浓度分布

当晶体管作为放大运用时，如图 6-8 所示，发射结正偏，加正向偏压 U_E；集电结反偏，加反向偏压 U_C。

此时晶体管发射结和集电结处于非平衡状态，没有统一的费米能级。发射结势垒由原来的 qU_{DE} 下降为 $q(U_{DE}-U_E)$，集电结势垒由 qU_{DC} 升高到 $q(U_{DC}+U_C)$，能带变化如图 6-9 所示。

载流子的分布如图 6-10 所示，由于发射结正偏，发射区将向基区注入非平衡少子（电子）。注入的少子在基区边界积累，并向基区体内扩散，边扩散，边复合，最后形成一稳定分布，记作 $n_b(x)$。同样，基区也向发射区注入少子（空穴），并形成一定的分布，记作 $p_e(x)$。

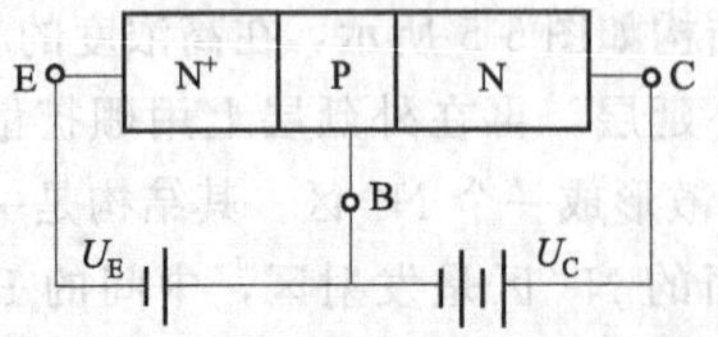

图 6-8 晶体管作为放大运用时偏压情况

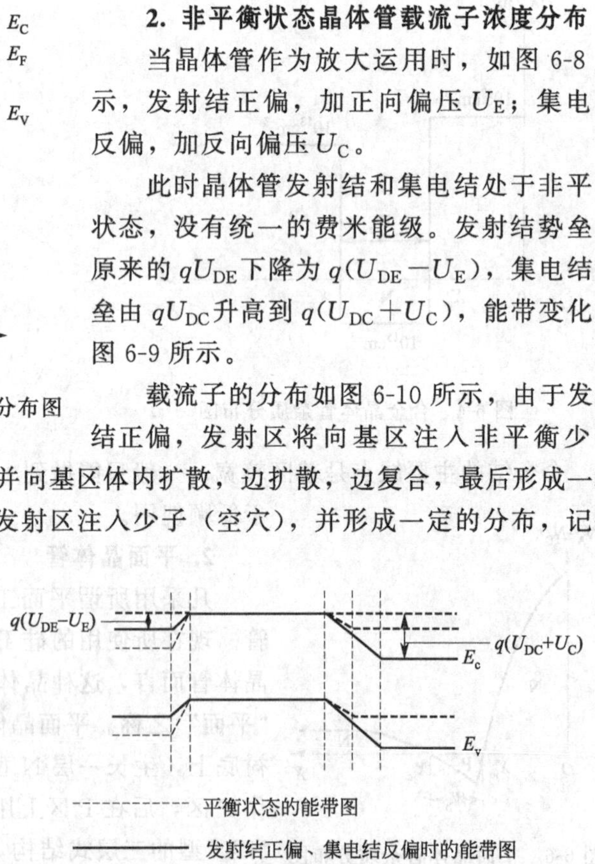

图 6-9 晶体管作为放大运用时的能带变化图

由于集电结反偏，集电结势垒区对载流子起抽取作用。当反向偏压足够高时，在基区一边，凡是能够扩散到集电结势垒区 x_{mc} 的电子，都被势垒区电场拉向集电区。因此，势垒区边界 x_3 处少子浓度下降为零；同样，在集电区一边，凡是能够扩散到 x_{mc} 的空穴，也被电场拉向基区，在 x_4 处少子浓度也下降为零，其少子浓度分布为 $p_c(x)$。

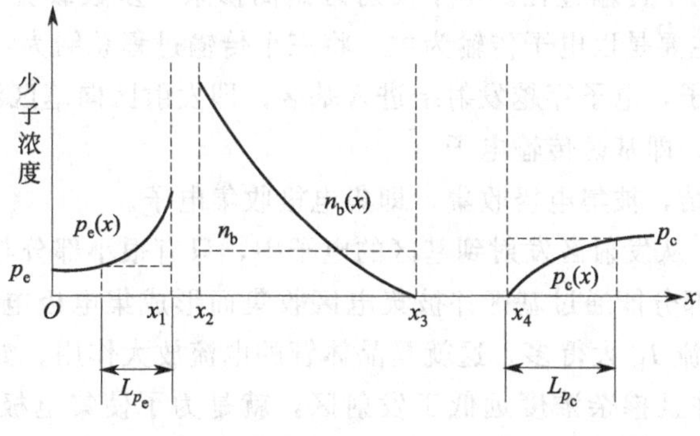

图 6-10　晶体管作为放大运用时的载流子的分布

3. 晶体管的载流子传输

晶体管的载流子传输过程如图 6-11 所示，晶体管内部载流子运动与分配情况可分为以下三个过程。

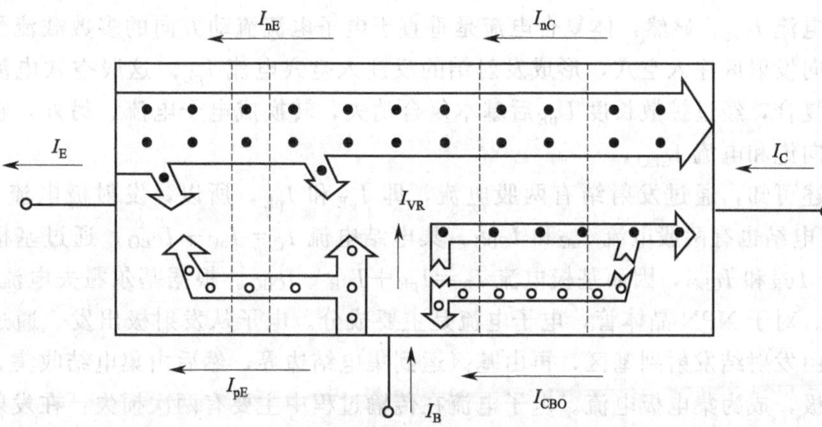

图 6-11　晶体管的载流子传输示意图

(1) 发射区向基区发射电子　由于发射结处于正向偏置，多数载流子的扩散运动加强，发射区的多数载流子（电子）向基区扩散（也称为发射或注入），同样，基区的多数载流子（空穴）也向发射区扩散，并与发射区的部分电子复合。

(2) 电子在基区的扩散与复合　从发射区发射到基区的电子到达基区后，由于靠近发射结附近的电子浓度高于靠近集电结附近的电子浓度，所以这些电子会向集电结附近继续扩散。在扩散过程中，有小部分电子会与基区的空穴复合，由于电源的正极与基极相接，这些复合掉的空穴均可由电源补充，因而形成了基极电流 I_B。因基区做得很薄，电子在扩散过程中通过基区的时间很短，加上基区的空穴浓度很低，所以从发射区发射到基区的电子在基区继续向集电结附近扩散的过程中，与基区空穴复合的机会很少，因而基极电流 I_B 很小，大部分电子都能通过基区而达到集电结一侧。

(3) 集电区收集电子从而形成集电极电流 I_C　由于集电结处于反向偏置，外电场的方向将阻止集电区中的多数载流子（电子）向基区运动，但有利于少数载流子的漂移运动。从发射区发射到基区的电子，一旦到达基区后，就成了基区少数载流子，因而这些扩散到集电结附近的电子很容易被集电区收集而形成集电极电流 I_C。

以上是载流子的三个传输过程。由于发射区是高掺杂，多数载流子（电子）浓度很高，所以晶体管的载流子主要是以电子传输为主。将三个传输过程总结为：

① 发射极发射电子，电子穿越发射结进入基区，即发射区向基区注入电子。

② 电子穿越基区，即基区传输电子。

③ 电子穿越集电结，被集电极收集，即集电极收集电子。

从以上分析可知，从发射区发射到基区的电子中，只有很小部分与基区的电子复合而形成基极电流 I_B，绝大部分能通过基区并被集电区收集而形成集电极电流 I_C。因此，集电极电流 I_C 就会比基极电流 I_B 大得多，这就是晶体管的电流放大作用。如前所述，晶体管的基区之所以做得很薄，并且掺杂浓度远低于发射区，就是为了使集电极电流比基极电流大得多，从而实现晶体管的电流放大作用。

4. 晶体管各极电流的形成

发射结正偏，大量电子从发射区注入到基区，形成电子电流 I_{nE}。如基区很薄，大部分电子都能通过扩散到达集电结边界，并被集电极收集，形成集电极电子电流 I_{nC}。由于通过基区的电子是非平衡载流子，因此在基区中，电子将一边扩散，一边和基区中的空穴复合，形成体复合电流 I_{VR}。显然，体复合电流是垂直于电子电流流动方向的多数载流子电流。同时，基区也向发射区注入空穴，形成发射结的反注入空穴电流 I_{pE}。这股空穴电流在发射区内边扩散边复合，经过扩散长度 L_{pE}后基本复合消失，转换成电子电流。另外，在集电结处还有一股反向饱和电流 I_{CBO}。

综上所述可知，通过发射结有两股电流，即 I_{nE}和 I_{pE}，所以，发射极电流 $I_E=I_{nE}+I_{pE}$。通过集电结也有两股电流 I_{nC}和 I_{CBO}，集电结电流 $I_C=I_{nC}+I_{CBO}$。通过基极有三股电流，即 I_{pE}、I_{VR}和 I_{CBO}，因而基极电流 $I_B=I_{pE}+I_{VR}-I_{CBO}$。根据基尔霍夫电流定律可知：$I_E=I_B+I_C$。对于 NPN 晶体管，电子电流是主要成分。电子从发射极出发，通过发射区到达发射结，由发射结发射到基区，再由基区运到集电结边界，然后由集电结收集，流过集电区到达集电极，成为集电极电流。电子电流在传输过程中主要有两次损失：在发射区，与从基区注入过来的空穴复合损失；在基区体内的复合损失，因此 $I_{nC}<I_{nE}<I_E$。

6.2.2 晶体管直流电流放大系数

1. 晶体管共基极直流电流放大系数

晶体管共基极接法如图 6-12 所示，基极作为输入与输出的公共端。集电极输出电流 I_C 与发射极输入电流 I_E 之间关系可表示为：

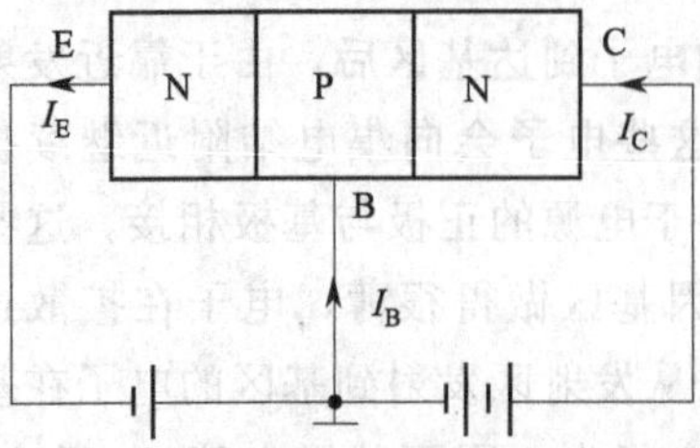

图 6-12 晶体管共基极接法

$$\alpha=\frac{I_C}{I_E} \tag{6-1}$$

α 表示从发射极输入的电流 I_E 之中，有多大的比例传输到集电极成为输出电流 I_C，也可以说，从发射极发射的电子有多大的比例传输到集电极。在共基极电路中，通过 I_E 控制 I_C，I_C 总是小于 I_E（根据基尔霍夫电流定律可知相差 I_B），所以 $\alpha<1$。但是性能好的晶体管 α 值接近于 1。虽然共基极接法的晶体管不能放大电流，但由于集电极可以接入较大的负载，所以仍能

获得电压和功率的放大。

2. 晶体管共发射极直流电流放大系数

晶体管共发射极接法如图 6-13 所示，发射极作为输入与输出的公共端。集电极输出电流 I_C 与基极输入电流 I_B 之间关系可以用放大系数 β 表示为：

$$\beta=\frac{I_C}{I_B} \tag{6-2}$$

共发射极的电路是用 I_B 去控制 I_C 实现电流的放大。由于 $I_E=I_B+I_C$，所以

$$\beta=\frac{I_C}{I_B}=\frac{I_C}{I_E-I_C}=\frac{\alpha}{1-\alpha} \tag{6-3}$$

由于 α 十分接近 1，所以 β 就远大于 1，通常在 20～150 之间。由此可以看出，输入端电流 I_B 的微小变化就会引起输出端电流 I_C 很大的变化，即晶体管在共射极运用时具有电流放大能力。

6.2.3　晶体管的特性曲线

晶体管的特性曲线形象地表示出晶体管各电极电流与电压间的关系，所以，在生产过程中常用特性曲线来判断晶体管的质量好坏。晶体管的接法不同，其特性曲线也各不相同。

1. 晶体管共基极直流特性曲线

(1) 共基极直流输入特性曲线　在不同的 U_{CB} 下，改变 U_{BE}，测量 I_E 的值，即可得到 I_E-U_{BE} 关系曲线，如图 6-14 所示。由于发射结正向偏置，所以，I_E-U_{BE} 输入特性实际上就是正向 P-N 结的特性，因而 I_E 随 U_{BE} 指数增大。但它与单独 P-N 结间存在差别，这是由于集电结反向偏置 U_{CB} 影响的结果。若 U_{CB} 增大，则集电结的势垒变宽，势垒区向基区扩展，这样有效基区宽度随 U_{CB} 增加而减小（这种现象称为基区宽变效应）。由于有效基区宽度减小，使基区少子的浓度梯度增加，从而引起发射区向基区注入的电子电流 I_{nE} 增加，因而发射极电流 I_E 就增大。所以，输入特性曲线随 U_{CB} 增大而左移。

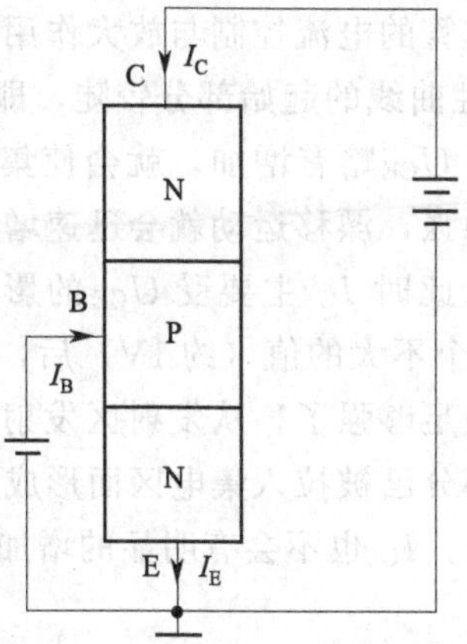

图 6-13　晶体管共发射极接法

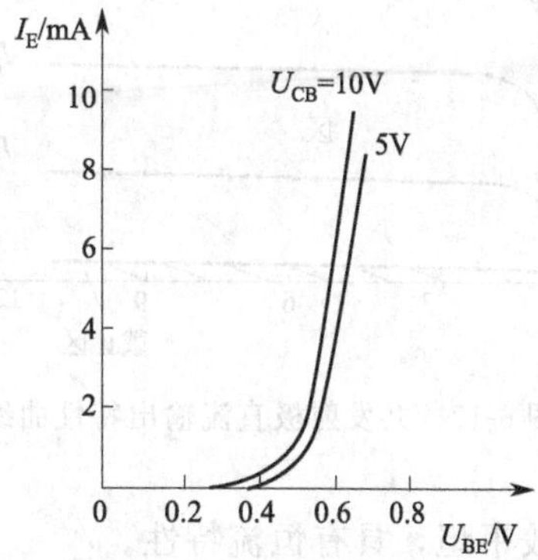

图 6-14　共基极直流输入特性曲线

(2) 共基极直流输出特性曲线　在不同的 I_E 下，改变 U_{CB}，测量 I_C 的值，即可得到 I_C-U_{CB} 关系曲线，如图 6-15 所示。当 $U_{CB}>0$ 时，因为 $I_C=\alpha I_E$，而 $\alpha\approx1$，所以 $I_C\approx I_E$，若 I_E 取不同的数值，就得到一组基本上互相平行的关系曲线。当 $I_E=0$，即发射结不发射载流子时，输出电流 $I_C=I_{CBO}$，这时的输出特性就是集电结的反向特性，即图中最靠近水平坐

标而且基本上平行于坐标轴的曲线。这就是共基极输出特性曲线。

2. 晶体管共发射极直流特性曲线

（1）共发射极直流输入特性曲线　在不同的U_{CE}下，改变U_{BE}，测量I_B的值，即可得到I_B-U_{BE}关系曲线，如图6-16所示。由于发射结正偏，如将输出端短路，$U_{CE}=0$时，就相当于将发射结与集电结两个正向P-N结并联。所以，输入特性曲线与正向P-N结伏安特性相似。当集电结处于反偏时，由于基区宽度减小，基区内载流子的复合损失减少，故I_B也就减少。所以，特性曲线随U_{CE}的增加而右移。当$U_{BE}=0$时，I_B下移至I_{CBO}。

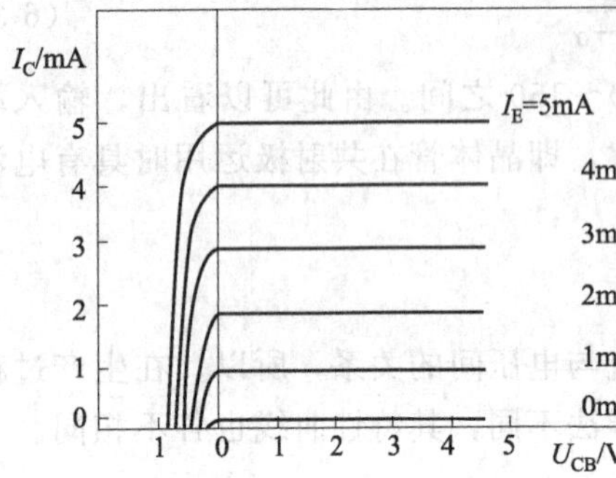

图 6-15　共基极直流输出特性曲线

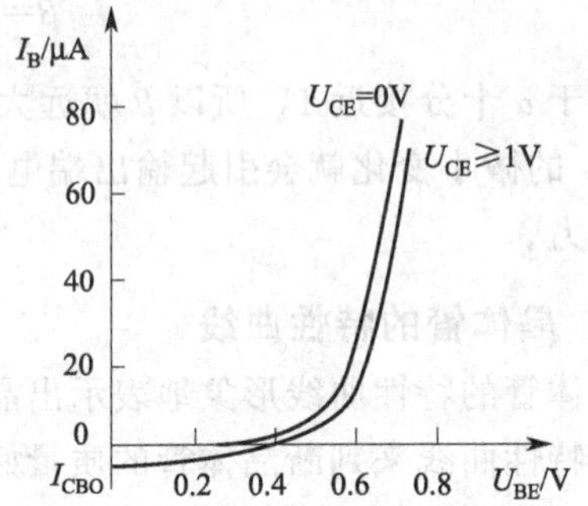

图 6-16　共发射极直流输入特性曲线

（2）共发射极直流输出特性曲线　在不同的I_B下，改变U_{CE}，测量I_C的值，即可得到I_C-U_{CE}关系曲线，如图6-17所示。由输出特性曲线可得到如下结论。

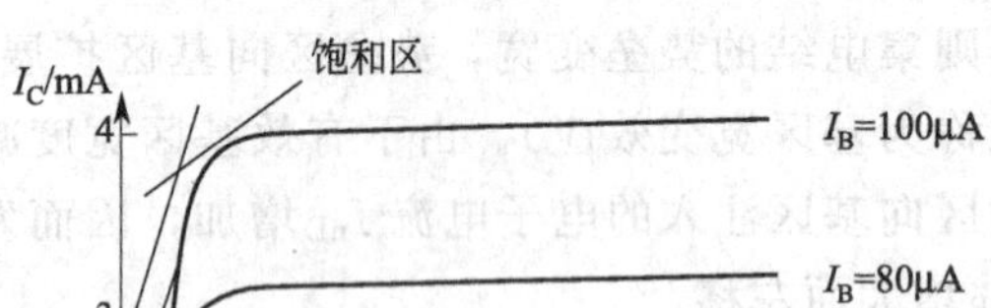

图 6-17　共发射极直流输出特性曲线

① I_B一定时，从发射区发射到基区的电子数目大致是一定的；I_B越大，从发射区发射到基区的电子数目越多，相应的I_C也越大，这就是晶体管的电流控制与放大作用。

② 特性曲线的起始部分较陡，即在U_{CE}很小时，只要U_{CE}略有增加，就会使集电结的内电场得到加强，漂移运动就会迅速增加，使I_C迅速加大，此时I_C主要受U_{CE}的影响，一旦U_{CE}超过一个不大的值（约1V）后，集电结的内电场已经足够强了，从发射区发射到基区的电子绝大部分已被拉入集电区而形成I_C，即使再加大U_{CE}，I_C也不会有明显的增加，此时的曲线比较平坦，具有恒流特性。

③ 晶体管可以工作在输出特性曲线的三个区域内。

a. 输出特性曲线的近于水平部分是放大区。晶体管工作在放大区的主要特征是：发射结正向偏置，集电结反向偏置，I_C与I_B间具有线性关系，即$I_C=\beta I_B$。在放大电路中的晶体管必须工作在放大区。

b. $I_B=0$的曲线以下的区域称为截止区。晶体管工作在截止区的主要特征是：$I_B=0$，$I_C=I_{CEO}\approx 0$（I_{CEO}称为集电极到发射极间的穿透电流，一般很小，可以忽略不计），相当于晶体管的三个极之间都处于断开状态。由输入特性曲线可知，要使 $I_B=0$，只要 U_{BE} 小于死区电压（硅管约 0.5V，锗管约 0.2V）即可。但为了使晶体管可靠截止，往往使发射结反向偏置。集电结也处于反向偏置。

c. 在输出特性曲线的左侧，I_C 趋于直线上升的部分，可看做是饱和区。晶体管工作在饱和区的主要特征是：$U_{CE}<U_{BE}$，即集电结为正向偏置，发射结也是正向偏置；I_B 的变化对 I_C 影响不大，两者不成正比，不同 I_B 的各条曲线都几乎重合在一起，此时 I_B 对 I_C 已失去控制作用。

6.3 晶体管的反向电流与击穿电压

6.3.1 晶体管的反向电流

晶体管的反向电流包括集电极-基极之间的反向电流 I_{CBO}、发射极—基极之间的反向电流 I_{EBO} 和集电极-发射极之间的反向击穿电流 I_{CEO}。反向电流不受输入电流控制，对放大作用无贡献，而且消耗电源功率使晶体管发热，影响晶体管工作的稳定性，甚至烧毁，所以希望反向电流越小越好。

1. 集电极-基极之间的反向电流 I_{CBO}

集电极-基极之间的反向电流 I_{CBO} 是当发射极开路，即 $I_E=0$ 时，集电极-基极的反向电流，如图 6-18 所示。它只与温度有关，在一定温度下是个常数，所以称为集电极一基极的反向饱和电流。良好的三极管，I_{CBO} 很小，小功率锗管的 I_{CBO} 约为 1～10μA，大功率锗管的 I_{CBO} 可达数毫安。

2. 发射极-基极之间的反向电流 I_{EBO}

发射极-基极之间的反向电流 I_{EBO} 是当集电极开路，即 $I_C=0$ 时，发射极-基极的反向电流，如图 6-19 所示。晶体管的反向扩散电流和势垒区的产生电流是很小的。引起反向电流过大的原因往往是表面漏电流太大。因此，在生产过程中，搞好表面清洁处理及工艺规范是减小反向电流的关键。

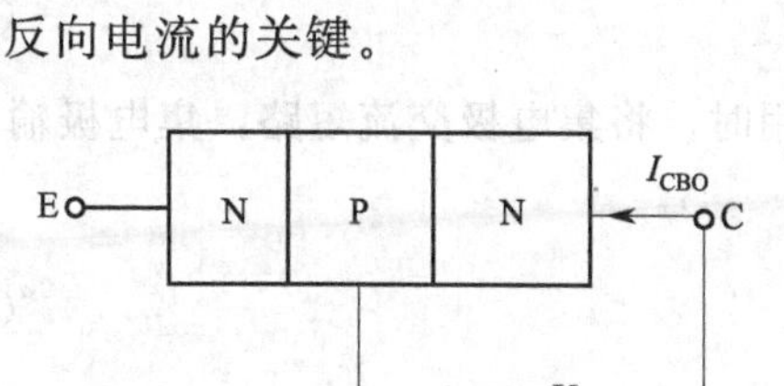

图 6-18 集电极-基极之间的反向电流 I_{CBO}

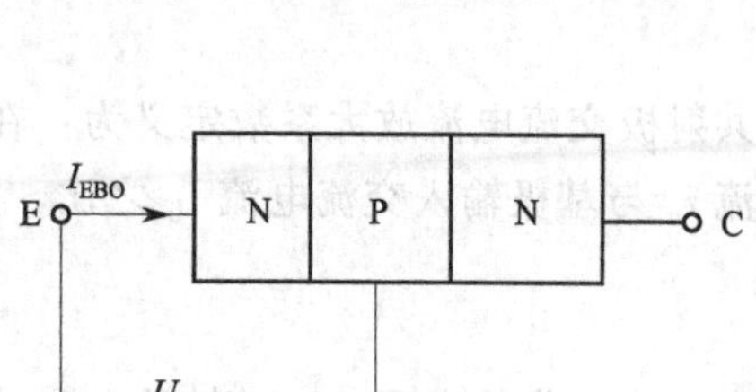

图 6-19 发射极-基极之间的反向电流 I_{EBO}

3. 集电极-发射极之间的反向电流 I_{CEO}

集电极-发射极之间的反向电流 I_{CEO} 是当基极开路，即 $I_B=0$ 时，集电极-发射极的反向电流，如图 6-20 所示。I_{CEO} 大约比 I_{CBO} 大 β 倍，即 $I_{CEO}=(1+\beta)\ I_{CBO}$，$\beta$ 是电流为 I_{CEO} 时所对应的电流放大系数，I_{CEO} 数值较小，此时的 β 比正常工作时的 β 要小得多，所以 I_{CEO} 比 I_{CBO} 大不太多。I_{CBO} 和 I_{CEO} 受温度影响极大，它们是衡量管子热稳定

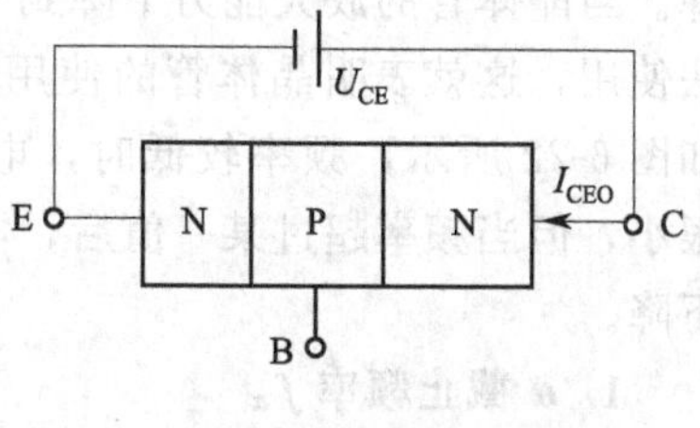

图 6-20 集电极-发射极之间的反向电流 I_{CEO}

性的重要参数，其值越小，性能越稳定，小功率锗管的 I_{CEO} 比硅管大。

6.3.2 晶体管的击穿电压

集电极开路时，发射极与基极间的击穿电压 BU_{EBO}，由发射结的雪崩击穿电压决定。对于平面管，由于发射结由两次扩散形成，在表面处结两边杂质浓度最高，因而雪崩击穿电压在结侧面最低，BU_{EBO} 由基区扩散层表面杂质浓度决定，所以 BU_{EBO} 只有几伏。

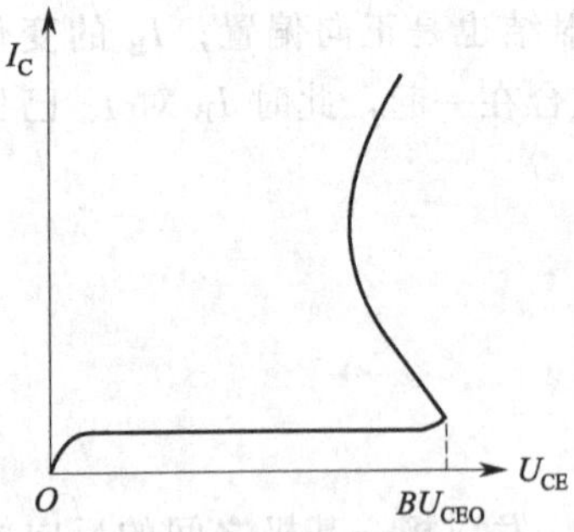

图 6-21 基极开路时反向击穿特性曲线

发射极开路时，集电极与基极间的击穿电压 BU_{CBO}，一般为集电结的雪崩击穿电压。基极开路时，集电极与发射极之间的击穿电压 BU_{CEO}。BU_{CEO} 与 BU_{CBO} 之间满足以下关系：

$$BU_{CEO}=\frac{BU_{CBO}}{\sqrt[n]{1+\beta}} \tag{6-4}$$

对于硅晶体管，集电结低掺杂区为 N 型时，$n=4$，为 P 型时，$n=2$；对于锗晶体管，集电结低掺杂区为 N 型时，$n=3$，为 P 型时，$n=6$。由于 $\beta>1$，所以，$BU_{CEO}<BU_{CBO}$。测试 BU_{CEO} 时经常可以看到如图 6-21 所示的负阻击穿现象，即当 U_C 达到 BU_{CEO} 时发生击穿，击穿后电流上升，电压却反而降低。

6.4 晶体管的频率特性与功率特性

6.4.1 晶体管的频率特性

共基极交流电流放大系数定义为：在共基极运用时，将集电极交流短路，集电极输出交流电流 i_c 与发射极输入交流电流 i_e 之比，用 α 表示。

$$\alpha=\frac{i_c}{i_e} \tag{6-5}$$

共射极交流电流放大系数定义为：在共射极运用时，将集电极交流短路，集电极输出交流电流 i_c 与基极输入交流电流 i_b 之比，用 β 表示。

$$\beta=\frac{i_c}{i_b} \tag{6-6}$$

在交流工作状态下，P-N 结的电容效应将对晶体管的工作特性产生影响。当频率升高时，晶体管的放大特性要发生变化，使晶体管的放大能力下降。当晶体管的放大能力下降到一定程度时，就无法使用，这就表明晶体管的使用频率有一个极限。如图 6-22 所示，频率较低时，电流放大系数变化很小，但当频率超过某一值后，电流放大系数很快下降。

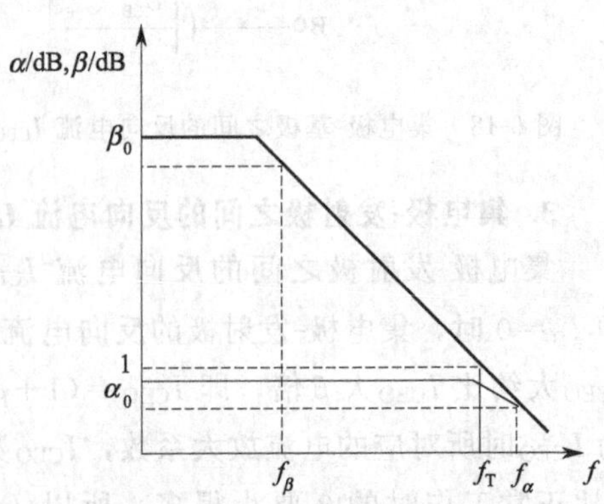

图 6-22 电流放大系数 α、β 随频率变化图

1. α 截止频率 f_α

f_α 表示共基极短路电流放大系数的幅值 $|\alpha|$ 下降到低频值 α_0 的 0.707 倍时的频率。f_α 反映了

电流放大系数α的幅值$|\alpha|$随频率上升而下降的快慢。

2. β截止频率f_β

f_β表示共发射极短路电流放大系数的幅值$|\beta|$下降到低频值β_0的 0.707 倍时的频率。f_β反映了电流放大系数β的幅值$|\beta|$随频率上升而下降的快慢。

3. 特征频率f_T

f_T表示共发射极短路电流放大系数的幅值下降到$|\beta|=1$时的频率。它是晶体管在共射运用中具有电流放大作用的频率极限。

4. 最高振荡频率f_m

当频率大于f_T时，虽然晶体管没有电流放大作用，但仍然可以具有电压和功率的放大作用。f_m表示最佳功率增益等于 1 时的频率，是晶体管具有功率增益的频率极限。

6.4.2 晶体管的功率特性

1. 晶体管的大电流特性

较大功率的晶体管需要工作在高耐压和大电流条件下。而在大电流区域，晶体管的直流和交流特性都会发生明显变化，电流增益和特征频率等参数都会随着集电极电流增大而迅速下降，从而使集电极最大工作电流受到限制。

共发射极直流短路电流放大系数β下降到其最大值β_M的一半时所对应的集电极电流，称为集电极最大电流I_{CM}，如图 6-23 所示。要提高晶体管的输出功率就必须提高I_{CM}。

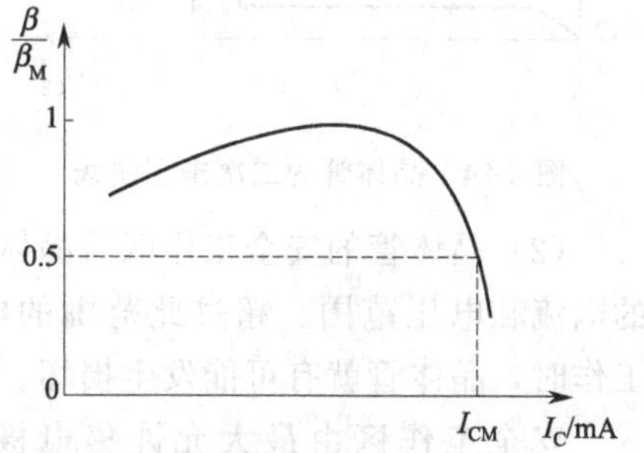

图 6-23　集电极最大电流I_{CM}

2. 晶体管的最大耗散功率和热阻

因为晶体管在受到电学特性限制的同时，还要受到热学特性的限制。最大耗散功率就是晶体管的主要热限制参数。晶体管功率的耗散会发热，如果此热量不能及时散发掉，则将使集电结的结温T_j升高，这就限制了输出功率的提高；最高结温T_{jm}时所对应的耗散功率即为最大耗散功率P_{CM}，也称集电极最大允许耗散功率。耗散功率与晶体管的最高允许结温和集电极最大电流有密切关系。硅管的结温允许值大约为 150℃，锗管的结温允许值为 85℃左右。要保证管子结温不超过允许值，就必须将产生的热散发出去。晶体管在使用时，其实际功耗不允许超过P_{CM}值，否则会造成晶体管因过载而损坏。实际使用时，集电极允许耗散功率和散热条件与工作环境温度有关，增加散热片或增加风冷却，可提高P_{CM}。所以在使用中应特别注意值I_C不能过大，散热条件要好。

晶体管工作时，电流通过发射结、集电结和体串联电阻都会发生功率耗散。总耗散功率为

$$P_C = I_E U_{BE} + I_C U_{CB} + I_C^2 r_{CS} \tag{6-7}$$

在正常工作状态下，发射结正向偏置电压U_{BE}远小于集电极反向偏置电压U_{CB}，体串联电阻r_{CS}也很小。因此，晶体管的功率主要耗散在集电结上。总耗散功率近似为

$$P_C \approx I_C U_{CB} \tag{6-8}$$

耗散功率转换为热量，使集电结变成晶体管的发热中心，集电结温度升高。当结温T_j高于环境温度T_a时，热量就靠温差由管芯通过管壳向外散发。散发出的热量随着温差

($T_j - T_a$) 的增大而增大。在散热条件一定的情况下，耗散功率 P_C 越大，结温就越高。最高结温 T_{jm}是晶体管能正常、长期可靠工作的P-N结温度。最高结温 T_{jm}与材料的电阻率和器件的可靠性有关。

用热阻 R_T 来表示晶体管散热能力的大小。所谓热阻就是单位耗散功率引起结温升高的度数，其单位为℃/W，热阻和晶体管的封装有很大的关系，可由下面的公式表示：

$$R_T = \frac{T_{jm} - T_a}{P_{CM}} \tag{6-9}$$

3. 晶体管的二次击穿和安全工作区

(1) 晶体管的二次击穿　二次击穿是功率晶体管早期失效或损坏的重要原因，它已成为影响功率晶体管安全可靠使用的重要因素。二次击穿曲线如图6-24所示，曲线上可用 A、B、C、D 四点将其分为四个区域。当电压 U_{CE}增加到集电结的雪崩击穿电压时，首先在 A 点发生雪崩击穿的现象称为一次击穿；一次击穿后，集电极反向电压进一步加大，电流 I_C 随电压增加很快上升。当电流增加到 B 点，晶体管突然由高压状态跃变到低压，至 C 点，而电流继续增大，这一现象称为二次击穿。整个二次击穿过程发生在微秒级甚至更短时间内，若电路无限流措施，电流将继续增加，直至最后烧毁。

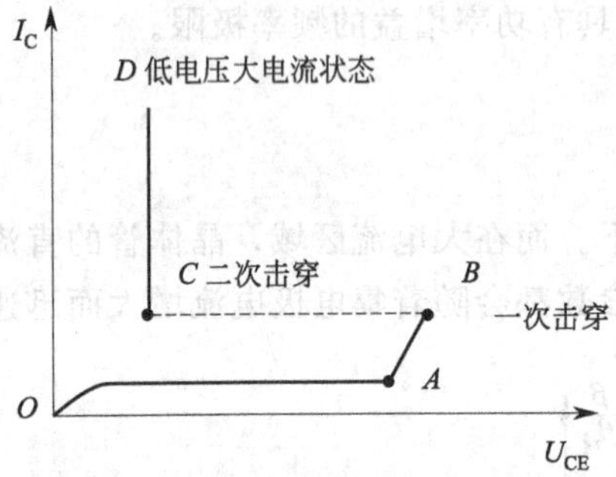

图 6-24　晶体管的二次击穿曲线

(2) 晶体管的安全工作区　晶体管的安全工作区是指晶体管能够安全、可靠地进行工作的电流和电压范围。超过此范围的电流和电压工作时，晶体管就有可能发生损坏。

安全工作区由最大允许集电极电流 I_{CM}、击穿电压 BU_{CEO}、晶体管最大耗散功率 P_{CM}和二次击穿临界线来决定，如图6-25所示。

要扩大安全工作区，首先要改善器件的二次击穿特性，将二次击穿临界线移到最大功耗线之外，至少也要移到最大功耗线上。努力做到使安全工作区由最大集电极电流 I_{CM}、最高集电极电压 BU_{CEO}和最大功耗线所限定。其次，通过选择合适的材料和正确的设计，提高器件的耐压，增大器件的最大电流，降低热阻，提高晶体管的耗散功率。

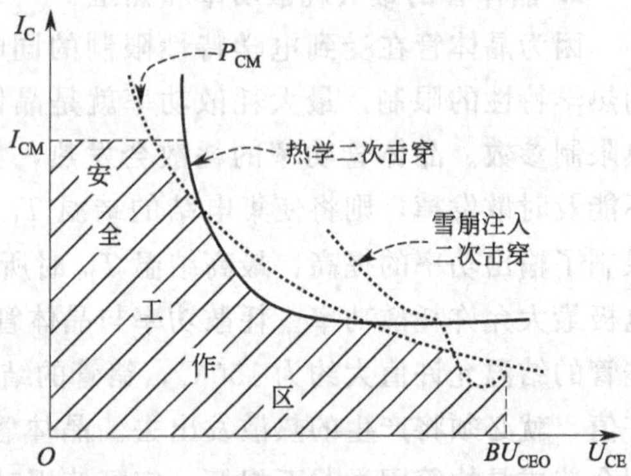

图 6-25　晶体管的安全工作区

6.5　晶体管的开关特性

晶体管开关电路原理图如图6-26所示，R_B 为基极限流电阻，其取值应使输入 U_I 为高电平时，晶体管处于饱和状态，而输入 U_I 为低电平时，晶体管处于截止状态。

当输入为高电平时，基极电流足够大，晶体管进入饱和状态，由输出特性可知，集电极与发射极之间的压降很小，可忽略不计，相当于集电极与发射极之间短路，如图6-27(a) 所示。在集电极回路中，晶体管相当于一个闭合开关。

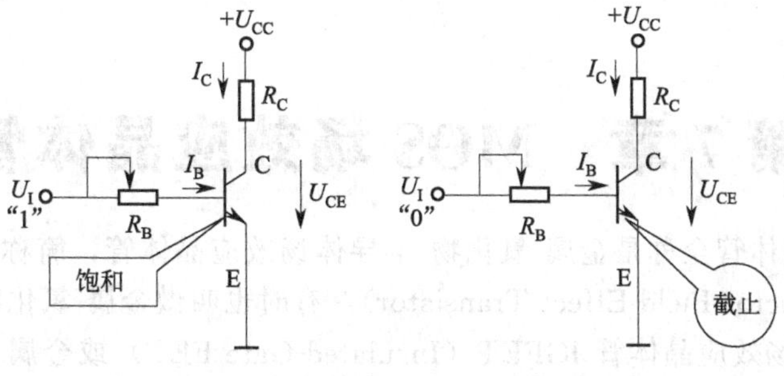

图 6-26　晶体管开关电路原理图

当输入为低电平时，晶体管进入截止状态，集电极的电流 $I_C = I_{CEO}$，对于性能良好的晶体管，I_{CEO}一般很小，约等于 0，相当于集电极与发射极之间开路，如图 6-27(b) 所示。在集电极回路中，晶体管相当于一个断开的开关。

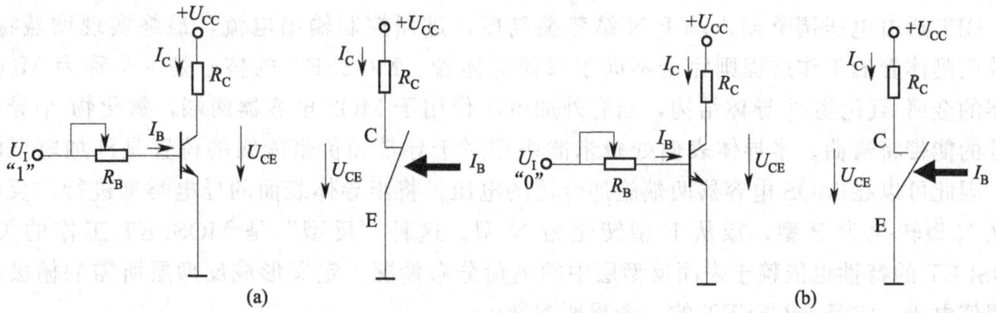

图 6-27　晶体管开关电路等效图

晶体管的开关作用，是通过基极控制信号 I_B，使晶体管在饱和态与截止态之间往复转换来实现的。晶体管作为开关使用与理想开关的主要差别在于，开态时晶体管开关上的压降不等于零；关态时回路中还存在一定的电流 I_{CEO}，因此回路电流也不等于零。

习　题　6

1. 画出晶体管结构示意图和电路符号。
2. 简述晶体管内部载流子传输的三个过程。
3. 分别说明什么是晶体管共基极直流电流放大系数和共发射极直流电流放大系数。
4. 分别说明什么是 α 截止频率 f_α、β 截止频率 f_β、特征频率 f_T 和最高振荡频率 f_m。
5. 什么是热阻？如何计算热阻？
6. 什么是晶体管的二次击穿？
7. 晶体管的安全工作区是由哪些条件决定的？
8. 简述晶体管开关特性原理。

第 7 章　MOS 场效应晶体管

MOS 场效应晶体管全称是金属-氧化物-半导体场效应晶体管，简称为 MOSFET（Metal-Oxide-Semiconductor Field Effect Transistor)，有时也叫做金属-氧化物-硅场效应晶体管，它是归属于绝缘栅场效应晶体管 IGFET（Insulated-Gate FET）或金属-绝缘体-半导体场效应晶体管 MISFET（Metal-Insulator- Semiconductor FET）一类的半导体器件。MOSFET 具有结构简单、尺寸小、功耗低、工艺简单等优点，是 IC 中最常用的半导体器件。将半导体的电导被垂直于半导体表面的电场调制的现象称为场效应。由于这种类型的晶体管工作时的导电载流子只有一种，即多数载流子，因此它们通常也称为单极晶体管。这一点不同于双极结型晶体管 BJT，BJT 中电子和空穴都参与导电，因此 BJT 称为双极型器件。

BJT 通过电压调节输入端 P-N 结势垒高度，进而控制输出电流，最终实现增益特性。场效应晶体管的工作过程则完全不同于双极晶体管。MOSFET 的核心是一个称为 MOS 电容器的金属-氧化物-半导体结构，当有外加电压作用于 MOS 电容器两端，氧化物-半导体界面处的能带将弯曲。半导体表面处费米能级相对于导带和价带能级的位置是外加电压的函数，因此可以在 MOS 电容器两端施加合适的电压，将半导体表面的导电类型进行“反型”，即从 N 型转化为 P 型，或从 P 型转化为 N 型。这种“反型”是 MOSFET 工作的关键。MOSFET 的特性也依赖于表面反型层中的电荷分布情况。定义形成反型层所需的栅极电压为阈值电压，它是 MOSFET 的一个重要参数。

在本章中，首先讨论 MOSFET 的基本结构和工作原理，然后阐述各种类型的 MOSFET，定性地讨论其输出特性、伏安特性、*C-U* 特性，同时还将讲述 MOSFET 的频率特性和开关特性。

7.1　MOS 场效应晶体管概述

7.1.1　MOS 场效应晶体管结构

MOS 场效应晶体管是用一块硅半导体材料作衬底，如图 7-1(a)；在其表面上扩散两个

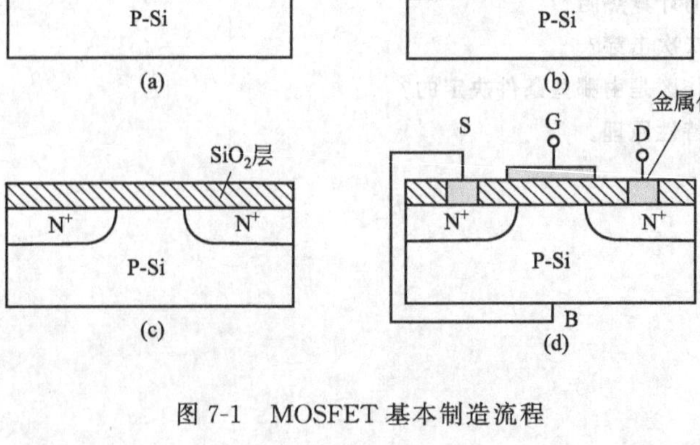

图 7-1　MOSFET 基本制造流程

N 型区，如图 7-1(b)；再在上面覆盖一层二氧化硅（SiO_2）绝缘层，如图 7-1(c)；最后在 N 区上方刻蚀两个接触孔，用金属化的方法分别在绝缘层上及两个接触孔内做成三个电极，如图 7-1(d)。

MOS 场效应晶体管的基本结构通常是一个四端器件，其基本结构如图 7-2(a) 所示。图 7-2(c) 所示为 N 沟道 MOS 场效应晶体管的纵向结构剖面图。半导体衬底以及衬底上方的金属和氧化物构成了一种类似电容器的结构，称之为 MOS 电容器。图 7-2(a) 中的上层金属板，也可称为场电极，它是 MOSFET 的控制电极，通常称之为栅极（G）。早期的 MOS 器件主要采用金属铝作为栅极的材料，后来大约从 1970 年开始，重掺杂的多晶硅栅被逐渐地广泛使用。栅极是控制 MOSFET 工作的，栅电极下面有一层很薄的绝缘层，通常称为栅氧化层，将栅和下面的衬底隔离开，栅氧化层的材料通常是经过热氧化在硅衬底表面生长的二氧化硅。

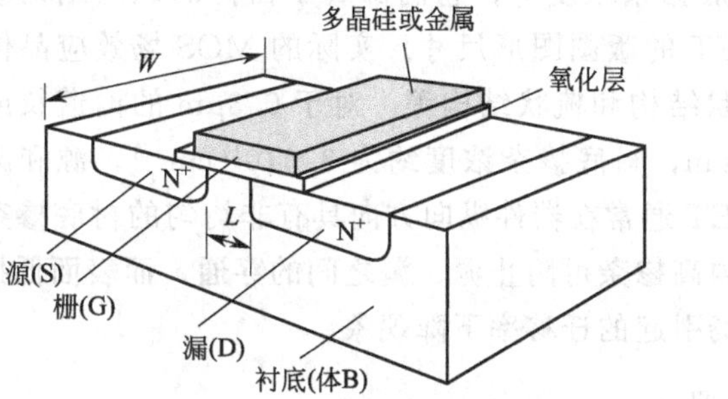

(a) 结构简图

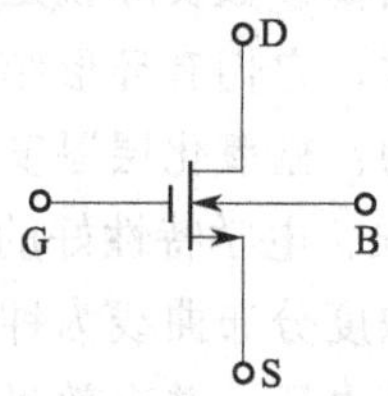

(b) 符号图

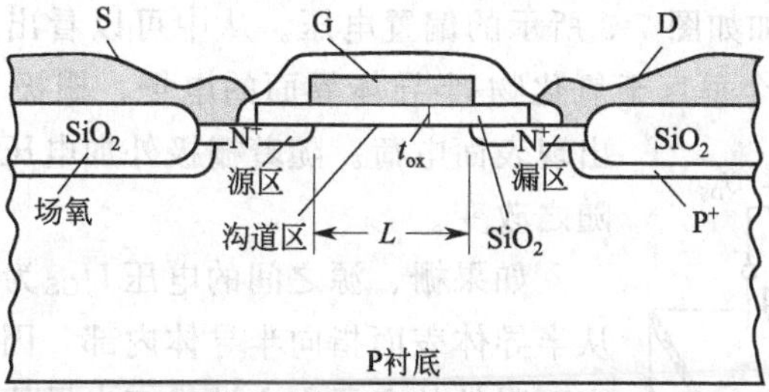

(c) 截面图

图 7-2　N 沟道 MOS 场效应管结构

对于 N 沟道器件，给栅极施加一个相对于衬底为正的电压，衬底中的电子就被吸引到半导体的表面，P 型衬底的表面薄层内出现了大量电子，反型层得以形成。这层电子薄层就是 MOSFET 的沟道，沟道的长度用特征尺寸 L 表示，沟道的宽度用 W 表示，如图 7-2(a) 所示。在沟道的两端分别重掺杂形成两个 N 型区，分别叫做源区和漏区。制作这两个重掺杂区的方法可以是进行离子注入或者是固相扩散，也可以两种方法结合使用。MOS 场效应晶体管的源区、漏区和沟道统称为有源区。将有源区以外的区域称为场区，它上面有较厚的氧化层覆盖，这样可以保证金属走线、多晶硅栅和有源区、衬底的隔离。场区表面的厚氧化层以及有较高表面掺杂浓度的衬底，可以有效防止在较高的电压下表面反型而造成器件之间隔离性能被破坏。

从图 7-2(c) 的 MOS 场效应管截面图中可以清楚地看出，MOSFET 具有左右对称的结构。因此，MOS 场效应晶体管的源、漏可以互换使用。沟道中载流子流动的方向依赖于沟道两端外加偏置电压的极性。沟道两端的电极分别命名为源极（S）和漏极（D），源极给沟道提供载流子，漏极从沟道获得载流子，沟道载流子从漏极流出器件。很显然，源极和漏极的命名取决于外加偏置电压的极性。一旦源极和漏极确定，对应的源区和漏区也得以命名。因此，对于N沟道MOSFET来说，沟道两端接相对较高电位的电极就是漏极，另一个则是源极，漏区P-N结处于反向偏置状态。由衬底引出的电极称为体（B），这是为了避免衬底（S）和源（S）造成误解。器件在工作时，衬底和源区之间通常需要施加偏置电压，使得源区P-N结处于反向偏置状态。这样所有源区和漏区的P-N结都是处于反向偏置状态，有源区在电学上是自隔离的。但通常在分析MOSFET工作原理的过程中，为了使讨论简洁明了，通常假设源和衬底在电学上是连接在一起的，二者都可作为电压参考端。

MOS场效应晶体管管芯的基本结构参数有沟道长度L、沟道宽度W、栅氧化层厚度t_{ox}、漏区和源区的扩散结深x_j、衬底掺杂浓度等，它们都属于器件的纵向结构参数。而器件的横向结构参数实际就是MOSFET的版图图形尺寸。实际的MOS场效应晶体管图形结构多种多样，它们有环形结构、条状结构和梳状结构等。对于0.3μm的沟道长度，器件的典型参数为：栅氧化层厚度约为10nm，衬底掺杂浓度约为$3\times10^{17}cm^{-3}$，源和漏的结深大约为0.2μm。电学特性好的MOSFET通常在器件纵向方向具有非均匀的衬底掺杂浓度，且衬底杂质浓度分布曲线为钟形。体内高掺杂可防止源、漏之间的穿通，而表面低掺杂则可以维持低阈值电压，并有效遏制强电场引起的迁移率下降现象。

7.1.2 MOS场效应晶体管工作原理

现在以N沟道MOS场效应晶体管为例，解释MOS场效应晶体管的工作原理。首先给N沟道MOS晶体管施加如图7-3所示的偏置电压。从中可以看出，如果在栅、源之间加上电压U_{GS}，就会产生一个垂直于氧化物-半导体界面的电场，栅极下方的半导体一侧表面会出现表面电荷。随着栅极外加电压的变化，表面电荷的数量随之改变。

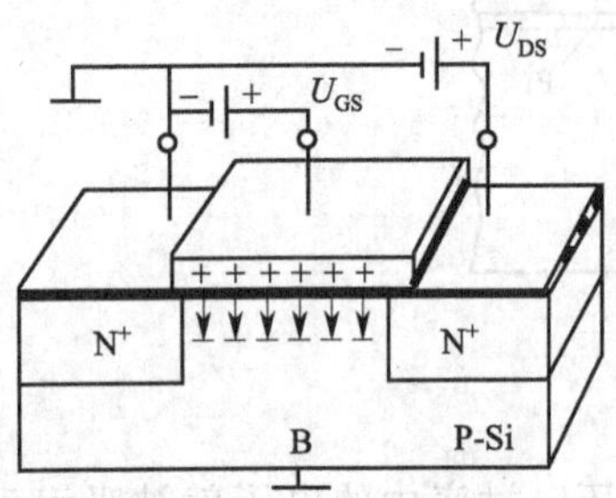

图7-3　N沟道MOS场效应管的基本工作偏置图

如果栅、源之间的电压U_{GS}为正且逐渐增加，电场方向从半导体表面指向半导体内部，因此在电场作用下，半导体表面附件的多子空穴被推离半导体表面，留下负离子形成的耗尽区，此时半导体表面进入耗尽状态。随着电压继续增加，表面处空穴浓度逐渐降低，同时表面处少子电子却逐渐增多，半导体表面将由耗尽状态逐渐进入反型状态。当栅源电压U_{GS}增加到使表面积累的电子浓度等于或者大于表面空穴浓度时，半导体表面进入反型状态。若继续增加电压U_{GS}，使得半导体表面电子浓度等于半导体体内空穴浓度，则此时栅极上施加的电压称为阈值电压，通常用U_T表示，此时半导体表面开始进入强反型状态。

电子导电的反型层称为N沟道，空穴导电的反型层称为P沟道。因此，MOS场效应晶体管可以分为N沟道和P沟道两种类型，可以将这两种晶体管分别简称为NMOS和PMOS。N沟道的MOS场效应管要在P衬底材料上制造，而P沟道的MOS场效应管则应在N型衬底材料上制造。CMOS电路使用互补的N沟道和P沟道MOSFET，所以要在N衬底硅片上做P阱以完成NMOS的制作，或在P衬底硅片上做N阱以完成PMOS的制作。

在栅源电压 U_{GS} 为零的条件下，如果漏、源之间加上电压 U_{DS}，且漏极为正，则漏区 P-N 结为反偏状态，此时从漏极到源极的电流很小，可以认为器件截止。如果在栅极施加一定电压，漏区和源区之间的半导体表面出现了沟道，沟道将连通漏区和源区，此时在漏、源之间施加一定电压 U_{DS}，就会出现明显的漏极电流 I_D，而且该电流的大小受到栅源电压 U_{GS} 的控制。MOS 场效应晶体管的栅氧化层对栅极和半导体衬底进行了电学阻隔，器件导通时电流的唯一通路是从漏极经过沟道到源极。MOS 场效应晶体管是一种典型的电压控制型器件，这不同于双极晶体管（双极晶体管是电流控制型器件）。

7.1.3 MOS 场效应晶体管的分类

MOS 场效应晶体管有增强型和耗尽型两种。增强型 MOS 场效应晶体管也可以简称为 EMOS，增强型 MOS 晶体管在平衡态下没有沟道，需要一个栅压来创造反型层作为沟道。栅压的进一步增加可以提高沟道的导电能力，因此这类 MOS 晶体管称为增强模式的 MOSFET。而耗尽型 MOS 场效应晶体管可以简称为 DMOS，耗尽型 MOS 晶体管在平衡态下就存在沟道。这通常可以利用离子注入技术，在栅氧化层下区域掺杂来实现。由于这种器件通过栅极电压逐渐降低沟道导电能力，从而导致电流减少，因此被称为耗尽模式的 MOSFET。图 7-4 是增强型 MOSFET 和耗尽型 MOSFET 的基本结构示意图。

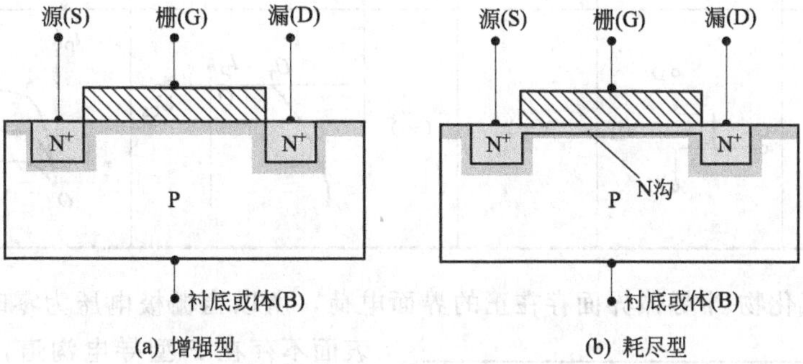

图 7-4　两种 N 沟道 MOS 场效应晶体管

因为衬底材料的导电类型有 P 型和 N 型两种，所以 MOS 场效应晶体管共可以分为四类，分别是 N 沟道增强型、N 沟道耗尽型、P 沟道增强型和 P 沟道耗尽型。与 N 沟道 MOS 晶体管相比，由于 PMOS 晶体管在性能上不及 NMOS 晶体管，所以在 CMOS 电路中大量使用 N 沟道 MOS 晶体管。另外，P 沟道耗尽型晶体管一般很少制作，所以在 CMOS 电路中几乎全部采用 P 沟道增强型场效应晶体管。

表 7-1 列出的是四种 MOSFET 的符号、电压极性、转移特性及输出特性。表中电压 U_P 是耗尽型 MOS 晶体管的夹断电压，U_T 是增强型 MOS 晶体管的开启电压。U_{DS} 是 MOS 晶体管工作时的漏源电压，转移特性是漏极电流 I_D 和栅源电压 U_{GS} 之间的函数关系，输出特性是输出漏极电流 I_D 和输出电压 U_{DS} 之间的函数关系。

下面详细说明四种 MOS 场效应晶体管各自的基本特征。

1. P 沟道增强型

这种 MOS 场效应晶体管的衬底是 N 型半导体，源区和漏区都是重掺杂 P 区，导电沟道

表 7-1 四种 MOS 场效应晶体管的符号、电压极性、转移特性及输出特性

结构种类	工作方式	符号	电压极性		转移特性	输出特性
			U_P 或 U_T	U_{DS}	$I_D=f(U_{GS})$	$I_D=f(U_{DS})$
N 沟道 MOSFET	耗尽型	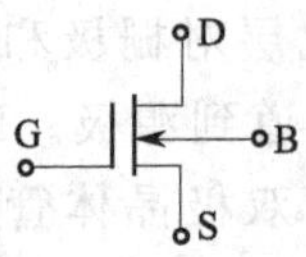	(−)	(+)	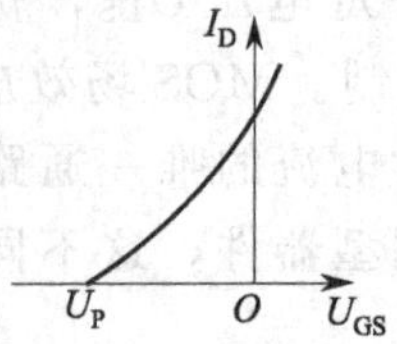	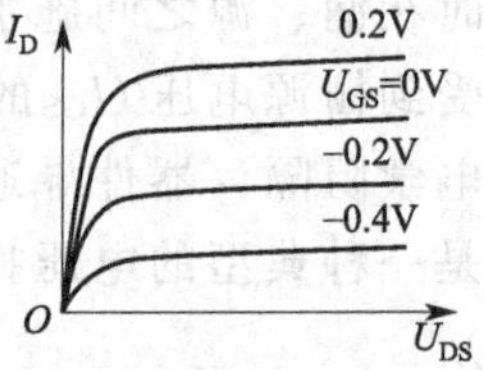
	增强型	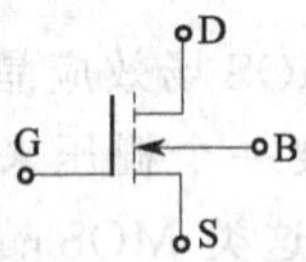	(+)	(+)	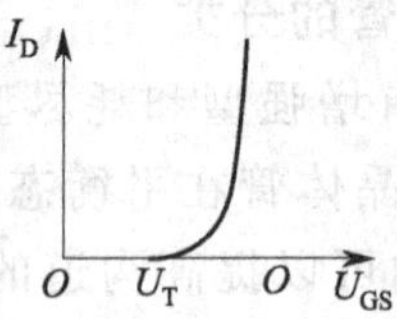	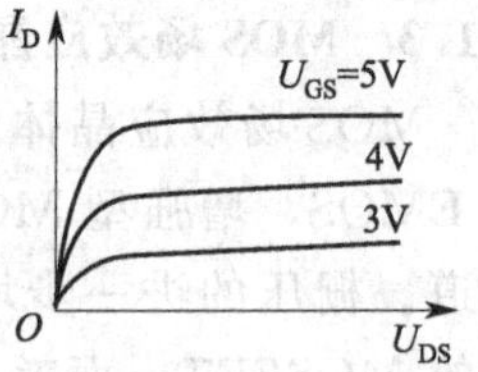
P 沟道 MOSFET	耗尽型	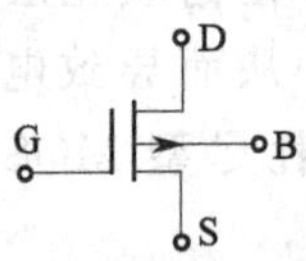	(+)	(−)	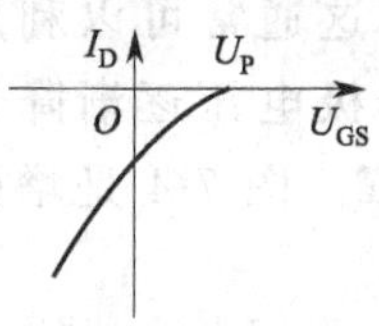	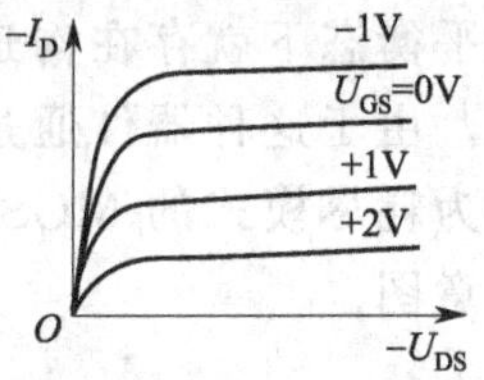
	增强型	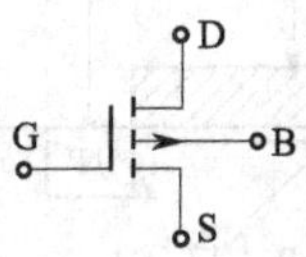	(−)	(−)	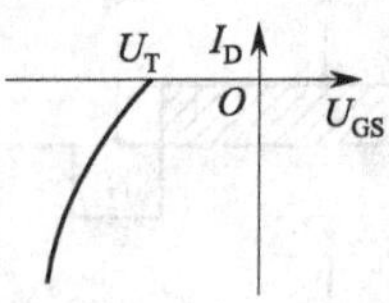	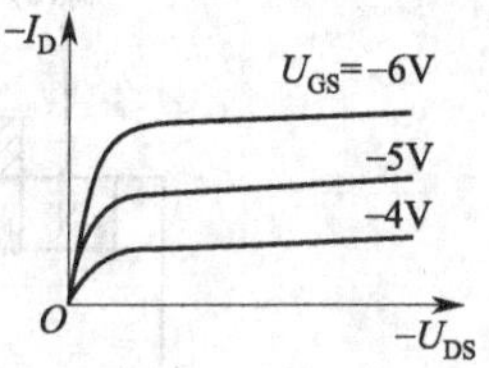

为 P 型。因为氧化物-半导体界面存在正的界面电荷，所以当栅极电压为零时，N 型半导体表面不存在 P 型导电沟道，只有在栅极施加负偏压，N 型半导体中的少子空穴才被吸引至半导体表面，当栅极电压 $U_{GS}=U_T$（$U_T<0$），N 型半导体表面能带上弯（见图 7-5），使得表面处费米能级 E_F 位置低于本征费米能级 E_{Fi}，空穴反型层才得以形成。当栅极负偏压 U_{GS} 增加（绝对值），沟道的导电能力也随之增强。P 沟道增强型 MOS 晶体管通常比较容易制作，因为氧化物-半导体界面正电荷的存在，使得 $U_{GS}=0$ 时半导体表面始终不存在 P 型沟道。

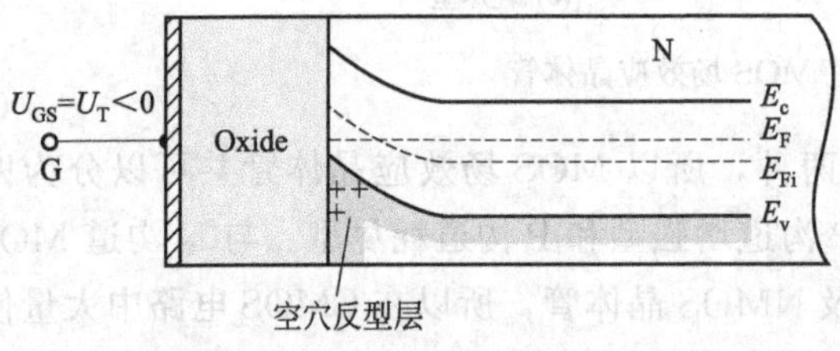

图 7-5 P 沟道增强型 MOS 管强反型时衬底能带图

2. P 沟道耗尽型

因为 P 沟道耗尽型 MOS 管在栅极电压 $U_{GS}=0$ 时就已经存在 P 型导电沟道，所以只要在漏源之间加上电压 U_{DS} 就可以出现漏极电流。通常耗尽型 MOS 器件不会自行出现，因为氧化物-半导体界面正电荷的存在，使得半导体表面不可能出现 P 型反型层。制作 P 沟道耗尽型 MOS 晶体管时，在 SiO_2 绝缘层中掺入大量负离子，从而在氧化层下方的半导体表面感应出正电荷，从而形成初始沟道。如果给 P 沟道耗尽型 MOS 晶体管的栅极施加正电压，半导体表面能带下弯，使得半导体表面 P 型程度受到削弱，则沟道导电能力逐渐下降。当 $U_{GS}=U_P(U_P>0)$ 时，半导体表面沟道消失。U_P 称为夹断电压或截止电压。

U_T 是增强型 MOS 晶体管的参数，U_P 是耗尽型 MOS 晶体管的参数，二者统称为阈值电压，均表示沟道处于开启-夹断之间的临界点。

3. N 沟道增强型

这种 MOS 场效应晶体管的衬底材料是 P 型半导体，源区和漏区都是重掺杂 N 区，导电沟道为 N 型。同样因为在氧化物-半导体界面处存在正的界面电荷，所以当栅极电压为零时，P 型半导体表面的空穴被推离表面，从而在半导体表面形成耗尽状态，但是此时还没有沟道形成。若想形成沟道，则需要给栅极施加正电压，使得半导体表面能带下弯，造成表面处费米能级 E_F 位置高于本征费米能级 E_{Fi}，当 $U_{GS}=U_T(U_T>0)$，表面变为 N 型，电子导电沟道被开启，如图 7-6 所示。在制造 N 沟增强型 MOS 场效应晶体管时需要着重考虑栅氧化层中界面正电荷的影响，制作过程中需严格控制栅氧化层中正电荷的密度。如果界面正电荷密度过高，就会出现即使不加栅极电压，半导体表面也会感应出 N 型沟道的现象，而利用这种现象制作的 MOS 晶体管就是 N 沟道耗尽型 MOS 晶体管。

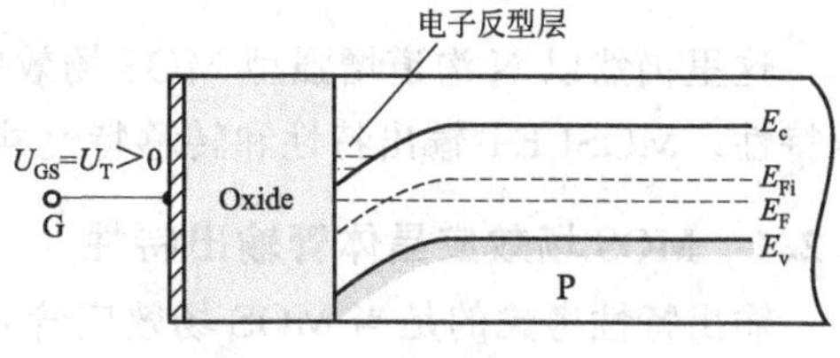

图 7-6　N 沟道增强型 MOS 管强反型时衬底能带图

4. N 沟道耗尽型

正如上文所说，如果氧化物-半导体界面电荷密度较高，同时 P 型半导体衬底的掺杂浓度较低，这样即使栅极不加电压，在半导体表面仍然有可能感应出现 N 型反型层。如果栅氧化层界面正电荷密度控制不当，或者衬底掺杂浓度不合适，那么在制作 N 沟道增强型 MOS 管时就可能实际得到耗尽型管子。另外可以通过给栅氧化层掺入正离子的方法得到 N 型初始沟道。当在 N 沟道耗尽型 MOS 晶体管的栅极外加负电压且逐渐增大（绝对值）时，初始沟道导电能力逐渐减弱，当 $U_{GS}=U_P(U_P<0)$ 时，半导体表面沟道消失。

与 P 沟道 MOS 场效应晶体管一样，U_T 和 U_P 都是 MOSFET 的阈值电压，二者都是沟道开启-夹断的临界点。

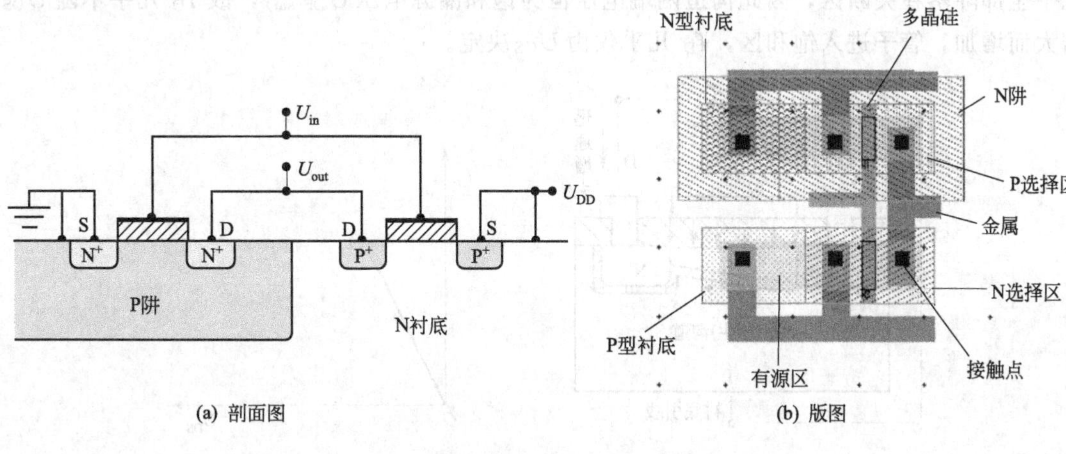

图 7-7　CMOS 反相器

如果在同一片衬底材料上既制作了N沟道MOS晶体管，又制作了P沟道晶体管，并将两个管子的栅极、漏极分别对应相连，如图7-7，这就构成了一个CMOS反相器，图7-7(a)是CMOS反相器的剖面图，图7-7(b)是CMOS反相器的版图。由于相互连接PMOS与NMOS使得它们在特性上为互补性，因此称为互补金属氧化物半导体（Complementary Metal-Oxide-Semiconductor Transistor，CMOS)。使用互补的N沟道和P沟道MOSFET对可以降低电路的功耗。

7.2 MOS场效应晶体管特性

这里仍然以N沟道增强型MOS场效应晶体管为例，讨论MOS场效应晶体管的电流-电压特性。MOSFET输出特性和转移特性共同构成了器件的伏安特性。

7.2.1 MOS场效应晶体管输出特性

输出特性考虑的是当MOS场效应管开启，在不同栅极电压作用下，输出漏极电流和漏源极间电压的关系。

假设MOS场效应晶体管的源极和衬底是接在一起的。如图7-8(a)所示，当$U_{GS}>U_T$且为一确定值时，P型衬底中沟道已开启，漏、源和沟道中有电流通过。漏极电流I_D沿沟道产生的电压降使沟道内各点与栅极间的电压不再相等，靠近源极一端的电压最大，其值为U_{GS}，因此这里吸引到衬底表面的电子最多，沟道最厚。而靠近漏极一端的电压最小，其值为$U_{GD}=U_{GS}-U_{DS}$，因而这里沟道最薄。但当U_{DS}较小，沟道在靠近源极和漏极两端的差异不明显，因此沟道中电子的分布可以近似看做是均匀的，这样沟道电阻的大小只受U_{GS}控制，当U_{GS}一定，沟道电阻也是一定的。所以I_D随U_{DS}近似呈线性变化如图7-8(a)所示。当栅极电压变化，曲线的斜率将变化，因此该区域称为可变电阻区（或非饱和区）。

随着U_{DS}的增大，靠近漏极的沟道越来越薄，因此沟道整体导电能力开始下降，沟道电阻开始增大，漏极电流随着漏源极间电压增加的速率变慢，漏极电流I_D出现饱和的趋势，如图7-8(b)所示。当U_{DS}增加到使$U_{GD}=U_{GS}-U_{DS}=U_T$，沟道在漏极一端出现预夹断，如图7-8(c)所示，此时$U_{DS}=U_{GS}-U_T$，称此时的U_{DS}为饱和漏源电压，记为$U_{DS(sat)}$。

若继续增大U_{DS}，夹断点将向源极方向移动，如图7-8(d)所示。由于U_{DS}的增加部分几乎全部降落在夹断区，因此沟道两端电压恒为饱和漏源电压$U_{DS(sat)}$，故I_D几乎不随U_{DS}增大而增加，管子进入饱和区，I_D几乎仅由U_{GS}决定。

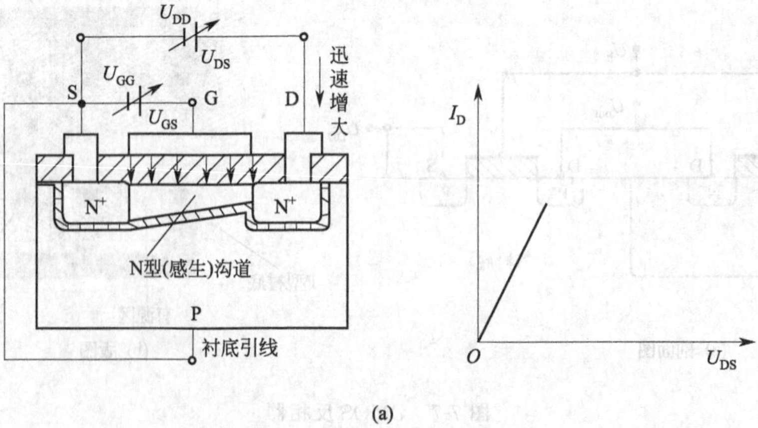

(a)

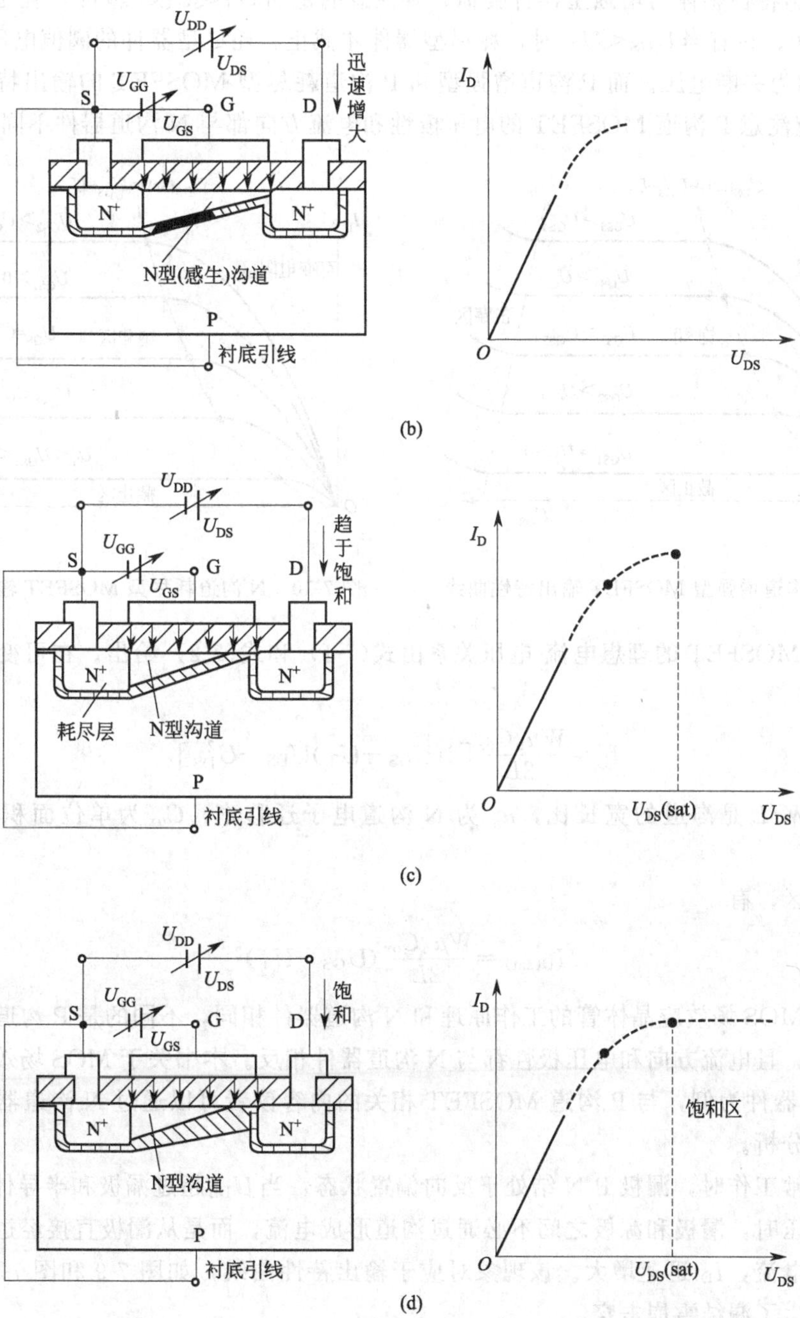

图 7-8　$U_{GS}>U_T$时器件截面图以及 I_D-U_{DS}特性曲线

以上讨论的是在某一恒定U_{GS}作用下 N 沟道增强型器件的输出特性。当栅极电压U_{GS}改变，输出特性曲线将有所变化。如果U_{GS}增大，则沟道的导电能力增强，沟道电阻减小，特性曲线在非饱和区的斜率将增大，非饱和区和饱和区的 I_D 都将增大，输出特性曲线整体向上移动，最终得到 N 沟道增强型 MOS 场效应晶体管的输出特性曲线族，如图 7-9 所示。N 沟道增强型 MOS 管的输出特性曲线可分为可变电阻区、饱和区、截止区和击穿区几部分。

图 7-10 是 N 沟道耗尽型 MOS 场效应晶体管的输出特性曲线。从图中可以看出，耗尽

型器件的输出特性整体与增强型器件类似，要注意的是当$U_T \leqslant U_{GS} \leqslant 0$时，耗尽型器件的漏极电流不为0。只有当$U_{GS}<U_T$时，耗尽型器件才截止。耗尽型器件的阈值电压$U_T$通常也写作$U_P$，称为夹断电压。而P沟道增强型和P沟道耗尽型MOSFET的输出特性曲线见表7-1所示，应注意P沟道MOSFET的电压极性和电流方向都与N沟道器件不同。

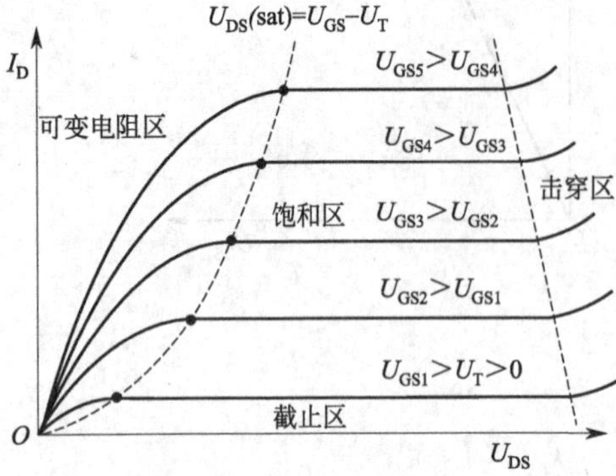

图 7-9 N沟道增强型MOSFET输出特性曲线

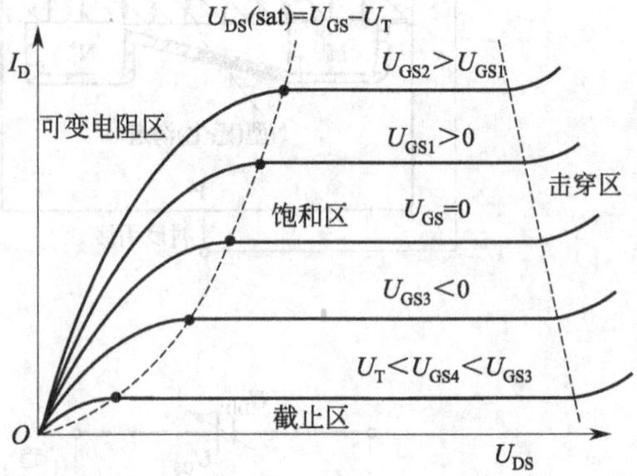

图 7-10 N沟道耗尽型MOSFET输出特性曲线

N沟道MOSFET的理想电流-电压关系由式(7-1)和式(7-2)给出。在可变电阻区（非饱和区），有

$$I_D=\frac{W\mu_n C_{ox}}{2L}[2(U_{GS}-U_T)U_{DS}-U_{DS}^2] \tag{7-1}$$

其中，W/L是沟道的宽长比，μ_n为N沟道电子迁移率，C_{ox}为单位面积的栅氧化层电容。

在饱和区，有

$$I_{D(sat)}=\frac{W\mu_n C_{ox}}{2L}(U_{GS}-U_T)^2 \tag{7-2}$$

P沟道MOS场效应晶体管的工作原理和N沟道器件相同，不同的是P沟道器件参与导电的是空穴，且电流方向和电压极性都与N沟道器件相反。本书关于MOS场效应管的讨论均以N沟道器件为例，与P沟道MOSFET相关的内容读者可以通过N沟道器件的学习后自行推导和分析。

器件正常工作时，漏极P-N结处于反向偏置状态，当U_{DS}超过漏极和半导体衬底间P-N结的击穿电压时，漏极和源极之间不必通过沟道形成电流，而是从漏极直接经过衬底到达源极流过大的电流，I_D迅速增大。该现象对应于输出特性曲线，如图7-9和图7-10中的击穿区，此时发生了漏结雪崩击穿。

7.2.2 MOS场效应晶体管转移特性

由于MOS场效应晶体管输入阻抗大，输入回路电流可以忽略不计，因此通常分析输出的漏极电流I_D和输入的栅源极间电压U_{GS}的关系，也就是MOSFET的转移特性，MOSFET的转移特性反映的是U_{GS}对I_D及沟道的控制作用。

从图7-11(a)可以看出，增强型MOS晶体管的漏极D和源极S之间有两个背靠背的P-N结。当栅源极间电压$U_{GS}=0$时，即使加上漏源极间电压U_{DS}，不论U_{DS}的极性如何，两个P-N中始终有一个结是处于反向偏置状态的，漏区和源区之间没有导电沟道形成，所以

此时漏极电流 $I_D \approx 0$。

如果在栅源极间加上正向电压，即 $U_{GS}>0$，则在栅极和衬底之间的 SiO_2 绝缘层中便产生一个垂直于半导体表面的电场，其方向由栅极指向半导体衬底，这个电场将半导体表面多数载流子空穴推离，表面留下不能移动的负离子形成耗尽层，同时该电场把衬底中的少子电子吸引至半导体衬底表面。当 U_{GS} 数值较小，半导体表面虽然有一定数量的电子积累，但电子层的导电能力仍然较弱，因此认为此时漏源极间沟道并没有形成，如图 7-11(b) 所示。如果 U_{GS} 继续增加，吸引到 P 衬底表面层的电子逐渐增多，当 U_{GS} 达到某一数值时，这些电子在栅氧化层下方的 P 衬底表面便形成一个电子薄层，且该 N 型反型层与漏区、源区相连通，在漏源极间形成 N 型导电沟道，如图 7-11(c) 所示。正的栅源极间电压 U_{GS} 越大，作用于半导体表面的电场就越强，吸引到 P 衬底表面的电子就越多，导电沟道就越厚，沟道电阻将越小。把沟道开始形成时的栅源极间电压称为阈值电压，用 U_T 表示，该电压就是增强型 MOS 场效应晶体管的开启电压。

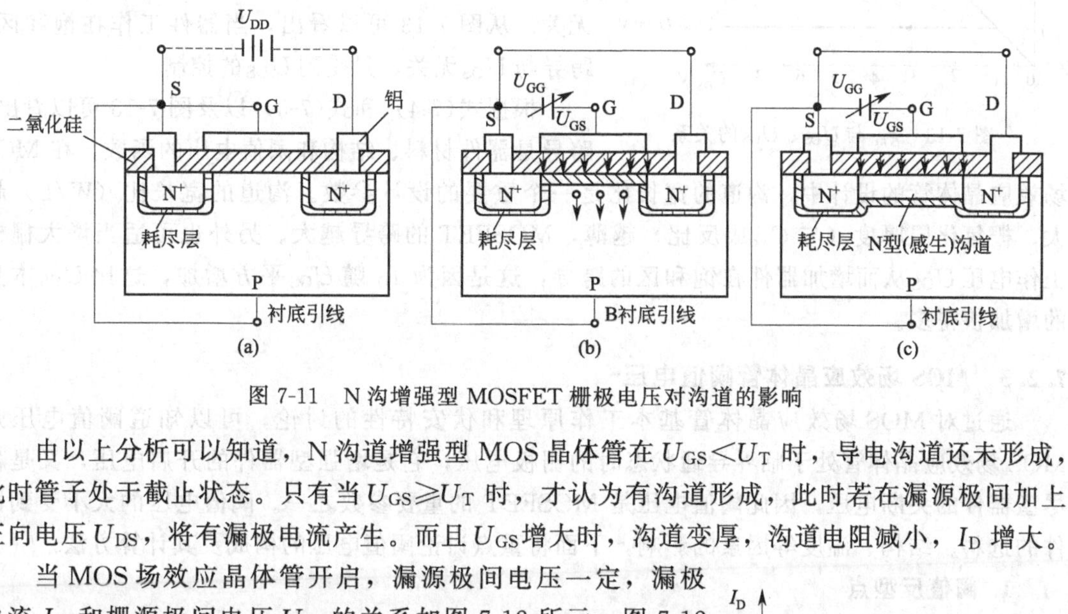

图 7-11 N 沟增强型 MOSFET 栅极电压对沟道的影响

由以上分析可以知道，N 沟道增强型 MOS 晶体管在 $U_{GS}<U_T$ 时，导电沟道还未形成，此时管子处于截止状态。只有当 $U_{GS}\geqslant U_T$ 时，才认为有沟道形成，此时若在漏源极间加上正向电压 U_{DS}，将有漏极电流产生。而且 U_{GS} 增大时，沟道变厚，沟道电阻减小，I_D 增大。

当 MOS 场效应晶体管开启，漏源极间电压一定，漏极电流 I_D 和栅源极间电压 U_{GS} 的关系如图 7-12 所示，图 7-12 就是 N 沟道增强型 MOSFET 转移特性曲线。由于场效应管作放大器件使用时是工作在饱和区（恒流区），在饱和区内 I_D 几乎不随 U_{DS} 而变化，即不同的 U_{DS} 所对应的转移特性曲线几乎是重合的，所以可用 U_{DS} 大于饱和漏源电压 $U_{DS(sat)}$ 后的一条转移特性曲线代替饱和区的所有转移特性曲线。其他三种类型 MOSFET 的转移特性曲线见表 7-1。

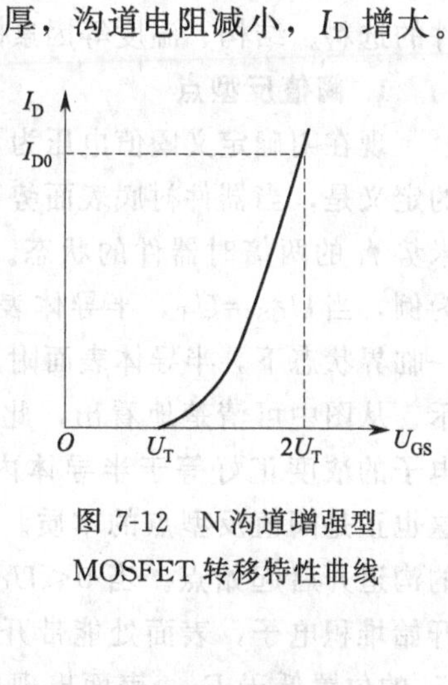

图 7-12 N 沟道增强型 MOSFET 转移特性曲线

把漏电流相对于栅电压的变化定义为 MOS 场效应晶体管的跨导，写为

$$g_m=\frac{\partial i_D}{\partial u_{GS}} \tag{7-3}$$

跨导有时也称为 MOSFET 的增益，它反映了输入端栅源极间电压对输出端漏极电流的控制。

如果 N 沟道 MOSFET 工作在非饱和区，结合器件在非饱和区电流-电压的关系，即式(7-1)，可以得到器件在非饱和区的跨导

$$g_{mL}=\frac{\partial i_D}{\partial u_{GS}}=\frac{W\mu_n C_{ox}}{L}\cdot U_{DS} \tag{7-4}$$

可以看出，在非饱和区，跨导随 U_{DS} 线性变化，而与 U_{GS} 无关。图 7-13 所示为跨导 g_m 和电压 U_{GS}、U_{DS} 的关系曲线。从图中可以看出，当器件工作在非饱和区，跨导 g_m 与电压 U_{DS} 是线性关系，而与 U_{GS} 无关。

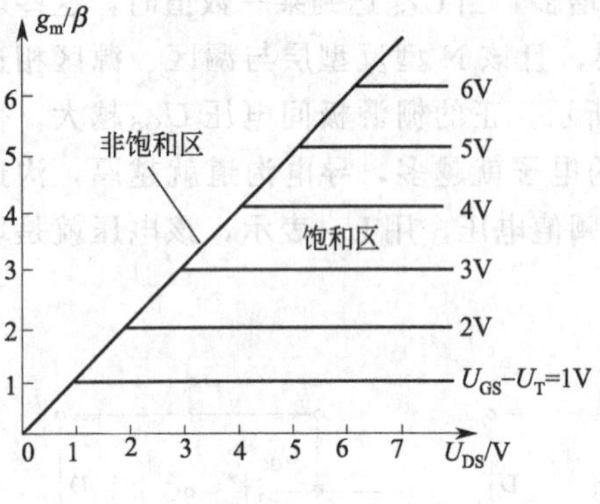

图 7-13　g_m 与 U_{DS}、U_{GS} 的关系

当器件工作在饱和区，根据 N 沟道 MOSFET 在饱和区的电流-电压关系式(7-2)，可以得到此时的跨导为

$$g_{ms}=\frac{\partial i_D}{\partial u_{GS}}=\frac{W\mu_n C_{ox}}{L}(U_{GS}-U_T) \tag{7-5}$$

在饱和区，器件的跨导随 U_{GS} 线性变化，而与 U_{DS} 无关。从图 7-13 可以看出，当器件工作在饱和区，跨导与 U_{DS} 无关，只受到 U_{GS} 的控制。

根据式(7-4) 和式(7-5) 以及图 7-13 可以看出，跨导是器件材料、结构和阈值电压的函数。在 MOS 场效应晶体管的设计中，沟道的宽长比是一个重要的设计参数。沟道的宽长比（W/L）越大、栅氧化层厚度（与 C_{ox} 成反比）越薄，MOSFET 的跨导越大。另外也可适当增大栅极工作电压 U_{GS} 从而增加器件在饱和区的跨导，这是因为 I_D 随 U_{GS} 平方增加，这比 U_{GS} 本身的增加快得多。

7.2.3 MOS 场效应晶体管阈值电压

通过对 MOS 场效应晶体管基本工作原理和伏安特性的讨论，可以知道阈值电压是 MOS 场效应晶体管处于临界导通状态时的栅极电压，它是增强型器件的开启电压，又是耗尽型器件的夹断电压，因此阈值电压是 MOSFET 的重要参数之一。阈值电压的大小受到器件的选料、结构、温度等因素的影响，下面将重点讨论阈值电压的构成及其计算方法。

1. 阈值反型点

现在明确定义阈值电压为：半导体衬底表面达到阈值反型点时所需的栅压。阈值反型点的定义是，当器件衬底表面势 ϕ_s 数值上等于衬底费米势 ϕ_f 的两倍时器件的状态。以 N 沟道 MOSFET 为例，当 $U_{GS}=U_T$，半导体表面达到阈值反型点这一临界状态下，半导体表面附近能带图如图 7-14 所示。从图中可清楚地看出，此时半导体表面反型层电子的浓度正好等于半导体内部多子空穴的浓度，这也正是阈值反型点的本质。阈值反型点是概念上的沟道开启起始点。当 $0<U_{GS}<U_T$，半导体表面开始堆积电子，表面处能带开始下弯，直至表面处 E_{Fi} 的位置低于 E_F，表面出现电子反型层（即 N 沟道），称此时为弱反型状态，但是此时反型层电子浓度较低，沟道导电能力较弱，因此从概念上认为沟道并没有被开启，而必须当 $U_{GS}=U_T$（此时 $\phi_s=2\phi_{fp}$），半导体表面进入强反型

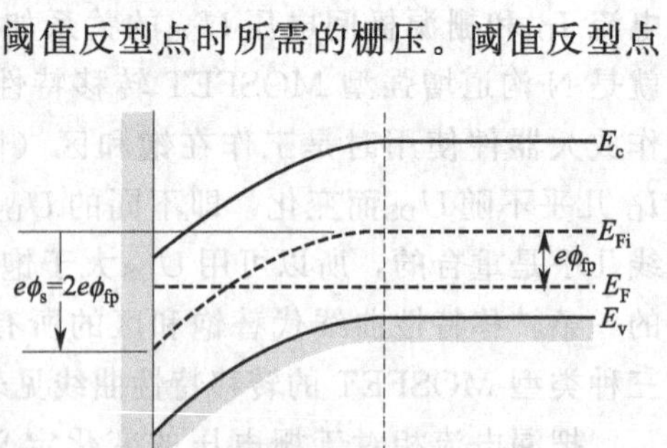

图 7-14　N 沟道增强型 MOSFET 阈值反型点能带图

状态，认为沟道此刻才开启。

阈值反型点的表达式写为

$$\phi_s = 2\phi_f \tag{7-6}$$

其中，ϕ_s 表示的是半导体表面耗尽层两端电势差。$e\phi_f = E_{Fi} - E_F$，因此 P 衬底费米势 ϕ_{fp} 为正值，N 衬底费米势 ϕ_{fn} 为负值。根据

$$e\phi_f = E_{Fi} - E_F \tag{7-7}$$

若衬底为 P 型材料，结合半导体物理基础中费米能级相对位置的表达式

$$E_{Fi} - E_F = kT\ln\left(\frac{N_a}{n_i}\right) \tag{7-8}$$

可以求出 P 衬底费米势表达式

$$\phi_{fp} = \frac{kT}{e}\ln\left(\frac{N_a}{n_i}\right) = V_t\ln\left(\frac{N_a}{n_i}\right) \tag{7-9}$$

同理可求 N 衬底费米势为

$$\phi_{fn} = \frac{kT}{e}\ln\left(\frac{N_d}{n_i}\right) = V_t\ln\left(\frac{N_d}{n_i}\right) \tag{7-10}$$

2. 耗尽层厚度

半导体表面耗尽层的厚度 x_d 可以写成类似于单边 P-N 结的形式，若衬底是 P 型，则

$$x_d = \left(\frac{2\varepsilon_s\phi_s}{eN_a}\right)^{1/2} \tag{7-11}$$

其中，ε_s 是半导体的介电常数。当 $U_{GS} > U_T$，导带开始向费米能级有轻微的弯曲，表面电子浓度是表面势的指数函数，表面势每增加几个伏特就使表面电子浓度急剧增加，但是此时耗尽层宽度的增加却是很微小的。在这种情况下可以近似地认为，当 $U_{GS} = U_T$ 时，耗尽层的厚度就已经达到了最大值，如图 7-14 所示。P 衬底材料耗尽层最大值为

$$x_{dT} = \left(\frac{2\varepsilon_s\phi_s}{eN_a}\right)^{1/2} = \left(\frac{4\varepsilon_s\phi_{fp}}{eN_a}\right)^{1/2} \tag{7-12}$$

同样，对于 N 衬底材料，当达到阈值反型点时，耗尽层也达到最大厚度

$$x_{dT} = \left(\frac{2\varepsilon_s\phi_s}{eN_d}\right)^{1/2} = \left(\frac{4\varepsilon_s\phi_{fn}}{eN_d}\right)^{1/2} \tag{7-13}$$

3. 平带电压

图 7-15(a) 所示为热平衡下，金属、氧化物、半导体（P 型）相互分离时的能带图，图中，ϕ_m 是金属功函数，ϕ'_s 是半导体功函数（注意和表面势 ϕ_s 区分开），χ_i 是氧化物电子亲和势，χ 是半导体电子亲和势。图 7-15(b) 所示为热平衡零偏压下，金属-氧化物-半导体接触形成理想 MOS 系统的能带图，其中，U_{ox0} 是零栅压时氧化物两端电势差，ϕ_{s0} 是平衡时半导体的表面势。结合图 7-15(a) 和 (b) 可以看出

$$\phi_m - \phi'_s = -(U_{ox0} + \phi_{s0}) \tag{7-14}$$

定义 $\phi_{ms} = \phi_m - \phi'_s$，称 ϕ_{ms} 是金属-半导体功函数差，从而有

$$\phi_{ms} = -(U_{ox0} + \phi_{s0}) \tag{7-15}$$

根据半导体物理基本知识知道，电子从费米能级高的材料向费米能级低的材料迁移。对于 MOS 场效应晶体管来说，当金属、氧化物和半导体紧密接触时，由于金属的功函数 ϕ_m 小于半导体的功函数 ϕ'_s，如图 7-15(a) 所示，所以负电荷从金属栅极向半导体衬底转移，直到系统达到平衡。由于理想情况下，MOS 系统的氧化物绝缘层中几乎没有可动电荷，因

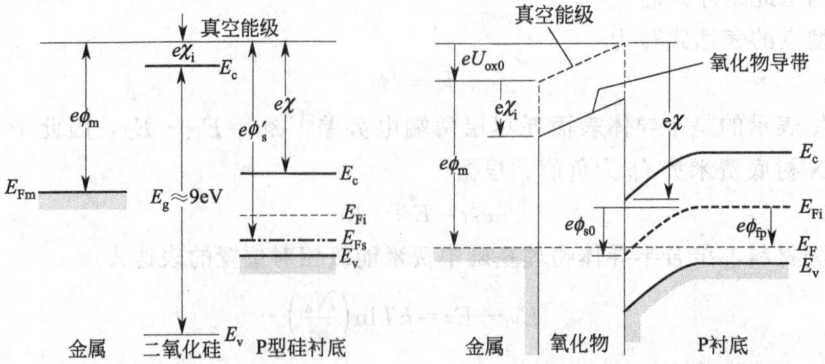

(a) 分离的MOS系统能带图 (b) 接触后MOS系统能带图

图 7-15 MOS 系统能带图

此电荷迁移非常困难，在绝缘层两侧就将有电荷存储，从而产生电压降。因此在理想情况下构成 MOS 系统的材料将处于非平衡状态（即没有统一的费米能级）。但是几乎每一个 MOS 系统都存在其他的电荷传输途径。比如，前面说过 MOSFET 的栅极通常是和衬底连接在一起的。因此，可以假设金属栅极和半导体衬底之间存在热平衡状态，从而得到图 7-15(b) 所示的接触后 MOS 系统的能带图。

MOS 系统在接触前后能带图发生了明显的变化，具体过程是这样的：P 型半导体衬底中的空穴通过电荷传输通道（假设栅和衬底通过导线连接）与金属栅极提供的电子复合，由于电子的迁移，靠近栅氧化层的金属栅极表面将出现正电荷薄层，该薄层的正电荷和半导体衬底表面存储的负电荷相等，于是在栅氧化层两侧出现大小为 U_{ox0} 的电势差，如图 7-15(b) 所示。由于半导体表面积累了负电荷，表面处 P 型的程度被削弱，因此半导体表面处的能带向下弯曲，弯曲的程度可以用表面势 ϕ_s 描述。半导体表面能带在平衡状态时是弯曲的，因此为了消除弯曲使衬底中没有电场存在，给器件工作建立一个概念上的起始点，需要在栅极加电压，在该电压的作用下使得半导体衬底的能带是平带。

因此，平带电压就定义为使半导体内没有能带弯曲时所加的栅极电压，通常用 U_{FB} 表示，此时半导体内的净空间电荷为零。图 7-16 说明了这种平带的情况。

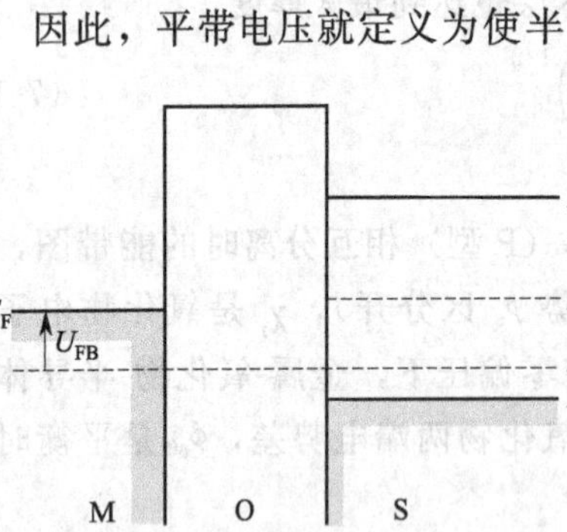

图 7-16 平带时 MOS 系统的能带图

在金属栅极和半导体衬底之间加偏置电压，可以使 MOS 系统偏离热平衡状态，并且使得 MOS 电容两端存储的电荷也相应发生改变。考虑如图 7-15(b) 的情况，金属相对于半导体加负偏压，将减小 MOS 电容两侧电势差。当外加负偏压恰好补偿了金属栅极和半导体表面之间的功函数差时，MOS 电容器两端存储的电荷减小至零，并且氧化层和半导体中的电场也随之消失了。在这种情况下，半导体表面和其体内的能带是一致的，即平带之意，如图 7-16 所示。平带电压会随着栅极材料和半导体衬底掺杂浓度的改变而变化。值得注意的是，平带条件下 MOS 系统的费米能级并不统一，这表示此时 MOS 系统是偏离热平衡状态的。理想情况下，平带电压等于金属-半导体功函数差，即

$$U_{FB}=\phi_{ms} \tag{7-16}$$

图 7-17 所示为常用栅极材料功函数差和衬底掺杂浓度的关系。图中的栅极材料有重掺杂多晶硅 P^+ poly 和 N^+ poly、金（Au）、铝（Al），衬底材料有 N-Si 和 P-Si。

在实际的 MOS 系统中，栅氧化层内部以及不同材料的界面上都可能存在电荷，这些电荷的存在将使实际平带电压偏离理想数值。实际平带电压通常为

$$U_{FB}=\phi_{ms}-\frac{Q_{ox}}{C_{ox}} \tag{7-17}$$

$$C_{ox}=\frac{\varepsilon_{ox}}{t_{ox}} \tag{7-18}$$

式中，Q_{ox}是栅氧化层内有效电荷面密度；C_{ox}是单位面积的栅氧化层电容；ε_{ox}是氧化物介电常数，$\varepsilon_{ox}=\varepsilon_0\varepsilon_r$。

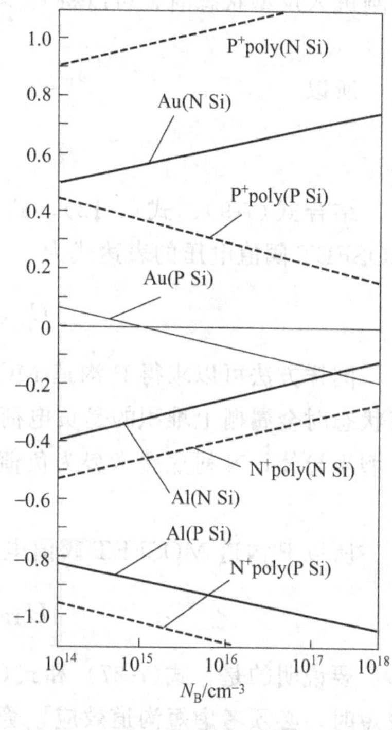

图 7-17　Au、Al、N^+ 多晶硅栅、P^+ 多晶硅栅的金属-半导体功函数差和掺杂浓度的函数关系

4. 阈值电压

当 MOS 场效应管的栅极外加电压超过平带电压，则 MOS 系统首先达到概念上的工作起始点，随后进入反型状态开始正常工作。因此可以认为栅极电压超过平带电压的部分（即 U_G-U_{FB}）是实际对 MOS 电容器进行充电的有效栅极电压。而该有效栅极电压又分为两部分，一部分是栅氧化层两端分得的电压降 U_{ox}，另一部分是半导体上分得的电压降。而在半导体中，电压降几乎都落在了耗尽层两端，因此半导体上分得的电压降可以近似等于半导体的表面势 ϕ_s。可以得到各电压之间的关系为

$$U_G-U_{FB}=U_{ox}+\phi_s \tag{7-19}$$

因此，有

$$U_G=U_{FB}+U_{ox}+\phi_s \tag{7-20}$$

根据阈值反型点的条件知道，当 $U_G=U_T$，$\phi_s=2\phi_{fp}$，若衬底是 P 型材料，有

$$U_T=U_{FB}+U_{ox}+2\phi_{fp} \tag{7-21}$$

应注意，N 沟道器件阈值状态时栅极电压为正，所以 U_{ox} 为正值。并且 P 衬底费米势 ϕ_{fp} 为正，所以式(7-21) 中这两个参数前的运算符号始终为正。

下面求解强反型时栅氧化层上的电压 U_{ox}。设金属栅极上的电荷密度为 Q_m，半导体表面电荷密度为 Q_s，则单位面积的栅氧化层电容 C_{ox} 为

$$C_{ox}=\frac{dQ_m}{dU_{ox}}=-\frac{dQ_s}{dU_{ox}} \tag{7-22}$$

积分后得

$$U_{ox}=\frac{Q_m}{C_{ox}}=-\frac{Q_s}{C_{ox}} \tag{7-23}$$

其中，Q_s 在半导体表面反型状态下包含两部分电荷密度：一部分是耗尽层空间电荷密度 Q_{sd}；另一部分是反型层电子电荷密度 Q_n。求解电荷密度得

$$Q_{sd}=-eN_a x_{dT} \tag{7-24}$$

$$Q_n=-enx' \tag{7-25}$$

式中，n 是反型层电子浓度（假设电子均匀分布）；x'是反型层厚度。由于耗尽层厚度 x_{dT}远大于反型层厚度 x'，所以耗尽层电荷密度 Q_{sd}远大于反型层电荷密度 Q_{sn}。因此，当器件刚进入反型状态时，可以将 Q_n忽略不计，从而得到

$$Q_s \approx Q_{sd}$$

所以

$$U_{ox}=\frac{Q_s}{C_{ox}}=\frac{eN_a x_{dT}}{C_{ox}} \tag{7-26}$$

结合式(7-9)、式(7-12)、式(7-17)、式(7-18)、式(7-21)、式(7-26)，得到 N 沟道 MOSFET 阈值电压的表达式为

$$U_{TN}=\phi_{ms}-\frac{Q_{ox}}{C_{ox}}+\frac{eN_a x_{dT}}{C_{ox}}+2\phi_{fp} \tag{7-27}$$

同样方法可以求得 P 沟道 MOSFET 的阈值电压。需要注意的是，P 沟道 MOSFET 阈值状态时金属栅上堆积的是负电荷，因而公式中 U_{ox}前应为负号。又因为 P 沟道器件衬底是 N 型半导体，N 衬底费米势为负值，所以公式中费米势 ϕ_{fn}前的符号也应为负号，如下：

$$U_T=U_{FB}-U_{ox}-2\phi_{fn} \tag{7-28}$$

所以 P 沟道 MOSFET 阈值电压为

$$U_{TP}=\phi_{ms}-\frac{Q_{ox}}{C_{ox}}-\frac{eN_d x_{dT}}{C_{ox}}-2\phi_{fn} \tag{7-29}$$

要说明的是，式(7-27) 和式(7-29) 只适用于长沟道 MOS 场效应晶体管。当沟道长度较短时，必须考虑短沟道效应，管子的阈值电压 U_T 会随沟道长度 L 的减小而减小。当沟道宽度较窄时，需考虑窄沟道效应，MOS 管的阈值电压 U_T 会随沟道宽度 W 的减小而增大。短沟道和窄沟道效应将在下面进行讨论。

5. 影响阈值电压的因素

根据式(7-27) 和式(7-29) 可以看出，影响 MOS 场效应晶体管阈值电压的因素主要有以下几点。

(1) 金属（栅极)-半导体功函数差 ϕ_{ms}　栅极材料的选择对 MOS 场效应管的阈值电压具有一定影响。如上所述，当栅极和半导体衬底短接时，电场就出现在栅氧化层上。这主要是因为制作栅极的材料和半导体衬底的材料之间存在功函数差。由于栅极既可以用金属又可以用掺杂多晶硅制作，所以 ϕ_{ms}泛指栅极材料和半导体之间的功函数差，并不代表栅极材料就是金属。大多数实际应用的 MOS 场效应晶体管都用重掺杂的多晶硅作为栅极材料。可以通过改变多晶硅中掺入的杂质浓度控制栅极的功函数 ϕ_m，从而控制栅极与半导体衬底之间的功函数差 ϕ_{ms}，最终实现对器件阈值电压控制。因此，MOS 场效应晶体管的阈值电压和金属-半导体功函数有关，在一定的衬底掺杂条件下，栅极材料类型和栅极掺杂条件都将改变阈值电压。对于以多晶硅为栅极的器件，器件的阈值电压通常因为多晶硅的掺杂类型以及掺杂浓度而发生变化。

(2) 栅氧化层电荷密度 Q_{ox}　栅氧化层（二氧化硅）内部以及氧化物-半导体界面上实际都存在着过剩的电荷，这些电荷的密度以及电荷的性质都可能影响阈值电压。这些电荷的产生有多种原因。它们有些是结构缺陷（表面态）、氧化诱生缺陷或金属杂质引起的正的或负的电荷；有些是位于 Si-SiO_2 界面约 2nm 的范围内的固定正电荷；有些是氧化物陷阱电荷；还有些是在高温和高压条件下能在氧化层内移动的可动离子电荷。这些电荷有的带正

电，有的带负电，其净电荷的极性显然会对衬底表面产生电荷感应，从而影响反型层的形成，或者是使器件耗尽，或者是阻碍反型层的形成。这势必影响阈值电压的大小。

在以上各种氧化层电荷之中，对器件影响最大的当属可动离子电荷。常见的是钠离子以及其他碱金属离子。栅氧化层电荷密度 Q_{ox} 一般指的就是这些可以在高温高压下移动的正电荷的密度，Q_{ox} 通常为正。降低氧化层中可动离子电荷的方法主要是从工艺的角度进行控制，要尽量控制并减少器件制造工艺过程中的 Na^{+} 沾污。

(3) 栅氧化层厚度 t_{ox} 及材料　氧化物在决定 MOS 场效应晶体管阈值电压方面也起了重要作用。栅氧化层厚度 t_{ox} 与单位面积的栅氧化层电容 C_{ox} 成反比，t_{ox} 决定了单位面积的栅氧化层电容的大小。若栅氧化层比较厚，电场就将被削弱，单位面积的电容 C_{ox} 变小，从而导致器件的阈值电压变大。而氧化层厚度越薄，单位面积的电容越大，电荷数量变化对 U_{GS} 的变化越敏感，器件的阈值电压则越小。

很容易看出，电容 C_{ox} 值越大，在相同的栅极电压下电容就能吸附更多的电荷，从而提高 MOS 管导通的速度。所以在这样的设计思路下，随着工艺的进步，二氧化硅绝缘层的厚度不断被减小。到 90nm 工艺时，二氧化硅绝缘层的厚度已经做到 1.2nm，仅仅 5 个原子厚。极薄的二氧化硅层带来了 MOS 管速度的提升，但也不可避免地助长了栅极漏电流。因为栅氧化层越薄，氧化层中的场强就越大，如此薄的“绝缘层”已经失去了绝缘的能力。实际上，随着集成电路制造水平步入 45nm（甚至 32nm）工艺之后，选用二氧化硅以外的介质材料做栅介质是当前工艺发展的一个方向。比如英特尔 45nm 工艺中使用了新的高 k 值绝缘介质（栅为金属），这种全新的介质在厚度不变的情况下提供更大的介电能力，其具有更大的电容，从而降低 MOS 管阈值电压，使管子运行在更高的频率。

(4) 衬底掺杂浓度　半导体衬底的掺杂浓度是决定 MOS 场效应晶体管阈值电压的又一因素。从前面的分析可以知道，要在半导体衬底的上表面产生反型层，必须施加能够将表面耗尽并且形成衬底少数载流子的积累的栅源电压，这个电压的大小与衬底的掺杂浓度有直接的关系。如果衬底的掺杂浓度较高，反型层的实现就越困难，这要求半导体表面具有更强的电场，从而要求更大的栅极电压。反之，若衬底掺杂浓度越低，衬底中的多数载流子的浓度也越低，使衬底表面耗尽和反型所需要的栅极电压就越小。另外，衬底掺杂浓度还将改变半导体的功函数 ϕ_s'，从而改变金属-半导体功函数差 ϕ_{ms}，最终改变器件的阈值电压。所以，衬底掺杂浓度是一个重要的参数，衬底掺杂浓度越低，器件的阈值电压数值越小，器件的工作频率也越高，反之则阈值电压升高，引起工作频率降低。

(5) 短沟道效应和窄沟道效应　对理想长沟道 MOSFET，忽略了由于漏源空间电荷区进入有效沟道区而造成的对阈值电压的影响。随着沟道长度的减小（$L<2\mu m$），源漏空间电荷区在整个沟道中所占比例增大，沟道区中由栅极电压控制的电荷将变少，如图 7-18 所示。随着漏极电压的增大，漏端反偏的空间电荷区将严重地延伸进入沟道区，从而使得栅极电压控制的电荷量变得更少，因此对阈值电压造成影响，这就是短沟道效应。显然，短沟道效应将使阈值电压向负方向移动，从而使增强型器件向耗尽模式转变。对于 N 沟道 MOSFET，如果漏、源、沟道的空间电荷区厚度相同，由于短沟道效应引起的阈值电压偏移量为

$$\Delta U_T=-\frac{eN_a x_{dT}}{C_{ox}}\left[\frac{r_j}{L}\left(\sqrt{1+\frac{2x_{dT}}{r_j}}-1\right)\right] \tag{7-30}$$

其中，r_j 是结深；L 是沟道长度。随着沟道长度的不断缩小，短沟道效应将变得越发显著。在漏极加电压，漏极空间电荷区厚度增大，使得 L' 进一步减小，进而更加减小阈值电

压。漏极电压对阈值电压的影响如图 7-19 所示。

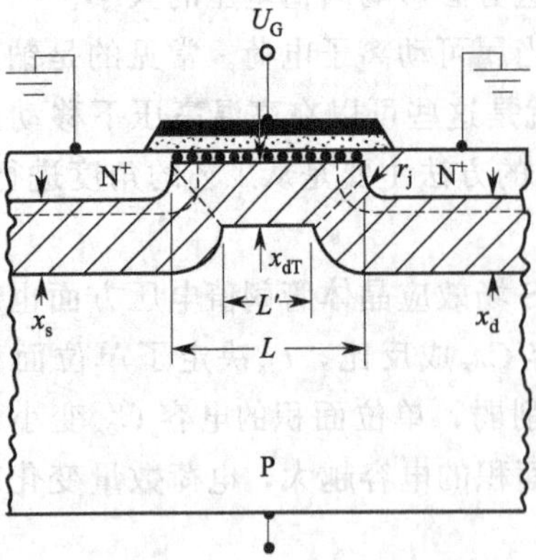

图 7-18 短沟道效应模型

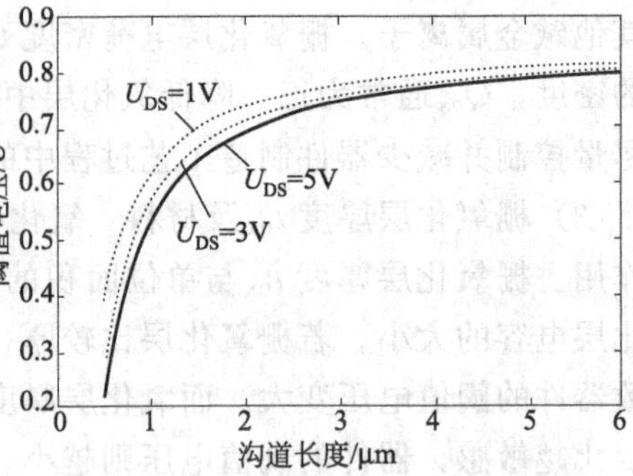

图 7-19 不同 U_{DS} 下的短沟道效应

随着器件尺寸缩小，不仅要求沟道长度缩短，沟道宽度也必须按比例缩小。沿沟道宽度方向，在沟道两侧存在附加的空间电荷区，如图 7-20 所示。推导理想阈值电压表达式时，没有考虑这部分附加电荷，实际上这些附加电荷也受到栅极电压的控制，因此实际栅压控制的电荷量比理想要多。当沟道宽度较宽时，这部分附加电荷在栅极控制电荷中占的比例较小，可以忽略。但随着沟道宽度的变窄，这部分附加电荷所占比例增大，必须考虑，因此将造成实际阈值电压向正方向移动，这就是窄沟道效应。由于附加空间电荷的影响，引起阈值电压的改变量为

$$\Delta U_T=\frac{eN_a x_{dT}}{C_{ox}}\left(\frac{\xi x_{dT}}{W}\right) \tag{7-31}$$

其中，ξ 是附加空间电荷区宽度的调整参数，若沿宽度方向的附加空间电荷区两端是半圆形，那么 $\xi=\pi/2$。图 7-21 所示为不同沟道宽度时阈值电压的变化。从图中可以看出，当沟道宽度 W 减小至与空间电荷区厚度 x_{dT} 同一数量级时，窄沟道效应引起的阈值电压偏移现象开始变得显著。

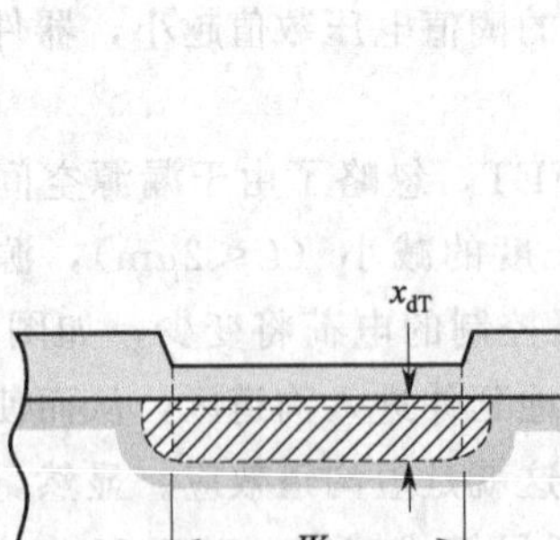

图 7-20 N 沟道 MOSFET 沿沟道宽度方向截面图

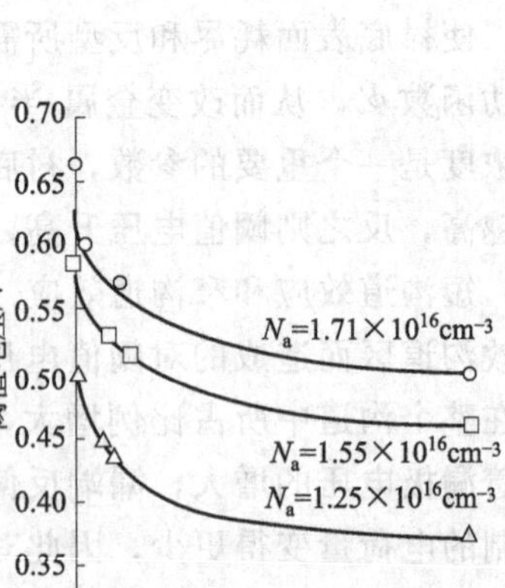

图 7-21 阈值电压和沟道宽度的关系

总的来说，MOS 场效应晶体管的选材、器件的结构、器件的制造过程都会影响 MOS 场效应晶体管的阈值电压。对于一个成熟稳定的工艺和器件基本结构，器件阈值电压的调

整，主要通过改变衬底掺杂浓度或衬底表面掺杂浓度进行。衬底表面掺杂浓度的调整是通过离子注入杂质离子进行。可以在栅氧化层下方的半导体衬底表面进行离子注入，调整衬底表面掺杂浓度，从而得到满意的阈值电压。通过离子注入的掺杂原子位于半导体表面耗尽层内，当器件工作在耗尽状态或者反型状态，原子电离出的电荷就可以加入总的半导体表面电荷密度，从而控制阈值电压。

7.2.4 MOS 场效应晶体管电容-电压特性

MOS 场效应晶体管的工作状态与 MOS 电容结构的状态密不可分。MOS 电容结构指的是 MOS 场效应管栅极及其下方的氧化层和半导体表面，这三层材料所形成的类似三明治的结构，如图 7-22 所示。这种 M-O-S 结构又称为 MOS 电容器。之前所说的堆积、耗尽、反型实际就是 MOS 电容器在不同栅极电压下的工作模式，因此 MOS 电容结构是整个 MOSFET 的核心。MOS 电容器形似平行板电容器，电容-电压特性是它很重要的一项特性指标。

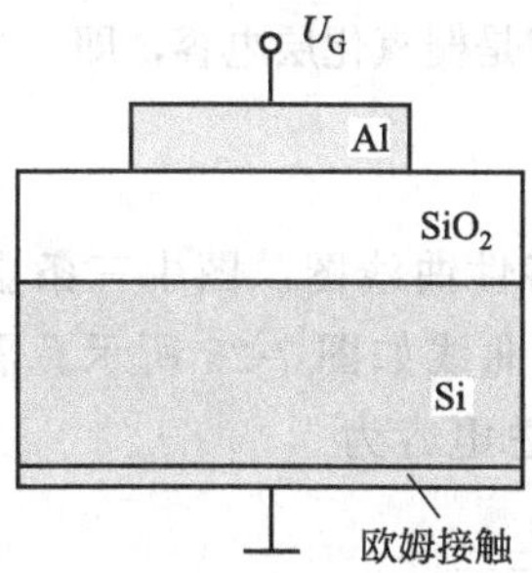

图 7-22　MOS 电容结构

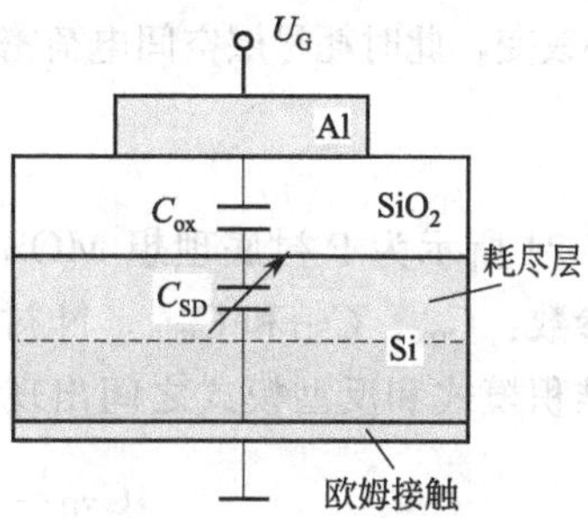

图 7-23　耗尽模式下的电容等效电路

MOS 场效应晶体管的电容定义为

$$C=\frac{dQ}{dU} \tag{7-32}$$

其中 dQ 是电容极板上电荷的微分变量，它是穿过电容的电压 dU 的微分变量的函数。

假设 MOS 电容处于理想情况，即金属与半导体间功函数差为零；栅氧化层内没有电荷；栅氧化层-半导体界面处不存在界面电荷。正如之前所说，MOS 电容有三种工作模式，分别是堆积、耗尽和反型模式。对于 N 沟道器件，栅极加负电压 MOS 电容进入堆积模式。此时一个小的电压改变量将导致栅极电荷以及半导体表面空穴电荷量发生改变。这种电荷密度的改变发生在栅氧化层的边缘，与平行板电容器类似。因此，堆积模式下单位面积的 MOS 电容就是栅氧化层电容，即

$$C_{堆积}=C_{ox}=\frac{\varepsilon_{ox}}{t_{ox}} \tag{7-33}$$

若栅极加一个小的正偏电压，MOS 电容工作在耗尽模式，半导体表面出现耗尽层，在未达到反型之前，半导体表面耗尽层厚度随栅极电压而变化，所以耗尽层内的空间电荷密度随电压变化，这种空间电荷区存储电荷量随电压变化而变化的现象就是结电容。因此，当 MOS 电容器工作在耗尽模式下，器件的总电容实际是栅氧化层电容与耗尽层结电容串联的结果，如图 7-23 所示。电压的改变将引起空间电荷区宽度的改变以及耗尽层电荷密度的改变。耗尽层结电容为

$$C_{SD}=\frac{\varepsilon_s}{x_d} \tag{7-34}$$

其中，ε_s 是半导体衬底介电常数；x_d 是空间电荷区厚度，它是栅极电压的函数。因此，耗尽模式下单位面积的 MOS 电容为

$$C_{耗尽}=\frac{C_{ox}C_{SD}}{C_{ox}+C_{SD}}=\frac{\varepsilon_{ox}}{t_{ox}+\left(\frac{\varepsilon_{ox}}{\varepsilon_s}\right)x_d} \tag{7-35}$$

可见，在耗尽模式时，器件总电容随着空间电荷区厚度的增大而减小。如果栅极正偏电压增加到等于阈值电压，此时是 MOS 电容器进入反型模式的起始点，空间电荷区厚度达到最大值 x_{dT}，总电容则下降到最小值 C_{min}

$$C_{min}=\frac{\varepsilon_{ox}}{t_{ox}+\left(\frac{\varepsilon_{ox}}{\varepsilon_s}\right)x_{dT}} \tag{7-36}$$

当栅极正偏电压大于阈值电压，MOS 电容器工作于反型模式。理想情况下，如果反型层电荷能跟得上电容电压的变化（即低频），则 MOS 电容电压的一个微小改变量将导致反型层电荷密度的微小改变，此时耗尽层空间电荷密度不变，因此总电容就是栅氧化层电容，即

$$C_{反型}=C_{ox}=\frac{\varepsilon_{ox}}{t_{ox}} \tag{7-37}$$

图 7-24 所示为 P 衬底理想 MOS 电容器的低频 C-U 特性曲线图。图中三条虚线分别对应三个参数：C_{ox}、C_{SD} 和 C_{min}。N 衬底理想低频 C-U 特性曲线如图 7-25 所示。需要注意的是，在堆积模式和反型模式之间出现平带状态。平带时的总电容为

$$C_{FB}=\frac{\varepsilon_{ox}}{t_{ox}+\left(\frac{\varepsilon_{ox}}{\varepsilon_s}\right)\sqrt{\left(\frac{kT}{e}\right)\left(\frac{\varepsilon_s}{eN_a}\right)}} \tag{7-38}$$

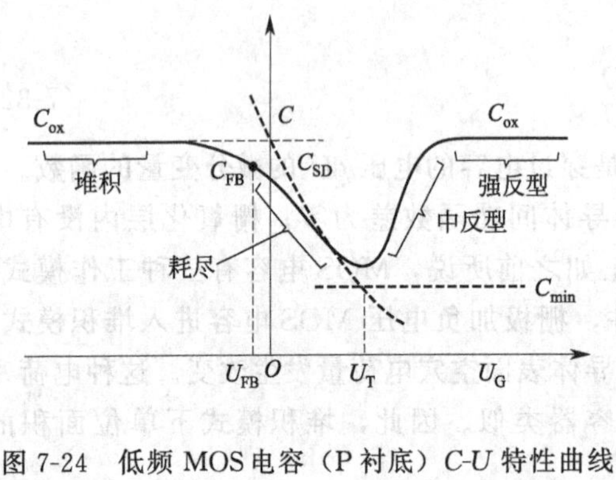

图 7-24 低频 MOS 电容（P 衬底）C-U 特性曲线

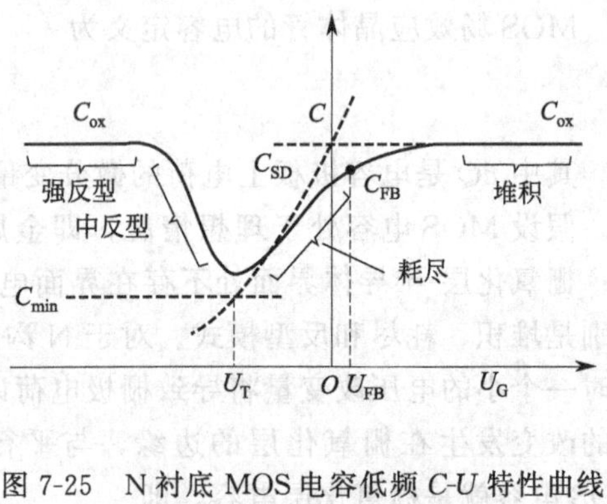

图 7-25 N 衬底 MOS 电容低频 C-U 特性曲线

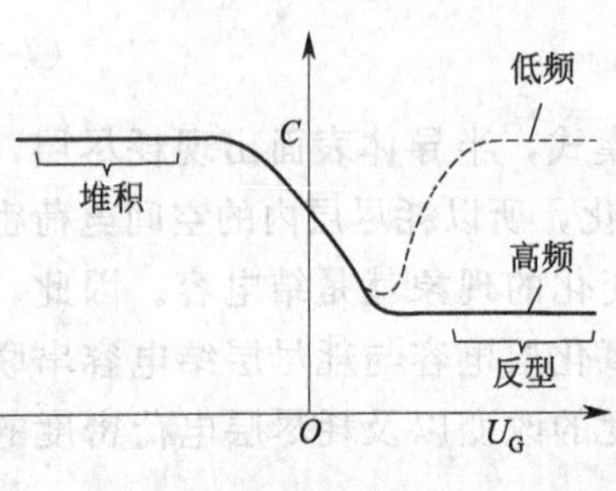

图 7-26 P 衬底 MOS 电容低频、高频 C-U 特性曲线图

反型模式下，之前假设反型层电荷能跟得上电容电压的变化，得到的是低频 C-U 特性。若反型层中的电子不能跟上电容电压变化，这就是高频下的情况。反型层电子来源于衬底少子和耗尽区本征激发，高频时反型层电荷不会响应电容电压的微小改变量。当栅极电压信号频率很高时，只有栅上的电荷量以及半导体表面处空间电荷量发生变化，因此高频时，反型模式下的 MOS 电容就是 C_{min}。MOS 电容器的低频、高频 C-U 特性曲线如图 7-26 所示。

图 7-26 是理想情况下 MOS 器件的电容-电压特性。实际的 MOS 电容结构存在多种形式的电荷，通常有四种类型的电荷：氧化物固定电荷、界面陷阱电荷、氧化物陷阱电荷、可动离子电荷。其中氧化物固定电荷与界面陷阱电荷对 *C-U* 特性影响较为明显。因此，实际的器件 *C-U* 特性曲线与理想曲线相比会发生一定偏离。氧化物固定电荷是位于 Si-SiO_2 界面附近 20nm 的范围内的正电荷，它在硅片（100）面的密度大约是 $10^{10}cm^{-2}$，在（111）面的密度大约是 $5\times10^{10}cm^{-2}$。由于氧化物固定电荷是正电荷，因此它将使平带电压变得更负。氧化物固定电荷不是栅极电压的函数，所以它将引起 *C-U* 特性曲线的平移，如图 7-27 所示。从图中可以看出，氧化物固定电荷将造成 *C-U* 特性曲线向负栅压方向移动。而界面陷阱电荷主要是由结构缺陷（表面态）、氧化诱生缺陷或金属杂质引起的正的或负的电荷组成，它在硅（100）面的密度约为 $10^{10}cm^{-2}$，（111）面的密度约为 $10^{11}cm^{-2}$。随着栅极电压的变化，界面陷阱电荷的数量和正负都会发生变化，这将造成 *C-U* 特性曲线平移的大小和方向都要发生变化，如图 7-28 所示，曲线变得平滑了。

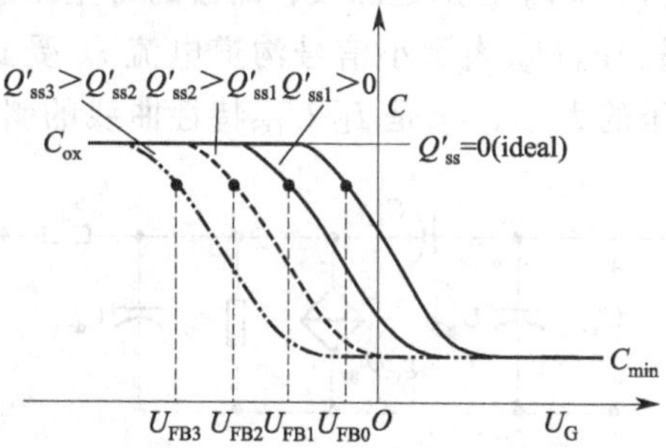

图 7-27　氧化物固定电荷的影响

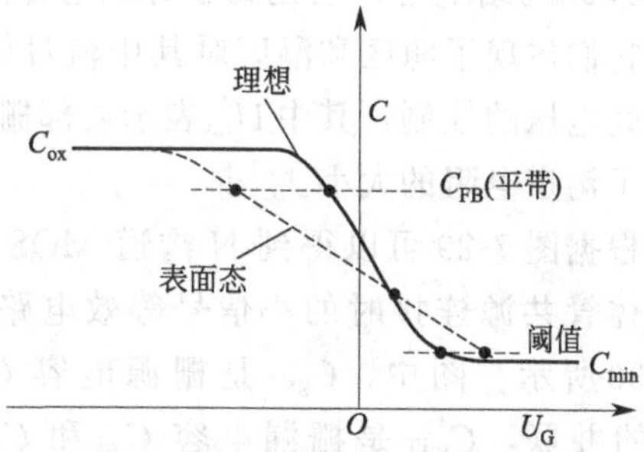

图 7-28　界面陷阱电荷的影响

由于 Si-SiO_2 系统中存在的各类电荷将引起器件 *C-U* 特性曲线的变化，因此反过来说，通过测量器件的 *C-U* 特性，可以确定出 Si-SiO_2 系统各类电荷的密度，对 MOS 器件制造的过程控制进行判别。此外，利用 *C-U* 测量还可以对其他类型的半导体器件和制造工艺进行特征分析，包括 BJT、JFET、Ⅲ-Ⅴ族化合物器件、光电器件、MEMS 器件等。半导体厂商可以利用 *C-U* 测量对新材料、新工艺、新器件进行评估。*C-U* 特性测试得到的数据为半导体制造过程提供重要信息，如衬底平均掺杂浓度、杂质分布、载流子寿命、栅氧化层的厚度、Si-SiO_2 系统中的电荷密度等，这样可以监测工艺参数，分析失效机制，从而改良工艺，提高器件的性能。

7.2.5　MOS 场效应晶体管频率特性

在双极型晶体管中曾讨论了器件的频率特性，引进了一些表征双极晶体管频率特性的参数。对于 MOS 场效应晶体管，也将讨论其频率特性，并引进相应的频率参数。MOS 场效应晶体管的电流增益等于 1 时的频率称为截止频率 f_T。频率特性的分析是从 MOS 场效应晶体管的交流小信号等效电路入手的。因此，将首先分析 MOS 场效应晶体管的小信号等效电路模型，然后讨论器件的截止频率。

1. 小信号等效电路

MOS 场效应晶体管的小信号等效等效电路模型可以从 MOSFET 基本结构图获得。图 7-29 所示为 MOS 场效应晶体管的小信号等效电路，它是基于 MOS 晶体管内部的固有电容、电阻以及其他物理量的模型示意图，在许多电路分析中都会用到该等效模型。为了简化等效电路，假设源和衬底相连共同接地。

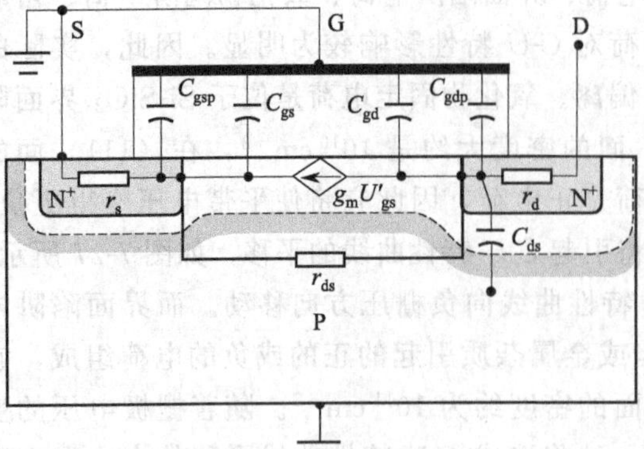

图 7-29 MOS场效应晶体管的小信号等效电路

图中，栅极和沟道之间的两个电容 C_{gs} 和 C_{gd} 分别体现栅极和靠近源区、漏区的沟道电荷之间的相互作用。电容 C_{gsp} 和 C_{gdp} 是寄生电容。在实际的器件中，由于工艺因素使得栅极、栅氧化层和漏、源有一定程度的交叠，于是就形成了这两个寄生电容。其中特别是 C_{gdp}，它将在栅极和漏极之间起负反馈作用，从而降低MOS场效应晶体管的增益，并减小器件的频率响应。寄生电容 C_{gsp} 和 C_{gdp} 可以通过采用硅栅自对准工艺显著减小。另一个电容 C_{ds} 是漏和衬底之间反向偏置P-N结的结电容，它也属于寄生电容范畴。电阻 r_s 和 r_d 分别是源极、漏极的寄生串联电阻，它们体现了源区和漏区对其中流过电流的阻碍。$g_mU'_{gs}$ 表示小信号沟道电流 i_D 受到栅源极间电压的控制，其中 U'_{gs} 表示内部栅源极间电压的大小。r_{ds} 是 I_D-U_{DS} 特性曲线的斜率，反映了沟道电阻的大小。

根据图7-29可以得到N沟道MOS场效应晶体管共源连接时的小信号等效电路，如图7-30所示。图中，C_{gsT} 是栅源电容 C_{gs} 和 C_{gsp} 的并联，C_{gdT} 是栅漏电容 C_{gd} 和 C_{gdp} 的并联。

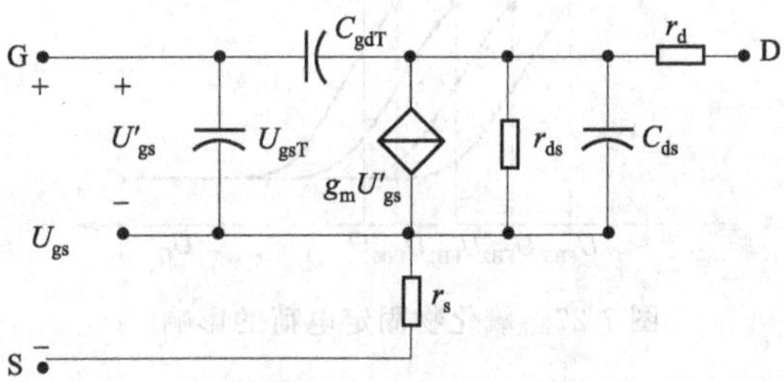

图 7-30 共源连接N沟道MOSFET小信号等效电路

简化的低频小信号等效电路如图7-31所示。在这个简化模型中，串联电阻 r_s 和 r_d 被忽略，因此漏极电流仅仅是栅源极间电压的函数。

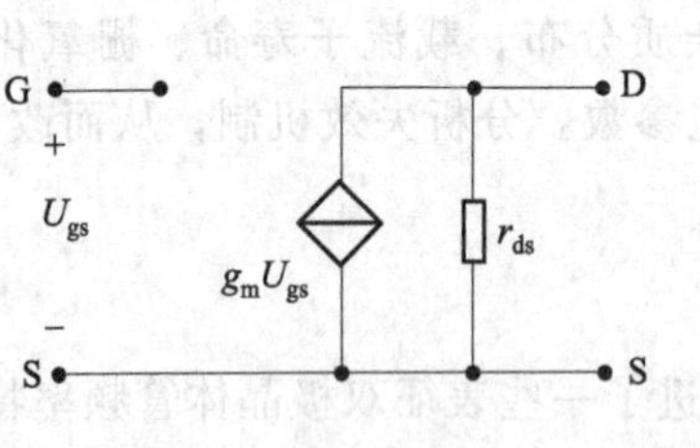

图 7-31 简化的共源N沟道MOSFET低频小信号等效电路

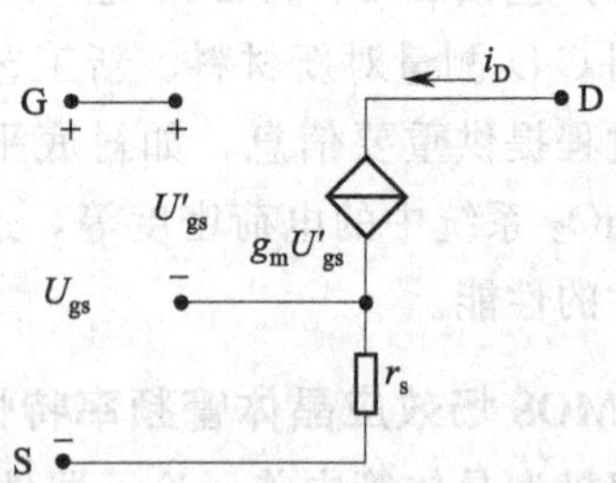

图 7-32 包含源电阻 r_s 的简化电路

实际上，源极寄生串联电阻 r_s 对MOS场效应管的特性会产生较大影响。沟道电阻 r_{ds} 在理想MOSFET工作在饱和区时为无限大，视为断路，若不忽略源极电阻 r_s，则等效电路如图7-32所示。根据图7-32可以求得

$$i_D = g_mU'_{gs} \tag{7-39}$$

而栅源电压 U_{gs} 和内部栅源极间电压 U'_{gs} 的关系为

$$U_{gs}=U'_{gs}+(g_m U'_{gs})r_s=(1+g_m r_s)U'_{gs} \quad (7\text{-}40)$$

因此结合式(7-39) 和式(7-40)，得

$$i_D=g_m U'_{gs}=\frac{g_m}{1+g_m r_s}U_{gs} \quad (7\text{-}41)$$

从式(7-41) 可以看出，源极寄生串联电阻 r_s 的存在，将减小器件的有效跨导，从而降低 MOS 场效应晶体管的增益。

2. 截止频率

MOS 场效应晶体管有两个频率限制因素，一个是栅电容充电时间，另一个是沟道输运时间。在高频条件下，MOS 场效应晶体管的极间电容不可忽略。MOSFET 高频小信号等效电路如图 7-33 所示，其中 R_L 是负载电阻。

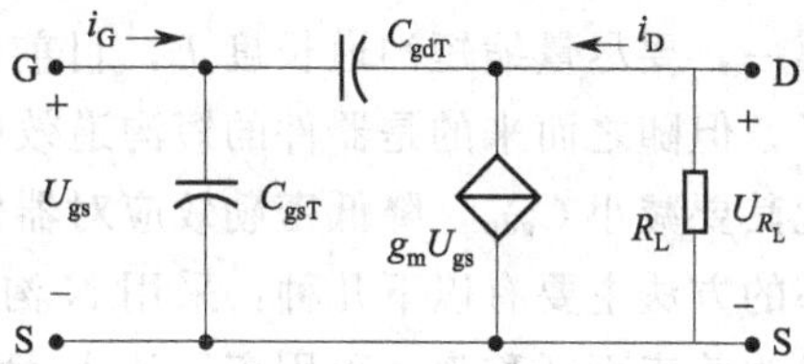

图 7-33 共源 N 沟道 MOSFET 高频小信号等效电路

若在等效电路的 G、S 之间输入一个交流小信号，设交流信号的角频率为 ω，栅极的输入阻抗不再是无限大，输入电流 i_G 可以写为

$$i_G=j\omega C_{gsT}U_{gs}+j\omega C_{gdT}(U_{gs}-U_{R_L}) \quad (7\text{-}42)$$

输出漏极的电流之和为

$$\frac{U_{R_L}}{R_L}+g_m U_{gs}+j\omega C_{gdT}(U_{R_L}-U_{gs})=0 \quad (7\text{-}43)$$

结合式(7-42) 和式(7-43) 消去 U_{R_L}，得到输入电流的表达式为

$$i_G=j\omega\left[C_{gsT}+C_{gdT}\left(\frac{1+g_m R_L}{1+j\omega R_L C_{gdT}}\right)\right]U_{gs} \quad (7\text{-}44)$$

式(7-44) 中 $\omega R_L C_{gdT}\ll 1$，因此式(7-44) 简化为

$$i_G=j\omega(C_{gsT}+C_M)U_{gs} \quad (7\text{-}45)$$

其中，$C_M=C_{gdT}(1+g_m R_L)$，C_M 称为密勒电容。当 MOS 场效应晶体管工作在饱和区，C_{gd}为零，C_{gdp}为常数。正因为 C_{gdp}不为零，该寄生电容会由于管子的增益而翻倍，增大了密勒电容数值，从而极大影响输入阻抗，这个现象称为密勒效应。因此栅-漏之间交叠产生的寄生电容 C_{gdp}对 MOS 场效应管的影响需要注意。

等效电路的输入阻抗为

$$Z_G=\frac{1}{j\omega(C_{gsT}+C_M)} \quad (7\text{-}46)$$

可见，输入阻抗随着输入交流信号频率的增加而下降，使得输入电流 i_G 逐渐上升，因此器件的电压放大倍数逐渐下降。通常把器件输入电流 i_G 上升到正好等于受控电流源输出电流 $g_m U_{gs}$时（电流增益为 1）的频率定义为 MOS 场效应晶体管的截止频率，用 f_T 表示。因此

$$\left|\frac{i_D}{i_G}\right|=\frac{g_m}{\omega_T(C_{gsT}+C_M)}=1 \quad (7\text{-}47)$$

其中，ω_T 是截止角频率，$\omega_T=2\pi f_T$，截止频率由式(7-47) 可得

$$f_T=\frac{g_m}{2\pi(C_{gsT}+C_M)}=\frac{g_m}{2\pi C_G} \quad (7\text{-}48)$$

式中，C_G 为等效输入栅极电容。

在理想的 MOS 场效应晶体管中，栅极和源、漏极无交叠，因此寄生电容 C_{gsp} 和 C_{gdp} 为

零。当 MOS 器件工作在饱和区，C_{gs}大约等于$\frac{2}{3}(C_{ox}LW)$，此时沟道中的载流子不随漏极电压的变化而变化，因此C_{gd}等于零。把跨导在饱和区中的表达式代入式(7-48)，可以得到 N 沟道 MOS 场效应晶体管在饱和区时的截止频率

$$f_T=\frac{3\mu_n(U_{gs}-U_T)}{4\pi L^2} \tag{7-49}$$

另一方面，影响 MOS 场效应晶体管频率特性的因素除了栅极电容以外，还有沟道输运时间。载流子从源区经过沟道到达漏区所经历的时间，称为沟道输运时间，用τ_t表示。$\tau_t=L/v_{sat}$，L是沟道长度，v_{sat}是载流子饱和漂移速度。

总的来说，若要提高 MOS 场效应晶体管的截止频率f_T，可以从以下四个方面入手。第一，要尽量缩短沟道长度L，目前集成电路制造技术已经进入深亚微米，沟道长度缩短了，但随之而来的是器件的短沟道效应问题。第二，需要尽可能减小寄生电容C_{gsp}和C_{gdp}，尤其要减小C_{gdp}，降低密勒效应对器件的影响。第三，应尽量提高载流子迁移率，提高迁移率的方法主要有以下几种：采用 N 沟道器件；衬底材料使用（100）晶面，并增加表面工艺以改善表面迁移率；采用离子注入-埋沟结构提高表面迁移率；使用调制掺杂异质结可以获得高载流子迁移率 FET；采用应变 Si 技术等。最后，采用一些特殊结构提高截止频率，常用的结构有自对准结构、偏置栅结构、双栅结构或 SOI 结构，如图 7-34 所示。

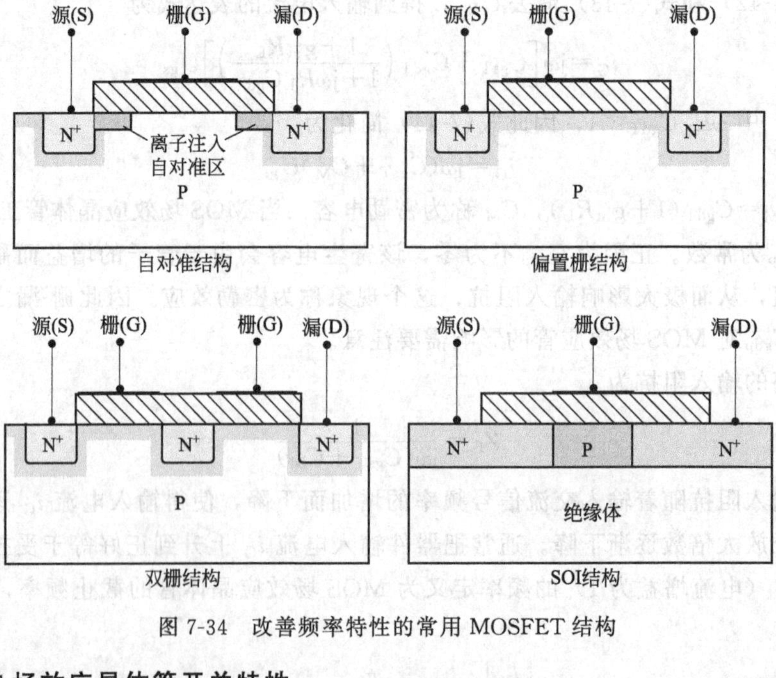

图 7-34　改善频率特性的常用 MOSFET 结构

7.2.6　MOS 场效应晶体管开关特性

二极管、双极晶体管和 MOS 场效应晶体管都可以作为开关使用，相比之下，MOS 场效应晶体管具有功耗小、集成度高等优点，因而 MOS 场效应管在数字集成电路中广泛使用。与双极晶体管相同，MOS 场效应晶体管也可以轮流切换于两种状态，即导通态和截止态。MOS 场效应晶体管在导通和截止两种状态下的特性，以及管子在这两种状态之间相互转换的特性，这就是 MOS 场效应晶体管的开关特性。

首先简单描述一下 MOS 场效应晶体管的基本开关过程。用 MOS 场效应管的栅源极间

电压U_{GS}作为电子开关的控制信号，管子的 D、S 电极作为开关的两个被控制端（相当于机械开关的两端）。当$U_{GS}<U_T$时，MOS 场效应管工作在截止区，漏和源之间被阻断，漏极电流$I_D=0$，即 MOS 场效应管的 D、S 端处于断开状态，开关断开。当 MOS 场效应晶体管工作在非饱和区，开关进入导通状态。当 MOS 晶体管导通时，开关的导通电阻$R_{on}=r_{ds}$。

MOS 场效应晶体管的开关特点是：

① 电压控制；

② 导通类型是电阻型，残余电压为 0；

③ 在保证衬底和漏、源之间 P-N 结不正向偏置的前提下，给衬底加一定的偏压电路，D、S 之间可以实现双向导通。

MOSFET 在导通状态或截止状态下的特性称为静态开关特性，在导通-截止之间转换的特性称为动态开关特性。器件的动态开关特性强烈地依赖于频率特性，下面首先介绍 MOS 场效应晶体管的静态开关特性，接着讨论 MOS 场效应晶体管的动态开关特性。

1. 静态开关特性

MOS 管作为开关器件，截止和导通是它两种基本状态。由于 MOS 场效应晶体管是电压控制型器件，所以主要由栅源极间电压U_{GS}决定其工作状态。图 7-35(a) 所示为 N 沟道增强型 MOS 晶体管构成的开关电路，R_L 为负载电阻，U_{DD}为电源电压。

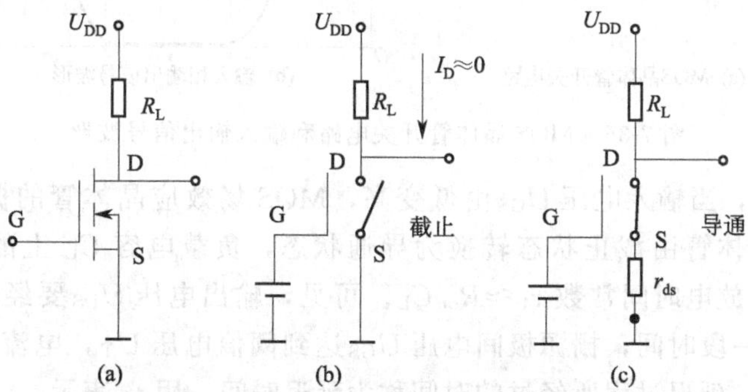

图 7-35　N 沟道增强型 MOS 管开关电路及其等效电路

(1) 截止状态　当 MOS 管的栅源电压U_{GS}小于器件的开启电压U_T，MOS 管工作在截止区，漏和源之间还未形成导电沟道，漏源电流 I_D 基本为 0，输出电压$U_{DS}\approx U_{DD}$，MOS 管处于截止状态，此时 MOS 晶体管如同一个断开的开关，其等效电路如图 7-35(b) 所示。

(2) 导通状态　当 MOS 管的栅源电压U_{GS}大于管子的开启电压U_T，MOS 管工作在非饱和区（或可变电阻区），漏源电流 $I_D=U_{DD}/(R_L+R_{on})$，其中 R_{on} 等于 MOS 管导通时的沟道电阻 r_{ds}。输出电压$U_{DS}=U_{DD}\cdot r_{ds}/(R_L+R_{on})$，如果$R_{on}\ll R_L$，则$U_{DS}\approx 0V$，MOS 管处于导通状态，此时 MOS 晶体管如同一个具有一定电阻R_{on}的闭合了的开关，其等效电路如图 7-35(c) 所示。

2. 动态开关特性

(1) MOS 晶体管的极间电容　MOS 场效应晶体管的三个电极之间均有电容存在，它们分别是栅源电容C_{gs}、栅漏电容C_{gd}，漏-衬底电容C_{ds}，还有寄生电容C_{gsp}和C_{gdp}。C_{gs}、C_{gd}通常为 1～3pF，C_{ds}约为 0.1～1pF。在数字电路中，MOS 管的动态特性，即开关速度将受到这些电容充、放电过程的制约。

(2) 动态开关过程　N 沟增强型 MOS 场效应晶体管的典型开关电路如图 7-36(a) 所

示，理想开关波形如图 7-36(b) 所示。图 7-36(b) 描述了输入栅源极间电压 U_{GS} 和输出电流 I_D、输出电压 U_{DS} 之间的关系。图 7-36(b) 中的时间因子与双极晶体管类似，MOS 场效应晶体管的开关时间是管子的开通时间 t_{on} 和关断时间 t_{off} 之和，开通时间 t_{on} 由延迟时间 t_d 和上升时间 t_r 构成，关断时间 t_{off} 是由存储时间 t_s 和下降时间 t_f 构成的。

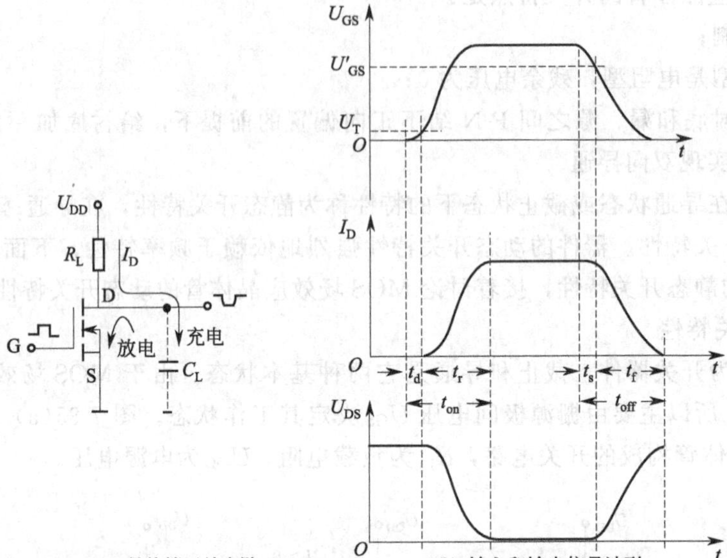

(a) MOS晶体管开关电路　(b) 输入和输出信号波形

图 7-36　MOS 晶体管开关电路和输入输出信号波形

如图 7-36 所示，当输入电压 U_{GS} 由低变高，MOS 场效应晶体管的栅电容 C_{gs} 和 C_{gd} 充电，MOS 场效应晶体管由截止状态转换为导通状态，负载电容 C_L 上的电荷通过 r_{ds}（或 R_{on}）进行放电，其放电时间常数 $\tau_1 \approx R_{on}C_L$。可见，输出电压 U_{DS} 要经过一定延时才能转变成低电平。经过一段时间，栅源极间电压 U_{GS} 达到阈值电压 U_T，电流才开始出现，这个过程称为延迟过程，延迟过程所经过的时间称为延迟时间，用 t_d 表示，$t_d \approx \tau_1$。

当 U_{GS} 大于阈值电压 U_T 且 U_{DS} 数值较小时，MOS 场效应晶体管进入非饱和工作区，U_{GS} 使反型沟道厚度增厚，电流开始迅速增大，这个过程称为上升过程。在上升时间 t_r 结束时，电流达到最大值，MOS 场效应晶体管的开通过程结束，所以开通过程由延迟和上升过程构成。

当输入电压 U_{GS} 由高变低，栅源电容 C_{gs} 放电，使栅源极间电压 U_{GS} 下降，MOS 场效应晶体管从导通状态转换为截止状态，此时电源 U_{DD} 通过 R_L 向负载电容 C_L 充电，充电时间常数 $\tau_2 = R_L C_L$，所以输出电压 U_{DS} 也要经过一定延时才能从低电平变为高电平。但是，R_L 比 R_{on} 大得多，所以，$\tau_2 > \tau_1$，器件从导通转换为截止的时间比从截止转换为导通的时间要长。当 U_{GS} 下降到 U'_{GS} 时，电流才开始下降，这个过程称为储存过程，这个过程所经过的时间就是储存时间 t_s，$t_s \approx \tau_2$。

存储时间结束后，U_{GS} 继续放电，栅极电压 U_{GS} 从 U_{GS2} 进一步下降，反型沟道厚度变薄，电流快速下降，当 U_{GS} 小于 U_T 后，MOS 场效应晶体管截止，关断过程结束，该过程称为下降过程，经过的时间为下降时间 t_f，所以关断过程由储存过程和下降过程构成。关断过程是开通过程的反过程，因此开通和关断时间是近似相等的，若计算 MOS 场效应晶体管开关时间，只要计算开通时间即可。

总的来说，造成 I_D（或 U_{DS}）滞后 U_{GS} 变化的主要原因是 MOS 场效应晶体管电容上电压不能突变。MOS 场效应晶体管是一种多子器件，不存在双极型晶体管的电荷储存效应，因而关断过程非常迅速。MOS 场效应晶体管本身导通和截止时电荷积累和消散的时间很短，其动态特性主要取决于栅电容充、放电所需的时间。虽然无法消除栅电容，但可以尽可能降低 R_{on} 和 R_L 以缩短时间常数 τ，加快开关速度。但是，由于 MOS 管的导通电阻 R_{on} 比晶体三极管的饱和电阻 R_{CES} 大得多，漏极外接电阻 R_L 也比晶体管集电极电阻 R_C 大，因此 MOS 场效应晶体管的开关速度比双极晶体管的开关速度低。不过，在 CMOS 电路中，由于充电电路和放电电路都是低阻电路，所以 CMOS 电路的充、放电过程都比较快，具有较高的开关速度。

（3）功率损耗　MOS 场效应晶体管是电场控制型器件，其静态时栅极只有微弱的漏电流，因此输入电流几乎为零，所以 MOS 晶体管的静态功耗非常小，而对于 CMOS 电路来说，其静态功耗更是微乎其微。MOS 场效应晶体管作为开关使用时，由于开关过程中需对栅电容充放电，因此只有在状态转换的短时间内有动态功耗，如图 7-37 所示。

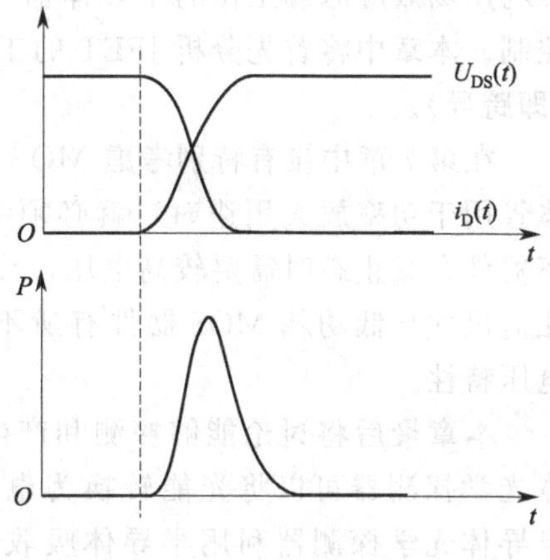

图 7-37　MOS 管开关损耗示意图

不管是 N 沟道还是 P 沟道 MOS 场效应管，导通以后都存在导通电阻 R_{on}，电流流过该电阻就将消耗能量，这部分消耗的能量就是导通损耗。选择导通电阻小的 MOS 场效应晶体管可以减小管子的导通损耗。

MOS 场效应管完成导通-截止状态转换的瞬间，电压和电流都不为零，在这段时间内，输出电压和输出电流的乘积就是 MOS 场效应管的开关损耗，如图 7-37 所示。通常，开关损耗比导通损耗大得多，开关频率越高，损耗就越大。

习　题　7

1. 简述 MOS 电容器中反型层电荷的产生过程。
2. 什么是平带电压？描述平带电压的意义。
3. 解释 MOSFET 的基本工作原理。
4. 分析 MOSFET 的 C-U 特性，高频和低频时曲线有何不同，为什么？
5. 简述 MOS 场效应晶体管开关特性。

第 8 章 其他常用半导体器件

本章将讨论二极管、双极晶体管和 MOS 场效应晶体管以外的其他常用半导体器件。首先讨论结型场效应晶体管，结型场效应管因为有两个 P-N 结而得名，也称为 JFET (Junction Field Effect Transistor)。与 MOS 场效应晶体管相同，结型场效应晶体管也是一种利用场效应原理工作的半导体器件。结型场效应管的沟道电流受到与沟道垂直的电场控制。本章中将首先分析 JFET 的工作原理和理想电流-电压特性，然后讨论器件的增益（即跨导）。

在第 7 章中没有特别考虑 MOS 场效应晶体管的功耗问题，实际上当 MOS 场效应晶体管用于功率放大用途时，就必须考虑器件电流、电压以外的其他因素。一般来说，功率器件在截止态时需要较高电压，导通态时需要较大电流，这就意味着功率 MOSFET 的几何尺寸与低功耗 MOS 器件有所不同。本章将研究功率 MOSFET 的基本结构和电流、电压特性。

本章最后将讨论能够探测和产生光信号的半导体器件。光电池（Photocell）和半导体光学探测器可以将光能转换为电能，而发光二极管能将电能转换成光能。光电池和半导体光学探测器利用半导体吸收光能产生光生载流子，从而形成光电流。光电二极管（Photodiode）是常用的一种光学探测器。光学探测器的相反机理就是电致发光。过剩载流子通过辐射复合发射光子，这种器件就是发光二极管或者称为 LED（Light Emitting Diode）。LED 光子的发射是自发辐射跃迁，因此具有较宽的光谱输出带宽。若对 LED 的结构和工作模式稍作改变，使得光子发射变为受激辐射跃迁，就可以得到激光二极管 LD（Laser Diode）。

8.1 结型场效应晶体管

场效应现象最早是在 20 世纪 20 年代被提出并在 20 世纪 30 年代被发现的。1925～1926 年美国的 J. E. Lilienfeld 提出静电场对导电固体中电流影响的基本概念，并在专利文献中提出了固态晶体管的结构，如图 8-1 所示。1933 年 Oskar Heil 提出薄膜 FET 器件的结构模型，并在实验中观察到“场效应”现象，但当时由于工艺水平的限制，没有做成实用器件。第一只实用场效应管是 W. B. Shockley 在 1952 年提出的结型场效应管，而后在 1960 年 Dawon Kahng 发明了金属-氧化物-半导体场效应晶体管。

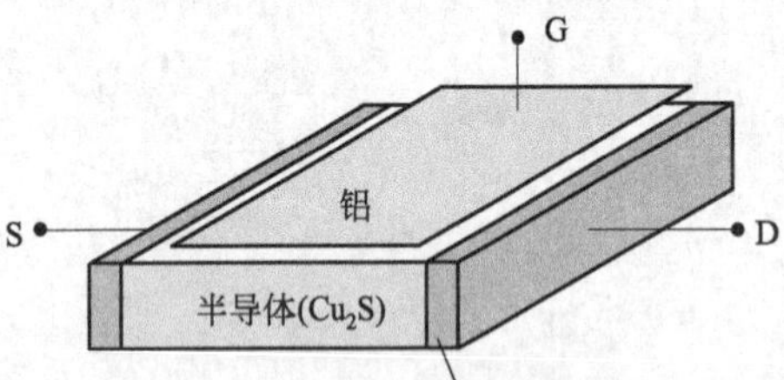

图 8-1　第一只理想固态晶体管结构示意图

根据结构可以将结型场效应晶体管分为两种类型，一种是 P-N 结场效应晶体管（P-N JFET），另一种是金属-半导体结型场效应晶体管（MESFET）。P-N 结场效应晶体管是由 P-N 结制成的，MESFET 则是由肖特基势垒整流接触结制成。结型场效应管是最简单的一类场效应晶体管，它可以作为电子开关或压控电阻使用。与 MOS 场效应晶体管相同，结型场效应晶体管工作时也只有多数载流子参与导电，也称为单极晶体管。

8.1.1　结型场效应晶体管基本结构及工作原理

1. P-N JFET 的结构和工作原理

Shockley 在 1952 年提出的结型场效应晶体管的结构如图 8-2(a) 所示。在一块 N 型半导体材料的两边各扩散一个高掺杂浓度的 P 型区（用 P^+ 表示），就形成两个不对称的 P^+N 结。把两个 P^+ 区并联在一起，引出一个电极，称为栅极（G），在 N 型半导体的两端各引出一个电极，分别称为源极（S）和漏极（D）。夹在两个 P^+N 结中间的 N 区是电流的通道，称为导电沟道。这种结构的管子称为 N 沟道结型场效应管，它在电路中用图 8-2(b) 所示的符号表示，栅极上的箭头表示栅、源极间 P^+N 结正向偏置时，栅极电流的方向（由 P 区指向 N 区）。

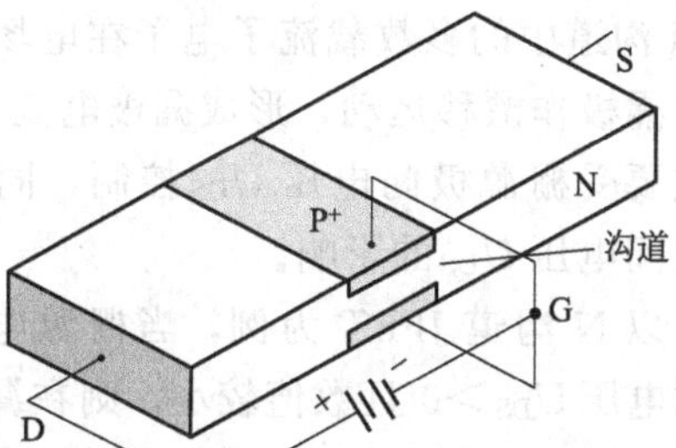

(a) 理想N沟道P-N JFET结构

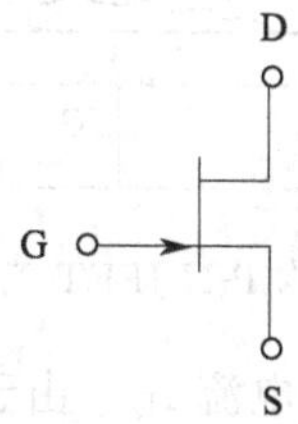

(b) N沟道P-N JFET符号

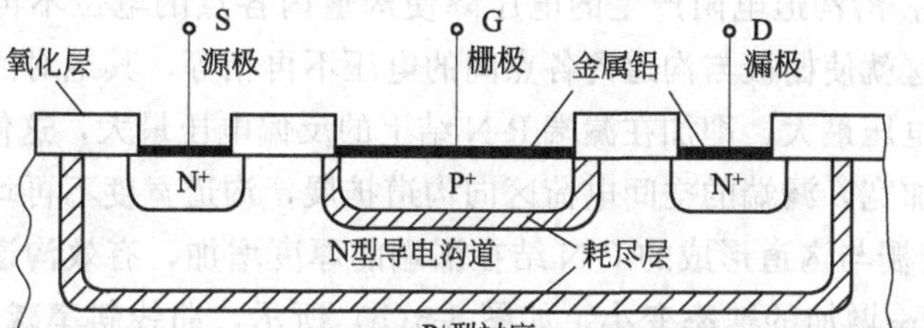

(c) 实际N沟道P-N JFET截面图

图 8-2　N 沟道 P-N JFET 结构、符号和截面图

实际的 JFET 结构和制造工艺流程比上述过程复杂。实际 N 沟道 JFET 的截面图如图 8-2(c) 所示。图中衬底和中间顶部都是重掺杂 P 型半导体，它们连接在一起（图中未画出）作为栅极 G。分别与源极 S 和漏极 D 相连的 N^+ 区，是通过光刻和扩散等工艺来完成的隐埋层，其作用是为源极 S、漏极 D 提供低阻通路，实现源极、漏极与半导体的欧姆接触。三个电极 S、G、D 分别由不同的金属接触层（Al）引出。

如果在一块 P 型半导体的两边各扩散一个高掺杂浓度的 N^+ 区，就可以制成一个 P 沟道的结型场效应管。图 8-3 给出了 P 沟道 P-N JFET 的结构示意图和它在电路中的符号。根据结型场效应管电路符号中栅极上的箭头方向，可以确认沟道的类型。

N 沟道和 P 沟道结型场效应管的工作原理完全相同，因此现在以 N 沟道结型场效应管为例，分析其工作原理。

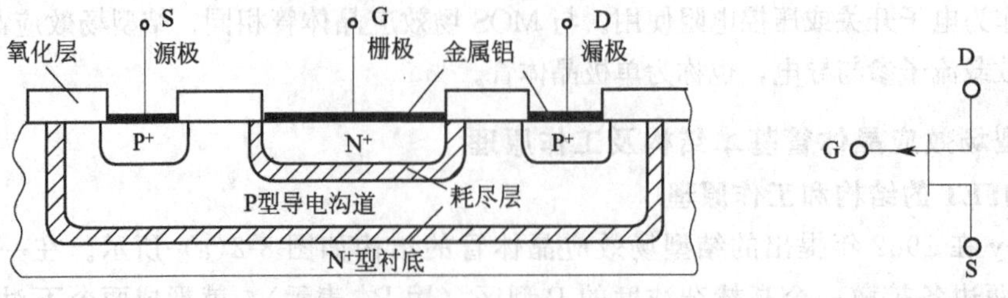

(a) P沟道P-N JFET截面图　　　　(b) P沟道P-N JFET符号

图 8-3　P 沟道 P-N JFET 截面图与符号

N 沟道结型场效应管工作时，需要外加如图 8-4 所示的偏置电压，即在栅极与源极间外加负电压（$U_{GS}<0$），则栅极和沟道形成的 P^+N 结反偏，栅极电流 $I_G\approx 0$，场效应管呈现很高的输入电阻。在漏源极间外加正电压（$U_{DS}>0$），使 N 沟道中的多数载流子电子在电场作用下由源极向漏极作漂移运动，形成漏极电流 I_D。I_D 的大小主要受栅源极间电压 U_{GS} 控制，同时也受到漏源极间电压 U_{DS} 的影响。

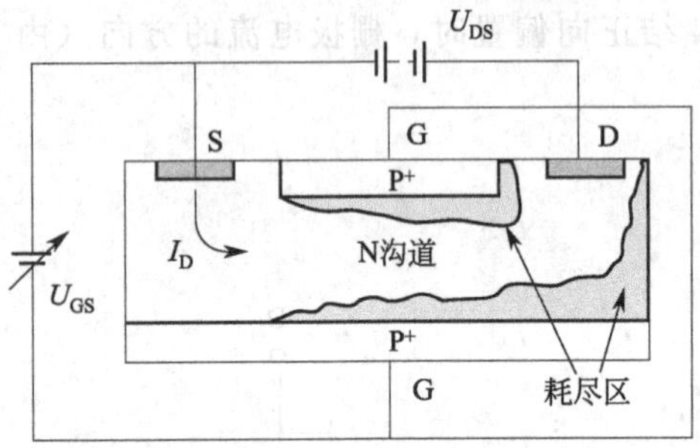

图 8-4　N 沟 P-N JFET 工作示意图

以 N 沟道 JFET 为例，当栅源电压 $U_{GS}=0$，漏源电压 $U_{DS}>0$ 且数值较小，则在漏、源极间就产生了较小的漏电流 I_D。由于此时漏、源两端电势差不明显，N 型导电沟道可以近似看做是一个电阻，因此，对于小的 U_{DS}，I_D 和 U_{DS} 的曲线接近于线性变化，如图 8-5(a) 所示。随着漏源极间电压增大，I_D 沿沟道电阻产生的电压降使沟道内各点的电位不再相等，漏端电位最高，源端电位最低。这就使栅极与沟道内各点间的电压不再相等，其绝对值沿沟道从漏极到源极逐渐减小，在漏端电压最大，即加在漏端 P-N 结上的反偏电压最大，这使得沟道两侧的耗尽层从源极到漏极逐渐加宽，漏端的空间电荷区向沟道扩展，沟道宽度不再均匀，而呈楔形，如图 8-5(b) 所示。随着栅与沟道形成的 P-N 结在漏端的厚度增加，有效沟道电阻增大，漏极电流 I_D 随着漏源电压 U_{DS} 增加的速率变小，如图 8-5(b) 所示，曲线斜率减小，表示电流 I_D 有逐渐饱和的趋势。如果漏极电压进一步升高，沟道将在漏极处被预夹断，如图 8-5(c) 所示。漏极电压继续增大，但增加的部分几乎都落在夹断区两侧，所以漏电流将保持不变。图 8-5(c) 显示了这种情况下 I_D 和 U_{DS} 的关系曲线，夹断时的漏极电压表示为 $U_{DS(sat)}$。当 $U_{DS}>U_{DS(sat)}$，结型场效应管工作在饱和区，理想情况下，此时的漏电流 I_D 取决于 U_{GS}，和 U_{DS} 无关。

栅极电压的变化将引起较大的沟道电阻的变化，从而极大地改变漏极电流大小。为了便于分析 U_{GS} 对沟道电阻的控制作用，不妨假设漏源电压一定，$U_{DS}>0$ 且很小，沟道等效为一个电阻，器件工作在非饱和区。当栅极零偏（$U_{GS}=0$）时，在漏源电压作用下，沟道中有电流流过，如图 8-6(a) 所示。当栅源极间电压变化，沟道电阻将随之变化。如果给 N 沟道 P-N JFET 的栅极外加负电压，则栅极和沟道形成的反偏 P-N 结厚度增加，沟道宽度变窄，沟道电阻增大。因此，在非饱和区内 I_D-U_{DS} 的曲线斜率减小，如图 8-6(b) 所示。如果继续增大负的栅压，则形成如图 8-6(c) 所示的图形，可以看出此时空间电荷区几乎将沟道完全填满，此时漏电流 I_D 几乎为零，因为耗尽区完全隔离了漏端和源端，沟道完全被夹断。把形成沟道夹断的栅源电压称为夹断电压（或阈值电压），用 U_p 表示。

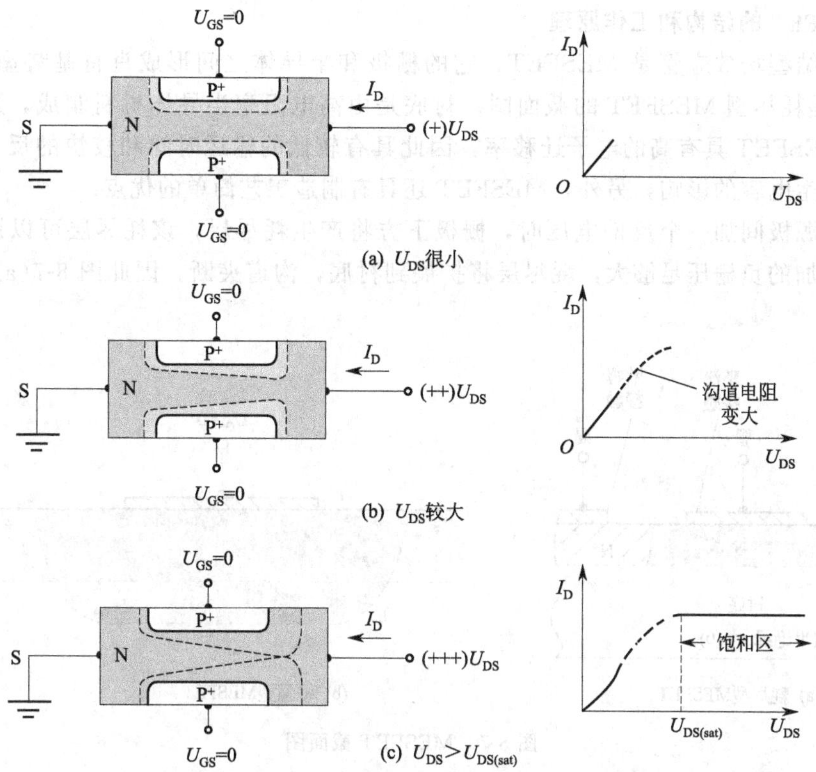

图 8-5　栅压为零时 JFET 空间电荷分布和 *I-U* 特性曲线

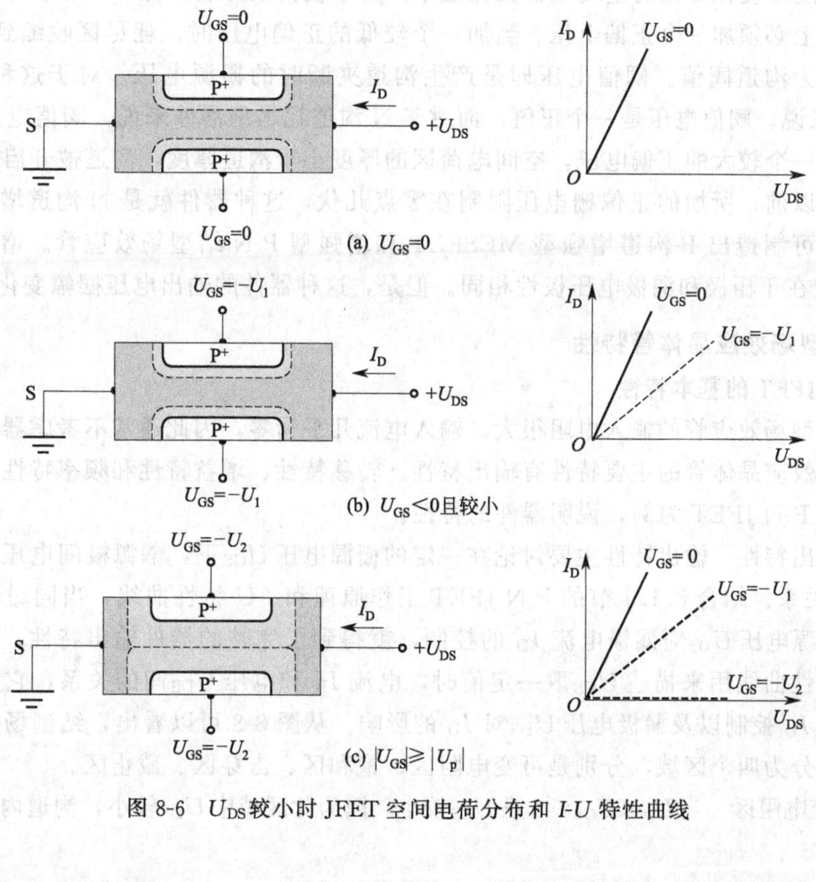

图 8-6　U_{DS}较小时 JFET 空间电荷分布和 *I-U* 特性曲线

2. MESFET 的结构和工作原理

另一种结型场效应管是 MESFET，它的栅极和半导体之间形成肖特基势垒整流接触。图 8-7(a) 是耗尽型 MESFET 的截面图，衬底是由高电阻率半导体材料制成，形成半绝缘型衬底。MESFET 具有高的电子迁移率，因此具有较低的输运时间和较快的反应速度，并且减小了寄生电容的影响，另外，MESFET 还具有制造工艺简单的优点。

当在栅源极间加一个反偏电压时，栅极下方将产生耗尽层，该耗尽层可以调节沟道电导。如果所加的负栅压足够大，耗尽层将扩展到衬底，沟道夹断，因此图 8-7(a) 是一个耗尽型器件。

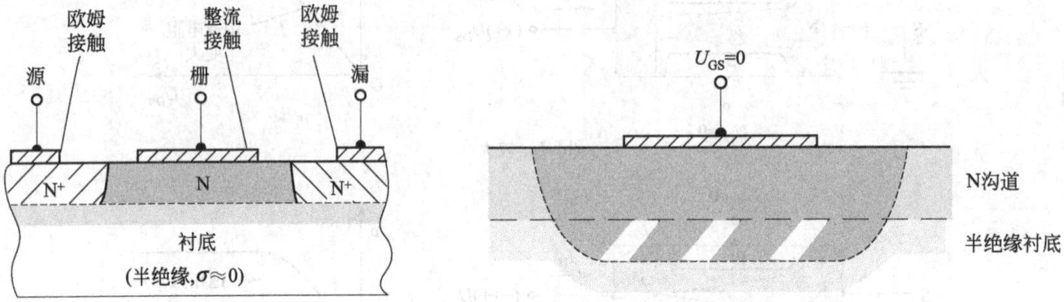

(a) 耗尽型MESFET　　(b) 增强型MESFET

图 8-7 MESFET 截面图

增强型的 MESFET 如图 8-7(b) 所示。沟道在 $U_{GS}=0$ 时被夹断。图 8-7(b) 显示了这种情况，沟道厚度比零偏时空间电荷区宽度小。为了使沟道开启，耗尽区必须缩小，即在栅与半导体结上必须加一个正偏电压。当加一个较低的正偏电压时，耗尽区收缩到沟道边缘，这种情况称为沟道阈值。阈值电压即是产生沟道夹断时的栅源电压。对于这种 N 沟道的 MESFET 来说，阈值电压是一个正值，而对于 N 沟道耗尽型器件来说，阈值电压是一个负值。如果加一个较大的正偏电压，空间电荷区的厚度小于沟道厚度，沟道被开启。在出现明显的栅电流以前，所加的正偏栅电压限制在零点几伏，这种器件就是 N 沟道增强型 MESFET。同样可制造出 P 沟道增强型 MESFET 和增强型 P-N 结型场效应管。增强型 MESFET 的优点在于栅极和漏极电压极性相同。但是，这种器件的输出电压摆幅变化范围很小。

8.1.2 结型场效应晶体管特性

1. P-N JFET 的基本特性

由于结型场效应管的输入电阻很大，输入电流几乎为零，因此通常不考虑器件的输入特性。结型场效应晶体管的主要特性有输出特性、转移特性、增益特性和频率特性，下面以 N 沟道耗尽型 P-N JFET 为例，说明器件的特性。

(1) 输出特性　输出特性主要讨论在一定的栅源电压 U_{GS} 下，漏源极间电压 U_{DS} 和漏极电流 I_D 的关系。结合 8.1.1 节的 P-N JFET 工作原理和 I-U 特性曲线，当同时考虑栅源电压 U_{GS} 和漏源电压 U_{DS} 对漏极电流 I_D 的控制，就得到了完整的器件输出特性，如图 8-8 所示。输出特性曲线用来描述 U_{GS} 取一定值时，电流 I_D 和电压 U_{DS} 间的关系，它反映了栅极电压 U_{GS} 对 I_D 控制以及漏极电压 U_{DS} 对 I_D 的影响。从图 8-8 可以看出，结型场效应管的工作状态可划分为四个区域，分别是可变电阻区、饱和区、击穿区、截止区。

① 可变电阻区　当 $U_p<U_{GS}\leqslant0$ 且 U_{DS} 较小，因为此区域中 U_{DS} 较小，沟道内电压分布差

异不明显，沟道电阻基本不变，所以该区域中 I_D 与 U_{DS} 之间基本呈线性关系。若 $|U_{GS}|$ 增加，则沟道电阻增大，I_D 与 U_{DS} 关系曲线斜率减小。因此，在该区域内，器件可以被看做是一个电阻阻值受到栅源电压 U_{GS} 控制的可变电阻，故而称为可变电阻区。JFET 的这一特点使结型场效应管常被作为压控电阻而广泛应用。

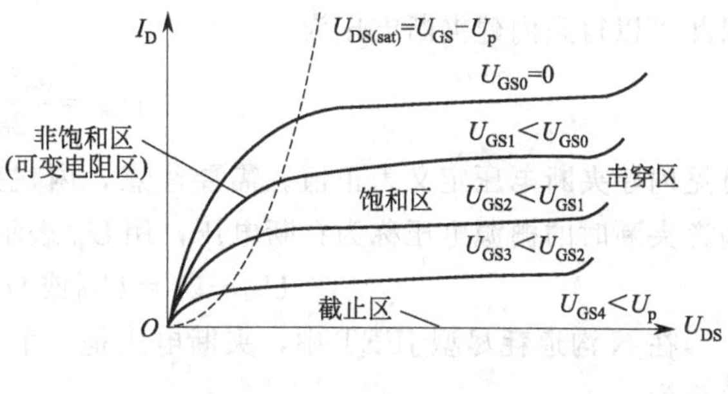

图 8-8　N 沟 P-N JFET 输出特性曲线

② 饱和区　饱和区也称恒流区，当 $U_p<U_{GS}\leqslant 0$ 且 $U_{DS}\geqslant U_{DS(sat)}$ 时，N 沟道 P-N JFET 进入饱和区。饱和区的特点是曲线斜率近似为零。这说明此时器件漏电流 I_D 几乎不随 U_{DS} 的变化而变化，I_D 已趋于饱和，饱和区中 I_D 仅受 U_{GS} 的控制。当 $|U_{GS}|$ 增加，沟道电阻增大，I_D 减小。当结型场效应管工作在饱和区时，可作为线性放大器件使用。应当指出，图 8-8 中划分可变电阻区和饱和区的分界线，是结型场效应管的预夹断点轨迹，该轨迹上满足 $U_{DS}=U_{DS(sat)}$。显然，预夹断点随 U_{GS} 的变化而变化，$|U_{GS}|$ 越大则预夹断时的 U_{DS} 越小。

③ 击穿区　器件饱和以后，如果 U_{DS} 仍然进一步增大，栅、漏之间 P-N 结上的反向偏置电压增加，当反偏电压增大到漏源击穿电压 $U_{(BR)DS}$，使 P-N 结发生雪崩击穿时，I_D 将急剧上升，特性曲线进入击穿区。结型场效应晶体管正常工作时 U_{DS} 不能超过 $U_{(BR)DS}$。

④ 截止区　当栅源电压 $|U_{GS}|\geqslant|U_p|$ 时，沟道全部被夹断，$I_D\approx 0$，这时结型场效应管处于截止状态。截止区位于输出特性曲线的漏源电压坐标轴附近。

下面主要分析 P-N JFET 分别在可变电阻区和饱和区内的理想 *I-U* 关系。图 8-9(a) 所示为一个对称的双边 P-N JFET。双边器件可以简单地认为是两个单边器件并联在一起所形成，理想单边 JFET 如图 8-9(b) 所示。用 I_{D1} 表示单边器件的漏电流，通过单边器件的理想 *I-U* 关系，就可以得到双边器件的漏电流 $I_{D2}=2I_{D1}$。

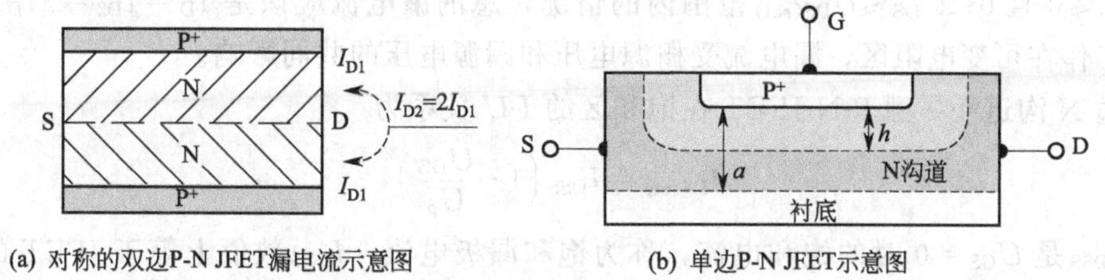

图 8-9　对称的双边 P-N JFET 和单边 P-N JFET 示意图

图 8-9(b) 中，位于栅和衬底之间的沟道厚度为 a。若 $U_{DS}=0$，则单边 P^+N 结中耗尽层的厚度是 h 可以求得，即

$$h=\left[\frac{2\varepsilon_s(U_{bi}-U_{GS})}{eN_d}\right]^{1/2} \tag{8-1}$$

其中，U_{bi} 是栅-沟道 P^+N 结内建电势差。若在栅极加反偏电压 $U_{GS}<0$，则耗尽层开始变厚，沟道逐渐变窄。达到阈值点时，$h=a$。定义 P^+N 结两端的总电势差为内建夹断电压，用 U_{p0} 表示。显然，当 $U_{p0}=U_{bi}-U_{GS}$ 时，$h=a$。因此有

$$a=\left(\frac{2\varepsilon_s U_{p0}}{eN_d}\right)^{1/2} \tag{8-2}$$

因此可以得到内建夹断电压为

$$U_{p0}=\frac{ea^2N_d}{2\varepsilon_s} \tag{8-3}$$

可见内建夹断电压定义为正值。需要注意，内建夹断电压 U_{p0} 不是沟道夹断时的栅源电压。沟道夹断时的栅源电压称为夹断电压，用 U_p 表示，它和内建夹断电压的关系为

$$U_{bi}-U_p=U_{p0} \text{ 或 } U_p=U_{bi}-U_{p0} \tag{8-4}$$

在 N 沟道耗尽型 JFET 中，夹断电压是一个负值，漏源饱和电压 $U_{DS(sat)}$ 与夹断电压的关系为

$$U_{DS(sat)}=U_{p0}-(U_{bi}-U_{GS})=U_{GS}-U_p \tag{8-5}$$

用同样的方法可以得到 P 沟道 P-N JFET 的内建夹断电压和夹断电压表达式。

$$U_{p0}=\frac{ea^2N_a}{2\varepsilon_s}$$

$$U_p=U_{p0}-U_{bi} \tag{8-6}$$

P 沟道耗尽型 JFET 中，夹断电压是一个正值，漏源饱和电压 $U_{DS(sat)}$ 与夹断电压的关系为

$$U_{DS(sat)}=U_{p0}-(U_{bi}+U_{GS})=-U_{GS}+U_p \tag{8-7}$$

理想 P-N JFET 的 *I-U* 关系推导过程繁琐，公式的结果也不适合手工计算，因此仅直接给出公式并只进行定性分析。

单边 N 沟道耗尽型 P-N JFET 在可变电阻区的 *I-U* 关系为

$$I_{D1}=I_{P1}\left[3\left(\frac{U_{DS}}{U_{P0}}\right)-2\left(\frac{U_{DS}+U_{bi}-U_{GS}}{U_{p0}}\right)^{3/2}+2\left(\frac{U_{bi}-U_{GS}}{U_{p0}}\right)^{3/2}\right] \tag{8-8}$$

其中

$$I_{P1}=\frac{\mu_n(eN_d)^2Wa^3}{6\varepsilon_sL} \tag{8-9}$$

a 是栅与衬底之间的沟道的厚度，L 是沟道的长度，W 是沟道的宽度，公式(8-8) 只适用于 $U_p<U_{GS}\leqslant 0$ 且 $0<U_{DS}\leqslant U_{DS(sat)}$ 范围内的情况，总的漏电流应该是 $I_D=I_{D2}=2I_{D1}$。可见，当器件工作在可变电阻区，漏电流受栅源电压和漏源电压的共同影响。

单边 N 沟道耗尽型 P-N JFET 在饱和区的 *I-U* 关系为

$$I_{D(sat)}=I_{DSS}\left(1-\frac{U_{GS}}{U_p}\right)^2 \tag{8-10}$$

其中，I_{DSS} 是 $U_{GS}=0$ 时的饱和电流，称为饱和漏极电流。I_{DSS} 数值上等于 JFET 的最大电流 $I_{D1(max)}$。

$$I_{D1(max)}=I_{P1}\left[1-3\left(\frac{U_{bi}}{U_{p0}}\right)\left(1-\frac{2}{3}\sqrt{\frac{U_{bi}}{U_{p0}}}\right)\right] \tag{8-11}$$

从式(8-10) 和式(8-11) 可见，理想饱和漏极电流与漏极电压无关。对于一个 N 沟道 P-N JFET 来说，U_{GS} 和 U_p 都是负值，对于一个 P 沟道 P-N JFET 来说，U_{GS} 和 U_p 都是正值。

(2) 转移特性　由于场效应晶体管输入电流几乎为零，所以通常讨论器件漏极电流 I_D 和输入电压 U_{GS} 的关系，也就是转移特性。器件的转移特性表现了栅源电压 U_{GS} 对漏极电流 I_D 的控制作用。改变 U_{DS} 的大小，可得到一簇转移特性曲线，如图 8-10(a) 所示。由此图可以看出，当 $U_{DS}\geqslant U_{DS(sat)}$ 后，不同 U_{DS} 下的转移特性曲线几乎重合，这是因为在饱和区内

I_D 几乎不随 U_{DS} 而变。因此可用一条转移特性曲线来表示饱和区中 I_D 与 U_{GS} 的关系，如图 8-10(b) 所示。可以看出栅源极间反向偏置电压越大，沟道电阻越大，使得漏极电流下降。

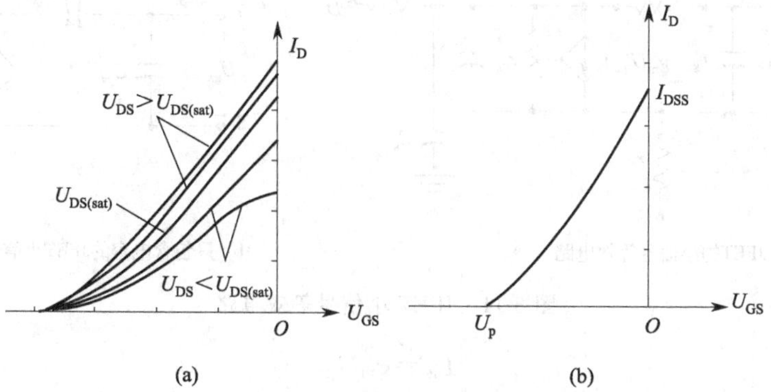

图 8-10　N 沟道 P-N JFET 转移特性曲线

P 沟道耗尽型 P-N JFET 工作时，其工作原理与 N 沟道器件完全相同，只是电源的极性与 N 沟道结型场效应管的电源极性相反。

(3) 跨导 g_m　当 U_{DS} 为常数时，漏极电流 I_D 的微小变化量与栅源电压 U_{GS} 的微小变化量之比称为跨导，即

$$g_m=\left.\frac{\partial I_D}{\partial U_{GS}}\right|_{U_{DS}}=\text{常数} \tag{8-12}$$

跨导就是 JFET 的增益，它表明了栅极电压控制漏电流的情况，是表征场效应管放大能力的一个重要参数。需要指出的是，g_m 与管子的工作电流有关，I_D 越大，g_m 就越大。对于一个 N 沟道耗尽型 JFET 来说，当工作在可变电阻区，g_{mL} 可由式(8-8) 和式(8-12) 计算求得，即

$$g_{mL}=\frac{\partial I_{D1}}{\partial U_{GS}}=\frac{3I_{P1}}{U_{p0}}\sqrt{\frac{U_{bi}-U_{GS}}{U_{p0}}}\left[\sqrt{\left(\frac{U_{DS}}{U_{bi}-U_{GS}}\right)+1}-1\right] \tag{8-13}$$

若器件工作在饱和区（即恒流区），则跨导由式(8-10) 和式(8-12) 共同求得，即

$$g_{ms}=\frac{\partial I_{D1(sat)}}{\partial U_{GS}}=\frac{3I_{P1}}{U_{p0}}\left(1-\sqrt{\frac{U_{bi}-U_{GS}}{U_{p0}}}\right)=G_{01}\left(1-\sqrt{\frac{U_{bi}-U_{GS}}{U_{p0}}}\right) \tag{8-14}$$

其中，G_{01} 是当 U_{bi} 和 U_{GS} 都为零时的沟道电导，它是器件在饱和区中沟道电导的最大值。

(4) 频率特性　N 沟道 P-N JFET 的完整小信号等效电路如图 8-11(a) 所示。电压 U_{gs}' 是内部栅源电压，漏极电流 I_D 受到 U_{gs}' 的调制。r_{gs} 和 C_{gs} 分别是栅源扩散电阻和反偏状态下的结电容。r_{gd} 和 C_{gd} 分别是栅漏扩散电阻和结电容。C_{gs} 和 C_{gd} 的大小通常为 1～3pF。电阻 r_{ds} 是漏源电阻，即沟道电阻，它受到沟道长度调制效应的影响。C_{ds} 是漏源极间寄生电容，一般约为 0.1～1pF。C_s 是漏极和衬底之间的电容。极间电容的影响在低频时可以忽略，但在高频应用时，极间电容的影响必须考虑。

图 8-11(a) 中，r_{gs} 和 r_{gd} 可近似看作无穷大，串联电阻阻值很小，可以忽略不计。JFET 的频率限制因素主要有两个，一个是沟道长度，另一个是电容存储时间。因此简化的只包含电容因素的 JFET 小信号等效电路如图 8-11(b) 所示。可以得到输入电流

$$I_i=j\omega(C_{gs}+C_{gd})U_{gs} \tag{8-15}$$

输出电流可以直接求出等于

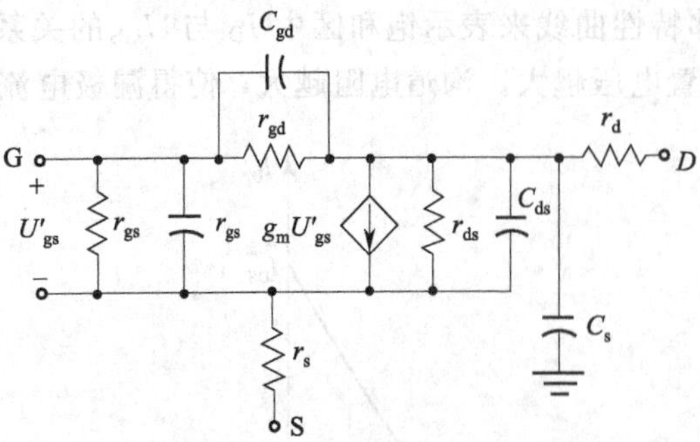

(a) JFET的小信号等效电路

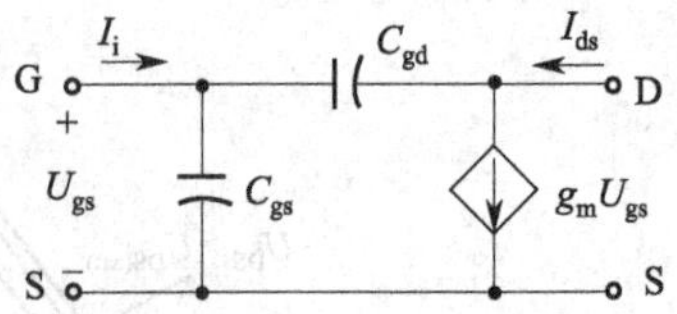

(b) 只包含电容的JFET小信号等效电路

图 8-11 JFET 小信号等效电路

$$I_{ds}=g_m U_{gs} \tag{8-16}$$

因为截止频率定义为输入电流等于输出电流时的频率，所以有

$$\omega(C_{gs}+C_{gd})U_{gs}=g_m U_{gs}$$

从而获得截止频率 f_T 为

$$f_T=\frac{g_m}{2\pi C_G} \tag{8-17}$$

其中，$C_G=(C_{gs}+C_{gd})$，表示栅极电容，其最小值为

$$C_{G(min)}=\varepsilon_s \frac{WL}{a} \tag{8-18}$$

当 $g_m=g_{ms(max)}=G_{01}$，可以得到 JFET 的最大截止频率

$$f_{T(max)}=\frac{e\mu_n N_d a^2}{2\pi\varepsilon_s L^2} \tag{8-19}$$

2. MESFET 的基本特性

对于 MESFET 来说，除了栅极 P-N 结被肖特基势垒整流接触结代替外，其他均与 P-N JFET 相同。MESFET 通常用砷化镓制造。由于 GaAs 中的电子迁移率比空穴迁移率要大得多，所以主要讨论 N 沟道 GaAs MESFET。MESFET 的内建夹断电压的定义与 P-N JFET 相同。所以，对于 N 沟道耗尽型 MESFET，夹断电压与式(8-4) 相同，表示为

$$U_{bi}-U_T=U_{p0} \text{ 或 } U_T=U_{bi}-U_{p0} \tag{8-20}$$

对于 N 沟道耗尽型 MESFET，$U_T<0$，对于 N 沟道增强型 MESFET，$U_T>0$。由于 MESFET 器件特性与 P-N JFET 基本相同，所以 MESFET 的 *I-U* 关系参照 P-N JFET，此处不再赘述。

8.2 MOS 功率场效应晶体管

前面的章节中已经研究了 MOS 场效应晶体管的工作原理和基本特性。功率 MOSFET 的基本工作原理与已经讨论的 MOSFET 原理相同。但是，功率 MOSFET 应用的电压和电流范围极宽，其电流处理能力通常在安培数量级，电压能达到几百伏。除了少数特殊应用之外，功率半导体器件主要工作在开关状态下。功率 MOSFET 优于双极功率器件的主要原因在于，功率 MOSFET 的控制信号加在栅极，而栅极的输入阻抗非常大，甚至在导通态和截止态之间转换时，栅极电流也很小，所以非常小的控制电流就可以转换成相对很大的电流，这极大地简化了驱动电路。同时功率 MOSFET 有优越的安全工作区，它能短时同时承受高

压和大电流作用，而不会遭受类似功率双极晶体管二次击穿导致的破坏性失效。

8.2.1 MOS 功率场效应晶体管基本结构

功率 MOSFET 有多种类型，常见的功率 MOSFET 结构有横向双扩散 MOSFET、垂直双扩散 MOSFET、V 形槽 MOSFET、U 形槽 MOSFET。图 8-12 所示为一个横向双扩散 MOSFET 结构，这种结构的器件可简称为 LDMOSFET（Lateral Double-diffused MOSFET）。双扩散的意思是，首先在 N^- 硅片或 N^- 外延层上进行 P 型硼扩散形成沟道区，然后用磷扩散形成 N^+ 的漏和源区，沟道长度 L 由两次扩散的横向长度差决定。LDMOSFET 与普通 DMOSFET 不同之处在于漏区和沟道之间有 N^- 漂移区承受夹断电压。LDMOSFET 的源、栅、漏极在同一面上，这使得它适于集成，但是 LDMOSFET 的功率不如垂直沟道 MOSFET。

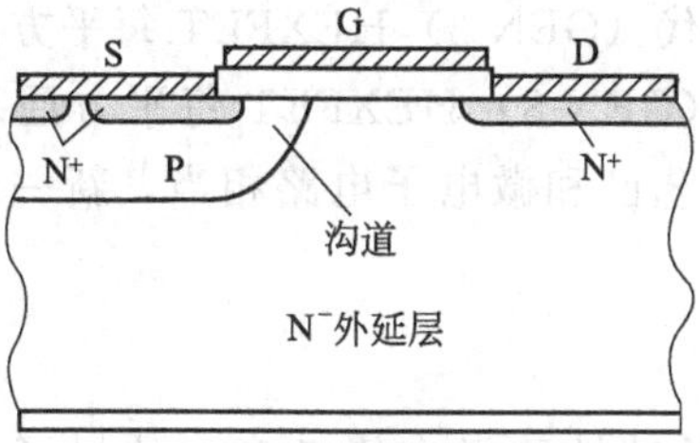

图 8-12 LDMOSFET 基本结构

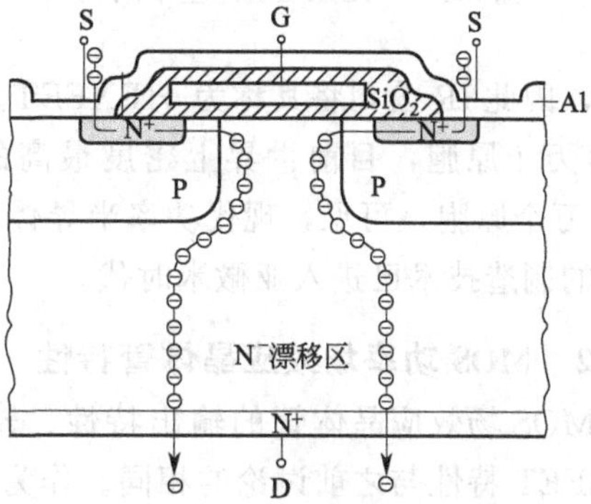

图 8-13 VDMOSFET 基本结构

常用的垂直结构功率 MOSFET 是垂直双扩散 MOSFET、V 形槽 MOSFET 以及 U 形槽 MOSFET。垂直双扩散 MOSFET 简称 VDMOSFET，在这种器件中，电子从源区出发，横向从栅极下方的反型层漂移至 N 型漂移区，然后再垂直地从 N 型漂移区漂移至漏区电极，如图 8-13 所示。漂移区必须适度掺杂，这样耐受较大电压。

V 形槽 MOSFET 又称垂直沟道 MOSFET，简称 VMOSFET（Vertical MOSFET），其名称来源于栅放置于 V 形槽内，结构如图 8-14 所示，这是一种非平面结构。制作这种结构，首先进行 P 区扩散，接着进行 N^+ 源区扩散，两次扩散的结深差决定了器件的沟道长度。两次扩散后，采用选择性刻蚀形成 V 形槽，槽壁进行栅氧化，淀积栅电极。最后得到的栅电极穿过 N^+ 源区，到达 N 型漂移区，沿 V 形槽壁形成器件的沟道区。由于 VMOSFET 制造过程的不稳定性和 V 形槽底电场集中，它已逐渐被 VDMOSFET 替代。

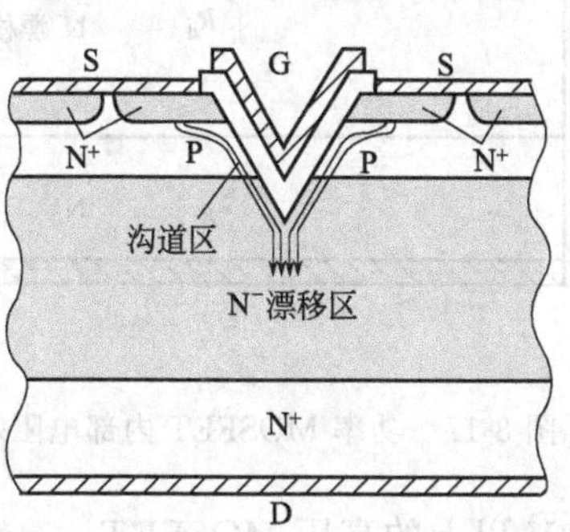

图 8-14 VMOSFET 结构

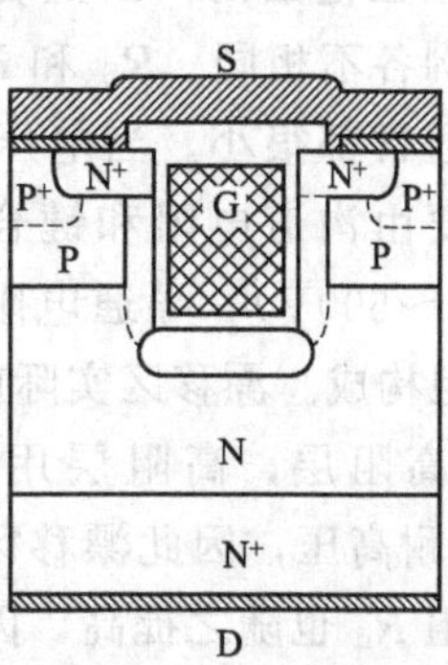

图 8-15 UMOSFET 结构

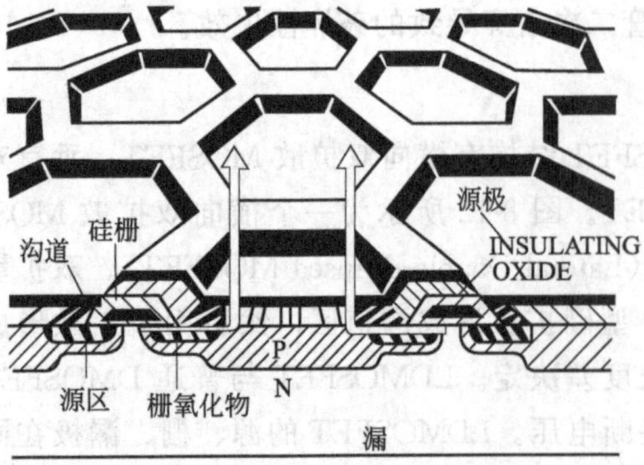

图 8-16 HEXFET 的基本结构

第三种垂直结构功率 MOSFET 是如图8-15所示的 U 形槽 MOSFET。这种结构的名称来源于栅区采用反应离子刻蚀而形成的 U 形槽。制造 U 形槽结构的步骤与 V 形槽相同。U 形槽比 V 形槽结构有更高的沟道载流子密度，因此具有更小的导通电阻。

为了获得宽长比合适的沟道，改善导通特性，可以采用原胞重复图形制造功率 MOSFET。图 8-16 所示为一个 IR 公司的 HEXFET 结构，它的基本结构中每一个六角形是一个 MOSFET 的原胞（Cell），正因为原胞是六角形的，因此 IR 公司将其称为 HEXFET。IR 公司第三代（GEN-3）HEXFET 每平方厘米约有 18 万个原胞，目前世界上密度最高的 IR 第八代（GEN-8）HEXFET 每平方厘米已有 1740 万个原胞。可见，现代功率半导体器件的精细工艺已和微电子电路相当，新一代功率器件的制造技术已进入亚微米时代。

8.2.2 MOS 功率场效应晶体管特性

MOS 场效应晶体管的输出特性、转移特性、开关特性已经在第 7 章讨论过了，功率 MOSFET 特性与之前讨论的相同。作为功率 MOSFET 来说，有两项特性参数是很重要的，一个是导通电阻 R_{on}，另一个是栅极电容 C_G。

1. 导通电阻

功率 MOSFET 的导通电阻 R_{on} 主要由以下几个部分组成：

$$R_{on}=R_S+R_{ch}+R_A+R_J+R_d+R_{sub}+R_{wcml}$$

其中，R_S 是源区电阻；R_{ch} 是沟道电阻；R_A 是积累层电阻；R_J 是 JFET 电阻；R_d 是漂移区电阻；R_{sub} 是衬底体电阻；R_{wcml} 是总的键合引线电阻。如图 8-17 所示。R_A 是在栅极电压作用下漂移区表面形成的 N^+ 积累区电阻。R_J 实际是表面漂移区与 P 型区形成的 JFET 的沟道电阻。R_{wcml} 包含源极、漏极与半导体材料间的接触电阻，以及引线与引线框架之间的电阻。

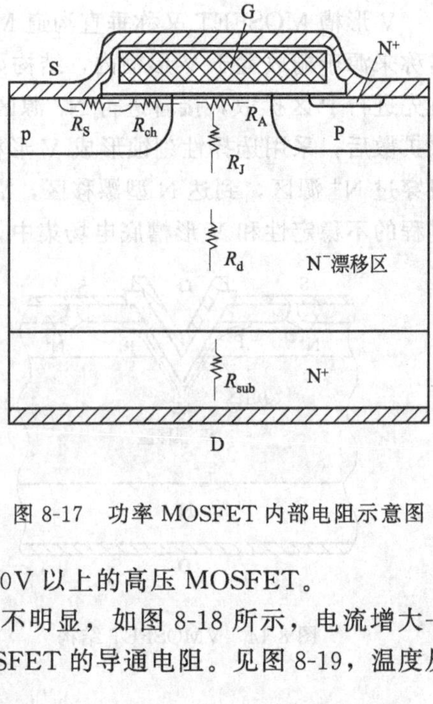

图 8-17 功率 MOSFET 内部电阻示意图

在不同电压范围内，以上各电阻成分在导通电阻中所占比例各不相同。R_S 和 R_{sub} 在总的导通电阻中所占比例通常都很小。当电压较小（50～100V），导通电阻主要由沟道电阻和键合引线电阻构成；电压较大（100～500V），导通电阻主要由漂移区电阻和 JFET 电阻构成。漂移区实际就是在低阻衬底硅片上外延出的高阻层，高阻层用来耐受电压。功率 MOSFET 要耐高压，因此漂移区的电阻率较大，但是漂移区电阻 R_d 也随之提高，因此通常很少出现 1000V 以上的高压 MOSFET。

功率 MOSFET 中导通电阻 R_{on} 与漏极电流的关系不明显，如图 8-18 所示，电流增大一倍，R_{on} 仅提高了 6%。但是温度却极大影响功率 MOSFET 的导通电阻。见图 8-19，温度从

25℃升高到 125℃，导通电阻提高了大约一倍。图 8-19 中，曲线的斜率反映了 R_{on} 的温度系数，由于功率 MOSFET 中只有多子参与导电，因此该温度系数为正。如果功率 MOSFET 中任何一个原胞的电流开始增加，由此导致的温度增加将提高导通电阻，电流的变化将受到限制，因此器件中的总电流将均匀地分散到各个原胞中，而不是集中于任何一个原胞，这提高了功率 MOSFET 的稳定性。

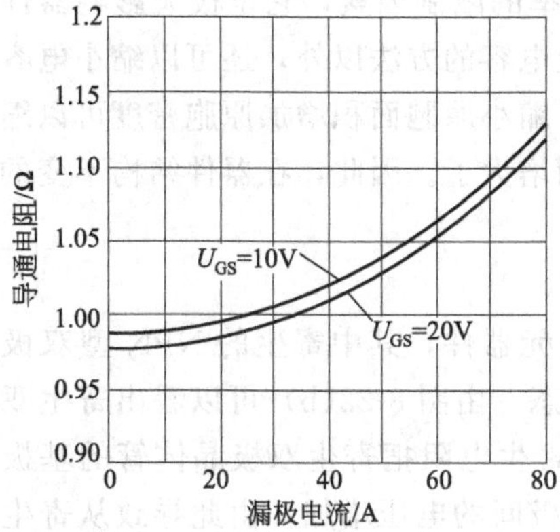

图 8-18　导通电阻 R_{on} 与漏电流的关系

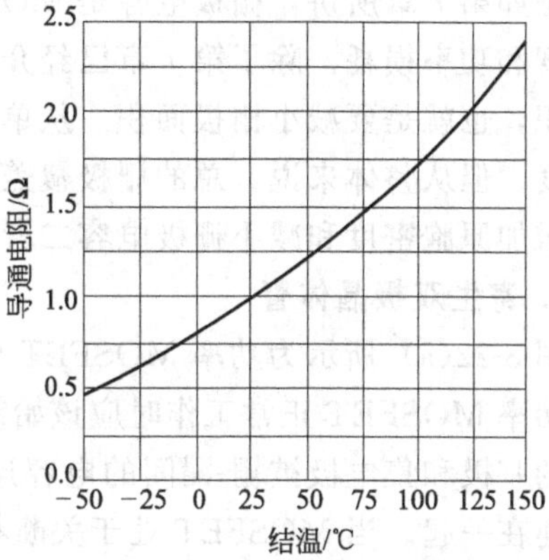

图 8-19　导通电阻 R_{on} 与温度的关系

若要降低功率 MOSFET 的导通电阻，必须降低沟道电阻、JFET 电阻和漂移区电阻。

首先，提高原胞密度可以降低沟道电阻。HEXFET 的电流在栅极下横向流过沟道，沟道电阻的大小和电流通过沟道的截面积有关，而这个截面积随原胞周长的增长而增大。当原胞密度增加，在一定面积内，围绕着所有原胞的总周长迅速增长，从而使沟道电阻明显下降。因此单个原胞面积越小，原胞密度越高，是当前功率 MOSFET 发展的一个趋势。

为降低 JFET 电阻，可以增加表面所夹漂移区中的杂质浓度，以减小 JFET 的沟道电阻。或者可以采用沟槽式结构，如图 8-20。可以看出，原结构出现的 JFET 在图 8-20 的沟槽式结构中已经消失，这也就使其 R_{on} 得以进一步下降。但是沟槽式结构的工艺成本比原结构高。

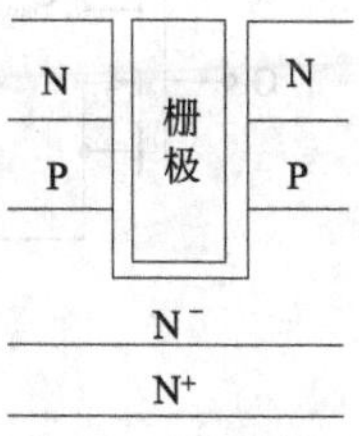

图 8-20　沟槽式结构

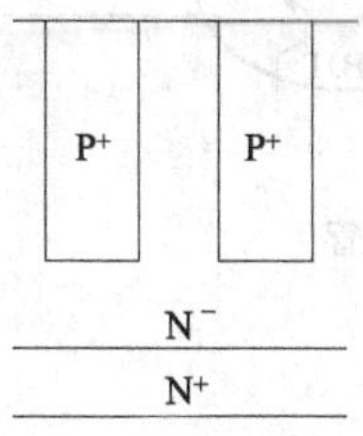

图 8-21　柱状 P 型体区

功率 MOSFET 工作于较高电压，必须提高硅片的电阻率。对于功率 MOSFET，若要升高硅片体电阻，必须提高漂移区电阻，这样就提高了导通电阻。功率 MOSFET 的导通电阻 R_{on} 大约是耐受电压的 2.4～2.6 次方，因此器件的耐压提高时，R_{on} 必然迅速上升，这也是 600V 以上器件常采用 IGBT（绝缘栅双极型晶体管）的原因。双极型晶体管（或晶闸管）采用少数载流子的注入来降低体电阻，所以硅片电阻率的提高对内阻的增加影响较小。功率 MOSFET 采用了一种新结构来降低漂移区电阻，如图 8-21 所示。如果 N 沟道功率 MOSFET 中的 P 型体区纵向较厚，则当漏源之间加上电压，等位线几乎和表面平行，似乎是 P

柱区和 N^- 区被中和成一片高阻区，于是就可以采用较低的电阻率去取得器件较高的耐压。这样，$R_{DS(ON)}$ 就因较低的电阻率而大大下降，和耐压的关系也不再遵循前面所提到的 2.4～2.6 次方的关系了。这样一种思路为 MOSFET 拓宽了往高压的发展，今后和 IGBT 在高压领域的竞争就大为有利了。

2. 栅极电容

正如第 7 章所讲，栅极电容是 MOS 器件截止频率的限制因素，它也极大影响器件的开关速度和功率损耗。除了第 7 章已经介绍的降低栅极电容的方法以外，还可以缩小电容极板的面积，也就是要减小栅极面积。从单个原胞来看，缩小原胞面积增加原胞密度可以缩小栅的宽度，但从整体来说，总的栅极覆盖面积实际反而增大了。因此，在器件结构不变的条件下，增加原胞密度和减小栅极电容二者不可兼得。

3. 寄生双极晶体管

图 8-22(a) 所示为功率 MOSFET 中的主要寄生元器件，其中寄生的 NPN 型双极晶体管在功率 MOSFET 正常工作时应该始终处于关断状态。由图 8-22(b) 可以看出寄生双极晶体管的基极和集电极被栅-漏间的电容连接在一起，寄生电阻把寄生双极晶体管的基极和发射极连在一起。当 MOSFET 处于关断状态时，漏源极间的电压增加，由此导致从寄生的集电极到寄生的基极方向上产生一个贯穿栅漏电容的寄生电流。这种电流足够大时，将在寄生电容上产生足够大的电压使发射结正偏，于是寄生双极晶体管处于导通状态，导通后的寄生双极晶体管产生较大漏电流，这种电流可能使功率 MOSFET 烧坏，这就是功率 MOSFET 中寄生 BJT 的闩锁效应。闩锁效应出现后，只有从外部关断漏极电流才能关断 MOSFET。为了防止闩锁效应，可以将寄生 BJT 的基极与 MOSFET 源极短接，并且如果基极悬空，会极大地降低击穿电压。

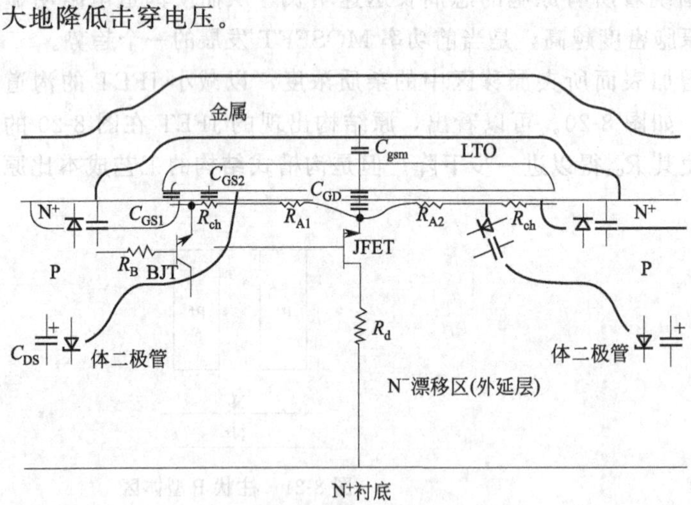

(a) 功率MOSFET内部寄生元器件

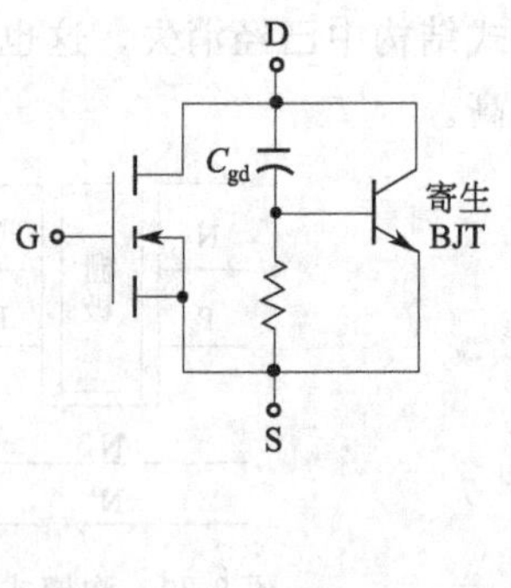

(b) 简化的寄生元器件等效电路

图 8-22 功率 MOSFET 内部寄生元器件及其等效电路

通常寄生双极晶体管在 MOSFET 处于高速开关状态时可能会处于开态。功率 MOSFET 导通时，P 型体区和 N^- 漂移区之间的体二极管也处于导通状态，若随后功率 MOSFET 关断，体二极管导通后反向关断，将产生极高的电压变化率，高的电压变化率会在器件 P 型体区产生大的少子电流，P 区体电阻上所积累的电压足以开启寄生 BJT。因此大的电压变化率是造成闩锁效应的主要原因。

4. 安全工作区

功率 MOSFET 必须工作在安全工作区内。安全工作区又可简称为 SOA（Safe Operation Area）。安全工作区由三个因素确定：最大漏电流 $I_{D(max)}$、额定击穿电压 BV_{DSS} 和最大功耗 $P_T=U_{DS}I_D$。安全工作区如图 8-23(a) 所示，在图中电流与电压用线性坐标画出。同样的 SOA 曲线在图 8-23(b) 中用对数坐标画出。功率 MOSFET 转移特性为负温度系数，不会出现因电流集中而引起器件损坏，在高电压范围内，具有非常宽的安全工作区。

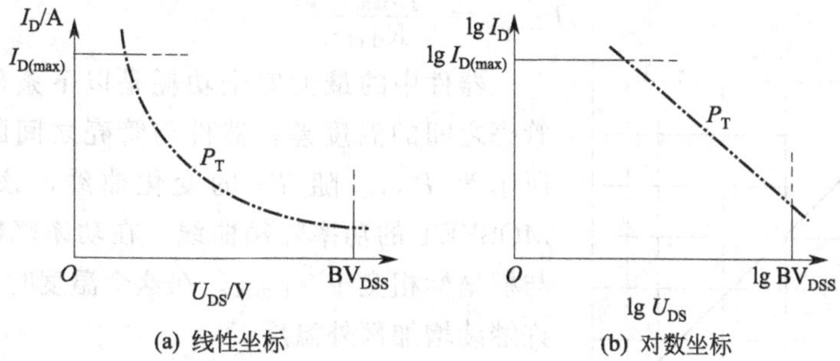

图 8-23　MOSFET 的安全工作区

5. 结温和散热

与所有其他功率半导体一样，功率 MOSFET 工作时所耗散的能量会使器件内部的温度逐渐升高，如果器件或结温 T_j 过高，器件可能会永久损坏。为了达到期望的器件性能和可靠性，观察其散热限制显得尤为重要。器件生产商的功率器件数据页通常包含了器件最大结温 $T_{J,max}$，以及从结到管壳的热阻 $R_{th(JC)}$。热阻是热量在热流路径上遇到的阻力，它反映了介质或介质间的传热能力的大小，表明了 1W 热量所引起的温升大小，单位为℃/W 或 K/W。用热功耗乘以热阻，即可获得该传热路径上的温升，因此在任意两点 x 和 y 之间的稳态热阻 R_{th} 写为

$$R_{th}=(T_y-T_x)/P \tag{8-21}$$

其中，P 是通过器件的热功率（或平均热流）。为了使热阻变得有意义，必须指定两个温度基准点。可以用一个简单的类比来解释热阻的意义，温差相当于电压，功率或热流相当于电流，热阻则相当于电阻。

图 8-24 是对于任何功率半导体器件和模拟电子器件都适用的一个基本稳态散热模型。在结点处产生的热量从硅焊球流到外壳或者垫块，最终到达散热片。根据热阻的定义知道，结温的上升直接与热流以及结点到外界的热阻成正比。通过定义，结到管壳的热阻是 $R_{th(JC)}$，管壳与散热片之间的热阻是 $R_{th(CS)}$，散热片到外界环境的热阻是 $R_{th(SA)}$，且这些热阻是串联的，因此器件结点与外界环境之间的温度差就可以写为

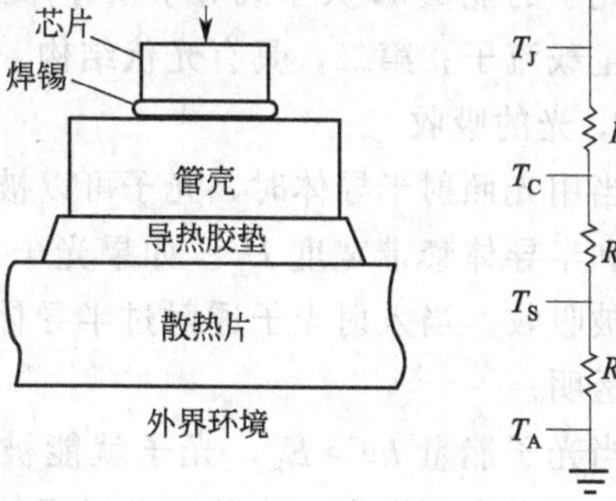

图 8-24　功率 MOSFET 的稳态热阻模型

$$T_J-T_A=P_D[R_{th(JC)}+R_{th(CS)}+R_{th(SA)}] \tag{8-22}$$

其中，P_D 是器件的功耗。可见，功率损耗的结果是使器件自身产生热量，热阻就是要将器件功耗与芯片产生的热量联系起来。

器件的设计和制造决定了 $R_{th(JC)}$，所以当 $R_{th(JC)}$ 根据不同的器件发生改变时，器件生产商的职责就是确保 $R_{th(JC)}$ 的最大值。用户和生产商合作以保持 $R_{th(CS)}$ 在可接受的最大值范围内，最后，用户需要负责的是外部散热问题。

当功率晶体管的散热片足够大而且接触足够良好时，管壳温度与外界环境温度相等，即 $T_C=T_A$，器件管壳与环境间的热阻 $R_{th(CA)}=R_{th(CS)}+R_{th(SA)}=0$。此时，器件的最大安全功耗 $P_{D,max}$ 为

$$P_{D,max}=\frac{T_{J,max}-T_C}{R_{th(JC)}} \tag{8-23}$$

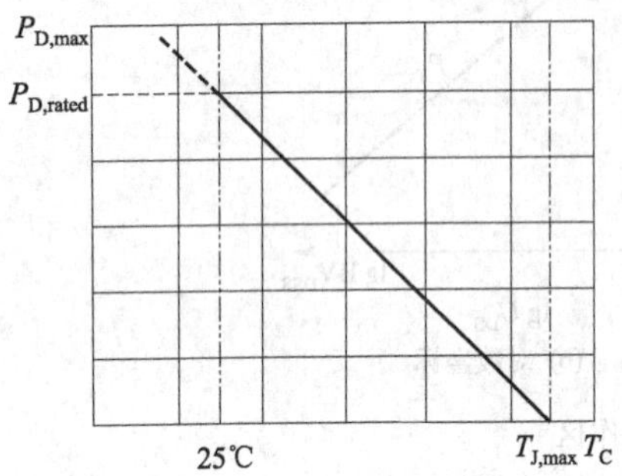

图 8-25 功率 MOSFET 的功率降额曲线

器件中的最大安全功耗是以下条件的函数：结与管壳之间的温度差；器件与管壳之间的热阻。图 8-25 所示为 $P_{D,max}$ 随 T_C 的变化曲线，该曲线称为功率 MOSFET 的功率降额曲线。在功率降额曲线中，温度与横坐标相交于 $T_{J,max}$。在这个温度时，器件中将不允许继续增加额外温度。

功率 MOSFET 的额定功率 $P_{D,rated}$ 一般是指在 $T_C=25$℃或 $T_A=25$℃时，器件结温达到最大值时的功率。然而，实际的器件管壳温度比周围环境温度高，$T_C\neq T_A$，器件的最大额定功率不可能达到。

8.3 光电二极管

8.3.1 P-N 结光伏特性

光生伏特效应是一种内光点效应，当半导体材料吸收光能后，在其空间电荷区两边能产生光生电动势。光伏效应是半导体太阳能电池实现光电转换的理论基础，也是光电二极管等光电器件赖以工作的最重要的物理效应之一，为使这些光电器件能产生光生电动势，它们应该满足两个条件：第一，半导体材料对一定波长的入射光有足够大的光吸收系数，也就是当入射光子的能量 $h\nu$ 大于或等于半导体材料的带隙 E_g 时，该入射光子能被半导体吸收并激发出光生载流子；第二，具有光伏结构，即要有内建势垒区。

1. 光的吸收

当用光照射半导体时，光子可以被半导体吸收，也有可能穿透半导体，这将取决于光子能量和半导体禁带宽度 E_g。如果光子能量小于 E_g，将不能被吸收。当入射光子透射过半导体，此时半导体表现为透明。

图 8-26 半导体对光的吸收

当光子能量 $h\nu>E_g$，光子就能被半导体吸收，把价带电子激发到导带。这种激发过程能够在导带中产生一个电子，同时在价带中产生一个空穴，即产生一个电子-空穴对。对于不同的入射光子能量 $h\nu$，这个吸收过程如图 8-26 所示。当 $h\nu>E_g$ 时，产生一个电子-空穴对，额外的能量作为自由电子或空穴的动能，最终将以焦耳热的形式散失掉。

通常用吸收系数表征材料对光的吸收能力。吸收系数是衡量穿过介质被吸收能量而导致

的衰变的标准。若入射光强为 $I_\nu(x)$，经过了厚度为 dx 的介质层后射出，则在距离 dx 内每单位时间被介质吸收的能量为

$$\alpha I_\nu(x)\mathrm{d}x \tag{8-24}$$

其中，α 是吸收系数。吸收系数是单位距离所吸收的相对光子数，单位为 cm^{-1}。图 8-27 所示为位置 x 处的入射光强和在 $x+\mathrm{d}x$ 处的出射光强。

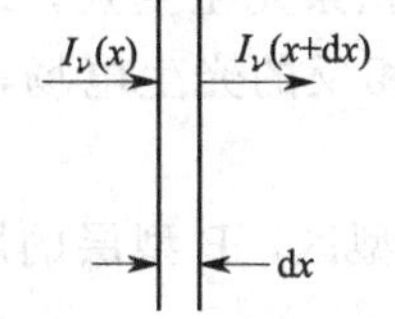

图 8-27　光的吸收示意图

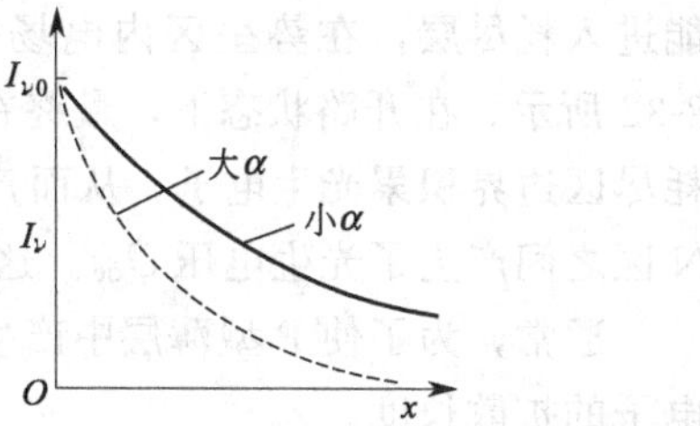

图 8-28　两种不同吸收系数的光强与距离的关系

根据图 8-27 所示的情况，可以得出

$$I_\nu(x+\mathrm{d}x)-I_\nu(\mathrm{x})=\frac{\mathrm{d}I_\nu(x)}{\mathrm{d}x}\cdot\mathrm{d}x=-\alpha I_\nu(x)\mathrm{d}x \tag{8-25}$$

若 $I_\nu(0)=I_{\nu0}$，则式(8-25) 的解是

$$I_\nu(x)=I_{\nu0}\mathrm{e}^{-\alpha x} \tag{8-26}$$

可见，光强随入射半导体材料的距离呈指数衰减趋势。图 8-28 所示为两种不同吸收系数材料的光强与入射深度 x 的关系。如果半导体材料的吸收系数大，实际光的吸收主要发生在半导体受光面表面薄层内。

半导体的吸收系数是禁带宽度的函数。图 8-29 是几种常见半导体材料对不同光波的吸收情况。从图可以看出，如果入射光子能量 $h\nu>E_g$，吸收系数急剧增大。若 $h\nu<E_g$，吸收系数很小，此时半导体材料对光子表现为透明状。图 8-30 是常见的半导体材料禁带宽度和光谱的关系。可以看出，Si 和 GaAs 能完全吸收可见光，GaP 透射红光，SiC 完全不吸收可见光，GaN 吸收紫外或更高能量的辐射。

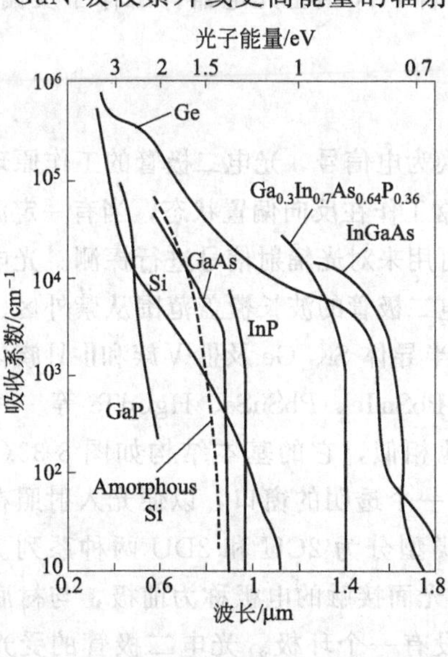

图 8-29　几种不同材料的吸收系数与波长的关系

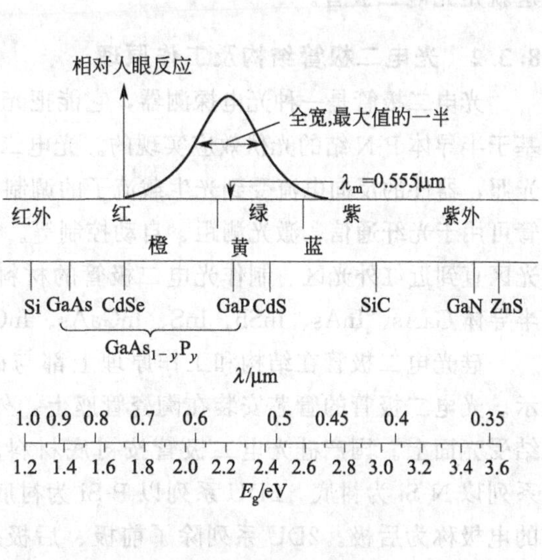

图 8-30　光谱和材料禁带宽度的关系

2. 光生伏特效应

P-N 结光伏器件结构如图 8-31 所示，通常在基片（N 型材料）的表面形成一层薄的 P 型层，P 型薄层即为受光面，P 型层上表面涂有抗反射（AR）涂层并做有一个小的欧姆接触电极，整个 N 型衬底底面为欧姆电极。光照射 P 型薄层表面，光子在近表面层内被吸收同时产生电子空穴对（即光生载流子），由于热运动，部分光生电子和空穴通过扩散运动可能进入耗尽层，在势垒区内电场作用下，光生空穴进入 P 区，光生电子进入 N 区，如图 8-32 所示。在开路状态下，最终在 P 区中性区与耗尽区边界积累光生空穴，N 区中性区与耗尽区边界积累光生电子，从而产生了一个与内建电场方向相反的光生电场，即在 P 区和 N 区之间产生了光生电压 U_{oc}。这就是光生伏特效应的过程。

通常，为了使 P 型薄层中产生的光生电子能全部进入 N 型区，P 型层的厚度应该小于电子的扩散长度。

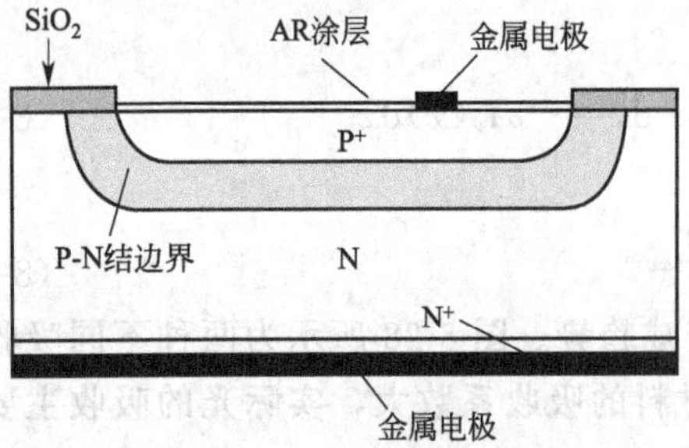

图 8-31 P-N 结光伏结构示意图

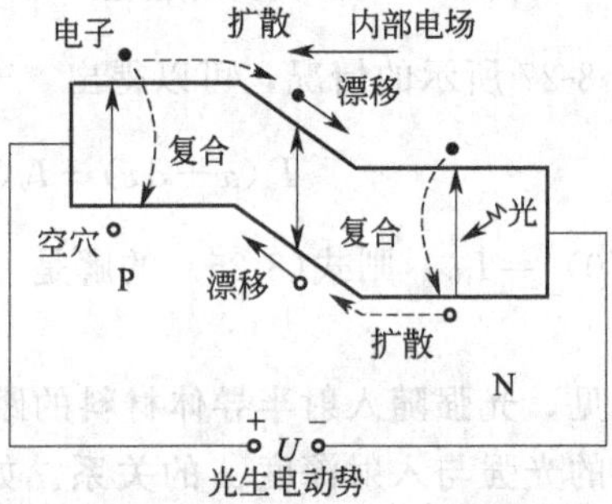

图 8-32 光生载流子运动情况

从理论上看，P-N 结型光电器件在有光照条件下，可以工作在正偏、反偏和零偏状态。但经过实践证明，当工作于正偏状态，器件呈现单向导电特性，没有光电效应产生。只有在反偏或零偏时，P-N 结型光电器件才产生明显的光电效应。若 P-N 结型光电器件是零偏状态，器件产生光伏效应，该器件就是半导体光电池。若 P-N 结型光电器件工作于反偏状态，这就是光电二极管。

8.3.2 光电二极管结构及工作原理

光电二极管是一种光电探测器，它能把光信号转换为电信号。光电二极管的工作原理就是基于半导体 P-N 结的光伏效应实现的。光电二极管通常工作在反向偏置状态，当有一定波长的光照，器件的反向电流受到光生载流子的调制，因此可用来对光辐射信号进行探测。光电二极管可用于光纤通信、激光测距、自动控制等。各种光电二极管的波长覆盖范围从紫外区、可见光区直到近红外光区。制作光电二极管的材料有元素半导体 Si、Ge 及Ⅲ-Ⅴ族和Ⅱ-Ⅵ族化合物半导体 GaAs、InAs、InSb、InS、InGaAs、InGaAsP、PbSnTe、PbSnSe、HgCdTe 等。

硅光电二极管在结构和工作原理上都与硅光电池相似，它的基本结构如图 8-33(a) 所示。光电二极管的管芯安装在陶瓷管座上，外壳上有一个透明的窗口，以便光入射照在 P-N 结受光面上。国产硅光电二极管按衬底材料的导电类型分为 2CU 和 2DU 两种系列。2CU 系列以 N-Si 为衬底，2DU 系列以 P-Si 为衬底。与受光面接触的电极称为前极，与衬底接触的电极称为后极。2DU 系列除了前极、后极外，还设有一个环极。光电二极管的受光面通常都有一层 SiO_2 保护层，而 SiO_2 中一般含有少量的钠、钾、氢等正离子。在这些正离子作用下，P-Si 表面将感应出负电荷，形成感应电子层。这个电子层可以使 P-Si 与 N-Si 在表面连通起来。即使没有光照，当给器件加反偏压，除了出现 P-N 结反向饱和电流外，还有从 N^+-Si 表面向 P 区运动的电子形成的表面漏电流。这种表面漏电流在数量级上可达微安级，是暗电流的重要组成部分，也是产生噪声的一种因素。为了减小表面漏电流，设置一个 N^+-Si 的环把受光面（N-Si）包围起来，并从 N^+-Si 环上引出一条引线(环极)，使环极电位始终高于前极电位，为表面漏电流提供一条不经过负载即可达到电源的通路，如图8-33（b)所示。这样不仅减小了流过负载的暗电流，同时也达到了减小噪声的目的。

以 N-Si 为衬底的 2CU 型光电二极管则不需要加环极。虽然 2CU 型器件的 SiO_2 层中也含有少量正离子，但是正离子的静电感应不会使 N-Si 表面出现和 P-Si 表面类似的导电层，因而表面将不会出现漏电流。

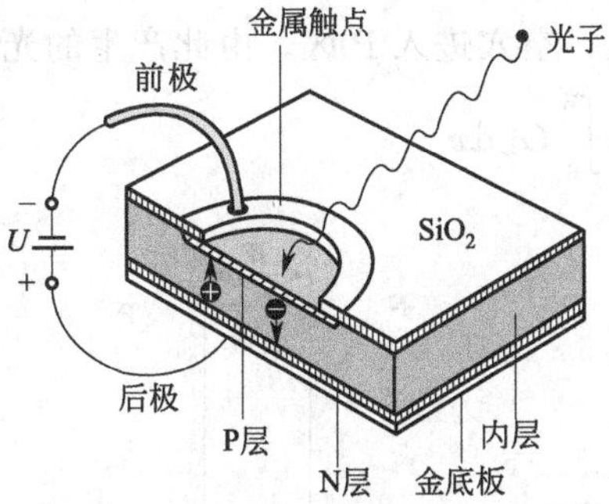

(a) 结构图

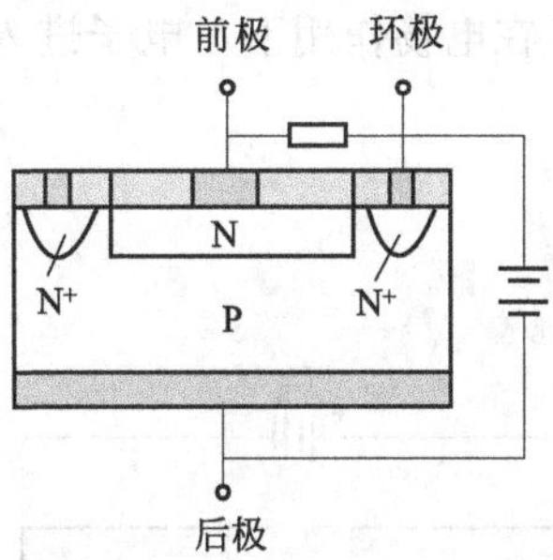

(b) 环极结构图

图 8-33　光电二极管结构

光电二极管实际可以工作在两种工作模式，一种是光电导工作模式，另一种是光伏工作模式。若应用于光伏工作模式，光电二极管的工作原理与光电池基本相同，都是属于 P-N 结型光伏效应的应用。但与光电池比，在以下几个方面略有不同：首先，衬底材料的掺杂浓度不同，光电二极管衬底杂质浓度约为 $10^{12}\sim10^{13}\,cm^{-3}$，光电池约为 $10^{16}\sim10^{19}\,cm^{-3}$；其次，光电二极管通常在反向偏置状态工作，而光电池仅工作在零偏状态；最后，通常光电池的受光面面积比光电二极管大得多，因此光电二极管的光电流比光电池小很多，通常是微安级的。下面主要分析光电二极管的光电导工作模式的原理。

无光照条件下，给光电二极管的 P-N 结加一个适当的反偏电压，P-N 结内建电场被加强，空间电荷区变宽，势垒增大，此时流过 P-N 结的电流是由少数载流子形成的反向饱和电流，称之为光电二极管的暗电流。

当外界有光照射光电二极管，并且入射光满足 $h\nu \geqslant E_g$，则入射光子被吸收，半导体价带中的电子吸收光子能量后跃迁到导带，产生光生载流子，在内建电场作用下，光生电子被拉向 N 区，光生空穴被拉向 P 区，于是在外加反偏电压的作用下形成了以少数载流子漂移运动为主的光电流。显然，此时的光电流比无光照时的暗电流大得多，光照越强，在相同条件下产生的光生载流子越多，光电流就越大，反之，则光电流越小。当光电二极管与负载电阻 R_L 串联时，在 R_L 两端就可以得到随光照度变化的电压信号，经过这样的过程，光信号转换成了电信号，如图 8-34 所示。通过测量电信号的强度，就可以达到探测光信号的目的。

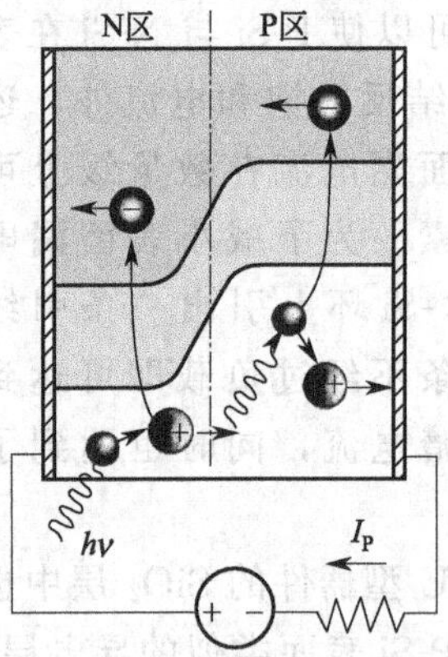

图 8-34　光电二极管原理图及符号

需要说明的是，如果光子在耗尽层内被吸收，则电子-空穴对在耗尽层内产生，在反偏电压作用下，产生的电子和空穴在结区内作漂移运动形成电流。若光子的吸收发生在耗尽层外少子扩散长度范围之内，则过剩少子靠扩散运动到达耗尽层边界，进入耗尽层之后再作漂移运动形成电流。

图 8-35(a) 所示为加了反偏电压的光电二极管，图 8-35(b) 所示为光照前器件内部少数载流子的分布情况。

在光照下，空间电荷区中电子-空穴的产生率为 G_L。在电场作用下，电子进入 N 区，空穴进入 P 区，由此产生的光电流密度为

$$J_{L1}=e\int_0^W G_L\,dx \tag{8-27}$$

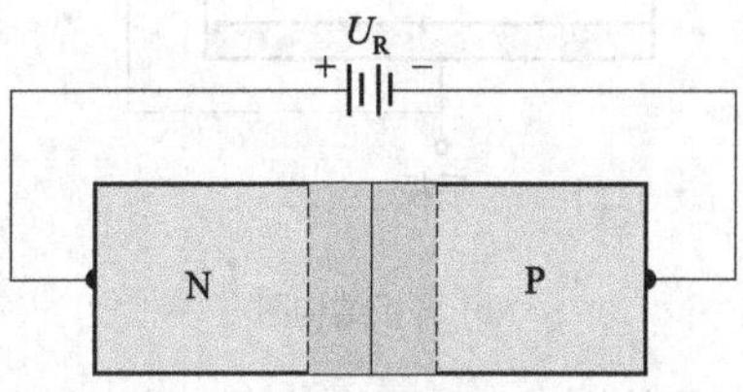

(a) 反偏光电二极管

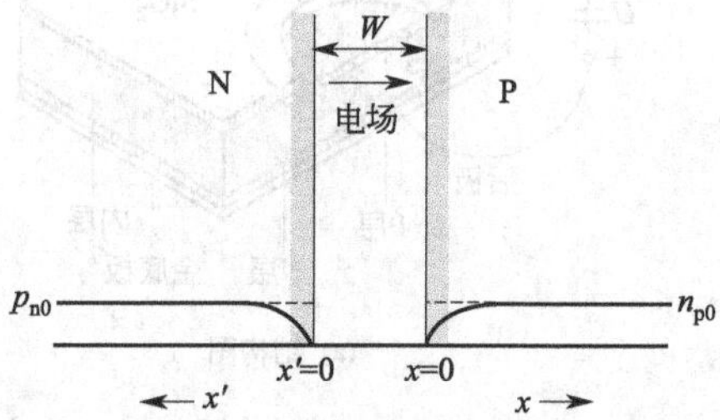

(b) 反偏光电二极管中的少数载流子浓度分布

图 8-35　反偏光电二极管及其中少数载流子浓度公布

其中，W 是空间电荷区的宽度。如果 G_L 在整个空间电荷区内为常数，则有

$$J_{L1}=eG_LW \tag{8-28}$$

光电二极管空间电荷区中 J_{L1} 沿着反偏电压的方向。这种光电流对光照反应非常迅速，因此称为瞬时光电流。

光照条件下，过剩载流子也可能在中性区中产生。P 区中性区的过剩少子电子的分布可以由双极输运方程得到，即

$$D_n\frac{\partial^2(\delta n_p)}{\partial x^2}+G_L-\frac{\delta n_{p0}}{\tau_{n0}}=\frac{\partial(\delta n_p)}{\partial t} \tag{8-29}$$

在中性近似条件下，中性区内的电场为零。稳态下，$\frac{\partial(\delta n_p)}{\partial t}=0$，因此式(8-29) 可以写为

$$D_n\frac{\partial^2(\delta n_p)}{\partial x^2}+G_L-\frac{\delta n_p}{\tau_{n0}}=0 \tag{8-30}$$

其中 $L_n^2=D_n\tau_{n0}$。解式(8-30) 的微分方程，得

$$\delta n_p(x)=G_L\tau_{n0}-(G_L\tau_{n0}+n_{p0})e^{-x/L_n} \tag{8-31}$$

用同样的方法，可以求出 N 区中性区过剩空穴的浓度分布，得

$$\delta p_n(x')=G_L\tau_{p0}-(G_L\tau_{p0}+p_{n0})e^{-x'/L_p} \tag{8-32}$$

图 8-36 所示为光电二极管中性区中少数载流子的浓度分布情况。

光电二极管中性区内，少数载流子浓度的梯度将产生扩散电流。少子电子在 $x=0$ 处产生的扩散电流密度为

$$J_n=eD_n\frac{d(\delta n_p)}{dx}\bigg|_{x=0}=eG_L L_n+\frac{eD_n n_{p0}}{L_n} \tag{8-33}$$

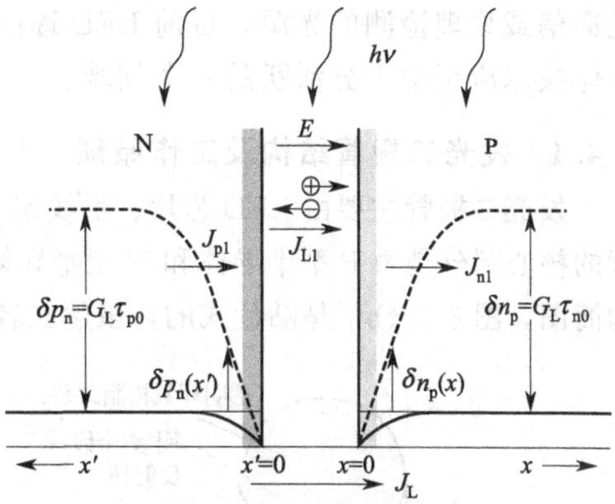

图 8-36　稳态下少数载流子浓度分布

式(8-33) 的第一项是稳态下少子电子形成的光电流密度，第二项是少子电子产生的理想反向饱和电流密度。用同样的方法得，$x'=0$ 处少子空穴沿 x 方向的扩散电流密度为

$$J_p=eG_L L_p+\frac{eD_p p_{n0}}{L_p} \tag{8-34}$$

同样地，式(8-34) 的第一项是稳态下空穴扩散形成的光电流密度，第二项是理想空穴反向饱和电流密度。

式(8-33) 和式(8-34) 中的反向饱和电流是与光照无关的电流成分，它是暗电流的一部分，因此中性区中的光电流仅包含式(8-33) 和式(8-34) 的第一项。由于中性区中的光电流是少数载流子扩散的结果，它的时间响应相对较慢，因此中性区中光电流成分称为延迟光电流。

光电二极管稳态时，理想的总光电流应该是空间电荷区光电流与中性区光电流之和，写为

$$J_L=eG_L W+eG_L L_n+eG_L L_p=e(W+L_n+L_p)G_L \tag{8-35}$$

总的光电流在整个光电二极管中沿反偏方向。从式(8-35) 可以看出，在理想稳态光电二极管中，光生载流子的产生率处处相等。

光电二极管作为光电探测器，其性能要求主要有：①响应灵敏度高，即要求探测器有较高的光信号-电信号的转换效率；②响应速度快，当入射光信号受到高频调制时，光电二极管能够快速响应；③噪声低，探测器的噪声性能表征该器件所能分辨的最小信号电平，噪声低意味着探测器在测量光辐射能量时具有较高的准确度，可探测的最低功率小。由于载流子扩散运动比漂移运动慢得多，所以减小扩散分量的比例可以显著提高光电二极管的响应速度。光电二极管通常要施加适当的反向偏压，增加了耗尽层的宽度，缩小了耗尽层两侧中性区的宽度，从而可以减小光生电流中的扩散分量。但是提高反向偏压，加宽耗尽层，又会增加载流子漂移的渡越时间，使响应速度减慢。光电二极管的响应速度主要由时间常数和渡越时间决定，可以适当选择结面积、掺杂浓度、结深、负载电阻等参数，可以获得最佳的频率响应特性。

8.4　发光二极管

发光二极管（Light Emitting Diode，简称 LED）是少数载流子在 P-N 结或异质结耗尽层的注入和复合而发光的一种半导体光源，也称做注入式场致发光光源。LED 的发光光谱较窄，其发光谱线宽典型值是 100～500Å。LED 发光机理属于自发辐射，发射的光是非相干光。与热辐射光源或气体放电光源相比，半导体发光器件具有体积小、工作电压低、功耗低、力学性能好、调制方便等优点。LED 多用于仪器仪表指示器、数字或文字等的显示、

光通信或物理检测的光源，目前LED逐渐应用于显示屏、背光源、照明等领域，是当前半导体技术应用中十分活跃的一个领域。

8.4.1 发光二极管结构及工作原理

发光二极管主要由LED芯片、引线架（含反射杯）、金线、环氧树脂封装组成。发光二极管的核心部分是由P型半导体和N型半导体组成的LED芯片。图8-37(a)是直插式LED的结构简图，图8-37(b)是贴片式的，虽然二者封装形式不同，但基本部件及作用大致相同。

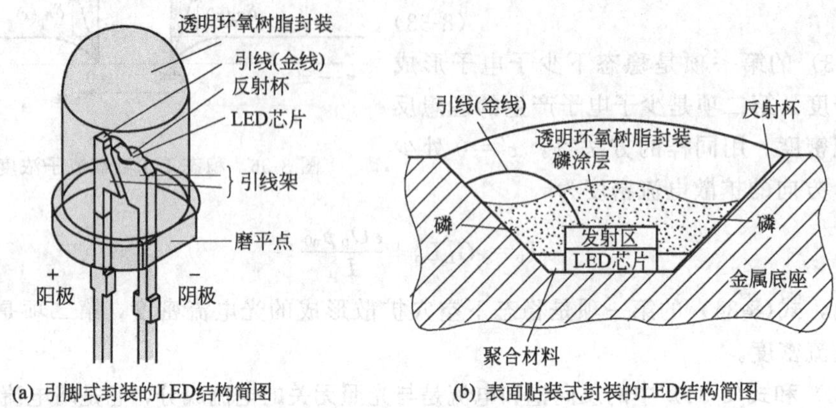

图8-37 LED结构示意图

引脚式封装的LED的引线架外层依次电镀铜、镍、铜、银四层材料，引线架主要用来导电和提供机械支撑。支架的种类分为带杯支架和平头支架，带杯支架通常做聚光型LED，平头支架做大角度散光型LED。反射杯的作用是收集管芯侧面和界面发出的光，向期望的方向角内发射。LED芯片是发光二极管的核心发光部件，芯片材料可以选用GaP、$Al_xGa_{1-x}As$、GaAs、GaN等材料。芯片需要用银胶固定在焊垫上，银胶也起到导电作用。芯片的焊垫一般为金垫或铝垫，焊垫的形状有圆形、方形、十字形等。通常用金线连接芯片焊垫与支架，使其能够导通。环氧树脂封装的作用是保护LED的内部结构，同时也能稍加改变LED的发光颜色、亮度及角度。

LED发光包含两个必不可少的过程：激发和复合。电注入过剩载流子后，过剩电子-过剩空穴复合产生光子的发射过程称为电致发光。LED的核心发光部分是由P型和N型半导体构成的P-N结管芯，当P-N结两端外加正偏电压，P区的空穴和N区的电子向对方区域扩散，分别进入对方中性区后成为过剩少子，这些过剩少子在中性区与多数载流子复合。如果这个复合是直接带间复合，就有光子发射，如图8-38所示。但P-N结区发出的光子是非

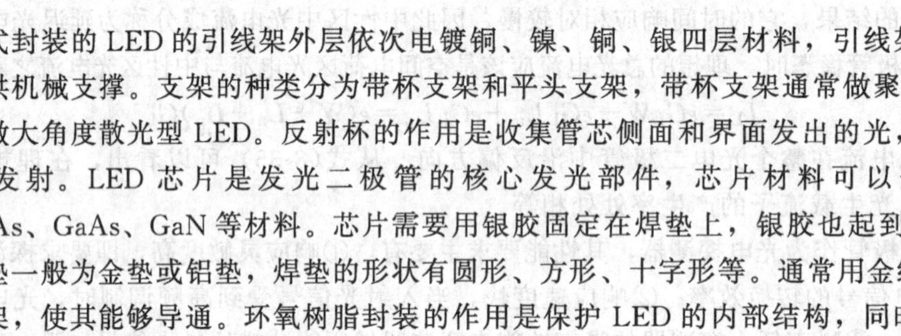

图8-38 LED发光基本原理

定向的，即向各个方向发射的概率相同，因此，并不是 LED 芯片产生的所有光都可以释放出来，还取决于半导体材料质量、芯片结构及几何形状、封装内部结构与包封材料。通常用量子效率来衡量发光二极管辐射光的能力。

发光二极管的量子效率分为内量子效率和外量子效率两种。发光二极管的发光是正向偏置电压下 P-N 结中注入过剩载流子的复合引起的。注入的过剩载流子可以通过电子-空穴对复合，也可以通过结区的隧道效应或其他形式流走，因此注入的载流子不一定都发生复合。复合的载流子一部分以光的形式辐射出能量（辐射复合），另一部分也可能将放出的能量变为晶格振动的热能或变为其他自由载流子的动能（非辐射复合），因此复合的电子-空穴也不一定都辐射出光子。那么发光复合在整个复合过程中占有的比例，就是发光二极管的内量子效率，用 η_{qi} 表示，有

$$\eta_{qi}=\frac{N_{ph}}{N_{re}}\times 100\% \tag{8-36}$$

其中，N_{ph} 表示载流子复合后产生的光子数；N_{re} 表示复合的载流子总数。η_{qi} 由注入效率和辐射效率决定。正向偏置的二极管中有三种电流，分别是电子扩散电流 J_n、空穴扩散电流 J_p 和复合电流 J_r。通常结区内电子-空穴通过复合中心进行复合是非辐射复合，GaAs 中的发光主要是电子在 P 区的复合产生。因此注入效率是正偏二极管中电子扩散电流与总电流之比，用 γ 表示。注入效率根据定义得

$$\gamma=\frac{J_n}{J_n+J_p+J_r} \tag{8-37}$$

若要提高 LED 的内量子效率，注入效率要趋于 1。可以采用 P-N$^+$ 型的二极管结构提高注入效率，因为这种结构下空穴电流占总电流的比例较小，提高了注入电子电流的比例。电子注入进 P 区后，并不是所有电子都将辐射复合，辐射复合占总复合的比值称为辐射效率，用 η 表示，有

$$\eta=\frac{R_r}{R_r+R_{nr}} \tag{8-38}$$

其中，$R_r=\delta_n/\tau_r$，表示辐射复合率。$R_{nr}=\delta_n/\tau_{nr}$，是非辐射复合率。LED 的内量子效率 η_{qi} 是 γ 和 η 的直接函数，写为

$$\eta_{qi}=\gamma\eta \tag{8-39}$$

若 LED 发光主要是电子在 P 区的复合，P 区掺杂浓度增大将提高电子在 P 区的复合率，从而提高了辐射效率，但同时将降低注入效率。因此内量子效率与发光二极管掺杂浓度密切相关，需要找到最合适的掺杂浓度以使 LED 的内量子效率达到最大。

发光二极管另一个重要的参数是外量子效率。它表征了发光二极管最终射出光子的效率。半导体载流子复合产生光子，光子将遇到三种损耗：LED 材料本征吸收损耗、菲涅耳（Fresnel）损耗、临界角损耗。这些损耗机制的存在使得 LED 的外量子效率通常比内量子效率小得多。

光子在半导体中产生后，光子的发射是非定向的，它们不一定都从表面射出，如图 8-39 所示。由于光子具备 $h\nu\geqslant E_g$ 的能量，所以它们有可能再次被半导体吸收引起本征激发。那些能够从半导体出射进入空气的光子必须经过半导体-空气界面。根据菲涅耳反射定律，光从半导体（折射率为 n_2）进入空气（折射率为 $n_1=1$）时，在界面上将发生反射现象，表示菲涅耳损耗的反射系数为

$$\Gamma=\left(\frac{n_2-n_1}{n_2+n_1}\right)^2 \tag{8-40}$$

反射系数 Γ 表示了在界面处反射回半导体的光子。出射光子遇到的第三种损耗也发生于半

导体-空气界面上。半导体与空气二者相对而言，半导体是光密介质，空气是光疏介质。根据斯涅耳（Snell）折射定律有

$$n_2 \sin\theta_2 = n_1 \sin\theta_1 \tag{8-41}$$

当光子从半导体向空气传输，入射角 $\theta_2=\theta_c$（临界角），折射角 $\theta_1=90°$时，$\theta_2 \geqslant \theta_c$ 的光子全部被反射回半导体内部，在界面上发生了全反射现象，如图 8-40 所示。只有顶角为 $2\theta_c$ 的锥体内的光子才能射出半导体，临界角为

$$\theta_c = \arcsin\frac{n_1}{n_2} \tag{8-42}$$

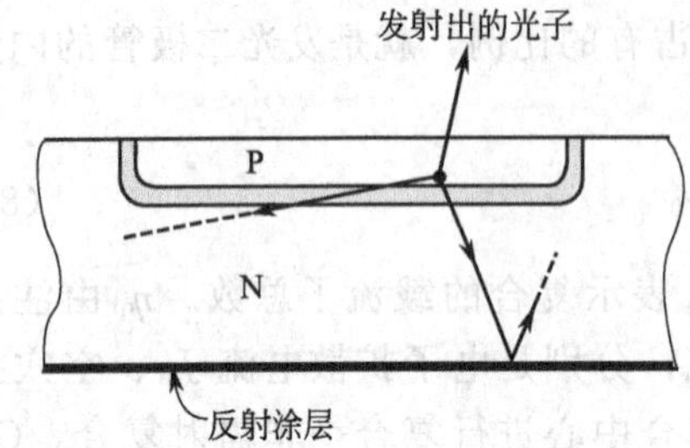

图 8-39 LED 内部光子发射图

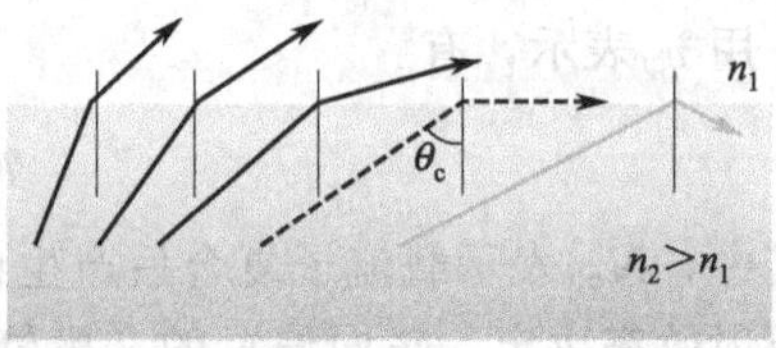

图 8-40 界面处的折射和全反射

为了减小临界角损耗，可以改进 LED 芯片的几何形状，将矩形的截面形状改为半球形截面或截球形、抛物体形，如图 8-41 所示。这样可以让绝大部分的光线以小于临界角的方向射出表面。

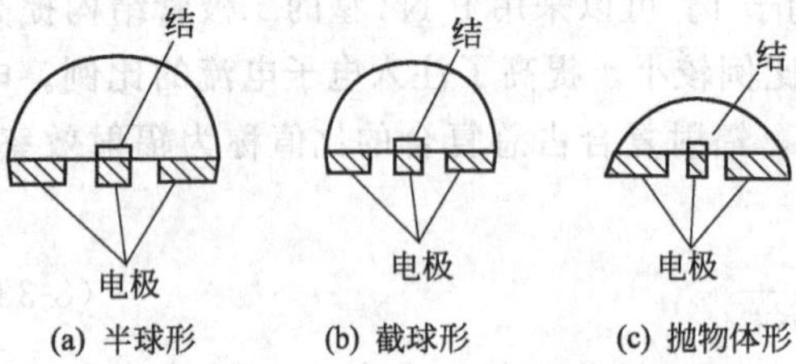

图 8-41 LED 的三种截面设计

8.4.2 发光二极管的制备

发光二极管的制造过程大体可分为三个阶段：前段、中段、后段。前段工序主要完成晶圆制造和外延生长，中段工序主要包括研磨、蒸镀、光刻、切割等过程，后段工序则是根据不同的需要把 LED 封装成各种形式。

前段工序的第一步是制造半导体晶圆。晶圆制造完成后，进行外延生长。外延就是在衬底上淀积一层薄的单晶层，新淀积的这层称为外延层。若以 GaAs 为例，根据制程的不同，外延可分为液相外延（LPE）、有机金属气相外延（MOCVD）以及分子束外延（MBE）。LPE 的技术层次较低，主要用于一般发光二极管的外延生长，而 MBE 的技术层次较高，容易生长极薄的外延层，且纯度高、平整性好，但量产能力低，外延生长速度慢。MOCVD 除了纯度高、平整性好，量产能力及外延生长速度都比 MBE 快，因此现在大都以 MOCVD 生产。

外延的具体过程是，首先将 GaAs 衬底放入有机化学气相沉积炉，通入Ⅲ、Ⅱ族金属元素的烷基化合物（甲基或乙基化合物）蒸气与非金属（Ⅴ、Ⅵ族元素）的氢化物（或烷基物）气体，在高温下，发生热解反应，生成Ⅲ-Ⅴ或Ⅱ-Ⅵ族化合物淀积在衬底上，生长出一层厚度仅几微米的化合物半导体外延层。长有外延层的 GaAs 片就是常说的外延片。外延片经过芯片加工后，通电就能发出颜色很纯的单色光，如红色、黄色等。不同的材料、不同的生长条件以及不同的外延层结构都可以改变发光颜色和亮度。其实，在几微米厚的外延层中，真正发光的也仅是其中的几百纳米厚的量子阱结构。

外延片完成后，进行中段制造。中段工序的工艺流程 LED 剖面图如图 8-42 所示。

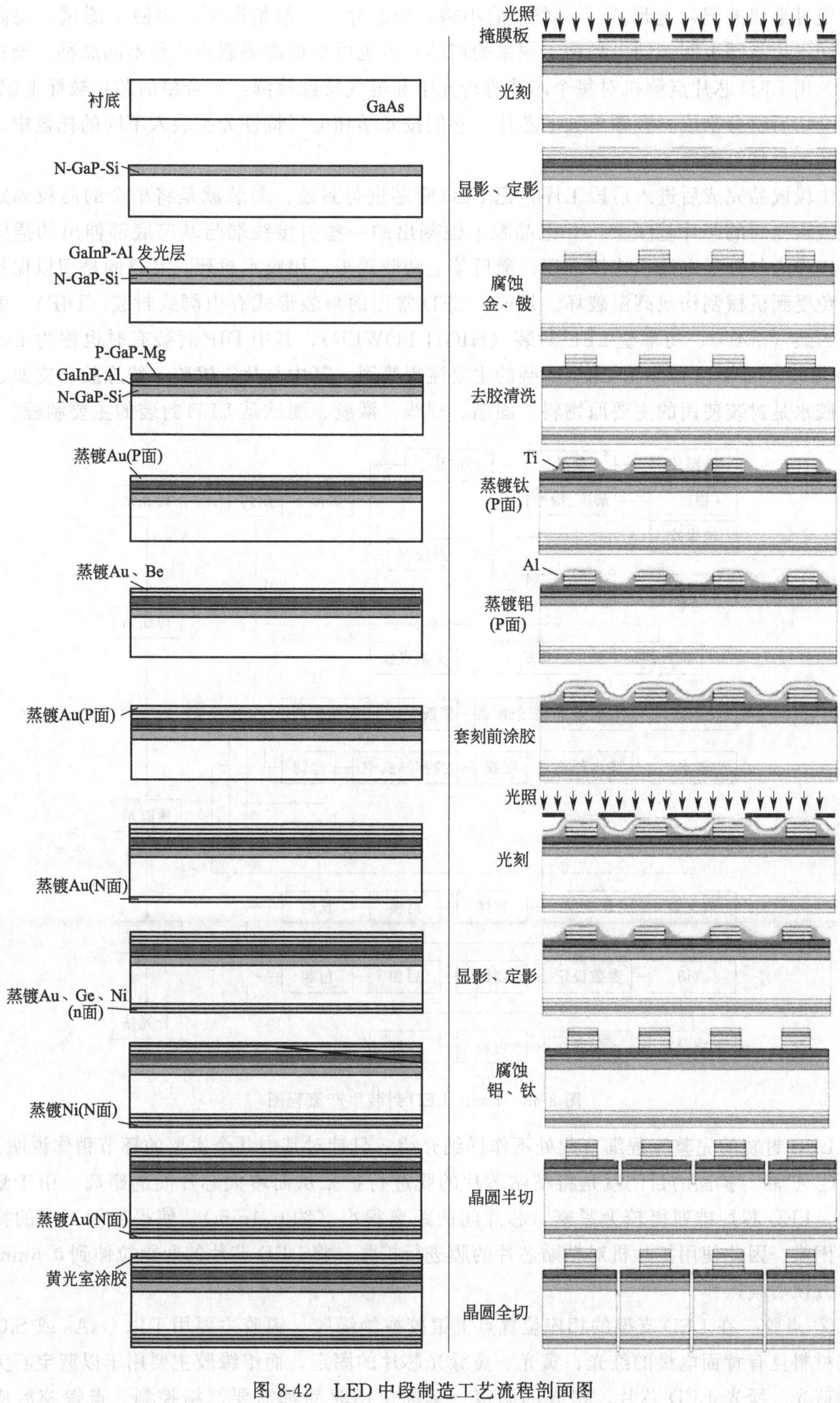

图 8-42　LED中段制造工艺流程剖面图

经过半切的圆片上形成了一个个的小格，即芯片。一般情况下，为便于测试，提高效率，同一片晶圆上制作同一品种、规格的产品；但也可根据需要制作几种不同品种、规格的产品。用 LED 芯片点测机对每个芯片进行光学和电气特性检测，不合格的芯片被标上记号。晶圆全切后就分割成一颗颗单独的芯片，它们按光学和电气特性分类装入不同的托盘中，不合格的芯片将被舍弃。

中段成品完成后进入后段工序，把 LED 管芯进行封装。封装就是将单个的晶粒固定在塑胶或陶瓷制的芯片基座上，并把晶粒上蚀刻出的一些引接线端与基座底部伸出的插脚连接，以作为与外界电路板连接之用，最后盖上塑胶盖板，用胶水封死。其目的是用以保护晶粒避免受到机械刮伤或高温破坏。目前，LED 常用的封装形式有引脚式封装（DIP）、表面贴装封装（SMD）、功率型 LED 封装（HIGH POWER），其中 DIP 封装有时也称为 Lamp-LED 封装。图 8-43 所示为 LED 封装的主要流程简图，其中晶片、银胶、绝缘胶、支架、模条、胶水是封装使用的主要原物料，固晶、焊线、灌胶、测试是 LED 封装的主要制程。

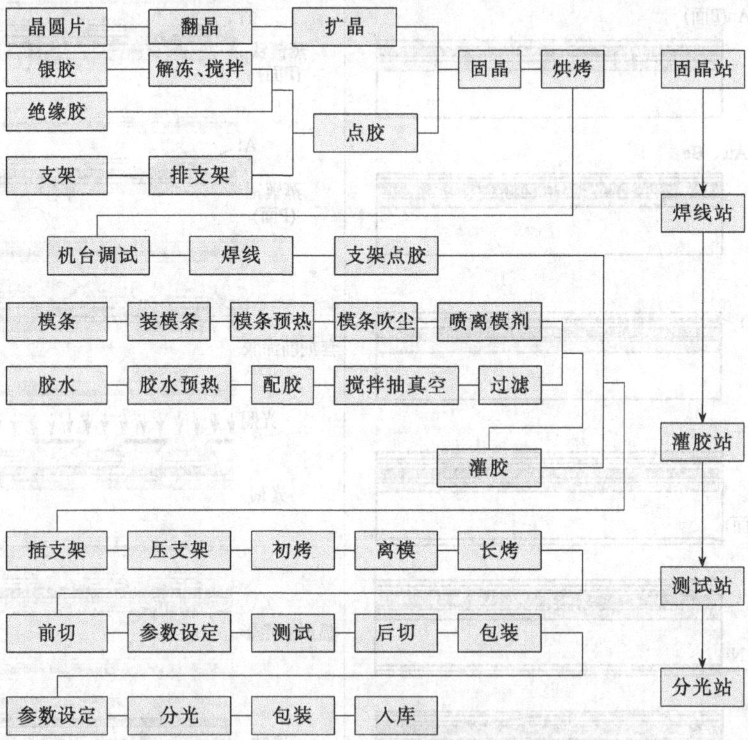

图 8-43　Lamp-LED 封装生产流程图

LED 封装的完整流程细节此处不作详细介绍，只针对其中几个主要的环节稍作说明。

① 扩晶　扩晶的目的就是将粘贴芯片的膜进行扩张从而增大芯片间的距离。由于划片以后，LED 芯片排列得较为紧密，芯片间的距离很小（约 0.1mm），使得后续工序的操作变得困难。因此使用扩片机对粘贴芯片的膜进行扩张，将 LED 芯片的间距拉伸到 0.6mm 左右，方便后续操作。

② 点胶　在 LED 支架的相应位置点上银胶或绝缘胶。银胶主要用于以 GaAs 或 SiC 为衬底材料且有背面电极的红光、黄光、黄绿光芯片的固定，而绝缘胶主要用于以蓝宝石为衬底的蓝光、绿光 LED 芯片。银胶的温度、解冻使用时间都需要严格控制。点银胶后应在

2min 内进行固晶。点胶过程中若银胶使用不当，造成固晶银胶性能发生变化，则有可能造成用户使用过程中出现死灯等异常情况。

③ 固晶、烘烤 通常银胶固化的温度控制在 150℃/2h。根据产品不同，温度也可以调整到 170℃/1h。绝缘胶一般固化温度为 150℃/1h。固晶后的材料尽量要在 1h 内进行烘烤，最长时间不能超过 2h，否则将影响固晶品质。

④ 焊线 焊线的工艺过程通常称为压焊。压焊的目的是把电极引到 LED 芯片上，完成产品内外引线的连接工作。使用的设备是铝丝或金丝焊机。LED 的压焊工艺有金丝球焊和铝丝压焊两种。铝丝压焊时，先在 LED 芯片电极上压焊第一点，再将铝丝拉到相应的支架上方，压第二点后扯断铝丝。金丝球焊过程则是在焊第一点之前先将金丝末端烧成球状，其他过程与铝丝压焊相似。若 LED 是表面贴装的封装形式，则通常采用铝丝压焊，用铝丝焊机将 LED 直接安装在 PCB 上。压焊是 LED 封装技术中的关键环节，工艺上需要监控压焊后拱丝形状、焊点形状、拉力等。

⑤ 灌胶 Lamp-LED 的封装就是采用灌胶封装的形式。灌胶就是在 LED 成型模腔内注入液态环氧树脂的过程。灌胶后插入压焊好的 LED 支架，放入烘箱进行液态环氧树脂的固化。灌胶不良可能会引起以下现象：支架偏离、支架爬胶、出现气泡、雾化、胶面水纹、胶体损伤等。如果受到氧化或烘烤温度过高、时间过长将使支架变黄，若胶水老化或比例不对则会引起胶体龟裂。

⑥ 初烤 初烤又称为固化，ϕ3mm、ϕ5mm 的产品初烤温度为 125℃/60min；ϕ8～10mm 的产品，初烤温度为 110℃/30min＋125℃/30min。离模后进行长烤（又称后固化），温度为 125℃/6～8h，目的是让环氧树脂充分固化，同时对 LED 进行热老化。后固化对于提高环氧树脂与支架（或 PCB）的黏结强度非常重要。

⑦ 前切、后切 前切，行业俗称一切，实际是半导体封装技术中的切筋环节。LED 支架在加工时，一个模具一次可以同时生产很多支架，它们是连接在一起的，切筋的目的就是将其一个个分开。Lamp 封装 LED 和 SMD 封装 LED 的前切方法不同。Lamp-LED 采用切筋切断 LED 支架的连筋。SMD-LED 是采用划片，在一片 PCB 板上用划片机完成前切工作。后切，行业俗称二切，是根据客户的要求调整 LED 管脚长短的过程。

⑧ 测试 对经过封装和老化试验的 LED 进行光电参数、外形尺寸的检验，同时根据客户要求对 LED 产品进行分选。

⑨ 包装 在管壳上打印器件型号、出厂日期等标记，进行成品的计数包装，包装袋内放入干燥剂和标签，经过品管检验后封口，对于超高亮 LED 还需要防静电包装。

习 题 8

1. 简单绘出 P 沟道 P-N JFET 的截面图，标明器件工作时的电压极性，画出工作于非饱和区和饱和区时的耗尽区范围。
2. 叙述 P-N JFET 和 MESFET 的基本工作原理。
3. 写出常见功率 MOSFET 的几种基本结构。它们各有何特点？
4. 分析功率 MOSFET 中寄生效应对器件的影响。
5. 简述半导体中光吸收的条件，以及光生伏特效应的过程。
6. 描述光电二极管的基本结构和工作原理，分析光电二极管与光电池的异同。
7. 简述发光二极管的结构和基本工作过程。

第 9 章　半导体工艺化学基础

9.1 化学清洗

在半导体行业，化学清洗是用不同化学试剂与杂质发生化学反应和溶解作用，使杂质从被清洗物体的表面脱附，并用冷、热纯水冲洗，从而获得洁净表面的工艺。在整个半导体器件生产过程中，化学清洗是十分重要的，几乎每道工序都有化学清洗，它将直接关系到器件的质量。本节主要介绍硅片表面的化学清洗和清洗原理。

9.1.1 硅片表面污染杂质类型

制造器件的单晶硅片一般都必须经过切割、磨片、抛光等几个步骤，每个步骤都会引入一些杂质。由单晶硅片制成半导体器件，还需经过外延、氧化、硼扩散、磷扩散、锑扩散、光刻、蒸金、蒸铝、封装等工艺过程，这些工艺过程也都会引入一些杂质。几乎所有工作环境和工艺操作都可能造成硅片表面的沾污，所以现代半导体器件生产普遍采用超净车间或超净工作台，并采用超纯或高纯化学试剂、高纯水，对硅片、金属材料、生产用具等进行严格的化学清洗。

硅片表面沾污的杂质是多种多样的，归纳起来，可分为分子型、离子型和原子型三种类型。

1. 分子型杂质

以分子型吸附的杂质主要有：切、磨、抛的机器设备涂有的各种油脂，如润滑油、防锈油等；固定硅片用的各种黏合剂，如松香、石蜡或二者混合物；操作者手上的油脂；光刻胶以及有机溶剂的残渣等。

分子型杂质常借助分子间的弱静电引力（范德华力）吸附在硅片上，是一种物理吸附。这种吸附力比较弱，随着分子间距的增大很快被削弱。因此，清除分子型沾污是比较容易的。由于分子型杂质大多是不溶于水的有机物，当它们吸附在硅片表面，硅片表面呈现疏水性，从而妨碍了去离子水或酸、碱溶液与硅片表面接触，因此无法进行有效的化学清洗。

2. 离子型杂质

吸附在硅片表面的离子杂质有 K^+、Na^+、Ca^{2+}、Mg^{2+}、Fe^{2+}、H^+、OH^-、F^-、Cl^-、S^{2-}等。这类杂质的来源很广，比如磨料（SiC、Al_2O_3 等）和抛光料（如 MgO、SiO_2、Cr_2O_3 等）中的金属氧化物、空气、化学药品、纯度不高的去离子水、自来水以及操作者呼出的气体、汗液等都是离子型杂质的来源。离子型杂质吸附多属于化学吸附（依靠化学键力的结合），由于化学吸附力较强，所以对离子型杂质的清除比分子型杂质难得多。

3. 原子型杂质

原子型杂质主要是指铜、银、金等重金属。这些金属原子一般是来自于酸性的腐蚀液，通过置换反应将这些重金属离子（如 Cu^{2+}、Ag^+、Au^{2+} 等）还原成原子吸附在硅片表面上。原子型杂质吸附同属于化学吸附范畴，其吸附力最强，比较难以清除。如金、铂等重金属原子不易和一般酸、碱溶液起化学反应，因此必须用王水之类的化学反应性试剂，使之形成络合物并溶于溶剂水中，然后用高纯水冲洗除去。

9.1.2　清洗步骤

当疏水性分子型杂质吸附在硅片表面，硅片表面呈现疏水性，从而妨碍清除离子型和原子型杂质，因此化学清洗首先要清除这些疏水性的有机物。清洗这些有机杂质可用四氯化碳、三氯乙烯、甲苯、丙酮、无水乙醇等有机溶剂，也可采用浓硫酸碳化、硝酸或碱性过氧化氢洗液氧化等方法去除。

离子型和原子型吸附的杂质由于其吸附力都较强，因此一般都采用反应性试剂去除，如先用盐酸、硫酸、硝酸或碱性过氧化氢洗液以清洗掉离子型吸附杂质，然后再用王水或酸性过氧化氢清洗掉残存的离子型杂质及原子型杂质，最后用高纯水将硅片冲洗干净。

综上所述，清洗硅片的一般步骤为：去分子→去离子→去原子→高纯水清洗。

9.1.3　有机杂质清洗

1. 有机溶剂的去污作用

根据“相似相溶”原理，物质在与其结构相似的溶剂中较易溶解，因此，除去硅片表面沾污的油脂、松香、蜡等有机杂质，可选用甲苯、丙酮、乙醇等有机溶剂。

使用上述三种有机溶剂要按照一定的次序，操作时可按甲苯、丙酮、乙醇、水的顺序，而不能按丙酮、乙醇、甲苯、水的顺序清洗。除了甲苯、丙酮、乙醇外，常用作除油的有机溶剂还有三氯乙烯、四氯化碳、苯等，去污原理同甲苯、丙酮、乙醇。目前有些单位采用碱液和合成洗涤剂除油，效果也很好。

2. 碱液和合成洗涤剂的去污作用

(1) 碱和肥皂的去污作用　碱液（如氢氧化钠溶液）之所以去油污，是由于它能将油脂水解，产生相应脂肪酸钠盐（即肥皂）。反应式如下：

$$\begin{array}{l} C_{17}H_{35}COOCH_2 \\ \quad\quad\quad\quad\quad | \\ C_{17}H_{35}COOCH \\ \quad\quad\quad\quad\quad | \\ C_{17}H_{35}COOCH_2 \end{array} + 3NaOH \longrightarrow \begin{array}{l} CH_2OH \\ | \\ CHOH \\ | \\ CH_2OH \end{array} + 3C_{17}H_{35}COONa\text{(硬脂酸钠)}$$

肥皂的除污作用是由于肥皂分子溶于水时，电离出 $R—COO^-$ 和 Na^+ 离子。$R—COO^-$ 离子中的一端是非极性烃基，即—R，如—$C_{17}H_{35}$，为疏水基团。而 $R—COO^-$ 离子的另一端，含有极性羧基—COOH，为亲水基团。容器内盛有水和煤油，会分成互不相溶的两层，这是由于水和油分子结构差别和极性差别都很大。如果在水和油的混合物中加入肥皂，则三种物质将变成乳浊液，原来水和油的界面消失了。这是由于肥皂具有特殊的分子结构，它可以分布在油、水的界面，以疏水基团的一端指向油，以亲水基团的另一端指向水，这样互不相溶的油分子和水分子便通过肥皂分子间接地连接在一起，同时每滴油珠都被亲水的羧基所包围而不能互相结合。由于肥皂易溶于水，从而油污被肥皂分散成极细小的油珠，均匀、稳定地悬浮在水中，成为乳浊液而被弃去，达到了去油的目的，如图 9-1 所示。

(2) 合成洗涤剂的去污作用　合成洗涤剂的分子和肥皂相似，也是一端具有疏水基，另一端具有亲水基，去污原理与肥皂相似。

9.1.4　无机杂质的清洗

硅片表面沾污的金属、金属离子、氧化物以及其他无机杂质用有机溶剂或洗涤剂是无法除去的，只能用各种无机酸、氧化剂或络合剂通过化学反应来溶除。

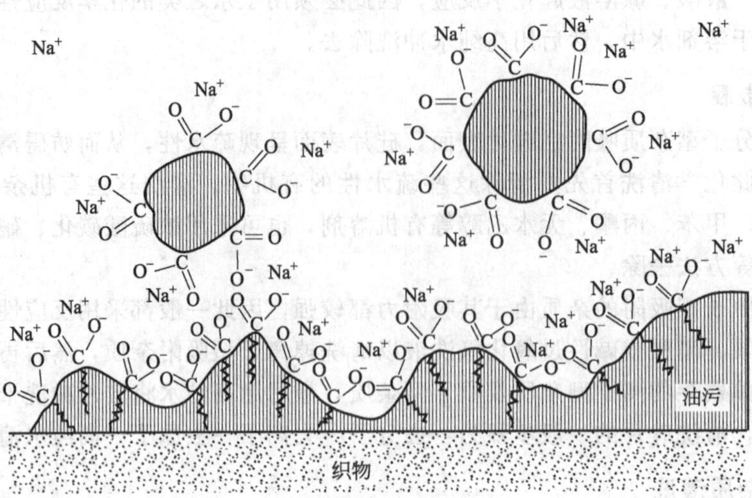

图 9-1 肥皂去污原理

1. 无机酸在化学清洗中的作用

(1) 盐酸 (HCl) 盐酸是氯化氢气体溶解于水而制得的一种无色透明有刺激性气味的液体，一般盐酸因含有杂质（主要是 Fe^{3+}）而呈淡黄色。浓度 36%～38%、相对密度 1.19 的盐酸为浓盐酸，浓盐酸具有强酸性、强腐蚀性和易挥发性。

在清洗中就是利用盐酸的强酸性来溶解硅片表面沾污的活泼金属、金属氧化物、氢氧化物和部分盐类。如：

$$Al + HCl \longrightarrow AlCl_3 + H_2\uparrow$$
$$Fe_2O_3 + HCl \longrightarrow FeCl_3 + H_2O$$
$$Cu(OH)_2 + HCl \longrightarrow CuCl_2 + H_2O$$
$$CaCO_3 + HCl \longrightarrow CaCl_2 + H_2O + CO_2$$

反应生成的金属氯化物（除 AgCl 等）都可溶于水，所以都可用大量的高纯水冲洗清除。但盐酸不能直接与铜、银、金等不活泼金属反应。

由于纯水大多用离子交换方法制得，而阴离子交换树脂的预处理和再生都要用氢氧化钠，因此要得到钠离子极低的纯水是有困难的。同时化学试剂及工艺操作都可能引入杂质钠离子，而盐酸是常用酸中含钠离子最少的酸，所以通常在硅片清洗之后，最后增加一次稀盐酸（0.005mol/L）清洗，以减少钠等碱金属离子的沾污。

此外，盐酸在半导体器件生产中还用来再生处理阳离子交换树脂；组成酸性过氧化氢洗液；在氧化时加入少量的氯化氢气体可改善器件的化学性能；无水氯化氢在高温下可抛光外延硅片表面等。

(2) 硫酸 (H_2SO_4) 硫酸是无色无臭的油状液体。浓度 95%～98%，相对密度 1.838 的硫酸为浓硫酸，浓硫酸具有强氧化性、强酸性、吸水脱水性、强腐蚀性和高沸点难挥发性等。硫酸具有强酸性，和盐酸一样能与活泼金属、金属氧化物及氢氧化物等作用，生成硫酸盐。例如：

$$2Al + H_2SO_4 \longrightarrow Al_2(SO_4)_3 + H_2\uparrow$$
$$Fe_2O_3 + H_2SO_4 \longrightarrow Fe_2(SO_4)_3 + H_2O$$
$$Cu(OH)_2 + H_2SO_4 \longrightarrow CuSO_4 + 2H_2O$$

由于浓硫酸具有氧化性，它不仅能与活泼金属作用，还能与铜、汞、银等不活泼金属作用，但不能和金、铂作用。例如：

$$Cu+H_2SO_4(浓) \longrightarrow CuSO_4+SO_2\uparrow+H_2O$$

冷浓硫酸不与铁、铝等金属作用，这是因为在冷浓硫酸中，铁、铝等金属表面生成一层致密的氧化物保护膜，使浓硫酸不能继续与金属发生反应。由于硫酸有这种性质，所以可用铁、铝制的容器盛放浓硫酸。

化学清洗就是利用浓硫酸的氧化性和强酸性来溶除在硅片表面上的金属和无机物杂质。此外，由于浓硫酸具有很强的脱水性，它能将有机物中的氢与氧以水的形式夺去，所以浓硫酸能使有机物碳化，如果同时加热，析出的碳还能进一步氧化生成二氧化碳。在半导体器件生产中也常用浓硫酸的碳化作用除去硅片表面上沾污的油脂、蜡、棉花纤维、松香及光刻胶等。

浓硫酸具有极强的吸水性，是一种常用的干燥剂。在生产中常用浓硫酸吸除浓盐酸中的水分制取无水氯化氢，用来高温抛光外延硅片。

使用浓硫酸时应注意操作安全，因为硫酸与水混合时，会放出大量的热。所以在配制洗液或稀释浓硫酸时，只许把浓硫酸缓慢地往水中倾注，并边倒边搅拌。严禁将水倒入浓硫酸中，否则容易形成局部热量集中使水暴沸，造成烧伤事故，同时也不可用厚壁的玻璃缸作为配洗液或稀释浓硫酸的容器，以免容器炸裂。

(3) 硝酸（HNO_3）　纯硝酸是一种无色透明的液体，易挥发，有刺激性气味。硝酸见光受热很容易分解：

$$HNO_3 \longrightarrow NO_2\uparrow+H_2O+O_2\uparrow$$

温度越高或酸的浓度越大，则分解越快。市售浓硝酸质量分数为 69.2%，相对密度为 1.41。96%～98%的硝酸因含有过量二氧化氮而呈棕黄色，称为发烟硝酸。硝酸具有强氧化性、强酸性和强腐蚀性。硝酸和盐酸、硫酸一样，具有一切酸的通性。由于硝酸具有很强的氧化性，因此，浓、稀硝酸均能与“金属活动顺序表”中氢位置以后的铜、汞、银等金属作用。但硝酸不能氧化金、铂等金属。大多数非金属也能被硝酸氧化为相应的酸，如硫、磷与硝酸共沸，硫、磷被氧化为硫酸和磷酸。反应方程式如下：

$$Cu+HNO_3(浓) \longrightarrow Cu(NO_3)_2+NO_2\uparrow+H_2O$$

$$Cu+HNO_3(稀) \longrightarrow Cu(NO_3)_2+NO\uparrow+H_2O$$

$$S+HNO_3 \longrightarrow H_2SO_4+NO\uparrow$$

$$P+HNO_3+H_2O \longrightarrow H_3PO_4+NO\uparrow$$

在半导体器件生产中硝酸是一种很好的腐蚀剂。但有些金属如铁、铝、铬、镍、钙等易溶于稀硝酸，却不溶于冷的浓硝酸。这是由于浓硝酸与浓硫酸一样，在室温时，对这些金属产生钝化作用。根据这一道理，在光刻铝电极后去胶时，可将片子浸泡在浓硝酸中，去除光刻胶膜而不破坏铝层，而稀硝酸则腐蚀铝层。因此，通常为了使金属与硝酸的氧化还原反应进行得比较彻底（不至于发生钝化现象），必须用低浓度的硝酸或加热。在化学清洗中，主要利用硝酸的强氧化性和强酸性使沾污在硅片表面上的杂质与之反应生成可溶性硝酸盐类化合物，然后用大量的高纯水冲洗，从而去除这些杂质。

2. 氧化剂在化学清洗中的作用

(1) 重铬酸钾洗液的氧化作用　重铬酸钾（$K_2Cr_2O_7$）洗液是由饱和的重铬酸钾溶液与过量的浓硫酸混合配制而成的。混合后有橙红色的三氧化铬（CrO_3）析出。反应式如下：

$$K_2Cr_2O_7 + H_2SO_4 \longrightarrow K_2SO_4 + CrO_3 + H_2O$$

三氧化铬又称铬酐，剧毒，有些有机物，如酒精与其接触立即着火。含有三氧化铬的洗液具有很强的氧化性和腐蚀性，不仅能氧化和溶解多种金属、氧化物及其他无机物，而且热的洗液还能使有机油类杂质氧化为可溶性的醇、酚类化合物。

在半导体器件生产中常用重铬酸钾洗液清洗玻璃、石英器皿和金属用具。清洗时，器皿中灌满洗液，或将器皿浸泡在洗液内，时间一般不少于 8h。最后用大量的纯水将钾离子清除干净。重铬酸钾洗液由橙红色变为绿色，即表明洗液已失去氧化能力，必须更换新洗液。洗液的配制：将 50～60g 重铬酸钾先溶于 100mL 热水中，然后将 1L 浓硫酸慢慢注入，并不断搅拌。

(2) 过氧化氢的氧化作用　过氧化氢（H_2O_2）俗称双氧水，能与水按任何比例混合。双氧水很不稳定，容易分解。在普通条件下将慢慢分解成水和氧气。反应式如下：

$$H_2O_2 \longrightarrow 2H_2O + O_2 \uparrow$$

为了防止过氧化氢分解，一般把它存放在不透明的塑料瓶中，常加有微量的稳定剂如锡酸钠（Na_2SnO_3）、焦磷酸钠（$Na_4P_2O_7$）等，并放置在阴凉处。过氧化氢溶液最好在使用时临时配制。

过氧化氢既可作为氧化剂也可作为还原剂。在通常情况下，过氧化氢主要起氧化剂作用。无论在酸性或碱性溶液中都具有氧化性，如它与 I^- 和 Fe^{2+} 反应：

$$H_2O_2 + H^+ + I^- \longrightarrow I_2 \downarrow + H_2O$$

$$H_2O_2 + Fe^{2+} + H^+ \longrightarrow Fe^{3+} + H_2O$$

过氧化氢遇到极强的氧化剂，如氯气、氧化银、高锰酸钾等，就显示出还原性，如：

$$H_2O_2 + Cl_2 \longrightarrow HCl + O_2 \uparrow$$

在半导体器件生产中主要是利用过氧化氢在酸性和碱性溶液中具有强氧化性来清除有机和无机杂质。

3. 络合剂在化学清洗中的作用

在化学清洗中，对于那些利用“三强酸”也难以清除的重金属杂质，如金、银、铜、铂等，采用生成络合物的方法来清除是十分有效的。

根据配位理论，中心离子与配位体是以配位键结合的。配位键的形成，要求中心离子具有空的价电子轨道，所以电荷多，半径小和具有 8～18 外电子层结构的过渡元素离子如 Fe^{3+}、Co^{2+}、Ni^{2+}、Pt^{4+}、Cu^{2+}、Ag^+、Au^{3+} 等容易形成稳定的络离子的中心离子。含有弧电子对的 NH_3、CO、F^-、Cl^- 等中性分子或离子则可充当配位体，与中心离子或原子构成稳定的络离子。

在化学清洗中，常使用盐酸、氢氟酸、氯化铵、氨水等作为配位体，与硅片表面上沾污的重金属杂质（Au、Ag、Cu、Pt 等）离子作为中心离子形成可溶性的络合物，然后再用大量高纯水冲洗，清除它们。

1）酸性和碱性过氧化氢洗液在清洗中的作用

(1) 碱性过氧化氢清洗液（通称Ⅰ号洗液）　它是由纯水、过氧化氢（30%）、浓氨水（27%）按一定比例混合而成的。它们的体积比是：$H_2O : H_2O_2 : NH_3 \cdot H_2O = 5:1:1 \sim 5:2:1$。

氨水是氨的水溶液，是无色透明有刺激性气味的液体。市售浓氨水的含氨量为 25%～28%，相对密度约为 0.9。氨水是一种弱碱，其中存在着下列平衡：

$$NH_3 + H_2O \rightleftharpoons NH_4^+ + OH^-$$

所以氨水既能提供氨分子，又能提供氢氧根离子。

在化学清洗中，Ⅰ号过氧化氢洗液可除去抛光后硅片上残存的蜡、松香及光刻工艺硅片表面上的光刻胶等有机物，效果良好，且不会析出游离碳而再次沾污硅片。Ⅰ号过氧化氢洗液还可除去硅片表面 Au、Ag、Cu、Ni 等金属及金属离子。去污原理如下。

① 过氧化氢氧化硅表面形成二氧化硅，在氨水中的氢氧根离子作用下，表面被刻蚀，同时吸附在硅表面的杂质也随之去除。

② 利用 H_2O_2 的强氧化性，并利用氨络合剂的作用，与许多金属离子如 Cu^{2+}、Ag^+、Zn^{2+}、Co^{2+}、Ni^{2+}、Cd^{2+}、Hg^{2+} 等形成稳定的可溶于水的络合物，反应式如下：

$$Cu + H_2O_2 + NH_3 \longrightarrow [Cu(NH_3)_4](OH)_2$$ [氢氧化四氨络铜(Ⅱ)]

$$Ag + H_2O_2 + NH_3 \longrightarrow [Ag(NH_3)_2]OH$$ [氢氧化二氨络银(Ⅰ)]

(2) 酸性过氧化氢洗液（通称Ⅱ号洗液） 它是由纯水、过氧化氢（30%）、浓盐酸（37%）组成的，它们的体积比是：$H_2O : H_2O_2 : HCl = 6:1:1 \sim 8:2:1$。

酸性过氧化氢洗液的去污作用主要有以下几方面。

① 利用盐酸与硅片表面杂质中的活泼金属以及许多金属氧化物、氢氧化物、碳酸盐、硫化物等作用，变为金属氯化物，从而使这些杂质被水溶解。

② 过氧化氢的氧化性在酸性介质中能大大增强，并利用盐酸络合剂的作用，以达到清除硅片表面金属杂质的目的。特别是对重金属金和铂的去除是很有效的。

实践证明使用Ⅰ号、Ⅱ号洗液具有如下的优点。

① 操作方便，使用安全。

② 这两种洗液不但能去除无机杂质，而且还能去处硅片上残留的光刻胶、蜡、松香、纤维、细菌等有机物；不仅能除去较活泼金属，而且还能清除较难溶解的金、铂等重金属。

③ 这两种洗液的组分均易挥发和分解，不会产生与清洗无关的化学反应，不会像其他反应试剂那样在清洗时要生成 SO_2、NO_2 或 Cl_2 等有毒气体。

④ 可防止钠离子沾污，提高器件的稳定性和可靠性，这对于 MOS 型硅器件尤其有利。

由于Ⅰ号、Ⅱ号洗液具有易挥发、易分解的特性，因此使用时必须要现用现配，加热温度不宜过高，只需 75～80℃。加热时间也不能过长，一般只需 10～20min，否则会因过氧化氢分解后剩下的氨水腐蚀硅片。

2）王水的去污作用 浓硝酸和浓盐酸按 1∶3 的体积比混合，即可配成王水。其反应式如下：

$$HNO_3 + HCl \longrightarrow H_2O + Cl + NOCl$$

王水中不仅含有硝酸、盐酸等强酸，而且还有初生态 Cl 和氯化亚硝酰 NOCl 等强氧化剂。氯化亚硝酰是一种沸点较低的液体，受热即分解为一氧化氮和原子氯。原子氯立即与金属作用生成氯化物。所以王水不但能溶解较活泼金属和氧化物，而且还能溶解不活泼的金、铂等几乎所有的金属。这是由于王水中的原子氯和氯化亚硝酰等氧化剂能够把金氧化成三氯化金。此时，盐酸不但起酸性作用，而且能提供原子氯和充当络合剂。提供的氯离子作配位体，与 Au^{3+} 构成稳定的氯金酸根 $(AuCl_4)^-$ 络离子而溶解于水中。其反应式为：

$$HNO_3 + HCl + Au \longrightarrow AuCl_3 + NO\uparrow + H_2O$$

$$AuCl_3 + HCl \longrightarrow H[AuCl_4]$$ [四氯络金(Ⅲ)酸]

总反应式为：

$$Au + HNO_3 + HCl \longrightarrow H[AuCl_4] + NO\uparrow + H_2O$$

同理，王水也能溶除铂，其反应式如下：

$$HNO_3 + HCl + Pt \longrightarrow PtCl_4 + NO\uparrow + H_2O$$

$$PtCl_4 + HCl \longrightarrow H_2[PtCl_6]$$ [六氯络铂(Ⅳ)酸]

总反应式为：

$$Pt + HNO_3 + HCl \longrightarrow H_2[PtCl_6] + NO\uparrow + H_2O$$

生成的四氯络金（Ⅲ）酸（简称为氯金酸）和六氯络铂（Ⅳ）酸（简称为氯铂酸）都是络合物，易溶于水，从而达到除去重金属金和铂等杂质的目的。

3）氢氟酸的性质与作用　氢氟酸是氟化氢的水溶液，它是一种无色透明的液体，蒸气有刺激臭味，剧毒，与皮肤接触时会发生严重的难以治愈的烧伤。浓的氢氟酸含氟化氢48%。含氟化氢35%的氢氟酸的相对密度是1.14，沸点是112℃。

氢氟酸的主要性质是具有弱酸性、易挥发性和强腐蚀性。氢氟酸的酸性弱（$K_a = 7.2 \times 10^{-4}$）只能部分电离：

$$HF \rightleftharpoons H^+ + F^-$$

由于氟离子与氢氟酸形成氢键而生成二氟氢离子：

$$F^- + HF \rightleftharpoons [HF_2]^-$$

所以许多金属氟化物可形成稳定的二氟氢盐，如二氟氢钠、二氟氢铵等。氢氟酸虽然也能溶解许多金属，但不能溶解金、铂、铜、铅等金属。

在化学清洗和腐蚀工艺中，主要利用氢氟酸能溶解二氧化硅（SiO_2）这一特性来腐蚀玻璃、石英和硅片表面上的二氧化硅层。反应过程是：先由氢氟酸与二氧化硅作用生成易挥发的四氟化硅气体，然后四氟化硅再进一步与氢氟酸反应，生成可溶性的络合物六氟络硅酸$H_2[SiF_6]$。其反应式如下：

$$SiO_2 + 4HF \rightleftharpoons SiF_4\uparrow + 2H_2O$$

$$SiF_4 + 2HF \rightleftharpoons H_2[SiF_6]$$

生成的六氟络硅酸可用纯水冲洗，由此达到去除SiO_2及清洗杂质的目的。

硅片经过有机溶剂或无机酸清洗后，表面上总要留下一层有机溶剂或无机酸，其中也必然含有残余的杂质，另外，所使用的有机溶剂或无机酸本身也会带入某些杂质，所以最后要用高纯水充分地冲洗。

9.1.5 清洗工艺安全操作

清洗用的化学试剂，有的易燃、易爆，有的对人体有毒、有腐蚀性，因此必须注意安全操作。选用有机溶剂有三点要求。

(1) 闪点较高　易燃液体的蒸气和空气混合后，与火焰接触时发生闪光的最低温度称为闪点。闪点越低，越易燃。

(2) 爆炸极限范围小　可燃物质（可燃气体、蒸气、粉尘或纤维）与空气（氧气或氧化剂）均匀混合形成爆炸性混合物，其浓度达到一定的范围时，遇到明火或一定的引爆能量立即发生爆炸，这个浓度范围称为爆炸极限（或爆炸浓度极限）。爆炸极限范围越宽其爆炸危险性越大。

(3) 毒性小　使用丙酮、甲苯、乙醇、乙醚等低闪点易燃有机溶剂，需远离火源。这些溶剂一般不能直接加热，要用水浴间接加热。保存这些低沸点有机溶剂时，瓶口要密封，放置在阴凉处。如果这些有机溶剂在空气中的含量在爆炸的极限范围之内，还容易引起爆炸。例如，乙醚 $C_2H_5OC_2H_5$ 去油脂的能力很强，但它的闪点特别低（-40℃），极易着火。它的爆炸极限范围较大，当空气中含有体积比为 1.7%～48% 的乙醚蒸气时，遇明火或火花便立即猛烈爆炸，所以乙醚不宜大量使用。一定要用时必须注意安全。

大部分有机溶剂都具有一定的毒性。甲苯、苯对血液有毒害，丙酮蒸气能刺激呼吸道，苯、甲苯、四氯化碳等都有麻醉作用。即使毒性较小的溶剂，如果长时间的接触也必须有良好的通风设备，一般要求在通风橱中进行操作，以防由呼吸道吸入大量蒸气而中毒。

因此，选用无毒溶剂代替甲苯等有毒溶剂，是保护人身健康以及消除或减少公害的根本途径。

此外，盐酸、硫酸、硝酸、王水、重铬酸洗液、氢氟酸对人体有很强的腐蚀性和毒性。这些酸液溅在皮肤上能引起严重的烧伤，尤其是氢氟酸烧伤的伤口难以痊愈。因此，使用这些酸时应特别小心，要在通风橱中进行操作，特别是使用氢氟酸时，最好戴上橡胶手套，在塑料或铂制的容器（不能在玻璃容器）中进行。盐酸、硫酸、硝酸、王水的蒸气以及它们在反应中的产物，如 HCl、SO_3、SO_2、NO_2、N_2O_6、Cl_2、HF 等气体对眼、鼻、喉都有强烈的刺激作用和毒性。氢氟酸对骨骼造血、神经系统、牙、皮肤等都有毒害，如果皮肤上溅上盐酸、硫酸、硝酸等，应立即用大量自来水冲洗，再用 5% 的碳酸氢钠溶液洗。如果被氢氟酸烧伤，则应立即用大量水冲洗，再用 5% 的碳酸氢钠溶液洗，最后用两份甘油和一份氧化镁制成糊状物敷上，或用冰冷的饱和硫酸镁溶液洗，严重的应送往医院治疗。

9.2　硅表面抛光化学原理

在半导体生产过程中，经过多次加工之后，硅片表面已经很不平整，特别是在金属化引线边缘处会形成很高的台阶。台阶的存在将会影响淀积生长薄膜的覆盖效果，甚至可能使金属化引线发生断路，造成整个集成电路失效。另外，随着互连层数的增加和工艺特征尺寸的缩小，对晶片表面平整度的要求越来越高。

硅片抛光的方法包括化学机械抛光、气相抛光、化学腐蚀、高温真空处理，其中，化学机械抛光是必须经过的一道工序。化学机械抛光是在机械研磨硅片的同时发生化学腐蚀作用，将切片或磨片时形成的表面损伤层除去，使硅片表面光洁如镜。

9.2.1　铬离子化学机械抛光

三氧化二铬（Cr_2O_3）因颗粒小、硬度大、棱角锋利，故可用它做机械研磨的微粒。研磨后产生的机械损伤层随时被氧化剂重铬酸铵电离出来的重铬酸根离子腐蚀掉，化学腐蚀作用和研磨作用同时连续进行，这样既能达到抛光效果，又使硅片表面的晶格较为完整。

铬离子抛光既有机械抛光的平整度好，无橘皮状腐蚀坑等优点，又有化学抛光结构损伤较小的优点，而且速度快，成本低，是一种多快好省的抛光方法。缺点是硅片氧化后易产生高密度氧化错层，影响器件的成品率。此外，Cr_2O_3 有毒，使用时要注意安全。铬离子抛光液的配比为 $H_2O:Cr_2O_3:(NH_4)_2Cr_2O_7=1000:35:8$（质量比）。

9.2.2　铜离子化学机械抛光

铜离子 Cu^{2+} 遇到硅原子就立即被还原为铜原子，而硅原子则氧化成硅离子 Si^{4+}，同时，硅离子和抛光液中氟离子生成溶于水的络合物（六氟硅酸铵），在硅片上生成的铜不断地由抛光布擦去。抛光液的 pH 值为 5.8，即在酸性条件下抛光，pH＞7 时反应停止。抛光液和硅片的反应速度很快，只要稍一停留，立刻便会腐蚀，因此取片时，不能在表面上留下抛光液，必须紧接着水抛，直至抛光液被全部冲去，再将片子取下。卸下硅片之后最好再用稀硝酸漂洗一次，可以防止硅片受到残余铜的污染。

铜离子抛光优点：速度快，表面质量好。缺点：工艺条件难控制；铜离子易在缺陷处沉积，影响器件质量的稳定性。铜离子抛光液的配制：$CuCl_2 \cdot 2H_2O$ ∶ NH_4F ∶ H_2O＝60(g)∶260(g)∶1000(mL)。

9.2.3 二氧化硅胶体化学机械抛光

二氧化硅微粒分散在氢氧化钠的水溶液中形成二氧化硅胶体。二氧化硅胶体中的氢氧化钠对硅有腐蚀作用，可以与硅生成硅酸钠溶于水中。同时，二氧化硅胶粒可对硅片产生机械摩擦，除去硅片表面的突起物或损伤层。

二氧化硅胶体抛光优点如下。

① 胶体的颗粒直径比磨料的颗粒直径小一个数量级，且硬度与硅相当，因此它比用磨料的机械抛光表面损伤更小，抛出的硅片表面具有高度的镜面光洁。

② 不受材料导电类型和电阻率的影响。

二氧化硅胶体抛光缺点：抛光速度慢；碱液对设备有腐蚀作用。生产时，硅片可先经铬离子抛光去除研磨损伤层，再用二氧化硅胶体抛光去掉铬离子抛光的损伤层，最后用水抛直至碱性抛光液全部冲去。采取这些措施后，既提高了抛光速度，又提高了质量，从而可以使器件制作的成品率及优品率有明显的提高。

9.3 纯水制备

9.3.1 纯水在半导体生产中的应用

天然水中含有很多杂质，可分为五大类。

① 电解质：电解质是指水中呈离子状态存在的物质，包括可溶性的无机物、有机物及带电的胶体离子等。

② 有机物：包括农药、碳水化合物、蛋白质及其衍生物、类脂化合物、腐殖质等。

③ 颗粒物质：包括泥沙、尘埃、有机物、微生物及胶体颗粒等。

④ 微生物：包括真菌、细菌、浮游生物、藻类等。

⑤ 溶解气体：如 N_2、O_2、Cl_2、H_2S、CO、CO_2 和 CH_4 等。

若用自来水清洗硅片等半导体材料时，这些有害杂质将吸附在硅片表面上，使硅片沾污，使电路钝化，甚至短路，因此改变装置的电特性及最终产品的性质。可见，高品质的纯水对集成电路的生产至关重要，可以说没有高纯水就没有现代电子工业。

纯水分为纯水和超纯水。纯水又称去离子水，即去掉阴、阳离子和有机物等杂质的水。通常，半导体工艺清洗用的纯水，25℃时电阻率需在 5MΩ·cm 以上。超纯水又称高纯水，要求所含的悬浮颗粒直径在 0.45μm 以下，细菌数为 0～10 个/mL，25℃时电阻率在 10MΩ·cm 以上的水。目前，制出的超纯水纯度已能达到 99.99999%，水的电阻率能达到 18MΩ·cm 以上。纯水在电子工业中主要用作超大规模集成电路（VLSI）和甚大规模集成电路（ULSI）芯片清洗水。硅片经过有机溶剂或无机酸清洗后，表面上总要留下一层有机溶剂或无机酸，其中也必然含有残余的杂质，另外，所使用的有机溶剂或无机酸本身也会带入某些杂质，所以最后要用纯度很高的去离子水充分地冲洗。为了提高效率，除用冷纯水外，还需用热纯水以及超声波。原则上讲，在用水量一定的条件下，冲洗的次数越多，每次冲洗之后容器内剩余液越少，效果越好。但在冲洗时，为了不使硅片暴露在空气中而受到环境的污染，容器内每次都要保留少量的剩余液。

9.3.2　离子交换制备纯水

1. 离子交换树脂的种类及结构

离子交换树脂的化学结构可分为不溶性树脂母体（基体）和活性基团两部分。树脂母体为有机化合物和交联剂组成的高分子共聚物。交联剂的作用是使树脂母体形成主体的网状结构。活性基团由起交换作用的平衡离子和与树脂母体连接的固定离子组成。根据被交换的活性基团不同，一般把树脂分成阳离子交换树脂和阴离子交换树脂，它们可分别与溶液中的阳离子和阴离子进行离子交换。阳离子树脂又分为强酸性（如磺酸基—SO_3H）和弱酸性（如羧基—COOH）两类，阴离子树脂又分为强碱性［如季胺基—NR_3OH（R 为碳氢基团）］和弱碱性两类（如伯氨基—NH_2、仲氨基—NHR 或叔氨基—NR_2），或再分出中强酸和中强碱性类。

2. 离子交换原理

当含有杂质离子的自来水或蒸馏水流入离子交换柱时，阳离子交换树脂 $R'—SO_3H$ 中的 H^+ 与水中的阳离子进行交换，杂质阳离子被阳离子交换树脂吸附，而树脂中的 H^+ 进入水中，从而除去自来水或蒸馏水中的杂质阳离子。当含有杂质离子的自来水或蒸馏水流入阴离子交换柱时，离子交换柱中的 OH^- 与水中杂质阴离子进行交换，杂质阴离子被吸附在离子交换柱，而树脂中的 OH^- 被交换到水中，并与水中的 H^+ 结合制得纯水，其离子交换反应如下：

$$\underset{\text{(H 型阳离子树脂)}}{R'—SO_3H^+} + Na^+ \longrightarrow \underset{\text{(钠型阳离子树脂)}}{R'—SO_3Na^+} + H^+$$

$$\underset{\text{(OH 型阴离子树脂)}}{M'—N^+(CH_3)_3OH^-} + Cl^- \longrightarrow \underset{\text{(氯型阴离子树脂)}}{M'—N^+(CH_3)_3Cl^-} + OH^-$$

可见，单独使用阳离子或阴离子交换柱，只能部分或全部地去除水中的阳离子或阴离子，不能达到水质要求。

3. 离子交换装置系统

工业上制备纯水一般采用复床-混合床装置系统，如图 9-2 所示。所谓复床就是将阳离子、阴离子交换柱串联使用；混合床就是将阳离子、阴离子交换树脂按比例混合放入一个交换柱内使用。复床交换效果没有混合床高，尤其对弱酸根如 HCO_3^-、$HSiO_3^-$ 等不宜去除。采用复床-混合床装置系统可延长混合床的工作周期，提高水质，同时复床再生处理比较简单方便。

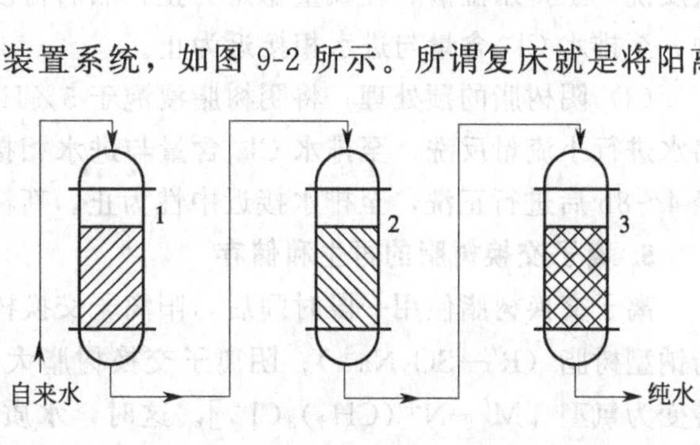

图 9-2　复床-混合床系统

1—强酸型阳离子交换柱；2—强碱型阴离子交换柱；3—强酸、强碱型混合离子交换柱

在复床中，阴离子交换柱必须放在阳离子交换柱后，主要原因是由于原水

通过阳离子交换柱后，出水带酸性，由于阴离子交换柱在酸性介质中易于交换，所以可提高交换效果。如果原水直接通入阴离子交换柱，则阴离子不能彻底去除。如原水直接进入阴离子交换柱，出水带碱性（pH 约为 9～10），会产生难溶的盐或碱类，使阴离子交换容量降低。若原水含盐量较大，可在复床-混合床系统的 1 和 2 之间再串联一个弱碱型阴离子交换柱。该系统可提高出水的水质和出水量，能较好去除 HCO_3^-、$HSiO_3^-$。

实际生产中，为了提高水的纯度，高纯水的制备包括用紫外线照射杀菌，活性炭过滤去除水中残余有机物和部分微生物，用复床-混合床交换树脂去除水中无机离子，用微孔滤膜除去水中大于滤膜孔径的各种微粒，由此制得的高纯水，其电阻率在 20℃时，可达 16MΩ·cm，如图 9-3 所示。

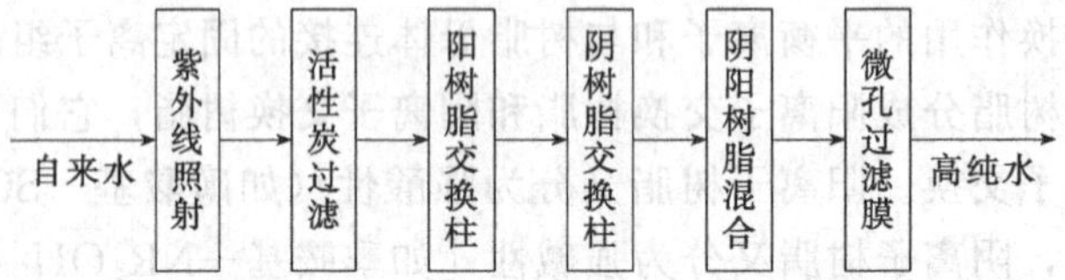

图 9-3　离子交换法制高纯水流程图

4. 离子交换树脂的预处理

离子交换树脂的工业产品中，常含有少量低聚合物和未参与聚合或缩合反应的单体。当树脂与水接触时，上述物质就会转入溶液中，影响出水的水质。除了这些有机物外，树脂中还往往含有铁、铅、铜等无机杂质。因此，在对水质要求较高的时候，新树脂在使用前必须进行处理，以除去树脂中的可溶性杂质。

新树脂在用药剂处理前，必须首先用水使树脂充分膨胀。然后对其中的无机杂质（主要为铁的化合物）可用稀盐酸除去；有机杂质可用稀氢氧化钠溶液除去。但如果树脂在运输或储存过程中脱了水，则不能将其直接放入水中，以防止树脂因急剧膨胀而破裂，应先把树脂放在 10%食盐水中浸泡一定时间后，再用水稀释使树脂缓慢膨胀到最大体积。

(1) 脱水树脂的食盐水处理　将树脂装入交换器中，用大于树脂体积的 10% NaCl 溶液浸泡树脂 1～2h。浸泡完后放掉食盐水，用水冲洗树脂，直至排出的水不呈黄色为止，然后最好再进行反洗，以除去混在树脂中的机械杂质和细碎树脂粉末。

(2) 阳树脂的预处理　将阳树脂浸泡于 2%～4%NaOH 溶液中，经 4～8h 后进行小流量反洗，至排水澄清、耗氧量稳定为止，然后再浸泡于 5%HCl 溶液中，经 4～8h 后进行正洗，至排水 Cl^- 含量与进水相接近为止。

(3) 阴树脂的预处理　将阴树脂浸泡于 5%HCl 溶液中，经 4～8h 后，用氢离子交换器出水进行小流量反洗，至排水 Cl^- 含量与进水相接近为止，然后再用 4% NaOH 溶液浸泡，经 4～8h 后进行正洗，至排水接近中性为止。新树脂经上述处理后，其稳定性会显著提高。

5. 离子交换树脂的再生和储存

离子交换树脂使用一段时间后，阳离子交换树脂大部分就由 H 型（$R'—SO_3H^+$）转变为钠型树脂（$R'—SO_3Na^+$）；阴离子交换树脂大部分也由 OH 型［$M'—N^+(CH_3)_3OH^-$］转变为氯型［$M'—N^+(CH_3)_3Cl^-$］。这时，水质（如电阻率）就迅速下降，需要对失效的树脂进行再生才能再使用。

树脂的再生，实际上就是交换反应的逆过程。一般来说，阳树脂的再生用盐酸最好，它的氧化能力很弱，不会破坏树脂结构和氧化树脂，从树脂上解析下来的离子大多都形成可溶性氯化物，便于用水清洗，减少对树脂的污染。若用硫酸作为再生剂，解析下来的离子可能会形成微溶性的钙、镁等硫酸盐沉淀，堵塞孔道，降低树脂的交换容量。但是由于硫酸的价格非常便宜，工业上也常用不超过5%浓度的稀硫酸溶液作为再生剂。阴树脂的再生一般用NaOH作为再生剂，不仅阴树脂的再生度高，而且去除硅的能力也强。从经济上考虑，对于交换容量高，再生较容易的弱碱性阴树脂，也可以用 Na_2CO_3 或 $NH_3 \cdot H_2O$ 作为再生剂，但其对强型树脂没有多大作用。反应如下：

$$R'—SO_3Na^+ + HCl \rightleftharpoons R'—SO_3H^+ + NaCl$$

$$M'—N^+(CH_3)_3Cl^- + NaOH \rightleftharpoons M'—N^+(CH_3)_3OH^- + NaCl$$

再生反应中生成可溶的氯化钠，可用水洗去，这样失效的树脂经过再生处理又可重新使用。

9.3.3　水纯度的测量

水的纯度越高，水中含杂质离子的浓度越小，水的电阻率就越大，因此，一般可采用电导仪测定水的电阻率来检查水的纯度。电阻率越高，水质越好。

1. 静态测量法

用电导仪测定，多用于小规模生产或实验室。优点是简单、灵活性大、便于移动。缺点是测量的准确性较差，特别是当水的纯度很高时，其准确性更差。主要是由于盛水容器清洗不净和空气中二氧化碳气体的溶解，从而影响测量的准确性。

2. 流动测量法

将电极插在纯水流过的管道中，纯水的流向与电极面平行，纯水从极面之间流过。优点是影响测量准确性的因素较少，准确性较高，可连续进行测量，目前应用较为广泛。缺点是测量装置移动不便。

在半导体生产中，水的纯度愈高愈好，一般要求水的电阻率在25℃时达到5MΩ·cm以上，如果水的电阻率小于5MΩ·cm，说明水的纯度不够，应停止出水，需对离子交换树脂或高纯电渗析器进行再生处理。

9.4　制备钝化膜

半导体器件表面是很容易受杂质污染的，若将它暴露在空气中，其电学特性就极易变坏。为了提高器件的可靠性和稳定性，除了器件的外壳要密封外，还在器件的表面上生长一层二氧化硅、磷硅玻璃、氮化硅、氧化铝等保护膜，使器件的表面与周围气氛隔离，这种工艺称为半导体器件的表面钝化工艺。本节着重讨论生长二氧化硅、磷硅玻璃、氮化硅、氧化铝等钝化膜的化学原理。

9.4.1　二氧化硅钝化膜的制备

1. 二氧化硅薄膜在器件中的作用

① 用二氧化硅膜作硼、磷、砷、锑等杂质选择扩散的掩蔽膜，使杂质进行定域扩散。

② 二氧化硅膜对于器件表面有保护和钝化作用，从而能提高器件的可靠性和稳定性。

③ 二氧化硅可作集成电路的隔离介质、铝引线和各种元件之间的绝缘层、大规模集成电路双层布线间的绝缘介质、电容器的介质以及MOS场效应晶体管的绝缘栅等。这是因为二氧化硅有较高的介电强度，击穿电压高，是一种良好的绝缘体。

2. 制备二氧化硅的化学原理

二氧化硅制备方法有许多种，其中热氧化法是应用最多的一种方法。因为它具有工艺简单、操作方便、氧化膜质量最佳、膜的稳定性和可靠性好，还能降低表面悬挂键，从而使表面态势密度减小，很好地控制界面陷阱和固定电荷等优点。

热氧化法是指1000℃高温下，硅经氧化生成二氧化硅的过程。热氧化又可分为水蒸气氧化、干氧氧化、湿氧氧化、掺氯氧化等。

(1) 水蒸气氧化　在高温下，硅与高纯水产生的蒸汽反应生成二氧化硅，其反应如下：

$$Si+H_2O_{(汽)} \longrightarrow SiO_2+H_2\uparrow$$

当硅表面生长一层二氧化硅膜后，二氧化硅就阻碍了水蒸气与硅片直接接触，于是水分扩散通过二氧化硅层的间隙，到达硅-二氧化硅界面，并与硅进一步发生反应，生成新的二氧化硅，从而使氧化层不断增厚，而反应所产生的氢气就沿着硅-二氧化硅面散开。水蒸气生长的速度快，不易控制，氧化层质量不高，容易产生各种缺陷，稳定性不好，对磷扩散的掩蔽能力较差，所以生产中很少采用。

(2) 干氧氧化　在高温下，氧分子与硅直接反应生成二氧化硅，反应为：

$$Si+O_2 \longrightarrow SiO_2$$

当硅表面生成一层二氧化硅膜之后，氧分子只有靠扩散才能通过二氧化硅层而到达二氧化硅的界面，继续与硅反应，生长新的二氧化硅层。但由于氧分子在二氧化硅中的扩散系数远小于水蒸气，所以水蒸气氧化速度比干氧氧化速度快。干氧氧化虽然时间长，但所生长的二氧化硅层结构比较致密。

(3) 湿氧氧化　湿氧氧化是通过高纯水的氧气，高纯水需加热到95℃以上。湿氧氧化的氧化剂既含有氧气又含有水汽，二氧化硅的生长速率介于干氧氧化和水蒸气氧化之间，生成的二氧化硅层不如干氧氧化的干燥、均匀、致密，但比水蒸气氧化生成的二氧化硅层质量好。

(4) 掺氯氧化　掺氯氧化的作用是减少钠离子的沾污，抑制氧化垛层错，提高少子寿命，也就是提高器件的电性能和可靠性。因此，此法在生产中广泛应用。

掺氯源有氯气、氯化氢和三氯乙烯等。其中以三氯乙烯最适宜。三氯乙烯在常温下是液体，沸点是86.7℃。在室温下，它在携带气体中有适宜的蒸气压。三氯乙烯化学性质稳定，没有腐蚀性，在空气中不燃烧，使用安全。

三氯乙烯氧化是在干氧中加入适量的三氯乙烯，在高温下和氧起反应，生成氯参与二氧化硅膜的生长，反应式如下：

$$C_2HCl_3+O_2 \longrightarrow CO_2\uparrow+HCl\uparrow+H_2O\uparrow+Cl_2\uparrow$$

9.4.2　其他类型钝化膜

1. 磷硅玻璃钝化膜

实验发现，二氧化硅钝化膜极易被钠离子沾污，影响器件电学性能，甚至使器件失效。但是，当二氧化硅吸收磷，形成磷硅玻璃之后，可使器件的性能稳定，因而广泛采用磷硅玻璃作为钝化膜。

磷吸收工艺就是利用磷硅玻璃薄层对钠离子的“提取”和“阻挡”作用，把钠离子“固定”在二氧化硅表面的磷硅玻璃薄膜层中，从而减弱钠离子对硅表面状态的影响，以提高器件的稳定性和可靠性。用放射性原子示踪法测得钠离子在磷硅玻璃中的溶解度比在二氧化硅中的大三个数量级。

磷硅玻璃作为钝化膜，也有不足之处，在高温处理时，被捕获的钠离子会再度“释放”出来。此外，随着磷浓度的增高，磷硅玻璃中的五氧化二磷成为极化分子，反而使器件性能不稳定。同时，含高浓度的磷硅玻璃还具有吸潮性，给光刻带来了不利，所以必须把磷的浓度控制在适当范围内。也可在磷硅玻璃上覆盖一层氧化铝，以克服磷硅玻璃的吸潮性。或在磷硅玻璃上再生长 2000Å[1] 的二氧化硅来防止水的侵入。因此在实际生产中，往往将磷硅玻璃与其他介质薄膜构成多层介质钝化膜。

形成磷硅玻璃的方法很多，最常用的方法是将二氧化硅层在 850～900℃下，通三氯氧磷，使五氧化二磷扩散到二氧化硅内，经适当时间后在氧化层表面即形成磷硅玻璃。用三氯氧磷生长磷硅玻璃的反应式如下：

$$POCl_3 + O_2 \longrightarrow P_2O_5 + Cl_2\uparrow$$

也可用化学气相淀积的方法获得磷硅玻璃，以氮气携带硅烷和三氯氧磷，通入气相淀积反应室，硅片放在加热到 450℃、并能运转的地盘上，就可淀积出一定厚度 PSG 钝化膜，其反应如下：

$$SiH_4 + O_2 + POCl_3 \longrightarrow SiO_2\downarrow + P_2O_5 + HCl\uparrow$$

减小 PSG-SiO_2 厚度比和 P_2O_5 浓度，可使磷硅玻璃的不稳定性减到最小程度，PSG 对器件的钝化效果是肯定的，目前已广泛用于生产中。

2. 氮化硅钝化膜

(1) 氮化硅钝化膜的优点

① 氮化硅具有阻挡钠离子等杂质离子的作用，而且在氮化硅中离子漂移度小，器件的稳定性较高。

② 氮化硅是一种化学稳定性高的绝缘膜，除氢氟酸和热磷酸能缓慢地腐蚀它以外，其它酸几乎不与它作用。但熔化态的强碱对它有较明显的腐蚀作用。

③ 氮化硅膜结构致密，硬度大，疏水性好，针孔密度低，气体和水汽难以透入。

④ 氮化硅不仅能掩蔽二氧化硅所能掩蔽的硼、磷、砷等杂质的扩散，而且还能掩蔽二氧化硅所不能掩蔽的镓、锌、氧等杂质的扩散。

⑤ 氮化硅的介电强度和对同种杂质的掩蔽能力比二氧化硅强，因而能得到更高的击穿电压和使用更薄的钝化膜，而薄掩蔽层有利于提高光刻质量。

⑥ 在二氧化硅钝化中，通常采用高温热氧化法。而氮化硅钝化，则通常采用较低温度下化学气相淀积法。因此，钝化温度对器件的影响较小。

(2) 氮化硅薄膜的制备

制备氮化硅膜的方法很多，有化学气相淀积法、反应溅射法、辉光放电法等。但最常用的是化学气相淀积法，而硅烷与氨以及硅烷与联氨热分解气相淀积则是应用最广的。

① 硅烷与氨气相淀积氮化硅膜

以氮气或氢气为携带气体，将硅烷与氨混合，在 750～850℃温度下，即可生成氮化硅，其反应式如下：

$$SiH_4 + NH_3 \longrightarrow Si_3N_4 + H_2\uparrow$$

因为这种方法制备氮化硅所需能量较小，反应较容易进行，副产物只有氢，从而能制得较纯

[1] 1Å$=10^{-10}$m，下同。

净的氮化硅。

② 硅烷与联氨气相淀积氮化硅膜

以氢气为携带气体，将硅烷与联氨混合。在温度550～750℃下，就能生成氮化硅，其反应式如下：

$$SiH_4 + N_2H_4 \longrightarrow Si_3N_4 + NH_3\uparrow + H_2\uparrow$$

联氨和硅烷都易燃易爆，所以在生产过程中要特别注意安全。用硅烷与联氨气相淀积氮化硅的一个优点是反应温度较低，最低可达550℃，有利于减小反应温度对器件的影响。另一个优点是硅烷与联氨的反应速度较快，因而淀积时间短、工效高。同时生长的氮化硅膜比较软，其中含有少量的二氧化硅，故可用氢氟酸缓冲腐蚀液直接腐蚀，腐蚀速度300～500Å/min。目前，在半导体的表面钝化、掩蔽扩散、集成电路的隔离以及大面积集成电路中的多层布线等均广泛应用氮化硅膜。

3. 氧化铝钝化膜

氧化铝是令人注目的另一种新型的钝化膜。它的突出优点是具有良好的抗辐射性能，一定的抗化学腐蚀和抗离子漂移。对钠离子有较良好的阻挡作用，因而可提高器件的稳定性和可靠性；存在负电荷效应，而二氧化硅则有正电荷，因此如将两者结合，可以使正负电荷相互抵消。同时，氧化铝薄膜克服了二氧化硅的多孔性及离子迁移的可透性，没有磷硅玻璃极化和吸潮现象，却同时具备二氧化硅、磷硅玻璃、氮化硅的一些优点。Al_2O_3、SiO_2 和 Si_3N_4 的性能如表9-1所示。

表9-1 Al_2O_3、SiO_2 和 Si_3N_4 的性能比较

性能＼材料	SiO_2	Si_3N_4	Al_2O_3
抗辐射能力	差	一般	强
抗离子漂移	差	一般	强
抗离子沾污(Na^+)	差 (4000～5000Å 的 SiO_2，Na^+ 能通行无阻)	一般	强 (500Å 的 Al_2O_3，Na^+ 不能通过)
机械强度	较强	强	强

制备氧化铝膜的方法很多，有化学气相淀积法、阳极氧化法和反应溅射法等。化学气相淀积方法有三氯化铝加水分解法和有机铝化合物的热分解法。

(1) 异丙醇铝热分解淀积法　用氮气作携带气体，使之通过125～130℃的熔融状异丙醇铝，鼓泡后的气流与稀释氮气混合送到射频加热的基片上。在加氧或不加氧的两种情况下进行淀积，即可分解得到氧化铝膜。热分解温度通常为425～500℃。其热分解反应如下：

$$Al(OC_3H_7)_3 \longrightarrow Al_2O_3\downarrow + CH_3{-}CH{=}CH_2\uparrow + 3H_2O\uparrow$$

该法的淀积温度低，生长的氧化铝膜对钠离子的阻挡能力比在高温下生长的氧化铝膜差得多，但对一般的MOS器件也够用了，可作抗辐射的介质膜。

(2) 三氯化铝高温水解淀积法　该方法是在高频反应室内高温水解三氯化铝来得到氧化铝膜的。其化学反应过程是在高温下使 CO_2 与 H_2 生成水，再用它去水解无水三氯化铝，生成氧化铝。

三氯化铝在室温下是固体，在温度130℃升华，结晶无水的三氯化铝蒸气用氢气携带通入反应室（升华器连通管子都必须加热，以免三氯化铝凝结在管壁上）。所需的氢气和二氧化碳经混合后也同时通入反应室。三氯化铝高温水解淀积氧化铝的化学反应基本上分两步进行，其反应式如下：

$$H_2 + CO_2 \longrightarrow H_2O\uparrow + CO\uparrow$$

$$AlCl_3 + H_2O \longrightarrow Al_2O_3\downarrow + HCl\uparrow$$

总反应式：

$$CO_2 + AlCl_3 + H_2 \longrightarrow Al_2O_3\downarrow + CO\uparrow + HCl\uparrow$$

采用此法能获得优质的氧化铝膜，抗腐蚀性能好，在常温下，只溶于 180℃的热磷酸。该法的缺点是生长温度较高（在 850℃左右），因而限制了使用范围。

9.5　扩散工艺化学原理

所谓扩散工艺，就是指在高温下，将第ⅢA 或第ⅤA 族元素杂质原子向硅、锗晶体内部扩散，以制造 P-N 结或制造集成电路的扩散电阻、埋层和隔离的工艺。

9.5.1　扩散工艺概述

为了制造性能良好的 P-N 结，必须对扩散杂质进行分析和选择。

① 必须根据半导体材料的导电类型来选择扩散杂质。

② 选择在硅中具有适当的扩散速度的杂质。通常用扩散系数 D 来表示杂质在硅中扩散的快慢。扩散系数 D 与温度有关，对同一种杂质来说，扩散系数一般随温度的升高而增大。

③ 选择纯度高、毒性小的扩散源。常用的扩散杂质有硼、磷、锑和砷，扩散杂质源有固态源、液态源和气态源。这些杂质的源如表 9-2 所示。

表 9-2　器件生产中常用的扩散杂质源

状态 \ 扩散杂质源	硼扩散杂质源	磷扩散杂质源	锑扩散杂质源	砷扩散杂质源
气态	BCl_3 三氯化硼 B_2H_6 乙硼烷	PH_3 磷化氢	SbH_3 锑化氢	AsH_3 砷化氢
液态	$B(OCH_3)_3$ 硼酸三甲酯 BBr_3 三溴化硼 $B(OC_3H_7)_3$ 硼酸三丙酯	$POCl_3$ 三氯氧磷 PCl_3 三氯化磷	$SbCl_5$ 五氯化锑	$AsCl_3$ 三氯化砷
固态	BN 氮化硼 B_2O_3 三氧化二硼	P_2O_5 五氧化二磷 P_2O_5+CaO 磷钙玻璃	Sb_2O_3 三氧化二锑	As_2O_5 五氧化二砷

表中所列举的杂质源在不同程度上都有毒性。其中以砷源和磷源毒性最大，尤其是砷和磷的气态源有剧毒又易爆炸，在使用时应采取相应的安全措施。

9.5.2　硼扩散的化学原理

1. 固态源——氮化硼

氮化硼（BN）是一种新的固态硼源，是一种白色粉末状的固体，熔点在 3000℃左右，微溶于水。氮化硼的化学稳定性很高，酸、强碱以及氯等几乎不与它起反应，但与强碱共熔时或在红热时受到水蒸气的作用会缓慢水解而生成三氧化二硼和氨，其反应式如下：

$$BN + H_2O \longrightarrow B_2O_3 + NH_3\uparrow$$

氮化硼在高温下与氧作用可生成三氧化二硼和氮气。扩散工艺中的烧源就是利用这一性质，其反应式如下：

$$BN + O_2 \longrightarrow B_2O_3 + N_2 \uparrow$$

由于硅和氧结合力很强，在高温下硅能使三氧化二硼还原为单质硼，其反应式如下：

$$B_2O_3 + Si \longrightarrow B + SiO_2$$

淀积在硅片表面的硼原子，在高温下向内部扩散。

氮化硼固态源扩散具有简单方便，源稳定，使用周期长，均匀性、重复性较好，成品率高，适合于大批量生产等优点，是目前生产中最广泛使用的一种硼源。

2. 液态源——硼酸三甲酯

无水硼酸三甲酯 $B(OCH_3)_3$ 在室温下是一种无色透明的液体。它的熔点为－29.2℃，沸点为 67.8℃。硼酸三甲酯的扩散原理是基于它在温度高于 500℃时发生热分解，生成 B_2O_3。B_2O_3 与硅起反应生成二氧化硅和硼，然后硼原子在高温下再向硅片内部进行扩散。其反应式如下：

$$B_2O_3 + Si \longrightarrow SiO_2 + B$$

9.5.3 磷扩散的化学原理

1. 液态源——三氯氧磷、三氯化磷

(1) 三氯氧磷　三氯氧磷（$POCl_3$）是一种无色透明的液体，具有刺激性、窒息性气味，有毒，常因溶有氯气或五氯化磷而呈红黄色。其相对密度为 1.675，熔点为 2℃，沸点为 105.3℃。三氯氧磷极易挥发，在室温下具有较强的蒸气压，为了保持恒定的蒸气压，使表面浓度稳定且适于控制，三氯氧磷在 600℃以上就开始分解，其反应式如下：

$$POCl_3 \longrightarrow PCl_5 + P_2O_5$$

三氯氧磷分解的副产物五氯化磷不易分解，并对硅有腐蚀作用。但在高温下，有足够氧气存在时，三氯氧磷将分解成五氧化二磷和氯。其反应式如下：

$$POCl_3 + O_2 \longrightarrow P_2O_5 + Cl_2 \uparrow$$

淀积在硅片表面的五氧化二磷就作为扩散杂质源，与硅反应生成二氧化硅与磷原子，然后磷原子再向硅中扩散，其反应式如下：

$$P_2O_5 + Si \longrightarrow SiO_2 + P$$

(2) 三氯化磷　三氯化磷（PCl_3）也是一种无色透明的液体，具有难闻的气味，并有毒。它的熔点为－111.8℃，沸点为 75.5℃，相对密度为 1.57。三氯化磷主要用作外延的掺杂源。在外延时，用氢气携带四氯化硅和三氯化磷的蒸气进入反应管，在高温下二者被氢还原，从而在衬底单晶体硅片表面上生长一层掺有磷杂质的晶体硅，其反应式如下：

$$SiCl_4 + H_2 \longrightarrow Si + HCl \uparrow$$

$$PCl_3 + H_2 \longrightarrow P + HCl \uparrow$$

三氯化磷和四氯化硅都很容易发生水解。三氯化磷水解生成亚磷酸和盐酸，其反应式如下：

$$PCl_3 + H_2O \longrightarrow H_3PO_3 + HCl$$

所以源瓶要密封好，通入的氢气必须充分干燥。

2. 气态源——磷化氢

磷化氢（PH_3），又称为膦，是一种无色、易燃、具有大蒜臭味的剧毒气体。熔点为－132.5℃，沸点为－87.4℃，相对密度为 1.15，它微溶于冷水，易溶于乙醇和乙醚等有机溶剂中。磷化氢在空气中可燃（着火点为 150℃），并生成磷酸（若在磷化氢中含有易自燃

的联膦 P_2H_4 时，在空气中便会自燃，甚至爆炸)，其反应式如下：

$$PH_3 + O_2 \longrightarrow H_3PO_4$$

磷化氢在 450℃以上分解生成磷和氢气，其反应式如下：

$$PH_3 \longrightarrow P + H_2\uparrow$$

磷化氢（也可称为磷烷）可用作硅烷外延掺杂氧化物扩散法的掺杂剂。在硅烷系统中加入一定比例的磷烷和微量的氧气，在 300～500℃下，就可淀积掺有杂质的磷硅玻璃，其反应式如下：

$$SiH_4 + PH_3 + O_2 \longrightarrow SiO_2 + P_2O_5 + H_2O$$

这种低温气相淀积的磷硅玻璃（也可作钝化膜）中的五氧化二磷在高温下与硅作用生成磷原子并向硅片内扩散。掺杂氧化物扩散法的优点是：表面杂质浓度和扩散深度比较容易控制，重复性较好，反应温度低，而且生成的氧化物较均匀，扩散层缺陷少。故掺杂氧化物扩散法是引人注目的扩散新技术。

9.5.4　锑扩散的化学原理

为了减少集电极串联电阻，改善饱和压降，在集成电路生产时，都在 NPN 晶体管的集电区下面扩散一层 N^+ 层，通常称为隐埋层。隐埋层通常采用锑扩散，因为锑的扩散系数较磷、硼小，故外延生长时的自掺杂效应也就低，同时又经得起以后工艺过程中的高温处理。埋层锑扩散大都使用三氧化二锑为杂质源，采用箱法扩散。

三氧化二锑（Sb_2O_3）在常温下为白色粉末，熔点为 656℃，难溶于水。高温时，能被硅还原为锑，反应式如下：

$$Sb_2O_3 + Si \longrightarrow SiO_2 + Sb$$

即在硅片上生成掺有锑杂质的氧化层，在扩散温度下，锑杂质原子进而向硅内扩散。由于三氧化二锑的蒸气压较高，不易控制，所以箱法锑扩散采用的源是三氧化二锑和二氧化硅的混合物，其配比为 $Sb_2O_3 : SiO_2 = 1:20 \sim 1:3$，一般取 1∶5。此反应在没有氧存在时，反应速度很快，导致石英箱内锑蒸气压过大，使硅片表面产生合金斑点甚至使源表面变黑。为使锑扩散的均匀性、重复性好，且硅表面无合金点，要求保护氮气中掺有微量氧气（含氧在 0.15%～0.4%范围)，氮气中的微量氧有抑制三氧化二锑还原成锑的作用。

9.5.5　砷扩散的化学原理

砷原子的外层有 5 个电子，也是 N 型杂质。砷扩散有它独到之处，例如砷在硅中的扩散系数小，用于浅结扩散，因扩散时间较长，便于精确地控制基区宽度。又如砷原子半径和硅原子很接近，在砷原子向硅晶体内扩散过程中，不致由于原子半径不同而产生应力，导致晶格缺陷。正是这个原因，扩砷的发射区无缺陷效应，有利于薄基区的形成。浅结、薄基区可提高器件的频率特性，所以砷扩散工艺普遍用于微波器件。因三氧化二砷有剧毒，砷扩散不像磷扩散那样广泛地用于一般器件。

砷杂质源主要是砷化氢和三氯化砷。砷扩散目前主要有下述两种方法。

1. 氧化物源扩散

氧化物源扩散又称固-固扩散，其基本原则是在硅片表面上先低温淀积一层掺杂的二氧化硅作为扩散源，然后在高温下使杂质原子向硅内扩散。按适当的比例将硅烷、氧、氮和三氯化砷、四氯化锗（后二者以氮气携带）通入反应室，硅片的温度约为 300℃，淀积时间约为 5min，反应式如下：

$$SiH_4 + AsCl_3 + O_2 \longrightarrow As_2O_3 + SiO_2 + HCl$$

$$GeCl_4 + O_2 \longrightarrow GeO_2 + Cl_2 \uparrow$$

$$GeO_2 + Si \longrightarrow Ge + SiO_2$$

通过上述反应，在硅片上便淀积出一层含有三氧化二砷、锗以及二氧化锗的二氧化硅层。然后将淀积好的硅片放入980℃左右的高温炉内，在氮气或氮氧混合气体（如1∶1混合）保护下扩散，也可在氧气中进行，时间15～20min。在扩散温度下，三氧化二砷被硅还原为砷，砷杂质原子进而向硅中扩散。反应如下：

$$As_2O_3 + Si \longrightarrow SiO_2 + As$$

2. 二氧化硅乳胶源扩散

掺杂二氧化硅乳胶源是一种比较新的扩散源，它具有氧化物源的优点，工艺又简单，且重复性和均匀性较好，可掺杂的杂质种类多。将掺有五氧化二砷的二氧化硅乳胶源涂在硅片表面上，在100～400℃前烘15min，使二氧化硅乳胶形成掺有五氧化二砷的二氧化硅乳胶源。将上述硅片用氮氧混合气体（1∶1）或氧气保护在1000～1100℃ 的高温炉内进行扩散，五氧化二砷分解成三氧化二砷和氧，三氧化二砷被硅还原为砷，向硅中扩散。反应如下：

$$As_2O_5 \longrightarrow As_2O_3 + O_2$$

$$As_2O_3 + Si \longrightarrow SiO_2 + As$$

9.6 光刻工艺的化学原理

光刻工艺是半导体工艺过程中非常重要的一道工序。光刻和制版，一般称之为图形加工技术，它是指在半导体基片表面，用图形复印和腐蚀的办法制备出合乎要求的薄膜图形，以实现选择扩散（或注入）、金属膜布线或表面钝化等目的，它决定着管芯的横向结构图形和尺寸，是影响分辨率以及半导体器件成品率和质量的重要环节之一，在微细加工技术中被认为是核心的问题。

9.6.1 光刻工艺概述

光刻是先将光刻版上的图形精确地复印在涂有感光胶的二氧化硅层或金属（如铝、铬以及氧化铁等）层上，然后利用光刻胶的保护作用，对二氧化硅或金属层进行选择性化学腐蚀，从而得到与光刻版相应的图形，光刻工艺一般流程如图9-4所示。

① 基片前处理：主要包括微粒清除、脱水烘焙、涂底胶三个步骤。

② 涂胶：在二氧化硅薄膜或金属薄膜表面涂上一层0.5～1μm的光刻胶，要求厚度均匀且无针孔。

③ 前烘：涂了胶的硅片，在曝光前要烘干（去掉溶剂），这一过程称前烘。烘干的目的是去除胶层内的溶剂，提高光刻胶与衬底黏附力及胶膜的机械擦伤能力。

④ 曝光：将掩膜板放在涂有光刻胶的硅片上，用紫外线照射，这时光刻胶只有一部分感光。受到光照的光刻胶由于发生了光化学反应，出现一些新的性质，如溶解性降低，难溶于有机溶剂中。

⑤ 显影：把曝光后的硅片放在显影液中，这时未感光的光刻胶便被显影液溶解掉，而感光部分难溶，留在硅片上。

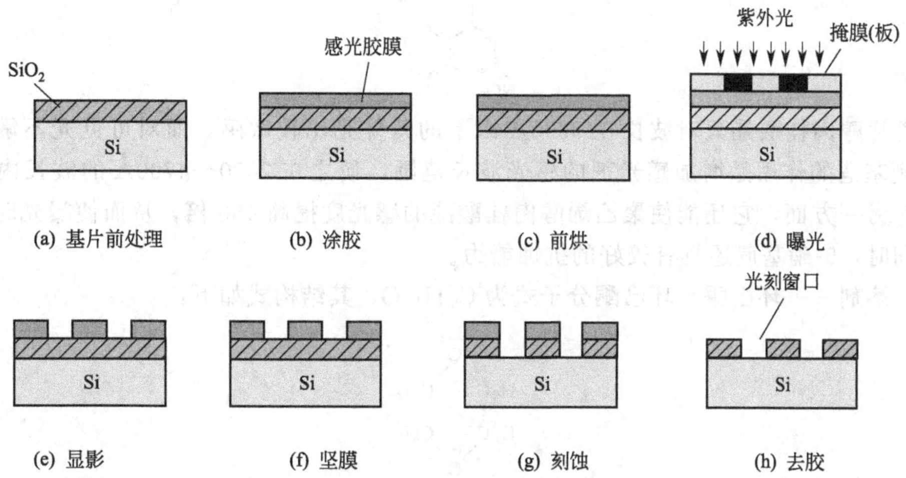

图 9-4　光刻工艺流程图

⑥ 坚膜：显影时感光部分的光刻胶虽未溶，但被显影液泡软，附着力下降，需在较高温度下烘焙，除去显影时胶膜所吸收的显影液和残留水分，改善胶膜和晶片间的黏附性，增强胶膜的抗蚀能力。

⑦ 刻蚀：将经过坚膜的硅片放在腐蚀液内进行腐蚀，由于留在硅片上难溶的光刻胶有抗蚀性，所以腐蚀液只能对未被胶膜覆盖的 SiO_2 或其他薄膜进行腐蚀。

⑧ 去胶：除去留在硅片表面的光刻胶。

在整个光刻工艺过程中，几乎都包含着化学反应。因此，为了提高光刻质量，必须了解光致抗蚀剂中各成分的性能及其在光刻工艺中的作用。本节着重介绍目前广泛使用的负性光致抗蚀剂聚乙烯醇肉桂酸酯的化学性能及其光刻工艺的化学原理。

9.6.2　光刻工艺中的化学应用

1. 聚乙烯醇肉桂酸酯光刻胶（KPR）

光刻胶一般有三部分即感光剂（或称光致抗蚀剂）、增感剂和溶剂组成，也有的还加入适量的抗氧化剂（如对苯二酚），以防止光致抗蚀剂氧化。聚乙烯醇肉桂酸酯光刻胶是一种负性胶。它由聚乙烯醇肉桂酸酯（感光剂）、5-硝基苊（增感剂）和环己酮（溶剂）三部分组成。

(1) 感光剂——聚乙烯醇肉桂酸酯　聚乙烯醇肉桂酸酯是感光胶的主要成分，它起感光剂的作用，具有稳定性高、耐酸碱腐蚀性强、分辨率高以及能黏附 Si、SiO_2、Al、Cr 等许多衬底的优点，同时在刻蚀细线条时具有线条清晰、边缘陡直的特征。

聚乙烯醇肉桂酸酯是线型的高分子化合物。它能溶解于苯、甲苯、三氯乙烯、丙酮、丁酮、醋酸、乙二醇、乙醚、氯苯等有机溶剂中。当它受紫外线照射时，则使线型分子链中的双键（—CH═CH—）打开，发生加聚反应，线状分子链节间起了交联，从而使线状结构变成了网状结构，使抗蚀剂硬化，从而不再溶于有机溶剂，并具有耐酸腐蚀性的特征，这就是光刻胶经过曝光后，感光部分不溶于显影液，而未感光部分能溶于显影液的缘故。

(2) 增感剂——5-硝基苊　5-硝基苊是一种黄色结晶体，熔点为 103℃，分子式为 $C_{12}H_9NO_2$，其结构式如下：

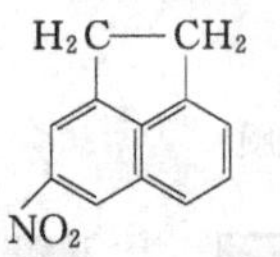

聚乙烯醇肉桂酸酯只对波长在3300Å以下的紫外光比较敏感，而对可见光不敏感。增感剂5-硝基苊的作用是增加感光剂的感光波长范围，使之在2600～4700Å的波长内都能灵敏感光；另一方面，它还能使聚乙烯醇肉桂酸酯的感光度提高450倍，从而使曝光时间大大缩短。同时，5-硝基苊还具有较好的抗蚀能力。

(3) 溶剂——环己酮 环己酮分子式为$C_6H_{10}O$，其结构式如下：

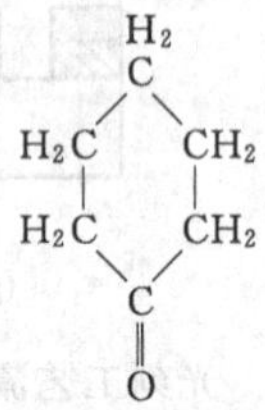

环己酮是一种无色油状易挥发的液体，具有薄荷气味，相对密度为0.951，沸点为155.7℃，微溶于水，能较好地溶于酒精。环己酮在光刻胶中起溶剂作用，能溶解聚乙烯醇肉桂酸酯和5-硝基苊等有机化合物。

聚乙烯醇肉桂酸酯光刻胶配方如下：

聚乙烯醇肉桂酸酯（感光剂）	1g
环己酮（溶剂）	10mL
5-硝基苊（增感剂）	0.1g

2. 光刻工艺中的化学原理

1）显影 对聚乙烯醇肉桂酸酯光刻胶，一般用丁酮作显影液。丁酮是一种无色液体，具有特殊气味，沸点为79.6℃，易挥发，易着火，相对密度为0.806。丁酮能与乙醇、乙醚及苯互溶，是一种良好的有机溶剂，它能溶解光致抗蚀剂、油脂以及其他有机化合物。涂有感光胶（如KPR负性胶）的硅片，经过曝光后放在丁酮中显影，丁酮能够溶解未感光的光致抗蚀剂，感光的部分由于聚乙烯醇肉桂酸酯经光硬化反应，由线状结构变为网状结构，不再溶解在丁酮中，从而得到所需的图形。

聚乙烯醇肉桂酸酯抗蚀剂，除了丁酮可作显影液外，凡是能够溶解感光胶的有机溶剂，如丙酮、苯、甲苯、三氯乙烯等均可作为显影液，其中以丁酮和三氯乙烯效果较好。用苯、甲苯等显影后图形清晰度不高；丙酮挥发性比丁酮大，显影后易造成胶膜收缩；三氯乙烯虽然显影效果好，但毒性较大。而丁酮作显影液，具有显影速度快、图形清晰、显影干净等优点，所以它是生产中最常用的一种显影液。

2）刻蚀 由于被腐蚀材料的不同，所选取的腐蚀液和腐蚀条件也不同。腐蚀液的选择必须满足下述要求。

① 光刻胶对腐蚀液的腐蚀作用要有一定的抗蚀能力，这样才能保证将硅片上无光刻胶膜保护的氧化层去净，而有光刻胶膜保护的氧化层依然存在，不受任何损坏。

② 腐蚀液只能对二氧化硅膜、铝膜或铬膜等起腐蚀作用，而对硅或其他材料不应起作用。

③ 腐蚀速度适当，且保持不变，以便于控制。腐蚀速度若太快，会引起严重的横向腐蚀及破坏光刻胶的掩蔽性能，产生大量针孔，且腐蚀时间不易控制。腐蚀速度若太慢，将会

使光刻胶在溶液中浸泡的时间过长，变软而被破坏，使图形不完整、不清晰、不准确。

为满足上述要求，工艺中采用氢氟酸-氟化铵缓冲腐蚀液腐蚀二氧化硅。

3）去胶的化学原理　在选择去胶方法时，需要注意的是能去净光刻胶并对胶膜下面的二氧化硅、铝膜等无损坏作用，并对后道工序无影响。去胶方法很多，常用的有氧化法去胶、去胶剂去胶及等离子体去胶和紫外光分解去胶等。

(1) 氧化法去胶　这是利用强氧化剂将光致抗蚀剂进行氧化。常用去胶的氧化剂有浓硫酸、浓硝酸、Ⅰ号过氧化氢洗液以及浓硫酸和过氧化氢的混合液等。

① 用浓硫酸煮胶实际上就是使胶膜碳化，然后用纯水冲洗干净，但由于光刻胶被浓硫酸碳化（一般用浓硫酸煮沸二次），产生了大量的炭黑，沾污了片子，所以工艺中常用浓硫酸和过氧化氢混合液（H_2O_2 : H_2SO_4 = 1 : 3），并加热至 100℃左右，光刻胶膜被氧化成二氧化碳和水。这样不仅避免了大量炭黑的产生，而且还可以加速反应。但反刻铝后，覆盖在铝膜上的光刻胶膜，则不能用煮浓硫酸的方法除去。因为铝和二氧化硅性质不同，二氧化硅不和热硫酸发生反应，而金属铝很容易溶解于热硫酸中（但铝不溶于冷浓硫酸中），从而破坏了铝引线。其反应式如下：

$$Al + H_2SO_4(浓) \longrightarrow Al_2(SO_4)_3 + H_2O + SO_2\uparrow$$

② 用Ⅰ号过氧化氢洗液煮胶比用浓硫酸煮的好，去胶后片子干净不会被炭黑所沾污。

③ 用发烟硝酸泡胶的方法是将反刻铝后的光刻胶，在发烟硝酸中浸 1min，轻轻摇晃去胶，然后迅速用纯水冲洗干净，用丙酮棉擦干。应用此法时，一定要注意硅片表面干燥，若有水分存在，就有可能把铝层腐蚀掉，因为稀硝酸与铝起反应。但也要注意浓硝酸会使铝“钝化”。此外，也可以用二甲苯或丙酮浸泡，使胶膜软化，然后再用棉花轻轻将胶膜擦去。

④ 高温氧化去胶，可与合金同时进行。把待去胶的硅片放入 450～530℃氧化炉中，通入大量氧气（流量约为 3～6L/min），使光刻胶氧化成二氧化碳和水等挥发性氧化物而被废气流带走，十几分钟后，胶即去除干净。此法简单、方便，不用任何化学试剂，并能同时进行合金，简化了工艺，并避免了铝条的划伤。因而被广泛采用。其缺点是氧化时，胶中残留的杂质可能沾污器件表面，同时反应温度比较高，限制了它的应用。

(2) 去胶剂去胶　当不能用浓硫酸去胶而用丙酮等去胶又不理想（因用棉花擦去胶膜，容易划伤铝膜）时，可改用去胶剂去胶膜，去胶剂可以使光致抗蚀剂溶胀或溶解而脱落。这种去胶法的最大优点是不损伤图形。

聚乙烯醇肉桂酸酯抗蚀剂也可用三氯乙烯溶剂去胶。因为三氯乙烯对胶膜有溶胀作用，而甲酸、硝酸、硫酸对抗蚀剂有浸透腐蚀作用，对胶膜可进行剥离，因此，如果在三氯乙烯溶剂中加入少量甲酸或硝酸或硫酸，则效果更好。如果再加适量湿润剂，例如乙二醇和甘油混合物，则溶胀作用更为明显，但它们不易溶于三氯乙烯中，为了克服这一缺点，可加第二助溶剂，如乙二醇乙醚。三氯乙烯去胶剂的配方如下：

乙二醇乙醚	200mL
乙二醇	100mL
甲酸	100mL
三氯乙烯	600mL

配置时将乙二醇乙醚、乙二醇、甲酸混合后加到三氯乙烯溶剂中，以上溶液不挥发、不燃烧，而溶胀作用及去胶能力均很好。

(3) 等离子体去胶　等离子体去胶是近几年发展起来的一种新的去胶方法。高度电离的气体称等离子体，其中正离子、负离子和自由电子所带的正、负电荷总数相等，对外不显示电性。

等离子体去胶是将待除胶的硅片放入石英管内（管外设有产生高频电磁场的装置），然后抽真空到 3×10^{-2}mmHg[❶] 左右，再以 8～30mL/min 的流量送入氧气，氧在高频电磁场作用下，电离成 O^-、O^+、O_2^-、O_2^+、原子氧 O、臭氧 O_3 和电子等混合等离子体。其中能量很高的原子氧（或称活化氧）占 10%～20%，在与光刻胶碰撞时使抗蚀剂中的碳—氢键、碳—碳键发生断裂，并与原子氧发生氧化反应生成一氧化碳、二氧化碳、水和其他挥发性氧化物，以气体形式被抽走，即达到去胶的目的。

等离子体去胶法同样具有不用任何化学试剂，不加热，对器件结构特性不会产生影响，反刻铝膜可避免划伤，同时操作简便、成本低、功效高（每批数十片硅片，只需 10min 左右即可同时去胶）等优点。所以目前发展很快，是一种适宜大批量生产的较为先进的去胶法。

（4）紫外光分解去胶　强紫外光照射感光过的抗蚀剂，在普通大气压下，加热至 250℃，可使胶分解为挥发性气体（如 CO_2 和 H_2O）而被除去，从而获得十分干净无任何含碳物质残渣的半导体表面。

9.7　化学腐蚀

所谓化学腐蚀，就是物质与其周围介质发生化学作用而被腐蚀的现象。在半导体生产中，常要用到化学腐蚀，例如对半导体材料硅、锗、砷化镓的腐蚀，在光刻工艺中对二氧化硅、氮化硅、蒸发金属铝膜的腐蚀；在制版工艺中对金属铬版和氧化铁彩色版等的腐蚀；以及其他材料的腐蚀等。本节将讨论半导体生产中常用的化学腐蚀的原理及影响化学腐蚀的一些因素。

9.7.1　化学腐蚀的原理

1. 硅的腐蚀

因为硅几乎不溶于所有的酸中，氢氟酸虽能腐蚀二氧化硅，但单纯的氢氟酸对硅的腐蚀作用却很慢。硅的腐蚀液需包含氧化剂（如硝酸）和络合剂（如氢氟酸），如目前广泛采用的硝酸和氢氟酸的混合腐蚀液。其中 HNO_3：HF＝10：1～2：1（体积比）。硝酸在硅的混合腐蚀液中起到氧化剂作用，它使硅氧化成二氧化硅，其反应式如下：

$$Si+HNO_3 \longrightarrow SiO_2+H_2O+NO\uparrow$$

由于二氧化硅是难溶的物质，它既不溶于水，也不溶于硝酸，而且硅表面被硝酸氧化，形成一层非常致密的二氧化硅薄膜对硅起保护作用，从而阻碍了硝酸进一步与硅反应，所以硝酸不能有效地腐蚀硅，而只能在硅片表面形成一层很薄的二氧化硅薄膜。混合腐蚀液有络合剂氢氟酸存在，使硅表面的二氧化硅保护膜被破坏，生成了可溶于水的络合物六氟硅酸 $H_2[SiF_6]$。这样硅就能不断被硝酸氧化，生成的二氧化硅又不断地被络合剂氢氟酸络合，从而达到腐蚀的目的。反应如下：

$$SiO_2+HF \longrightarrow H_2[SiF_6]+H_2O$$

❶ 1mmHg＝133.322Pa，下同。

在硅的常用腐蚀液中，例如 CP_4 腐蚀液（硝酸∶氢氟酸∶冰醋酸∶溴＝5∶3∶3∶0.06），除了含有氧化剂硝酸，络合剂氢氟酸外，还含有缓和剂冰醋酸或水及附加剂溴或碘。缓和剂的作用是控制反应速度，使硅表面光亮。常用的附加剂是氧化剂（如溴、碘等）或还原剂（如碘化钾等）或加金属盐类（如硝酸银、硝酸汞、硫酸铜等），它能大大加快反应速度。

此外，由于硅能与碱作用，所以也可用 10%～30%氢氧化钠或氢氧化钾溶液作硅的腐蚀液。其缺点是腐蚀速度很快，腐蚀后的表面比较粗糙，同时会引起钠离子沾污。硅与碱的化学反应式如下：

$$Si + NaOH + H_2O \longrightarrow Na_2SiO_3 + H_2\uparrow$$

2. 二氧化硅的腐蚀

在光刻工艺中，对窗口的二氧化硅进行腐蚀有两点基本要求。

① 腐蚀速度要适中且保持不变，便于控制。

② 腐蚀液对光致抗蚀剂胶膜无腐蚀作用，只有这样才能保证将没有光致抗蚀剂胶膜保护的氧化层腐蚀干净，而有光致抗蚀剂保护的氧化层依然存在。

在生产中，腐蚀二氧化硅都采用氢氟酸-氯化铵的缓冲腐蚀液。其组成为：氢氟酸∶氟化铵∶纯水＝3(mL)∶6(g)∶10(mL)。

氢氟酸的作用是溶解二氧化硅层，氢氟酸虽然能腐蚀二氧化硅，但由于其腐蚀速度太快，不便于控制，腐蚀效果不好，而且氢氟酸易穿透光致抗蚀剂胶膜去腐蚀膜底下的二氧化硅层，引起钻蚀，甚至使抗蚀剂胶膜脱落（特别在膜的边缘易发生），因此不能单用氢氟酸作腐蚀液。

3. 氮化硅的腐蚀

目前生产上普遍应用二氧化硅掩蔽磷酸腐蚀氮化硅。由于热磷酸对氮化硅、二氧化硅和硅的腐蚀速度不同，而在 180℃温度下其腐蚀速度的相对差值很大。180℃的磷酸对氮化硅的腐蚀速度为 100Å/min，对二氧化硅的腐蚀速度为 10Å/min，对硅的腐蚀速度为 5Å/min。因此要刻蚀氮化硅，可在氮化硅层上淀积一层二氧化硅，用普通的光刻方法在二氧化硅层上刻出窗口，然后再以此二氧化硅层作光刻腐蚀掩膜，在 180℃下用磷酸腐蚀氮化硅。

应该注意，在敞口的容器中作浓磷酸恒温腐蚀时，随着水分的挥发，磷酸的浓度变大，沸点上升。对氮化硅腐蚀速度就有所变化，因此为了使腐蚀速度恒定，必须保持磷酸溶液浓度不变。

除此方法以外，生产中还采用阳极氧化氮化硅为二氧化硅以及等离子体刻蚀氮化硅，这是较好的刻蚀新工艺。目前应用较广的是用磷酸腐蚀和等离子体刻蚀氮化硅，尤其是等离子体刻蚀技术为氮化硅在半导体表面钝化、掩蔽扩散、集成电路的隔离及某些新器件的制造开拓了新的途径。

4. 金属铝膜的腐蚀

在硅平面管和集成电路生产中，普遍用铝膜作为电极引线，因此必须对铝膜进行光刻，把不需要的铝层腐蚀掉，只留下作为引线连接的铝条。腐蚀铝一般用 85%磷酸腐蚀液，腐蚀温度为 70～80℃，其化学反应式如下：

$$Al + H_3PO_4 \longrightarrow Al(H_2PO_4)_3 + H_2\uparrow$$

生成的酸式磷酸铝易溶于水，并有氢气泡不断冒出，铝膜易被溶除干净。在浓磷酸中加入少量的酒精以清除氢气泡，可使反应顺利进行。

9.7.2 影响化学腐蚀的因素

腐蚀速度指单位时间内材料被腐蚀的厚度，以 μm/min 或 Å/min 表示。例如，如果二氧化硅层的厚度为 6000Å，在 35℃条件下需腐蚀 3min 才露出硅层，则腐蚀速度为 2000Å/min。在半导体生产中，化学腐蚀速度的快慢有着重要的意义，它直接影响腐蚀质量和生产效率。影响化学腐蚀速度主要有下列因素。

1. 材料和腐蚀剂的性质

化学腐蚀速度的快慢，首先取决于被腐蚀材料本身的性质以及腐蚀剂的性质。这就是说化学反应速度有差别的根本原因是由于反应物本身性质不同所决定的。例如，金属铝能很快被磷酸腐蚀，而硅不能被磷酸腐蚀，这是由铝和硅的本身性质所决定的。除了材料本身性质以外，腐蚀剂的性质对腐蚀速度也有很大的影响。对同一材料二氧化硅的腐蚀，单纯浓氢氟酸的腐蚀速度远远大于氢氟酸-氟化铵缓冲腐蚀液。一般来说腐蚀液中氧化剂的氧化能力愈强，或试剂溶解或络合氧化物的能力愈强，其腐蚀速度也就愈快。半导体材料、金属、合金的常用腐蚀剂如表 9-3 所示。

2. 腐蚀液的浓度

大量实验表明，除少数反应外，大部分的反应在一定的温度下，增加反应物的浓度（如腐蚀液的浓度），则可增大反应速度。

3. 腐蚀温度

温度对腐蚀速度的影响是显著的。一般说来升高温度腐蚀速度显著地加快，这是由于温度对氧化作用和氧化物的溶解度作用都随着温度升高而增大。为了保证腐蚀质量，更好地掌握腐蚀时间，了解腐蚀速度与温度的关系是十分重要的。

此外，材料的表面状况、晶面以及腐蚀液的搅动等对腐蚀速度也都有一定的影响。一般表面比较粗糙的材料，由于表面晶体结构被破坏和晶体表面积增大，有利于腐蚀作用进行，所以表面粗糙的材料腐蚀速度也有所增加。

总之，不论是半导体材料、金属、合金或光刻的腐蚀，为了要达到预定的腐蚀效果、满足工艺上的要求，不仅要选择好腐蚀液，而且还要严格控制腐蚀液的浓度、腐蚀温度和腐蚀速度。

表 9-3 半导体材料、金属、合金的常用腐蚀剂

材料名称	化学腐蚀剂及其配方
硅(Si)	①硝酸：氢氟酸＝5：1
	②硝酸：氢氟酸：冰醋酸：溴＝5：3：3：0.06(CP_4)
	③过氧化氢：氢氟酸：盐酸＝10：10：1
	④10％～30％的氢氧化钠溶液
锗(Ge)	①30％过氧化氢：25％氢氧化钠＝100：1
	②CP_4 腐蚀液(硝酸：氢氟酸：冰醋酸：溴＝5：3：3：0.06)
砷化镓(GaAs)	① 过氧化氢：硫酸：水＝1：3：1 ②硝酸：盐酸：水＝1：3：1 ③过氧化氢：氢氧化钠＝1：5
铝(Al)	①85％的磷酸 ②盐酸：水＝1：4 ③高锰酸钾：氢氧化钠：水＝3g：1g：100mL ④10％～20％氢氧化钠溶液

续表

材料名称	化学腐蚀剂及其配方
铬(Cr)	①高锰酸钾：氢氧化钠：水＝3g：1g：100mL ②硫酸高铈：硝酸：水＝1g：1mL：10mL
金(Au)	①王水(硝酸：盐酸＝1：3) ②氰化钠和过氧化氢的混合液
银(Ag)	①硝酸：磷酸＝1：1 ②硝酸
锡(Sn)	10%～20%盐酸溶液
锑(Sb)	10%盐酸溶液
镍(Ni)	①30%～50%盐酸溶液 ②硝酸：冰醋酸：盐酸＝1：4：0.001
铜(Cu)	①三氯化铁溶液 ②过二硫酸铵$(NH_4)_2S_2O_8$溶液
钨(W)	亚硝酸钠：氢氧化钠：水＝25g：4g：100mL
钼(Mo)	80mL 30%过氧化氢中加入十几滴 20%氢氧化钠
铂(Pt)	王水
锌(Zn)	①10%硫酸溶液 ②6%～10%硝酸
铅(Pb)	用水煮去表面氧化层
镓(Ga)	盐酸：水＝1：9
铟(In)	硝酸
可伐合金(铁、钴、镍合金)	①稀硝酸和稀盐酸混合液 ②冰醋酸：硝酸：盐酸＝4：1：0.0003
杜美丝(外部覆盖着铜的铁镍合金)	柠檬酸(20%)：盐酸＝96：4
金-锑合金	王水：水＝1：3
铝-硅合金	①10%～20%氢氧化钠溶液(加热煮沸) ②硝酸：氢氟酸＝6：1 或 2：1

习　题　9

1. 硅片表面吸附的杂质有哪些？怎样去除这些杂质？
2. 什么是化学机械抛光？如何对二氧化硅、铬离子和铜离子进行化学机械抛光？
3. 简述离子交换法制备纯水的原理。
4. 半导体器件表面保护膜有哪些种类？简述制备这些薄膜的化学原理。
5. 什么是扩散工艺？如何进行硼、磷、锑的扩散？
6. 简述显影和去胶的化学原理。
7. 光刻结束后，如何腐蚀不被光刻胶保护的二氧化硅、氮化硅及金属铝膜？

第 10 章　半导体集成电路设计原理

10.1　CMOS 集成电路中的无源元件

10.1.1　互连线

1. 互连线概述

互连线，是集成电路设计不可缺少的部件之一。IC 的布线工艺由蒸铝和腐蚀铝（简称刻铝）工序完成。早期的铝线都做在同一平面上，称做单层连线。随着 IC 集成度的提高，走线越来越复杂，单层连线发展成多层连线，有的 IC 铝线有六七层之多。同层铝线之间及相邻各层铝线之间的电绝缘由二氧化硅绝缘材料完成。1997 年 12 月，IBM、Motorola 和 TI（得克萨斯仪器）公司在华盛顿特区举行的国际电子器件会议上宣布他们将于 1998 年推出铜连线 IC。由于铜连线 IC 的速度、功耗、可靠性等性能好、成本低，现在的集成电路制造工厂都使用铜连线生产芯片。

2. 互连线设计

随着超大规模集成（VLSI）技术和深亚微米工艺的发展，集成电路中广泛存在宽度仅为深亚微米量级且多层分布的金属互连线，这些互连线已不能近似为一种等电势连接，而需要考虑在电路正常工作情况下它们之间的电磁耦合寄生效应。并且，与晶体管等设备不同，金属线互连线间的这种寄生效应随着集成电路特征尺寸的缩小和工作频率的增大而日益重要。事实上，在当前的高性能集成电路设计中，互连线的寄生效应决定着电路的时延、可靠性和功耗等关键因素，对互连线的寄生效应进行有效建模和验证已成为当前 VLSI 电路设计流程中一个至关重要的环节。

集成电路芯片上的门与门之间的连线形成互连电容和互连电阻。芯片的金属层、多晶硅层、扩散层的单层上或层与层之间都可能存在寄生分布参数。这种寄生取决于各个层的物理性质和电路拓扑结构。对于金属层和多晶硅层形成的互联电容可用介质隔离的平行板电容器来近似，认为其值与电压和几何形状无关。金属对衬底的电容面积密度及多晶硅对衬底的电容面积密度通常是 C_{ox}（栅-氧化层寄生电容）的 1/10～1/20。扩散层对衬底的电容由单位面积的底面结电容和单位周长的侧面结电容所构成，扩散电容值与反偏的结电压有关。常选取某一电压得到标称电容值，忽略随电压的变化，单位面积扩散电容一般为 C_{ox} 的 1/5～1/10。但是由于通常互连所占的面积远大于 MOS 管的栅面积，故这些连线可以表现为许多结点上的寄生负载电容。当器件尺寸进入深亚微米后，它们的影响更加突出。

一般情况下，多晶硅和扩散层的电阻比金属层要大三个数量级。相邻器件互连电阻与器件等效电阻比可以忽略，但对于长的互连，多晶硅和扩散层电阻不可忽视。所以长线尽量采用金属层设计。

当初步生成逻辑图或电路图并确定器件尺寸以后，需要考虑该模块的逻辑特性及其延迟。互连延迟与具体的布局布线有关。对数字电路，互连线电容是影响延迟的重要因素，在完成电路布局布线之前，判断最小尺寸数字电路的互连线延迟（当长度大于 0.5μm 时）可以采用一个经验定则：

① 假设单位面积平均互连电容为 C_{ox} 的 1/10；

② 假设互连线占用的面积为栅极面积的 10 倍。

于是，只要将每一被驱动门的有效电容加倍，就可以认为已考虑了互连线电容，这只是一个粗略的近似模型。但就一个具体的设计规范和工艺来说，可用同类设计的测量结果来修正这种近似，较好地预测关键点的互连电容。

设计版图时，通常用金属和多晶硅作为互连线。由于扩散层电容较大，除了短线，一般不宜作信号连线。使用多晶硅长线互连时，可等效为若干段分布 RC 网络的级联，降低了信号通过的速度。设计对策是长线中插入缓冲驱动器，用以驱动多晶硅长线，既可提高信号速度，又可减少对噪声的敏感性。一般连线上信号传输的延迟时间可用下列关系式：

$$t_{dL}=\frac{RCl^2}{2} \tag{10-1}$$

其中，R 为单位长度电阻；C 为单位长度的电容；l 为连线长度。其中 l^2 项表明，连线长度对延迟的影响是主要的。将长线分成若干段，然后在每一段插入缓冲驱动器，以它驱动长线，可以提高传输速度。图 10-1 表示长 2mm 的多晶硅总线，$R=12\Omega/\mu m$，$C=4\times10^{-4}$ pF/μm，根据上式，该线的延迟时间为

$$t_{dL}=2.4\times10^{-15}\Omega\cdot F/(\mu m)^2\times(2\times10^3)^2(\mu m)^2=9.6ns$$

如将该线分成 1mm 长的两段，中间加一驱动器，则延迟时间变为

$$t_{dL}=2\times[2.4\times10^{-15}\times(1\times10^3)^2]ns+\tau_{buf}=4.8ns+\tau_{buf}$$

其中，τ_{buf} 为缓冲驱动器的延迟时间。只要 τ_{buf} 足够小，适当分段能够得到小的延迟。τ_{buf} 依赖于其一段线的电容，它们的比例又依赖于其他电路参数，如最后的负载电容等。有时，采用较宽的多晶硅线，以牺牲电容来减少总的串联电阻。

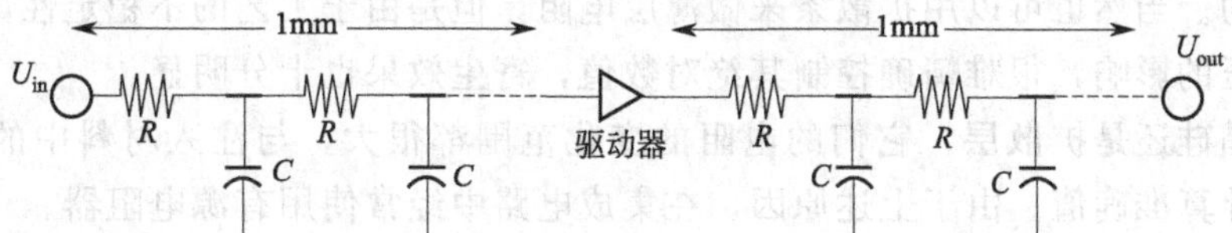

图 10-1　多晶硅长线分段插入驱动器

门电路输入波形边沿差，长线易受噪声干扰。如图 10-2 所示信号经多晶硅长线传输后到达反相器输入端时，其上升沿会变得很差，当在反相器阈值附近停留较长时间，那么即便是小噪声也会引起反相器多次误翻转。因此，长线宜加入驱动器，以提高传输速度和抑制噪声的影响。但若多晶连线过长，RC 很大，简单地加驱动器将不再奏效，这时就应该考虑双

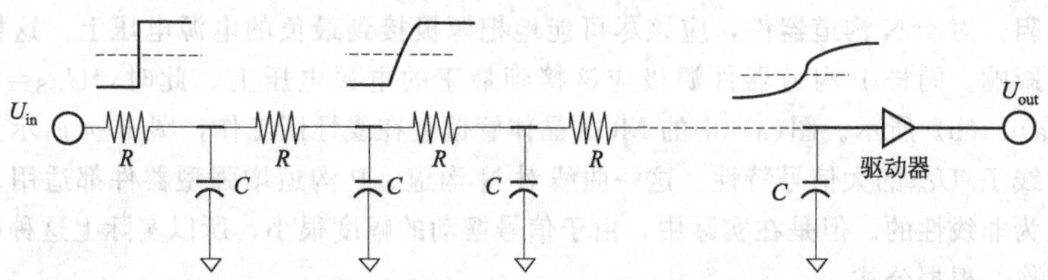

图 10-2　多晶硅长线延迟造成的噪声

层金属布线，用第二层金属代替多晶硅，或用薄层电阻为 2～4Ω/□的硅化物代替多晶硅走线。假设门延迟在 100～500ps，且被传输信号是轻负载情况下，互连长线延迟可以忽略不计的最大允许长度如表 10-1 所示。

表 10-1　可忽略的 RC 导线延迟的最大允许长度

层　名	最大长度(λ)	层　名	最大长度(λ)
金属层 3 导线	10000	硅化合物互连线	600
金属层 2 导线	8000	多晶硅互连线	200
金属层 1 导线	5000	扩散层互连线	60

注：表中，λ 为版图设计时的最小尺寸。

10.1.2　电阻器

在集成电路的设计中，电阻器不是主要的器件，却是必不可少的。如果设计不当，会对整个电路有很大的影响，并且会使芯片的面积很大，从而增加成本。

目前，在设计中使用的主要有 3 种电阻器：多晶硅、MOS 管以及电容电阻。在设计中，要根据需要灵活运用这 3 种电阻，使芯片的设计达到最优。

1. 多晶硅电阻

集成电路中的单片电阻器距离理想电阻都比较远，在标准的 MOS 工艺中，最理想的无源电阻器是多晶硅条。一个均匀的平板电阻可以表示为：

$$R=(\rho/t)(L/M)=R_{\square}(L/W) \tag{10-2}$$

式中，ρ 为电阻率；t 为薄板厚度；$R_{\square}=\rho/t$ 为薄层电阻率，单位为 Ω/□；L/W 为长宽比。由于常用的薄层电阻很小，通常多晶硅最大的电阻率为 100Ω/□，而设计规则又确定了多晶硅条宽度的最小值，因此高值的电阻需要很大的尺寸，由于芯片面积的限制，实际上是很难实现的。当然也可以用扩散条来做薄层电阻，但是由于工艺的不稳定性，通常很容易受温度和电压的影响，很难精确控制其绝对数值，寄生效果也十分明显。

无论多晶硅还是扩散层，它们的电阻的变化范围都很大，与注入材料中的杂质浓度有关，不容易计算准确值。由于上述原因，在集成电路中经常使用有源电阻器。

2. MOS 管电阻

MOS 管为三端器件，适当连接这三个端，MOS 管就变成两端的有源电阻。这种电阻器主要原理是利用晶体管在一定偏置下的等效电阻。可以代替多晶硅或扩散电阻，以提供直流电压降，或在小范围内呈线性的小信号交流电阻。在大多数的情况下，获得小信号电阻所需要的面积比直线性重要得多。一个 MOS 器件就是一个模拟电阻，与等价的多晶硅或扩散电阻相比，其尺寸要小得多。

简单地把 N 沟道或 P 沟道增强性 MOS 管的栅极接到漏极上就得到了类似 MOS 晶体管的有源电阻。对于 N 沟道器件，应该尽可能地把源极接到最负的电源电压上，这样可以消除衬底的影响。同样 P 沟道器件源极应该接到最正的电源电压上。此时，$U_{GS}=U_{DS}$，如图 10-3(a)、(b) 所示。图(a) 中的 MOS 晶体管偏置在线性区工作，图 10-4 所示为有源电阻跨导曲线 I_D-U_{GS}的大信号特性。这一曲线对 N 沟道、P 沟道增强型器件都适用。可以看出，电阻为非线性的。但是在实际中，由于信号摆动的幅度很小，所以实际上这种电阻可以很好地工作。根据公式

$$I=K'WU_{DS}(U_{GS}-U_T-0.5U_{DS})/L \tag{10-3}$$

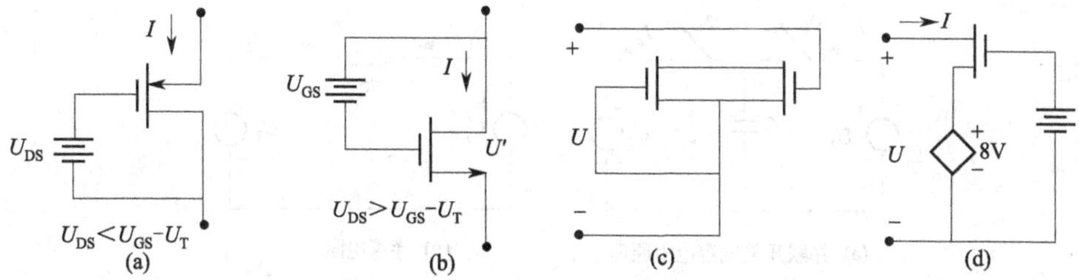

图 10-3　MOS 有源电阻

其中，$K'=\mu_0 C_{ox}$。可以看出，如果 $U_{DS}<U_{GS}-U_T$，则 I_D 与 U_{DS} 之间关系为直线性。假定 U_{GS} 与 U_{DS} 无关，由此产生一个等效电阻 $R=KL/W$，$K=1/[\mu_0 C_{ox}(U_{GS}-U_T)]$，$\mu_0$ 为载流子的表面迁移率，C_{ox} 为栅沟电容密度；K 值通常在 1000～3000Ω/□。实验证明，在 $U_{DS}<0.5(U_{GS}-U_T)$ 时，近似情况是十分良好的。

图 10-3(c)、(d) 虽然可以改进电阻率的线性，但是牺牲了面积增加了复杂度。

用有源电阻得到大的直流电压需要大的电流，或者远小于 1 的 W/L 比值。可以采用级联的方法克服这一问题即将每一级的 G、D 与上一级的 S 相连。这样可以使 W/L 接近于 1 且使用较小的直流电流。

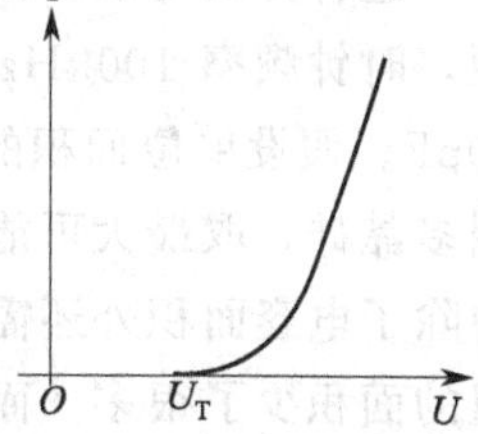

图 10-4　MOS 有源电阻 I-U 特性

在设计中有时要用到交流电阻，这时其直流电流应为零。图 10-3 所示的有源电阻不能满足此条件，因为这时要求其阻值为无穷大。显然这是不可能的。这时可以利用 MOS 管的开关特性来实现，如图 10-5(a) 所示。MOS 开关的特性近似为直线，没有直流失调。这时通过控制栅源之间的电压值就可以得到 ΔU 为 1V 的线性交流电阻。

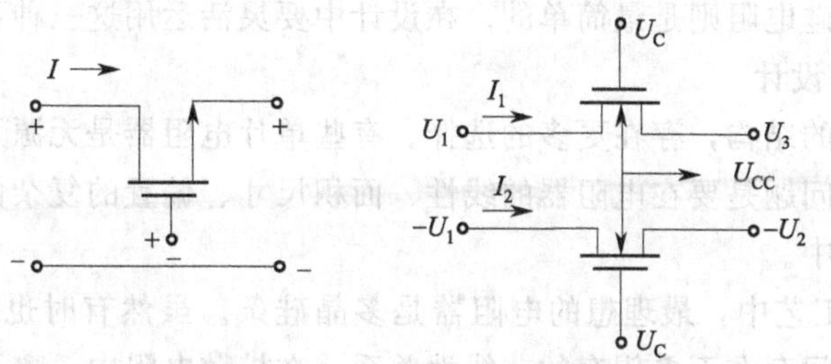

(a) MOS晶体管用作开关　(b) MOS晶体管用作差动电阻

图 10-5　MOS 管开关特性及差动电阻

为了尽可能夸大线性区并抵消本体效应，电阻往往以差动方式成对出现，如图 10-5(b) 所示的为差动结构的交流电阻。注意，加到电阻器左边的是差动信号 (U_1)；右边则处于相同电位。

3. 电容电阻

交流电阻还可以采用开关和电容器来实现。如果时钟频率足够高，开关和电容的组合就可以当做电阻来使用。其阻值取决于时钟频率和电容值。

图 10-6 是一种电阻模拟方法，称为“并联开关电容结构”。在特定的条件下，按照采样系统理论，可以近似为图 10-5(b) 所示的电阻。其中 U_1 和 U_2 为两个独立的直流电压源，

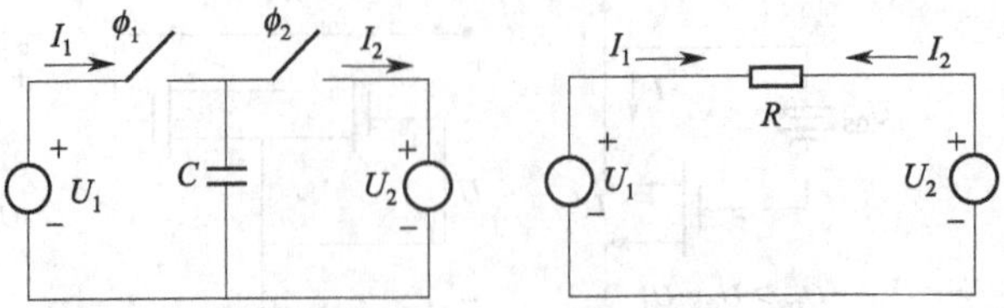

(a) 并联开关电容电阻原理 (b) 连续电阻

图 10-6 一种电阻模拟方法

其按照足够高的速率采样，在周期内的变化可忽略不计。通过计算可得：

$$R=T/C=1/(Cf_c) \tag{10-4}$$

其中，$f_c=1/T$ 是信号 Φ_1 和 Φ_2 的频率。

这种方法可以在面积很小的硅片上得到很大的电阻。例如，设电容器为多晶硅-多晶硅型，时钟频率 100kHz，要求实现 1MΩ 的电阻，求其面积。根据式（10-4）可知电容为 10pF。假设单位面积的电容为 0.2pF/mil^2（1mil=25.4×10^{-6}m），则面积为 50mil^2。如果用多晶硅，取最大可能值 100Ω，并取其最小宽度，那么需要 900mil^2。当然在开关电容电阻中除了电容面积外还需要两个面积极小的 MOS 管作开关。可以看出，电容电阻比多晶硅电阻的面积少了很多。而在集成电路设计中这是十分重要的，虽然增加了两个 MOS 管，但与所减少的面积相比是可忽略的。实际上所节省的面积远不止于此，因为多晶硅条的电阻率很难达到 100Ω/□。当然，利用电容实现电阻还有其他的方法，在此不再赘述。

实际上，MOS 工艺在这方面提供了不少方便。这些电阻器可以与其他的元器件一起使用。使用开关和电容模拟电阻，可以减轻漏极电流受漏-源电压的影响。对于电容电阻器，由于其电阻值与电容大小成反比，因此有效的 *RC* 时间常数就与电容之比成正比，从而可以用电容和开关电容电阻准确地实现电路中要求的时间常数；而使用有源器件的电阻，可以使电阻尺寸最小。多晶硅电阻则是最简单的。在设计中要灵活运用这三种不同的方式。

4. 单片电阻器的设计

对于单片电阻器的结构，存在更多的选择。有些单片电阻器是无源元件，有些则包含有源器件。这里主要的问题是要在电阻器的线性、面积尺寸、偏置的复杂性以及温度特性等方面作出合理的平衡折中。

在标准的 MOS 工艺中，最理想的电阻器是多晶硅条。虽然有时也用扩散条作电阻器，但它在电压与电流之间存在不希望有的非线性关系。在扩散电阻中，离子注入工艺要比淀积工艺更便于控制绝对电阻值。而用某些特殊工艺附加的薄膜电阻，具有非常良好的特性。对于上述的这些电阻，常采用螺旋状的图形以改进版图中的元件密度。这些电阻器的主要缺点是电阻密度较低，做出的总电阻值十分小；由于工艺不稳定引起的电阻值偏差大以及大的电阻温度系数等。

MOS 和双极晶体管都是三端器件，只要适当连接三个端子，有源器件就成为两端电阻，而被称为有源电阻。有源电阻可用来代替多晶硅电阻或扩散电阻，以提供直流电压降，或者成为在小范围内呈线性的小信号交流电阻。在不少情况下，为了获得小信号电阻所需的面积，比直线性问题更重要。一个小的双极器件或 MOS 器件，就是一个模拟电阻，它们比等价的多晶硅电阻或扩散电阻的尺寸小得多。

简单地把 N 沟或 P 沟增强型 MOS 器件的栅极接到漏极上就得到有源电阻。对 N 沟道器件，如果可能的话，应该把源极接在最负的电源电压上，以消除衬底的影响。基于同样的原因，P 沟器件的源极应接在最正的电源电压上。因为现在的 U_{GS} 等于 U_{DS}，所以 MOS 晶体管的跨导曲线 I_D-U_{GS} 就代表了有源电阻的大信号特性。这一曲线对于 N 沟道和 P 沟道增强型器件都适用。可以看出，这一电阻是非线性的。但是在大多数应用中，信号摆动的幅度很小，因而有源电阻可以很好地工作。由于栅极接到漏极上，可以保证器件工作在 $U>U_T$ 的饱和区。

把栅极接到漏极意味着 U_{DS} 控制 I_D。因此，沟道跨导变成沟道电导。利用 MOS 晶体管的小信号模型，可以得出另一种求小信号电导的方法。

10.1.3　电容器

电压感应产生点和分离的任何结构都可以作为电容器。在 MOS 工艺中，最普通的电容器是在两层导电的多晶硅之间加入一个薄氧化层形成的。这些电容几乎与所加的电压无关，因而可用作理想电容器模型。它们主要的问题是下部导电层和衬底之间总会形成较大的寄生电容。虽然可以使用一些设计技巧，把它们用作诸如对杂散不敏感的开关电容滤波器等，以减轻其影响，但寄生效应总是存在的。

如果在 MOS 工艺中没有复杂的双层多晶硅，则可用二氧化硅作介质制作金属-多晶硅、金属-扩散层（下部导电层由衬底中的扩散区形成）或多晶硅-扩散层电容器。与双层多晶硅电容器相比，这些电容器的电容的密度较低，受电压的影响较大，底层的导电性能也较差。

在双极性工艺中，通常最容易制作的电容器，是以二氧化硅为介质的金属-扩散层电容器。这时，用重掺杂发射区扩散层下部导电层。它的特性十分良好，但缺点是需要增加一次掩膜，以便形成介质区。再有就是由基-集结或基-射结形成的 P-N 结电容，它们的电容量与电压有关。基-射结能提供合理的电容密度，但其反向击穿电压有限。基-集结的反向击穿电压很高，但电容密度很低。而所有的结电容都要受保持结为反向偏置的限制。

寄生电容会影响 MOS 系统的开关速度，这些寄生电容器来自与 MOS 管相关联的电容以及金属、多晶和扩散电阻形成的互连寄生电容器。一个 CMOS 逻辑门的输出端总的负载电容包括：①栅电容（接到输出端的后极各个输入门的栅极上）；②扩散电容（接到输出端的漏区）；③布线电容（输出和其他输入之间的互连线）。了解分布性负载的来源及其变化规律，对设计无疑是必要的。下面从 MOS 电容开始，对 MOS 栅电容，源、漏电容和布线电容进行讨论。

1. MOS 电容特性

MOS 电容器的 C-U 特性与半导体表面状态有关，根据栅电压，表面可以处于积累、耗尽和反型状态。

如图 10-7 所示，当 $U_g<0$V 时，栅上负载电荷吸引 P 型衬底空穴趋向表面，形成表面积累。当积累层存在时，MOS 结构像一个平板电容器，栅导体作为一个板极，P 型衬底高浓度空穴成为另外一个电极。由于积累层就接在衬底上，于是栅电容可以近似为：

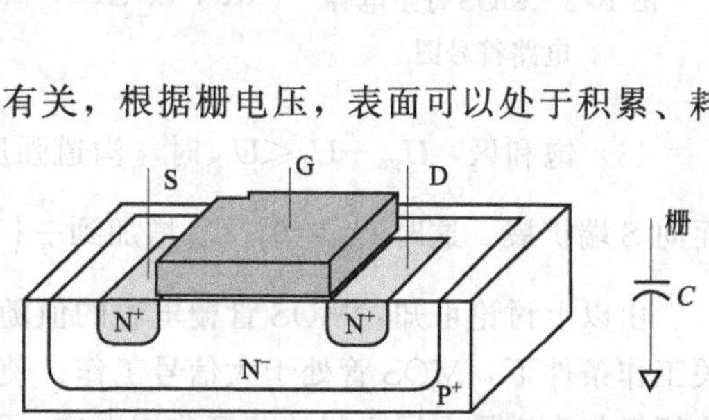

图 10-7　MOS 寄生电容

$$C_o=\frac{\varepsilon_o\varepsilon_{ox}}{t_{ox}}A \tag{10-5}$$

式中，A 为栅极面积；ε_o 和 ε_{ox} 分别为真空介电系数和 SiO_2 相对介电系数，$\varepsilon_{ox}=3.9$；

t_{ox}为空穴扩散时间。当U_g为一个小的正栅电压时，表面空穴被排斥，留下空穴耗尽的负电荷区域，形成表面耗尽层。在表面耗尽区内，单位面积电荷量取决于掺杂浓度、电子电荷及耗尽浓度d，d随U_g增加而增厚。耗尽层电容为

$$C_{dep}=\frac{\varepsilon_o\varepsilon_{Si}}{d}A \tag{10-6}$$

式中，$\varepsilon_{Si}=12$，为硅的相对介电系数。耗尽状态下，栅电容看作C_o和C_{dep}的串联，即

$$C_g \longrightarrow C_{gb}=\frac{C_oC_{dep}}{C_o+C_{dep}} \tag{10-7}$$

栅电压进一步增加，电子被吸引到表面。这样，表面形成强反型层，出现N型沟道并逐渐增强。表面反型层在栅下形成一个高导电层，使低频栅电容回复到C_o，由于反型层电子来源的限制，表面电荷不能跟踪栅压中的高频信号，因此高频栅电容仍然是最大耗尽情况，于是单位面积的栅电容为：

$$C_{gb}=\begin{cases}C_o & (低频,f<100\text{Hz})\\ C_{min}=\dfrac{C_oC_{dep}}{C_o+C_{dep}} & (高频)\end{cases} \tag{10-8}$$

2. MOS器件电容

在分析了MOS电容的基础上，现在来讨论MOS管工艺结构剖面图中的寄生电容。在硅栅自对准工艺中，假设栅源、栅漏间交叠电容为零。C_{gs}、C_{gd}代表栅-沟道电容，沟道的源和漏处的集总电容；C_{sb}、C_{db}代表源和漏区对衬底的电容；C_{gb}代表栅对衬底的电容。

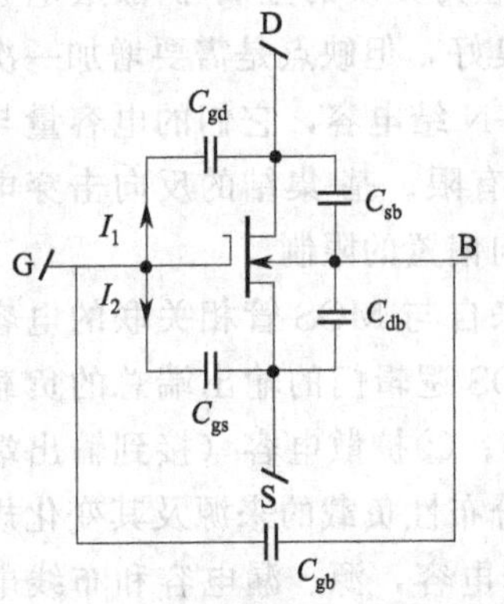

图10-8 MOS寄生电容电路符号图

图10-8给出了MOS寄生电容的电路符号表示图。MOS管总的栅电容C_g为：

$$C_g=C_{gs}+C_{gd}+C_{gb} \tag{10-9}$$

栅电容采用三个分区的简化模型。

(1) 截止区 当$U_{gs}<U_t$，MOS器件截止，形成沟道。这时，$C_{gs}=C_{gd}=0$，C_{gb}表示C_o和C_{dep}的串联模型。

(2) 非饱和区 $U_{gs}-U_t>U_{ds}$，由于沟道形成，C_{gb}下降到零，而栅对沟道的电容C_{gs}和C_{gd}变为主要，它们的电容值取决于栅电压，但可以取作为：

$$C_{gs}=C_{gd}=\frac{1}{2}\left(\frac{\varepsilon_o\varepsilon_{ox}}{t_{ox}}\right)A \tag{10-10}$$

(3) 饱和区 $U_{gs}-U_t<U_{ds}$时，沟道强反型，在漏端出现夹断，且夹断区随U_{gs}的增加而向S端扩展。这时$C_{gd}=0$，C_{gs}增加到$\frac{2}{3}\left(\frac{\varepsilon_o\varepsilon_{ox}}{t_{ox}}\right)A$。

由以上讨论可知，MOS管栅电容的值随沟道表面状态的改变而变化。但在数字电路开关工作条件下，MOS管处于大信号工作，使它能很快渡过电容变化区，可以将栅电容近似为栅极与沟道导电层之间的薄氧化层电容，及$C_g=C_o=\varepsilon_o\varepsilon_{ox}(LW)/t_{ox}$。

3. 扩散区电容

CMOS工艺中浅的N^+和P^+注入扩散形成了N沟和P沟管的源或漏区，扩散区也用作互连导线。所有扩散区与衬底之间都有对应的P-N结空间电荷层，于是形成了结电容。该结电容值与扩散区的有效结面积和结电压有关。扩散区的结电容可以表示为底面积的和侧面

积的函数：

$$C_d = C_{ja} \times (ab) + C_{jp} \times (2a + 2b) \tag{10-11}$$

式中，C_{ja}为扩散区每平方微米的底面结电容；C_{jp}为扩散区每微米周长的侧面积结电容，a 和 b 分别为扩散区的长和宽。

当扩散区面积随工艺缩小时，周边电容相对变得很重要。另外，由于工艺原因，扩散也受到场注入和硅局部氧化隔离的影响。扩散电容的典型值如表 10-2 所示。

表 10-2　典型扩散电容值（1μm　N 阱工艺）

结电容	NMOS(源、漏区域连线)	PMOS(源、漏区域连线)
C_{ja}	2×10^{-4}pF/μm^2	5×10^{-4}pF/μm^2
C_{jp}	4×10^{-4}pF/μm	4×10^{-4}pF/μm

4. 布线电容

布线电容分为单层布线电容和多层布线电容。首先来看单层布线电容。

金属、多晶硅和扩散区等作为互连的导线相互之间或它们与衬底之间均可形成分布电容，对电路性能产生影响。这类分布电容的计算可以用平行板电容公式来近似计算。

$$C_i = \frac{\varepsilon_o \varepsilon_i}{t} A_i \tag{10-12}$$

式中，ε_i 是层间介质的相对介电系数；A_i 为互连线的有效面积。平板近似忽略了厚度有限的导体边沿产生的电场，另外同一层上的相邻导体互相之间也呈现出分布电容。

边缘场的作用是增加了电容极板的有效面积，其近似算法是将导体看做一个有两个半圆形端盖的矩形，总电容可取为（W-$t/2$）的平板电容和半径为 $t/2$ 的柱面电容之和。

由于边缘场的贡献，金属盒多晶互连线分布电容实际比从平板电容模型预计的要高，现在已经有更精确的计算模型。

下面来简单看看多层电容。现代 CMOS 工艺通常有多层布线，这使层间分布电容的相互作用变得非常复杂。精确计算这些互连导体结构的电容可以用三维电场模拟，但需要复杂模型和大量的计算工作，下面简单介绍一些经验处理方法，以使这些复杂结构的电容得到较好的近似。

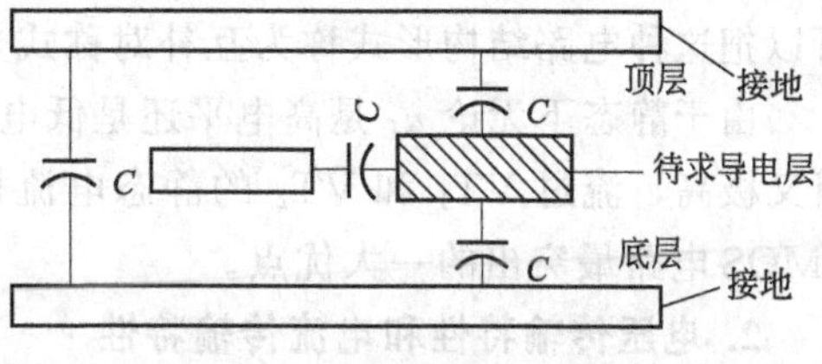

图 10-9　多层布线电容模型

布线结构电容模型由图 10-9 给出。该模型由三个电势层组成：顶部接地层、待求的导电层和底部接地层。中间层的电容可以分为三个部分，即线对地电容、线对线电容和交叉走线处的交叠电容。至于更复杂的计算公式，可以使用 EDA 工具进行计算得到。

10.2　CMOS 反相器

CMOS 反相器是数字电路的最基本单元，由反相器电路的逻辑“非”功能可以扩展出“或非”、“与非”等基本门，进而得到各种组合逻辑电路和时序逻辑电路。

CMOS 反相器电路图如图 10-10 所示。它由一对互补 MOS 管组成。其中 N 管为下拉开关（也称驱动管），P 管为上拉开关（也称负载管）。MOS 管是一种源漏可互换的对称结构，但在具体电路中，两管的源漏端是由电源偏置来确定的。反相输出端为两管漏极的连接点。

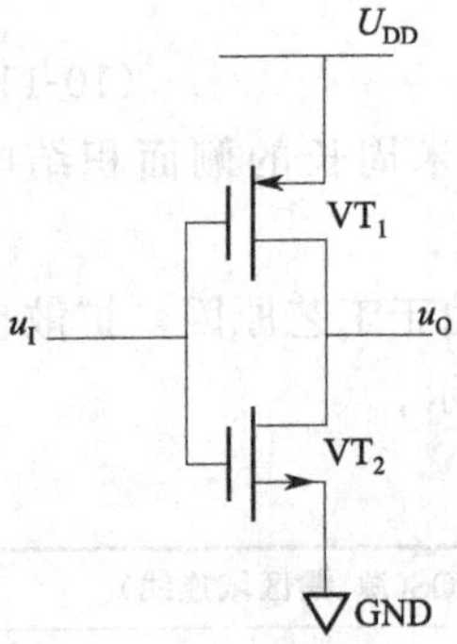

图 10-10 CMOS反相器电路原理图

由于两管交替导通，所以为全摆幅输出。即当 u_I 为“0”时，N管截止，P管导通，输出通过闭合的PMOS开关与电源相连，因PMOS开关传输“1”为理想开关，故 $u_O=U_{DD}$；当 u_I 为“1”时，N管导通，P管截止，输出端经NMOS开关与地相通，NMOS开关传输“0”为理想开关，故 $u_O=0V$。另外，P管道衬底N阱接 U_{DD}，N管道衬底P型硅接在地上，基本消除了衬底调制效应。

10.2.1 CMOS反相器的结构

1. 电路结构

CMOS反相器的基本电路结构形式如图10-10所示，其中 VT_1 是P沟道增强型MOS管，VT_2 是N沟道增强型MOS管。

如果 VT_1 和 VT_2 的开启电压分别为 $U_{GS(th)P}$ 和 $U_{GS(th)N}$，再令 $U_{DD}>U_{GS(th)N}+|U_{GS(th)P}|$，那么当 $u_I=u_{IL}=0V$ 时，有下式成立：

$$\begin{cases}|u_{GS1}|=U_{DD}>|U_{GS(th)P}|（且 u_{GS1} 为负）\\ u_{GS2}=0<U_{GS(th)N}\end{cases} \tag{10-13}$$

故 VT_1 导通，而且导通内阻很低（在 $|u_{GS1}|$ 足够大时可小于 $1k\Omega$）；而 VT_2 截止，内阻很高（可达 $10^8\sim10^9\Omega$）。因此，输出为高电平 U_{OH}，且 $U_{OH}\approx U_{DD}$。

当 $u_I=U_{OH}=U_{DD}$ 时，则有

$$\begin{cases}u_{GS1}=0<|U_{GS(th)P}|\\ u_{GS2}=U_{DD}>U_{GS(th)N}\end{cases} \tag{10-14}$$

故 VT_1 截止而 VT_2 导通，输出为低电平 U_{OL}，且 $U_{OL}\approx0$。可见，输出与输入之间为逻辑非关系。

无论 u_I 是高电平还是低电平，VT_1 和 VT_2 总是工作在一个导通而另一个截止的状态，所以把这种电路结构形式称为互补对称式金属-氧化物-半导体电路（CMOS电路）。

由于静态下无论 u_I 是高电平还是低电平，VT_1 和 VT_2 总有一个是截止的，而且截止内阻又极高，流过 VT_1 和 VT_2 的静态电流极小，因而CMOS反相器的静态功耗极小。这是CMOS电路最突出的一大优点。

2. 电压传输特性和电流传输特性

CMOS反相器电路中，设 $U_{DD}>U_{GS(th)N}+|U_{GS(th)P}|$，且 $U_{GS(th)N}=|U_{GS(th)}|$，VT_1 和 VT_2 具有同样的导通内阻 R_{ON} 和截止内阻 R_{OFF}，则输出电压随输入电压变化的曲线，亦即电压传输特性如图10-11所示。

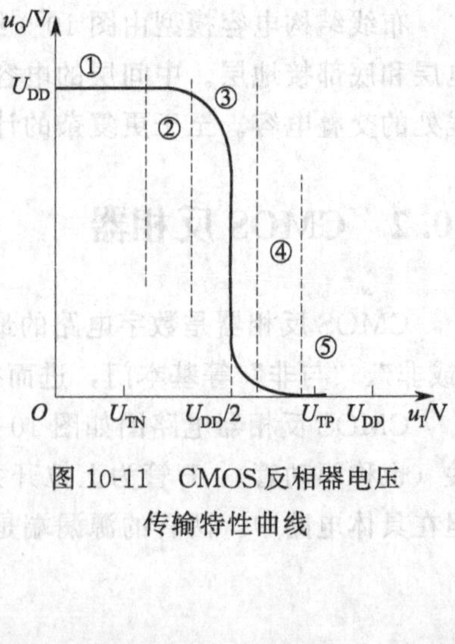

图 10-11 CMOS反相器电压传输特性曲线

当反相器工作于电压传输特性的①段时，由于 $u_I<U_{GS(th)N}$ 而 $|u_{GS1}|>|U_{GS(th)P}|$，故 VT_1 导通并工作在低内阻的电阻区，VT_2 截止，分压的结果使 $u_O=U_{OH}\approx U_{DD}$。

在特性曲线的⑤段，由于 $u_I>U_{DD}-|U_{GS(th)P}|$，使 $|u_{GS1}|<|U_{GS(th)P}|$，故 VT_1 截止。而 $u_{GS2}>U_{GS(th)N}$，VT_2 导通。因此 $u_O=U_{OL}\approx0$。

在③段，即 $U_{GS(th)N}<u_I<U_{DD}-|U_{GS(th)P}|$ 的区间里，

$u_{GS2} > U_{GS(th)N}$、$|u_{GS1}| > |U_{GS(th)P}|$，$VT_1$ 和 VT_2 同时导通。如果 VT_1 和 VT_2 的参数完全对称，则两管的导通内阻相等，$u_I = \frac{1}{2}U_{DD}$，即工作于电压传输特性转折区的中点。因此，CMOS 反相器的阈值电压为 $U_{TH} \approx \frac{1}{2}U_{DD}$。

从曲线上还可以看到，CMOS 反相器的电压传输特性上不仅 $U_{TH} = \frac{1}{2}U_{DD}$，而且转折区的变化率很大，因此它更接近于理想的开关特性。这种形式的电压传输特性使 CMOS 反相器获得了更大的输入端噪声容限。

漏极电流随输入电压变化的曲线，即所谓电流传输特性，如图 10-12 所示。这个特性也可以分成三个工作区。在 *AB* 段，因为 VT_2 工作在截止状态，内阻非常高，所以流过 VT_1 和 VT_2 的漏极电流几乎等于零。

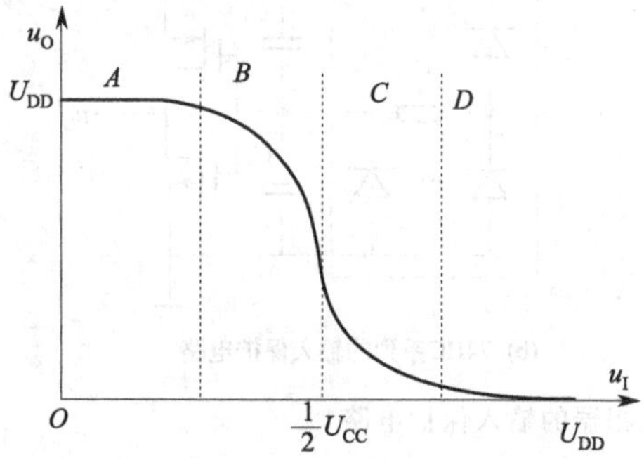

(a) 输出电压随输入电压变化特性

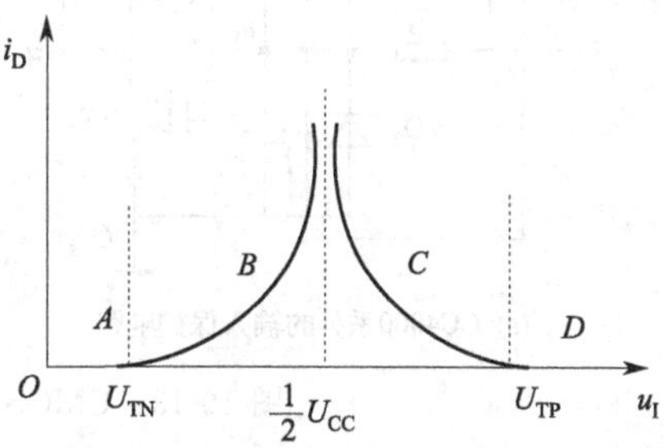

(b) 输出电流随输入电压变化特性

图 10-12　CMOS 反相器电流传输特性

在 *CD* 段，因为 VT_1 为截止状态，内阻非常高，所以流过 VT_1 和 VT_2 的漏极电流也几乎为零。

在特性曲线的转折点上（*B* 到 *C* 处）段中，VT_1 和 VT_2 同时导通，有电流 i_D 流过 VT_1 和 VT_2，而且 $u_I = \frac{1}{2}U_{DD}$ 附近 i_D 最大。考虑到 CMOS 电路的这一特点，在使用这类器件时不应使之长期工作在电流传输特性的 *BC* 段［即 $U_{GS(th)N} < u_I < U_{DD} - |U_{TP}|$］，以防止器件因功耗过大而损坏。

3. 输入端噪声容限

U_{DD} 为不同数值时 CMOS 反相器的电压传输特性也不一致。随着 U_{DD} 的增加，U_{NH} 和 U_{NL} 也相应地加大，而且每个 U_{DD} 值下 U_{NH} 和 U_{NL} 始终保持相等。

国产 CC4000 系列 CMOS 电路的性能指标中规定，在输出高、低电平的变化不大于 $10\%U_{DD}$ 的条件下，输入信号低、高电平允许的最大变化量为 U_{NL} 和 U_{NH}。测试结果表明，$U_{NH} = U_{NL} \geqslant 30\%U_{DD}$。

为了提高 CMOS 反相器的输入噪声容限，可以通过适当提高 U_{DD} 的方法实现，而这在 TTL 电路中是无法做到的。

10.2.2　CMOS 反相器的特性

1. 静态特性

CMOS 反相器的静态特性分为输入特性和输出特性。

1）输入特性　因为MOS管的栅极和衬底之间存在着以SiO_2为介质的输入电容，而绝缘介质又非常薄（约100Å），极易被击穿（耐压约100V），所以必须采取保护措施。

在目前生产的CMOS集成电路中都采用了各种形式的输入保护电路，保护电路就是常用的两种。在CC4000系列CMOS器件中，多采用输入保护电路。如图10-13所示，VD_1和VD_2都是双极性二极管，它们的正向导通压降U_{DF}在0.5～0.7V之间，反向击穿电压约为30V。由于VD_1是在输入端P型扩散电阻区和N型衬底间自然形成的，是一种所谓分布式二极管结构，所以用一条虚线和两端的两个二极管表示。这种分布式二极管结构可以通过较大的电流。R_s的阻值一般在1.5～2.5kΩ之间。C_1和C_2分别表示VT_1和VT_2的栅极等效电容。

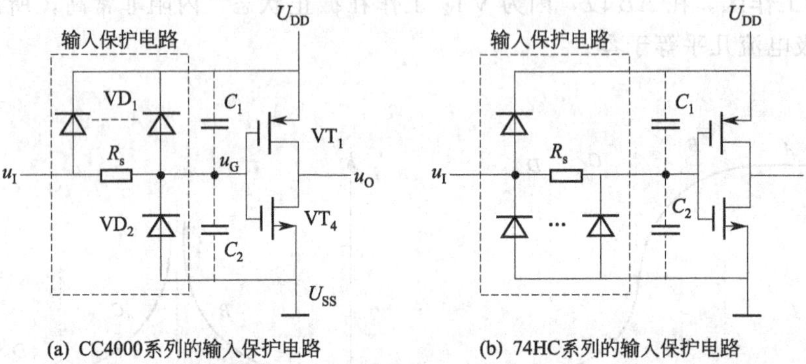

图10-13　CMOS反相器的输入保护电路

在输入信号电压的正常工作范围内（$0\leqslant u_I\leqslant U_{DD}$）输入保护电路不起作用。

若二极管的正向导通压降为U_{DF}，则$u_I>U_{DD}+U_{DF}$时，VD_1导通，将VT_1和VT_2的栅极点位u_G钳在$U_{DD}+U_{DF}$，保证加到C_2上的电压不超过$U_{DD}+U_{DF}$。而当$u_I<-0.7V$时，VD_2导通，将栅极电位u_G钳在$-U_{DF}$，保证加到C_1上的电压不会超过$U_{DD}+U_{DF}$。因为多数CMOS集成电路使用的U_{DD}不超过18V，所以加到C_1和C_2上的电压不会超过允许的耐压极限。

在输入端出现瞬时的过冲电压使VD_1或VD_2发生击穿的情况下，只要反向击穿电流不过大，而且持续时间很短，那么在反向击穿电压消失后VD_1和VD_2的P-N结仍可恢复工作。

当然，这种保护措施是有一定限度的。通过VD_1或VD_2的正向导通电流过大或反向击穿电流过大，都会损坏输入保护电路，进而使MOS管栅极被击穿。因此，在可能出现上述情况时，还必须采取一些附加的保护措施，并注意器件的正确使用方法。

根据输入保护电路可以画出它的输入特性曲线。CC4000系列器件的输入特性曲线如图10-14(a)图所示。在$-U_{DF}<u_I<U_{DD}+U_{DF}$范围内，输入电流$i_I\approx 0$。当$u_I>U_{DD}+U_{DF}$以后，$i_I$迅速增大。而在$u_I<-U_{DF}$以后，$VD_2$经$R_s$导通，$i_I$的绝对值随$u_I$绝对值的增加而加大，二者绝对值的增加近似呈线性关系，变化率由R_s决定。

另一种常见于74HC系列CMOS器件中的输入保护电路，它的特性曲线如图10-14(b)所示。

2）输出特性

(1) 低电平输出特性　当输出为低电平，即$u_O=U_{OL}$时，反相器的P沟道管截止、N沟道管导通，工作状态如下：负载电流I_{OL}从负载电路注入VT_2，输出电平随I_{OL}增加而提

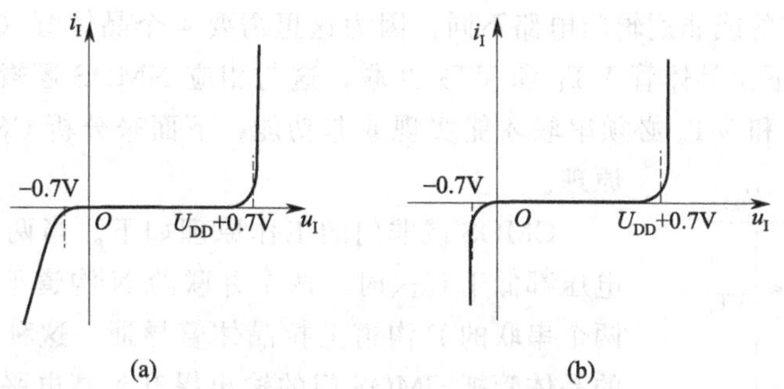

图 10-14　CMOS 反相器的输入特性曲线

高。因为这时的 U_{OL} 就是 u_{DS2}、I_{OL} 就是 i_{D2}，所以 U_{OL} 与 I_{OL} 的关系曲线实际上也就是 VT_2 管的漏极特性曲线。还可以看到，由于 VT_2 的导通内阻与 u_{GS2} 的大小有关，u_{GS2} 越大导通内阻越小，所以相同的 I_{OL} 值下 U_{DD} 越高，VT_2 导通时的 u_{GS2} 越大，U_{OL} 也越低。

（2）高电平输出特性　当 CMOS 反相器的输出为高电平，即 $u_O = U_{OH}$ 时，P 沟道管导通而 N 沟道管截止。这时的负载电流 I_{OH} 是从门电路的输出端流出的，与规定的负载电流方向相反，在输出特性曲线上为负值。

这时 U_{OH} 的数值等于 U_{DD} 减去 VT_1 管的导通压降。随着负载电流的增加，VT_1 的导通压降加大，U_{OH} 下降。因为 MOS 管的导通内阻与 u_{GS} 大小有关，所以在同样的 I_{OH} 值条件下 U_{DD} 越高，则 VT_1 导通时 u_{GS1} 越负，它的导通内阻越小，U_{OH} 也就下降得越少。

2. 动态特性

（1）传输延迟时间　尽管 MOS 管的开关过程中不发生载流子的复合和扩散，但由于集成电路内部电阻、电容的存在以及负载电容的影响，输出电压的变化仍然滞后于输入电压的变化，产生传输延迟。尤其由于 CMOS 电路的输出电阻比 TTL 电路的输出电阻大得多，所以负载电容对传输延迟时间和输出电压的上升时间、下降时间影响更为显著。

此外，由于 CMOS 反相器的输出电阻受 U_{IH} 大小的影响，而通常情况下 $U_{IH} \approx U_{DD}$，因而传输延迟时间也与 U_{DD} 有关，这一点也有别于 TTL 电路。

如图 10-15 所示，CMOS 电路的传输延迟时间 t_{PHL} 和 t_{PLH} 是以输入、输出波形对应边沿上等于最大幅度的 50% 的两点间时间间隔来定义的。

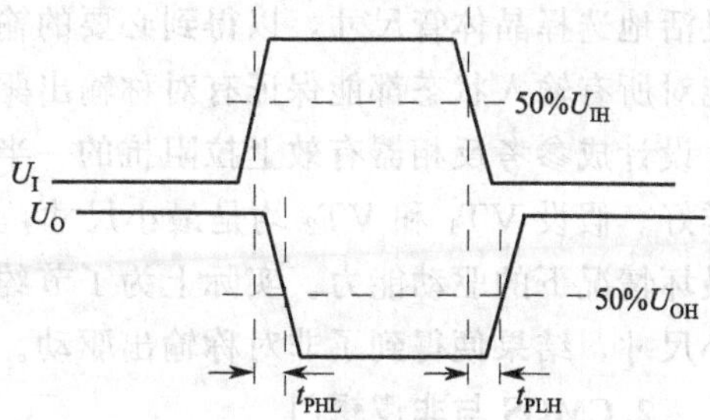

图 10-15　CMOS 反相器传输延时

（2）交流噪声容限　与 TTL 电路相仿，当噪声电压的作用时间小于或接近于 CMOS 电路的传输延迟时间时，输入噪声容限将明显提高。而且，传输延迟时间越长，交流噪声容限也越大。由于传输延迟时间与电源电压和负载电容有关，所以交流噪声容限也受电源电压和负载电容的影响。

10.3　基本单元电路

10.3.1　CMOS 逻辑门电路

1. CMOS 或非逻辑门

图 10-16 为基于 CMOS 反相器而组成的二输入正逻辑 CMOS 或非门的电路图。该电路

与基于NMOS工艺的或非逻辑门电路不同，因为这里需要4个晶体管（而不是3个）来实现逻辑功能。两个下拉晶体管VT_1和VT_2并联，这与相应NMOS逻辑门一样。然而，两个上拉晶体管VT_3和VT_4必须串联才能实现或非功能，下面来分析CMOS或非门的工作原理。

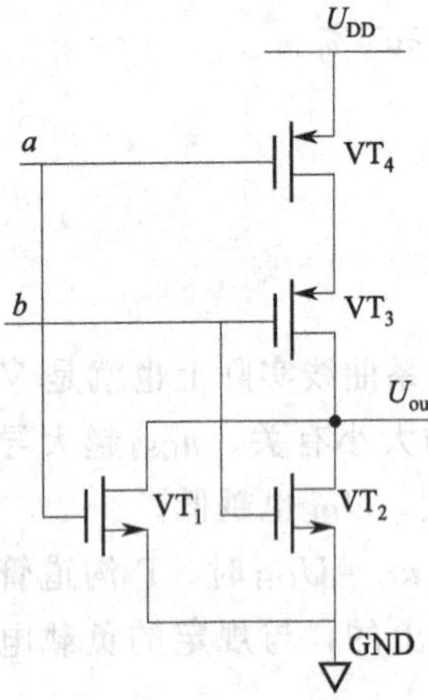

图 10-16 CMOS二输入或非门

CMOS或非门的工作原理如下。当两个输入a和b端的电压都低于U_{TN}时，两个并联的N沟道下拉晶体管截止。而两个串联的P沟道上拉晶体管导通。这种状态通过两个串联的晶体管把CMOS门的输出提升到高电平，下拉晶体管对此没有不利影响。根据电阻模型可以得到上拉电阻正比于导电沟道的宽度。若两个上拉晶体管尺寸相同，则等效上拉阻抗将是单独一个上拉管的二倍。

如果把输入a接到大于$U_{DD}-|U_{tp}|$的电压上，那么P沟道上拉晶体管VT_3截止，N沟道晶体管VT_1导通。这样，通向U_{DD}的电路被断开，输出端的电压被晶体管VT_1下拉到0V。同样的道理，对于输入b加高电平时，VT_4截止，VT_2管把输出端电压下拉到0V。

如果a、b的电压都高于$U_{DD}-|U_{tp}|$，则晶体管VT_3和VT_4均截止而晶体管VT_1和VT_2均导通。晶体管VT_1和VT_2是并联的，故下拉阻抗等于两个下拉电阻的并联。这就保证了输出端电压为0V。因为输入a或b中只要有一个或者两个同时都为高电平，输出就是低电平，所以这个电路实现了或非功能。如同CMOS反相器，就CMOS或非门来说，其稳定状态的输出电压由导通晶体管的比率连接确定。因此，直流逻辑电压是理想值，即输出电压不是U_{DD}就是0V。因为直流逻辑电平不受上拉和下拉晶体管尺寸关系的影响，所以可以灵活地选择晶体管尺寸，以得到必要的输出驱动特性。由于或非门有两个输入端，所以不可能对所有输入状态都能保证有对称输出驱动能力。一种常用的办法是将VT_3和VT_4管的尺寸设计成参考反相器有效上拉阻抗的一半，这样在最坏情况下，其驱动能力与参考反相器一样好。假设VT_1和VT_2均是最小尺寸，那么VT_3和VT_4二者都应当是$W/L=5$，以维持最坏情况下的驱动能力。实际上为了节约硅片面积，不论是上拉或下拉晶体管往往都采用最小尺寸，结果便得到了非对称输出驱动。

2. CMOS与非逻辑门

由基本反相器电路也很容易得到二输入端正逻辑与非门，如图10-17所示。该电路可称为CMOS或非的对偶电路，因为两个上拉晶体管是并联而非串联，两个下拉晶体管是串联而非并联。两输入的CMOS与非门电路同样需要四个晶体管。

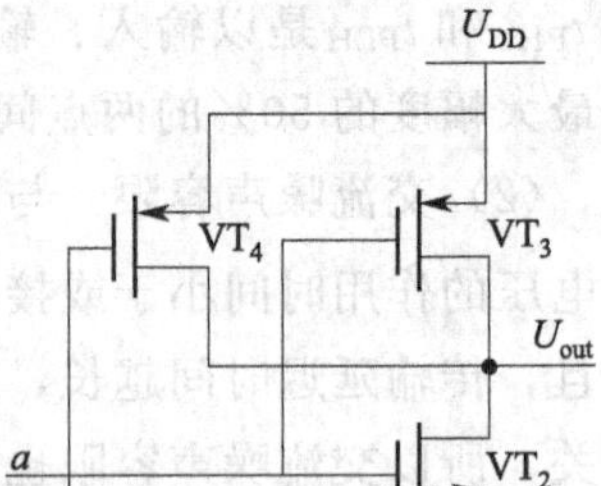

图 10-17 CMOS二输入与非门

CMOS与非门电路的工作原理与CMOS或非门电路相似，当然它所实现逻辑功能不同。上、下拉晶体管串、并连接的互换，改变了规定输入条件下的输出电压，结果就实现了与非逻辑功能。如果两个输入端a和b的电压均低于U_{tn}，则串联N沟道下拉晶体管VT_1和VT_2截止，VT_3和VT_4导通，因此输出电压为U_{DD}；如果只有输入a低于U_{tn}，则晶体管VT_1截止，VT_3导通，结果输出电压仍为U_{DD}。如果两个输入a和b

均高于 $U_{DD}-|U_{tp}|$，则晶体管 VT_3 和 VT_4 截止，VT_1 和 VT_2 导通，输出电压为 0V。这种输入-输出电压的关系恰好是与非逻辑关系。

在与非门电路中，接地的串联通路使用的是 N 沟道晶体管，而接在 U_{DD} 的并联通路上用了 P 沟道晶体管。根据最小尺寸晶体管的原则以及 N 沟道晶体管的串联到地的跨导优于 P 沟道器件，两个 N 沟道晶体管的串联到地的阻抗与一个接 U_{DD} 的 P 沟道上拉通路的阻抗大致相同。为了证明这一结论可以根据简化电阻模型来讨论与非门。当两个输入端都是高电平时，有效下拉通路的阻抗是 $2R_n$，当只有一个输入端是低电平或者两个输入端都是低电平时，有效上拉通路的阻抗为 R_p 或 $R_p/2$。如果 $R_p=2.5R_n$，那么与输入状态有关的最坏情况下的不对称性小于 2∶1，这比或非电路要好得多。这种近似对称特性使得设计与非门时更愿意选择 CMOS 形式。还要提醒一下，为了得到较低阻抗 P 沟道或较高阻抗 N 沟道，以降低由于输入状态决定的最坏情况下的非对称型，CMOS 或非门电路结构占用的硅片面积就必然较大。

3. 多输入 CMOS 逻辑门

对于前述电路，在其输入处再增加一个 N 沟道下拉和 P 沟道上拉晶体管，就能构成经典的多输入 CMOS 逻辑门。如果是或非门，增加的下拉晶体管与其他 N 沟道晶体管并联，而增加的上拉晶体管与其他 P 沟道晶体管串联。图 10-18(a) 是三输入 CMOS 或非门电路图。三输入与非门电路图如图 10-18(b) 所示。在这里增加一个下拉晶体管与 N 沟道晶体管串联，而增加的一个上拉晶体管与 P 沟道晶体管并联。多输入 CMOS 逻辑门有两个缺点限制了它们在 VLSI 电路中的应用。其一，N 为多输入逻辑门的输入个数，令 mNMOS 是组成 N 个输入的 NMOS 或 PMOS 逻辑门所需要的晶体管数目，mCMOS 是构成 N 输入端 CMOS 逻辑门所必需的晶体管数目，那么，用 NMOS 或 PMOS 工艺制成与非门或或非门所需要的晶体管数目为 $N+1$ 个，而在 CMOS 工艺中要形成经典的与非门或或非门所需要的晶体管数目为 $2N$ 个。

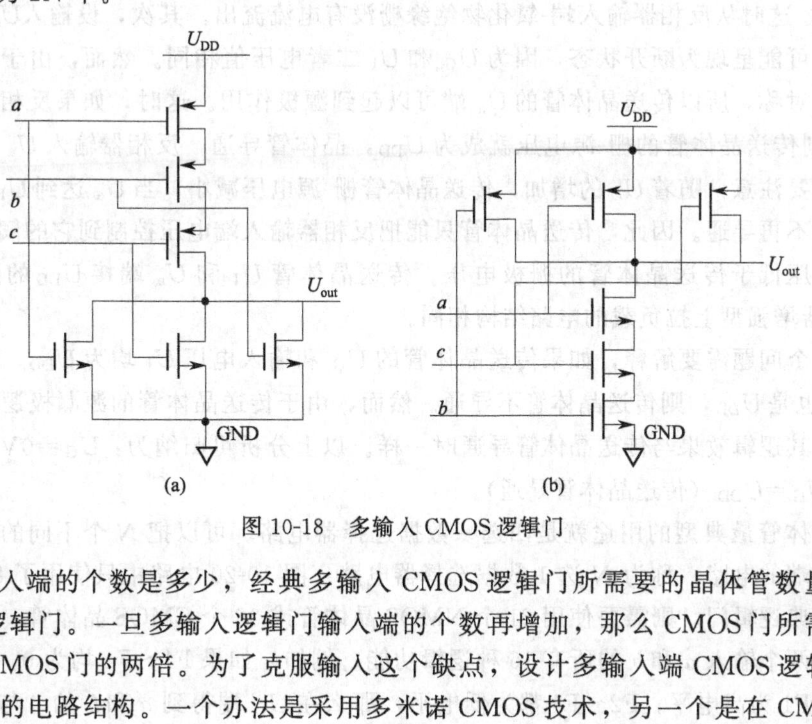

图 10-18　多输入 CMOS 逻辑门

不论输入端的个数是多少，经典多输入 CMOS 逻辑门所需要的晶体管数量都多于同类 NMOS 逻辑门。一旦多输入逻辑门输入端的个数再增加，那么 CMOS 门所需晶体管数就大约为 NMOS 门的两倍。为了克服输入这个缺点，设计多输入端 CMOS 逻辑门时，常常采用灵活的电路结构。一个办法是采用多米诺 CMOS 技术，另一个是在 CMOS 中有时可以用准 NMOS 结构，即将一个 P 沟上拉晶体管的栅极接地，以仿效 NMOS 的耗尽型负载器件。与 NMOS 逻辑门一样，这种准 NMOS 逻辑门也有一个缺点，就是静态功耗太大。

经典多输入 CMOS 逻辑门的第二个缺点是从输入端无论是到电源 U_{DD} 或到地 GND 都需要有一个串联晶体管通路。对与非门，这一串联通路就是下拉晶体管。对或非门，串联通路就是上拉晶体管。若再增加 CMOS 输入端的数目，则要通过串联通路实现正常的输出驱动，晶体管的尺寸设计就会很困难。

10.3.2　MOS 传输门逻辑电路

因为 MOS 晶体管是极好的开关器件，所以串联连接的 MOS 晶体管在电路中可以允许信号通过，也可以禁止信号通过。这种串联连接的 MOS 晶体管被称为传送晶体管或传输门，它能在门极控制下传送或传输信号。

1. NMOS 传送晶体管

如图 10-19 所示，一个输入信号 U_I 通过 N 沟道晶体管连接到标准反相器输入端 U_a。按这种方式连接的晶体管 VT_1 被称为信号传送晶体管，这种电路连接法在动态存储电路中很重要。如果增强型传送晶体管的栅极电压 U_G 保持在 0V，漏极和源极电压是 U_{DD} 和 0V，那么由于不能建立起正的栅-源电压，所以增强型传送晶体管不可能导通。因为增强型晶体管的关门电阻很高，输入信号 U_I 与反相器电路被可靠地断开。

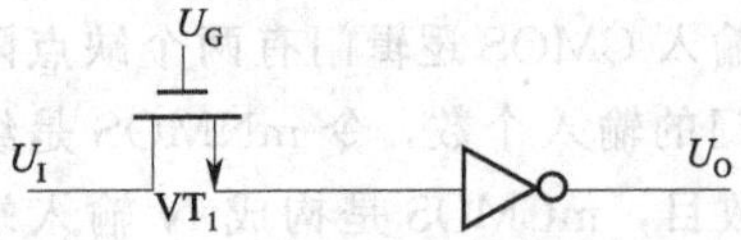

图 10-19　NMOS 传送晶体管电路

另一方面，如果给栅极加电压，使 $U_G=U_{DD}$，传送晶体管导通，导致源极和漏极电压相等。对此可作如下解释。首先，设传送晶体管的输入电压 U_I 是低电平，即 $U_I=0V$，若传送晶体管的输入端是源极，则栅-源电压为 U_{DD}，传送晶体管导通，使得漏极电压 $U_a=0V$，这时从反相器输入端-氧化物绝缘栅没有电流流出。其次，设输入 $U_I=U_{DD}$，则传送晶体管可能呈现为断开状态，因为 U_G 和 U_I 二者电压值相同。然而，由于增强型晶体管的漏源极对称，所以传送晶体管的 U_a 端可以起到源极作用。这时，如果反相器输入电压 $U_a=0V$，则传送晶体管的栅-源电压就成为 U_{DD}，晶体管导通，反相器输入 U_a 被提升到高电压。不过要注意，随着 U_a 的增加，传送晶体管栅-源电压减小，当 U_a 达到 $U_{DD}-U_{TN}$ 时，传送晶体管不再导通。因此，传送晶体管只能把反相器输入端电压控制到它的阈值电压，而这个阈值电压低于传送晶体管的栅极电压。传送晶体管 U_I 和 U_a 端接 U_{DD} 的这种接法与 MOS 反相器增强型上拉负载的电路结构相同。

还有一个问题需要解释，如果传送晶体管的 U_G 和输入电压 U_I 均为 U_{DD}，且反相器输入电压 U_a 也是 U_{DD}，则传送晶体管不导通。然而，由于传送晶体管的源漏极逻辑电平已经相等，所以其逻辑效果与传送晶体管导通时一样。以上分析可归纳为：$U_G=0V$（传送晶体管截止），$U_G=U_{DD}$（传送晶体管导通）。

传送晶体管最典型的用途就是四选一数据选择器电路。可以把 N 个不同的输入端之一连接到输出端的电路，称为 N 选 1 数据选择器电路。图 10-20 电路中只使用了 8 个晶体管，如果使用经典逻辑门，则需要使用 21 个 NMOS 晶体管或 32 个 CMOS 晶体管。这个选择器电路可实现两个输入 a 和 b 的所有 16 种逻辑功能。例如，如果 F1～F4 均为 0，那么 U_O 端为 0。如果 F1 为高电平，F2～F4 都为低电平，那么在 U_O 端得到 a 和 b 的"与"。如果 F2

和 F3 为高，而 F1 和 F4 为低，在 U_O 点可实现 a 和 b 的"异或"功能。如果 F1～F3 均为高，且 F4 为低，那么在 U_O 点可得到 a 和 b 的"或"。四个输入 F1～F4 的 0 或 1 的 16 种可能的组合状态，产生了 a 与 b 的 16 种可能的逻辑功能。这种选择器的功能块在微处理器 ALU 中用得很普遍，该微处理器可实现逻辑运算和算术运算功能。值得注意的是，与同等功能的其他逻辑门相比，这里的电路功耗低，所用的器件数目少，内部互连也相当少。

把几个传送晶体管串联起来去控制输入信号的逻辑走向，这是一种很有前途的电路结构，因为与别的电路相比，它占用 Si 片面积小，内部互连也少，例如在多位二进制加法器中，经常用一种传送晶体管来有选择地传输进位信号。然而在多个传送晶体管串联使用时，至少会遇到以下两个问题：第一是由设计时对信号传输延迟的限制引起的，另一个是传送晶体管串联连接在 U_I 与 U_O 之间，所有的晶体管的栅极都接高电位，相当于一个电阻电容的低通滤波结构。R 表示每一个传送晶体管源极和漏极间的等效电阻，C 为每一级对地的电容，其值取决于每个传送晶体管的栅极电容及漏极和源极间的扩散电容，可以看出，信号从 U_I 到 U_O 的传送延迟与串联晶体管数目的平方成正比。

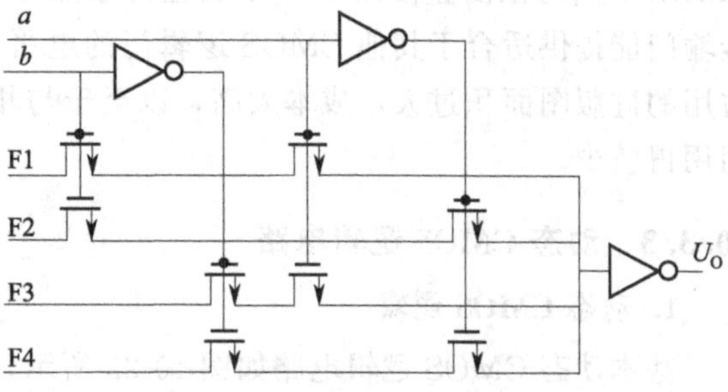

图 10-20　传送晶体管数据选择器

2. CMOS 传输门

图 10-21 是用 N 沟道传送晶体管连接起来的两个 CMOS 反相器。如果传送晶体管栅极电压 $U_G=0V$，则它把两个 CMOS 反相器隔离开，这和 NMOS 反相器的情况一样。如果传送晶体管栅极电压 $U_G=U_{DD}$，且第一个反相器的输出为 0V，那么传送晶体管将使第二个反相器的输入也为 0V。这还是与 NMOS 反相器的情况相同，而且也是正常的，令人满意。但也必须考虑另外一种情况。如果第一个反相器的输出，即传送晶体管的漏极及其源极电压均为 U_{DD}，那么传送晶体管的源极电压将不会高于 $U_{DD}-U_{tn}$。这一电压足以使第二个反相器的 N 沟道下拉晶体管导通，但它不可能使相应的 P 沟道上拉晶体管完全截止。

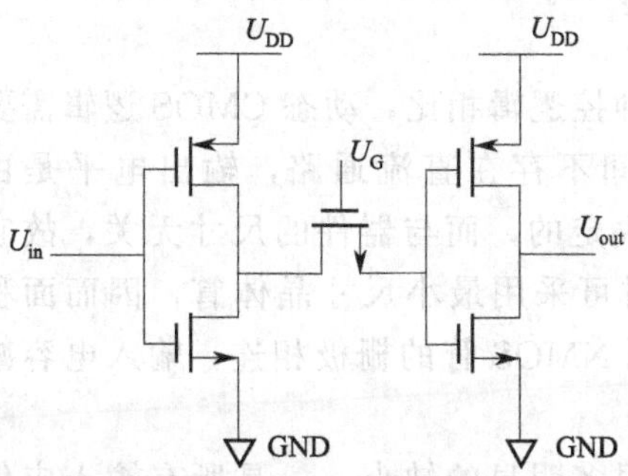

图 10-21　传送晶体管与两个反相器

为了使 P 沟道上拉晶体管截止，要求栅极电压高于 $|U_{DD}-U_{tp}|$。当栅极上的电压降低于 $U_{DD}-U_{tp}$ 时，P 沟晶体管开始导通，这时将在栅极上产生静态功耗，并降低有效噪声容限。

在数字电路设计中，可以使用 CMOS 来等效地完成传送晶体管同样的功能，不过这时的 CMOS 电路不再称为传送晶体管，而是叫做传输门。

CMOS 传输门电路如图 10-22 所示，若传输门的控制信号 $U_C=0V$，则 N 沟道晶体管的栅极也是 0V，而 P 沟道晶体管的栅极为 U_{DD}，因为

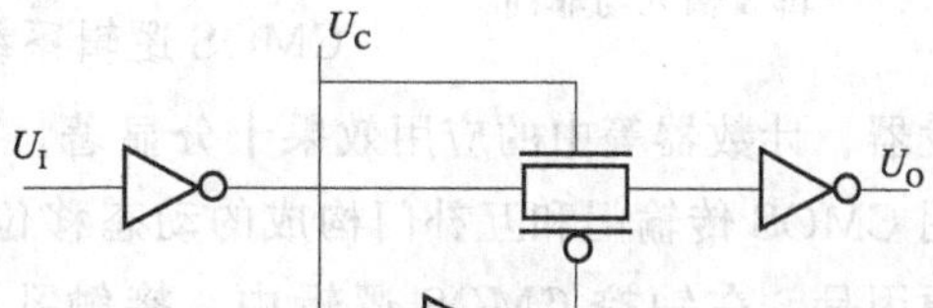

图 10-22　CMOS 传输门与两个反相器

控制信号是经反相器加在它的栅极上。因此两个晶体管均截止。如果控制信号 $U_C=U_{DD}$，那么传输门的N沟道和P沟道晶体管均导通。在这种条件下，完成传输门功能的两个并联晶体管以互补的方式把信号通路上的第一个和第二个反相器连接起来。当第一个反相器的输出为0V时，传输门的N沟道晶体管迫使第二个反相器的输入端也必定是 U_{DD}。这样，CMOS逻辑可以防止使用单个增强型传输晶体管时所遇到阈值电压降问题。因此，CMOS传输门能提供适合于其他CMOS逻辑门的电平。遗憾的是，两个晶体管以及其内部连线所占用的硅版图面积过大，成本太高，以至于与相应的NMOS传送晶体管相比，CMOS传输门用得较少。

10.3.3　动态CMOS逻辑电路

1. 动态CMOS逻辑

基本动态CMOS逻辑电路如图10-23所示，它主要由一个N型MOS管逻辑块组成，该逻辑块的输出结点由一个PMOS管预先充电到 U_{DD}，然后再由一个与 U_{SS} 相连的NMOS管有条件地放电（另一种可以用一个预充电到 U_{SS} 的NMOS管、一个放电到 U_{DD} 的PMOS管和一个P型逻辑块组成）。预充电电压 U_{DD} 是在输出结点连接的电容（包括负载电容和P、N管的 C_{DB} 上存储的动态电荷），统称为动态电容。CLK是一个单相时钟，在CLK＝0时(预充电阶段)，P型晶体管导通将输出结点充电到 U_{DD}；在CLK＝1时（求值阶段），经过N型晶体管“接地开关”接通 U_{SS} 的通路，允许输出结点放电，而放电与否由输入到N型逻辑块中MOS管栅极的逻辑值决定。图10-23的3输入与非门，只有当A、B、C均为高电平时输出结点才能放电到低电平，而若A、B、C中任一个为低电平，放电路径被切断，输出结点保持为预充电状态的逻辑高电平，从而完成了A、B、C三个输入信号的与非运算。

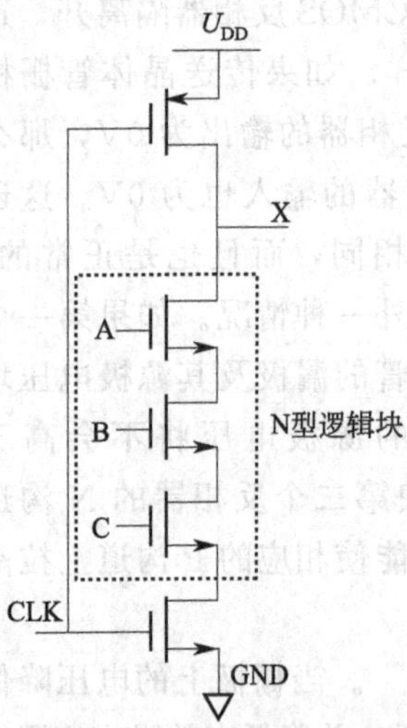

图10-23　动态CMOS逻辑3输入与非门

与CMOS互补逻辑、钟控逻辑相比，动态CMOS逻辑需要原件少，且在电源与地之间不存在直流通路，输出电平是由NMOS逻辑块是否放电来决定的，而与器件的尺寸无关，故它也是一种无比电路。设计时可采用最小尺寸晶体管，因而面积小，而且每个输入端与一个NMOS管的栅极相连，输入电容减小了至少一倍。

动态CMOS逻辑也有很多明显的缺点。一是所有输入应仅在预充电阶段变化，而在求值阶段必须保持稳定。另一个缺点是电荷再分布效应会损害输出结点的电压值。

2. 钟控CMOS逻辑

钟控CMOS逻辑又称为 C^2MOS逻辑（clocked CMOS logic)。钟控CMOS逻辑最早于20世纪70年代被应用在低功耗CMOS逻辑系统中，它在金属栅CMOS动态移位寄存器、RS触发器、计数器等中的应用效果十分显著。例如采用钟控CMOS逻辑的动态移位寄存器与采用CMOS传输门和互补门构成的动态移位寄存器相比，功耗和面积都降低了一倍。其主要原因是：在钟控CMOS逻辑中，接触孔数目大大减少，而且相邻两个NMOS管或两个PMOS管的源、漏可以重叠；其次，每个单元中的MOS管均可按同一方向放置，减少布线交叉桥，使版图更加紧凑。

3. 多米诺 CMOS 逻辑

多米诺（Domino）CMOS 是预充电鉴别逻辑的一种变形。一个多米诺 CMOS 逻辑门由两部分组成：预充电鉴别逻辑门和紧接在后面的静态缓冲反相器。这种逻辑可做成两种形式：一种是用 N 沟道器件组成逻辑部分；另外一种是用 P 沟道器件组成逻辑。逻辑部分使用的晶体管可以是最小尺寸晶体管。输出端静态反相器的作用是把电路的逻辑部分与其他输出负载隔离开，实现缓冲，从而形成一个比标准预充电鉴别逻辑性能更好的逻辑门。

以上三种形式的动态 CMOS 电路，在现代数字系统设计中大量使用。钟控 CMOS 和多米诺 CMOS 逻辑广泛应用于高密度、低功耗逻辑功能场合，钟控 CMOS 多用在移位寄存器电路单元中。

10.3.4　锁存器和触发器

1. 双稳态电路

双稳态电路的特点是：它有两个稳定状态。在没有外来触发信号的作用下，电路始终处于原来的稳定状态。由于它具有两个稳定状态，故称为双稳态电路。在外加输入触发信号作用下，双稳态电路从一个稳定状态翻转到另一个稳定状态。双稳态电路在自动化控制中有着广泛的应用。

2. RS 锁存器

锁存器是一种对脉冲电平敏感的存储单元电路，它们可以在特定输入脉冲电平作用下改变状态。锁存，就是把信号暂存以维持某种电平状态。锁存器的最主要作用是缓存，其次完成高速的控制器与慢速的外设的不同步问题，再次是解决驱动的问题，最后是解决一个 I/O 口既能输出也能输入的问题。将双稳态电路的反相器换成或非门，就可以构成易于控制状态的 RS 锁存器。

3. D 锁存器

D 触发器是指由时钟边沿触发的存储器单元，锁存器指一个由信号而不是时钟控制的电平敏感的设备。锁存器通过锁存信号控制，不锁存数据时，输出端的信号随输入信号变化，就像信号通过缓冲器一样，一旦锁存信号起锁存作用，则数据被锁住，输入信号不起作用。按照所用的单元电路的不同，可以将 D 锁存器分为逻辑门控制 D 锁存器和传输门控制 D 锁存器。

4. D 触发器

“触发器”泛指一类电路结构，它可以由触发信号（如时钟、置位、复位等）改变输出状态，并保持这个状态直到下一个或另一个触发信号来到时，触发信号可以用电平或边沿操作。由两个锁存器可以级联成主从结构，并执行互补的操作，即前一个送入数据时，后一个保持先前的数据，而前一个锁存数据时，后一个送入这个新数据到输出端，形成一个边沿触发的 D 触发器。

10.3.5　简单数字集成系统设计介绍

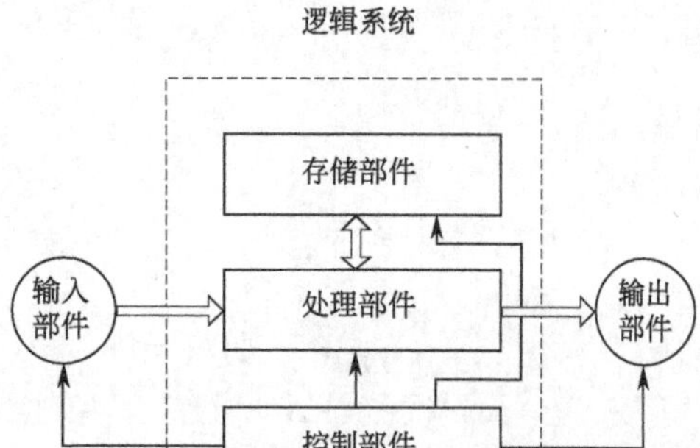

图 10-24　数字系统的基本模型

数字系统的基本结构模型如图 10-24 所示，由输入部件、输出部件及逻辑系统组成。逻辑系统包括存储部件、处理部件、控制部件三大子系统。如果按控制与被控制的关系来分，存储部件和处理部件是执行部件，它们在控制部件的命令下进行相应的动作。

存储部件和处理部件之间通过传输线相互连接。传输信息、处理信息、存储信息都要花费时间。当信息被传送到处理部件且被处理时，存储部件则保存并源源不断地供给信息，而计算的结果又被送回到存储部件。在数字系统中，这种活动是周期性的。存储部件获得信息（状态时间 A）；该信息传送到处理部件进行加工处理（状态时间 B）；加工处理后的信息又被传送到存储部件（状态时间 C）；之后又开始另一个周期。

数字系统既然是交互式的，必须从外部环境接收信息，并将处理的结果信息供给外部环境。这种功能由人机接口设备即输入部件和输出部件来实现。在简单情况下，输入部件可看做是二进制代码开关，而输出部件可看做计算结果的发光二极管显示器。

习 题 10

1. CMOS 互连线工艺有哪些特点？如何进行 CMOS 互连线设计？
2. 在 CMOS 工艺中，如何制作电阻？制作电阻器有几种方法？
3. 简述 CMOS 工艺制作电容的种类及特点。
4. 试画出 CMOS 反相器电路结构，并简单说明 CMOS 反相器的工作原理。
5. CMOS 逻辑门电路都有哪些种类？试画出逻辑门单元电路并分析功能。

第11章　半导体集成电路设计方法与制造工艺

11.1　半导体集成电路设计方法

11.1.1　半导体集成电路设计发展的各个阶段

随着IC集成度的不断增加，复杂性日益提高，其设计方法与设计手段也发生了巨大的变革。经历了原始的全手工设计到目前最先进的计算机全自动实现的整个发展过程。根据各个历史进程中科技进步的特点及各主要设计手段、设计工具的不同，可以把它归为五类进行总结，这就是原始的手工设计、计算机辅助设计（CAD）、CAE工作站与电子设计自动化(EDA)、电子系统设计自动化（ESDA）和用户现场可编程器件。下面就分别论述上述各类设计方法与设计手段的主要特点及其在集成电路技术发展过程中所起的作用。

1. 原始的手工设计

随着世界上第一块集成电路的问世，手工设计方法也就诞生了。没有任何自动化、半自动化的辅助设计手段，在IC设计的所有步骤上，完全依靠手工操作。在人脑通过纸和笔，完成了初步的功能设计、逻辑设计直至电路设计之后，用分立的元器件搭制起硬件模拟电路，让信号通过这一模拟电路，以验证其功能及各项参数是否满足原设计的要求。在接下来的版图设计阶段，也完全采用人工进行布局布线，凭目力或感觉，反复调整与斟酌，确定最佳排版方案，使之遵从面积最小、连线最短原则。然后，用尺和笔在方格纸上绘制版图，分层剥刻红膜，逐一检查整套版中每一层红膜的每一个窗孔，是否存在漏剥漏刻等之类的错误。然后用这套红膜去拍照制版，加工出流片所需的光刻掩膜板。

接下来是试制流片。整个流片过程中的工艺设计也是人工的、先验的。若需采取新工艺或调整一些工艺参数，则需通过工艺线上一丝不苟的实验。最后，整个IC芯片试制的成功与否，设计的正确与错，尤其是版图及其之后设计部分的正确性，都只有等到最终测试了流片结果后才能知晓。

2. 计算机辅助设计CAD

随着计算机软件技术的渗透，各种各样的计算机模拟软件，比如线路模拟、逻辑模拟、时序模拟、器件模拟、工艺模拟等软件先后问世，构成了早期CAD技术的主要内涵。针对手工设计所面临的困难，CAD技术的出现，首先为设计人员提供了一个便利的工具和环境，可以借助计算机方便地完成诸如逻辑图、版图的输入和编辑修改；其次，各种辅助软件的引入，又使得在各个阶段实现设计正确性的检查成为可能。

CAD技术从20世纪70年代初期开始出现，经历了一个较长的发展阶段，相应的各种辅助功能也越来越完善。从最初的单纯绘图，提供简单的ERC（电学规则检查）、DRC（设计规则检查）支持等，进一步发展到集提供各类复杂的辅助分析、设计手段于一体的，以计算机工作站为硬件支撑的计算机辅助工程即CAE时期。CAE技术到80年代中期趋向成熟，从而为EDA技术的出现奠定了基础。

3. 电子设计自动化 EDA

到了20世纪80年代初期，CAD技术进入到了支持设计过程的分析阶段，称为CAE(计算机辅助工程)，出现了以仿真（逻辑模拟、定时分析和故障仿真）和自动布局布线为核心的EDA产品。它与计算机辅助制造（CAM）、计算机辅助测试（CAT）等新技术相结合，使设计师能通过EDA工具在产品制造前预知产品的功能与性能并控制制造过程和生产制造文件，因而能保证设计质量和提高设计效率。

EDA软件之所以能够代替人脑完成自动综合功能，关键是各类库文件的建立。库文件中，包含了自动综合所需的各类电学参数和几何参数。这些参数的值反映了特定生产工艺的技术规范。因而不同的厂家、不同的工艺线，需给设计者提供各自的库文件。对于同一个产品的设计，只需将综合时用到的库文件进行相应的替换即可，从而实现了设计与工艺无关的要求。

4. 电子系统设计自动化（ESDA）

随着半导体工艺技术的不断进步，芯片的设计规模越来越大。进入0.18μm后，已经可以在一个芯片上实现1亿个门的设计规模。这样的规模完全可以将一个完整的电子系统在一个芯片上加以设计实现，即所谓的单芯片系统（SOC：System On a Chip）。对于这样一个规模巨大、功能复杂的电子系统，如果仍用人工手段进行功能分析与设计，直至完成HDL描述后再移交给EDA工具完成芯片设计，同样是相当困难的。正是这种需求，推动着设计技术向电子系统设计自动化的方向发展。

ESDA的目标就是为设计人员提供进行系统级设计的分析手段，进而完成系统级自动化设计。需解决的关键问题包括，一是建立系统级仿真库，二是实现不同仿真工具的协同模拟。借助于ESDA工具完成功能分析后，再利用行为级综合工具将其自动转化成可综合的RTL（寄存器传输级）HDL描述，最后交由EDA工具完成最后的芯片设计。

ESDA技术目前正处于开发阶段，典型的设计工具有Synopsys的Cossap以及Cadence的SPW。考虑到电子系统设计的复杂性，即使是最天才的设计人员要完成针对各种特定专业应用领域的设计也是十分困难的。面对这样的实际困难，可重用设计技术（Design-Reuse）应运而生。各专业的功能模块可由相应专业的设计人员设计成一个符合某种技术标准的、可综合、可参数化的IP（知识产权）模块，这样的IP模块可以嵌入式地应用于其他各类电子系统的芯片设计当中。事实上，可重用设计技术的发展，将为ESDA工具提供丰富的系统级可综合库资源，从而促进ESDA技术的成熟和提高，使得IC设计真正进入电子系统设计自动化时代。

5. 用户现场可编程器件

随着时代的发展，VLSI产品的开发重点已逐渐由通用的IC产品向着专用IC即ASIC产品转化。对批量不大，用途众多，性能各异的ASIC的需求，又在两个方面对VLSI设计领域提出更进一步的要求。第一，重申版图设计必须要有一种规则化、规范化的形式，以使计算机对各种电路都能方便地实现全自动设计。这种规范化由于门阵列具有的半定制特点而逐渐向门阵列母片形式归一。

第二，用户可自己编程的通用半导体器件日益为广大系统设计人员所青睐。从需要半导体厂家协助实现的版图可编程器件ROM、PLA等（仅对引线孔一块掩膜板进行编程即可实现不同功能），到用户可自己直接编程但规模较小的EPROM、PAL、GAL器件，芯片功能逐渐完善，复杂度日益增强，芯片内容量也几十、上百倍地增加。20世纪90年代初，集前人技术于一身的 ASIC 计算机全自动开发系统——现场可编程门阵列（FPGA）问世了。研制人员无需半导体厂家的专门合作，甚至也无需任何与半导体芯片加工有关的技术与设备，自己在一台计算机开发系统的帮助下，即可实现实地编程（现场编程）。在已成批商品化的特制芯片（母片）上，开发出具有各种功能、各种用途的 ASIC 样片，且其成本之低、周期之短，堪称进入非常理想的境界了。

目前 FPGA 方法已大量应用于某些样片或样机中专用芯片的研制过程中。这些电路规模不是十分巨大（数万门数量级以内），批量小，设计周期要求短，从时间与经费角度都不适于制版流片。当用这种方法的研制获得成功，并需要进一步大批量生产电路时，FPGA 还有自动转换成门阵列版图数据的能力。

如果说从手工设计到 EDA/ESDA 技术的出现，反映了 IC 设计技术的发展过程，FPGA 技术并不构成一个独立的发展过程。事实上，各类 EDA 工具中一般都提供了与 FPGA 开发系统的接口，FPGA 为 ASIC 设计提供了一种可能的实现方式。由于 EDA 中的前端设计与工艺无关，因而依据实际需要，如果调用 FPGA 库进行综合，则可完成 FPGA 设计；而如果调用的是其他工艺库，则可以获得相应的产品实现。

11.1.2　当前集成电路设计的原则

1. 积木化原则和积木单元最大化原则

集成电路设计是基于标准电路单元（积木单元）的设计，设计工作的重要内容之一是积木单元的“拼装”。积木单元最大化原则是指在当时的技术条件下，电路单元的规模应该尽量大，以减少设计过程中“拼装”的次数，同时也减少最终电路中的积木单元的数量。

早期的集成电路设计基于晶体管，以后发展到门电路、IP 和系统平台。设计的积木化原则从来没有变化，积木单元的规模则永远是当时技术所能支持的最大电路规模。例如，随着 SOC 技术的成熟，作为最新积木单元的系统平台就出现了。根据积木单元最大化原则，当下一代技术出现时，就应该立即意识到积木单元升级的必然性。这就为设计方法学研究提供了一个永远的课题。

2. 接口标准化原则

在集成电路设计领域中，存在着横、纵两条主线，每条线都由若干互相关联的单元组成。纵向的线是设计流程，流程单元称为设计环节。横向的线由众多的积木单元（电路单元）组成。

互相关联的单元之间的标准化接口是保障设计效率的必要条件。接口既可以作为单元的一部分，也可以作为另一个单元独立存在。无论是哪一种情况，接口的标准化都是必需的。

在设计流程中，同一个 EDA 公司的工具软件之间都有十分通畅的接口，但不同公司之间就只有少数环节间的接口有统一的标准。不同公司的工具软件之间的数据格式转化问题至今仍是设计工程师的难题。

相对而言，电路接口标准化工作较为成功。IEEE、ITU、VSIA 等国际标准化组织为电路接口标准化做了大量工作。

3. 建库原则

设计工作的内容之一是不断地向下层映射。所谓映射就是在下层库中选择合适的库元件，为积木化单元的“拼装”做先期准备。因此，为各个抽象层次建库是必需的。换句话说，“抽象层次”的内涵应该包括该层次的库。

积木化原则、建库原则和接口标准化原则是互相关联的。积木化原则规定了电路单元存在的形式，建库原则规定了积木单元的管理方式，接口标准化原则规定了积木单元之间相互连接的途径。正是这一系列原则才能保障模型的映射过程的顺利进行。

4. 并行设计原则

现行的设计流程是串行的，每个设计环节的开始都必须以上一个环节的结束为先决条件。串行设计流程当然会消耗较多的时间资源。寻找设计流程的并行模式是设计方法学的重要研究课题。

自下而上的建库流程是并行的，产品设计与各级库的建立可以同时操作。但是产品设计流程内部各环节，以及建库流程内部各环节之间仍是串行的。这两个流程的并行化是重要的研究课题。

5. 早期验证原则

系统理论告诉人们，每个环节产生的噪声都会被后面的环节放大。因此越是前面的环节影响越大。设计流程本身是一个系统，越是前面的设计环节越需要高的质量。早期验证、早期排除问题是避免大面积返工的最好方法。

11.2　CMOS集成电路制造工艺简介

11.2.1　双阱CMOS工艺的主要流程

随着CMOS集成电路制造工艺的不断发展，工艺线宽越来越小。对于不同线宽的流水线，一个标准的CMOS工艺过程虽然略有差别，但主要的过程基本相同，都包括前面介绍的工艺过程。下面以光刻掩膜板为基准描述一个双阱硅栅双铝CMOS集成电路的工艺过程的主要步骤，用以说明如何在CMOS工艺线上制备CMOS集成电路。

双阱单多晶、双铝CMOS工艺的主要流程如图11-1所示。下面对双阱CMOS工艺的主要步骤进行较详细的说明。

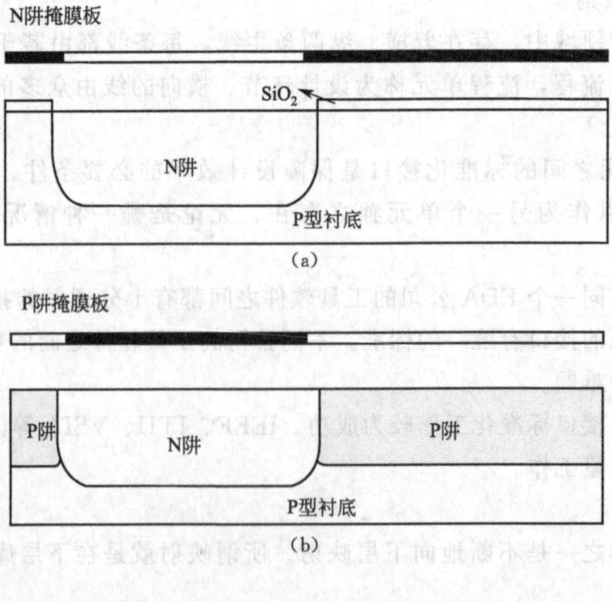

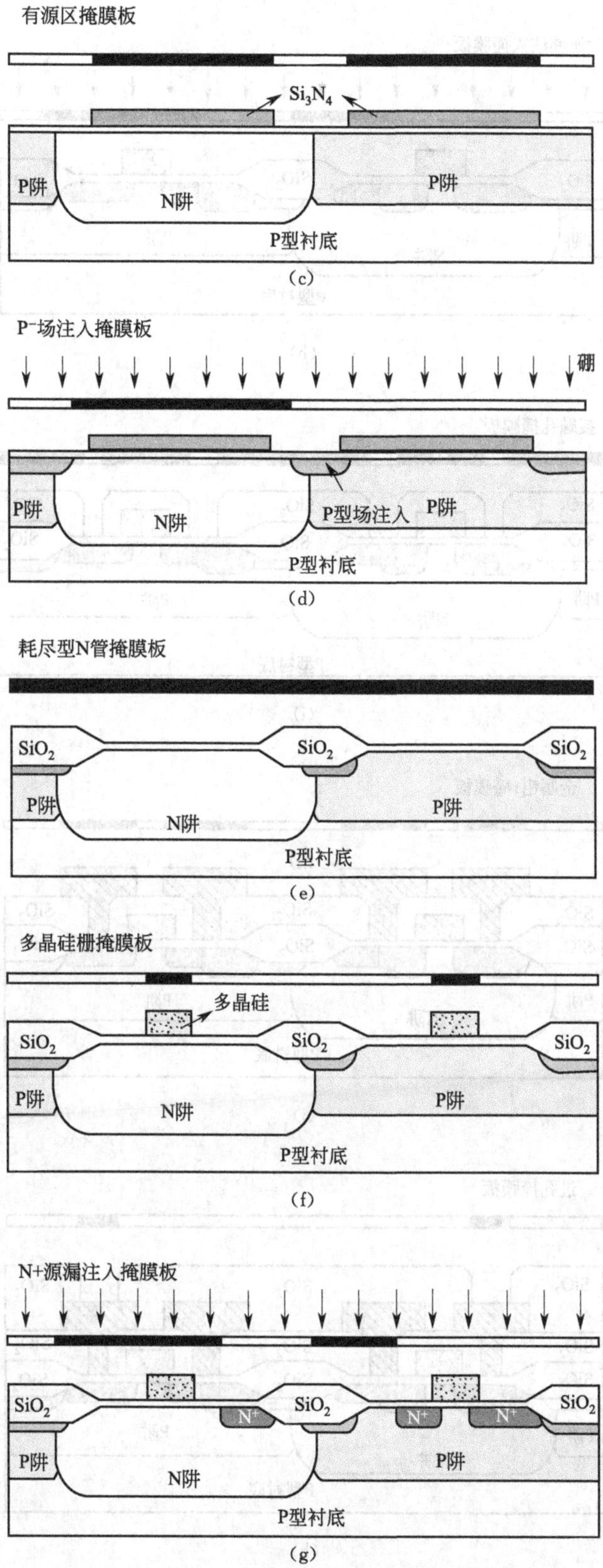
有源区掩膜板
Si_3N_4
P阱
N阱
P阱
P型衬底
(c)
P⁻场注入掩膜板
硼
P阱
N阱
P型场注入
P阱
P型衬底
(d)
耗尽型N管掩膜板
SiO_2
SiO_2
SiO_2
P阱
N阱
P阱
P型衬底
(e)
多晶硅栅掩膜板
多晶硅
SiO_2
SiO_2
SiO_2
P阱
N阱
P阱
P型衬底
(f)
N+源漏注入掩膜板
SiO_2
SiO_2
SiO_2
N^+
N^+
N^+
P阱
N阱
P阱
P型衬底
(g)

图 11-1

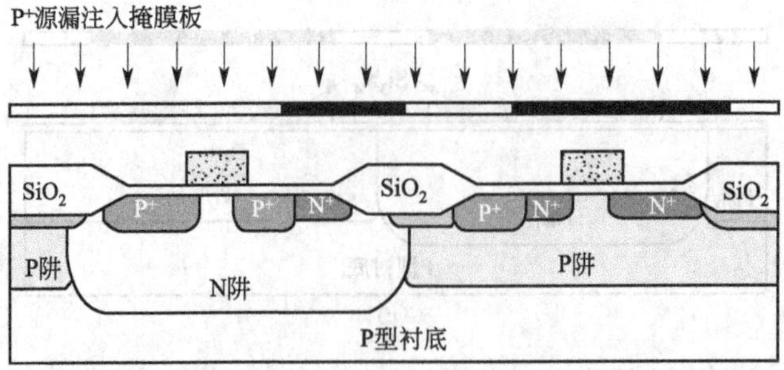
P+源漏注入掩膜板
SiO2
P+
P+
N+
SiO2
P+
N+
N+
SiO2
P阱
N阱
P阱
P型衬底

(h)

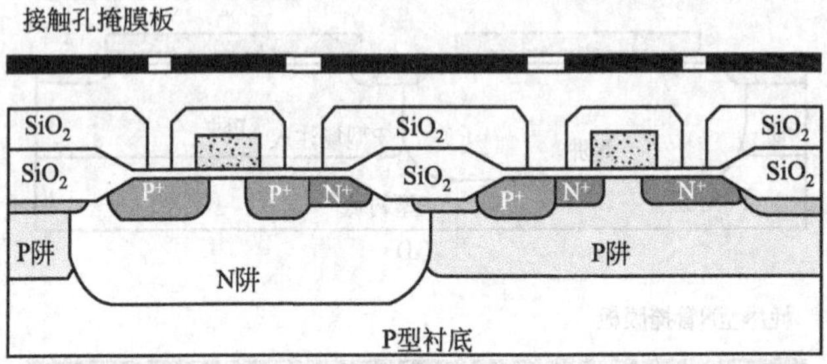
接触孔掩膜板
SiO2
SiO2
SiO2
SiO2
SiO2
SiO2
P+
P+
N+
P+
N+
N+
P阱
N阱
P阱
P型衬底

(i)

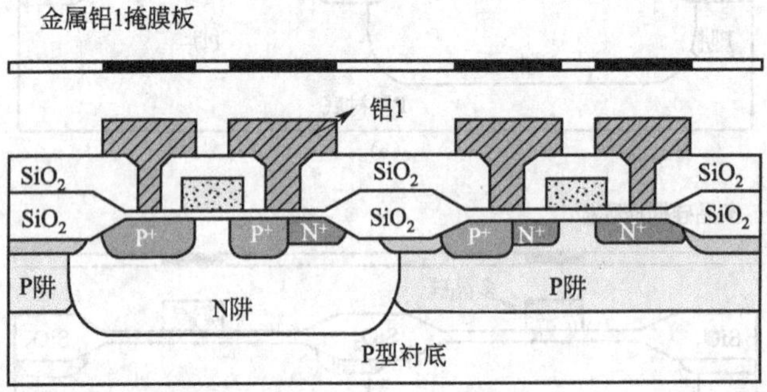
金属铝1掩膜板
铝1
SiO2
SiO2
SiO2
SiO2
SiO2
SiO2
P+
P+
N+
P+
N+
N+
P阱
N阱
P阱
P型衬底

(j)

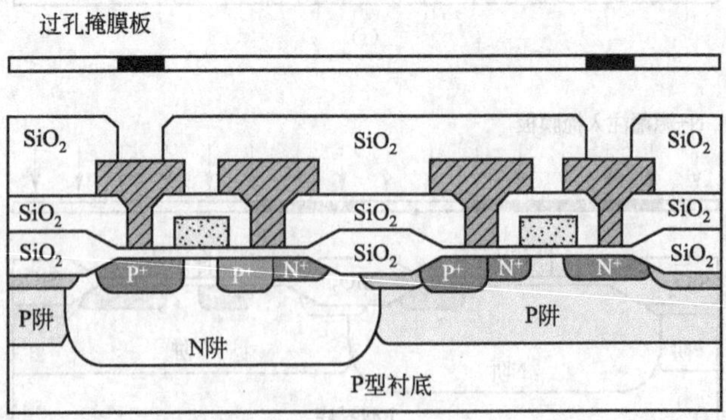
过孔掩膜板
SiO2
SiO2
SiO2
SiO2
SiO2
SiO2
SiO2
SiO2
SiO2
P+
P+
N+
P+
N+
N+
P阱
N阱
P阱
P型衬底

(k)

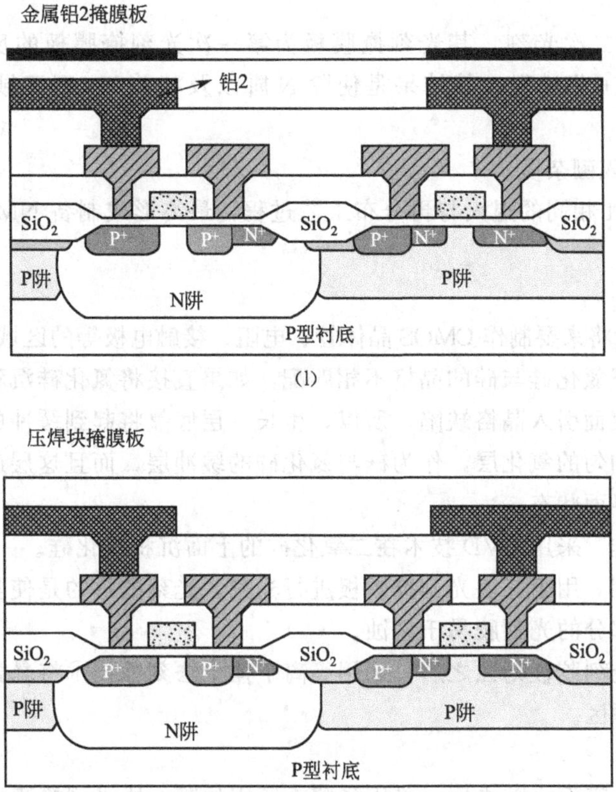

（m）

图 11-1　双阱工艺主要流程

1. 制备 N 型阱

① 氧化 P 型单晶硅衬底材料。其目的是在已经清洗洁净的 P 型硅表面上生长一层很薄的二氧化硅层，作为 N 阱和 P 阱离子注入的屏蔽层。

② 在衬底表面涂上光刻胶，采用第一块光刻掩膜板进行一次光刻。其图形是所有需要制作 N 阱和相关 N^- 型区域的图形，光刻的结果是使制作 N 阱和相关 N^- 型区域图形上方的光刻胶易于被刻蚀，当这些易于被刻蚀的光刻胶被刻蚀之后，其下面的二氧化硅层就易于被刻蚀掉。刻蚀过程采用湿法刻蚀技术，刻蚀的结果是使需要做 N 阱以及相关 N^- 型区域的硅衬底裸露出来。同时，当刻蚀完毕后，保留光刻胶，和其下面的二氧化硅层一起作为磷杂质离子注入的屏蔽层。

③ 离子注入磷杂质。这是一个掺杂过程，其目的是在 P 型的衬底上形成 N 型区域即 N 阱，作为 PMOS 区的衬底。离子注入的结果是在注入窗口处的硅表面形成一定的 N 型杂质分布，这些杂质将作为 N 阱再分布的杂质源。

④ 退火与再分布。将离子注入后的硅片去除表面所有的光刻胶并清洗干净，在氮气环境（有时也称为中性环境）下退火，恢复被离子注入所损伤的硅晶格。在退火完成后，将硅片送入高温扩散炉进行杂质再分布，再分布的目的是为了形成所需的 N 阱的结深，获得一定的 N 型杂质浓度分布，最终形成制备 PMOS 所需的 N 型阱。再分布过程中为了使磷杂质不向扩散炉中扩散，一般再分布开始阶段在较低温度的氧气气氛中扩散，其目的是在硅衬底表面形成二氧化硅的阻挡层，然后在较高温度、氮气环境中进行再分布扩散。

2. 制备P型阱

① 硅片进行第二次光刻，其光刻掩膜板为第一次光刻掩膜板的反版，采用与步骤1相同的光刻与刻蚀工艺过程，其结果是使除N阱以及相关N^-型区域之外的硅衬底裸露出来。

② 进行离子注入硼杂质。

③ 采用与步骤1相同的退火与再分布工艺过程，最终形成制备NMOS有源区所需的P型阱。

3. 制备有源区

所谓有源区是指将来要制作CMOS晶体管、电阻、接触电极等的区域。其制备过程如下。

(1) 氧化　由于氮化硅与硅的晶格不相匹配，如果直接将氮化硅沉积在硅表面，由于晶格不匹配，将在硅表面引入晶格缺陷，所以，生长一层底氧将起到缓冲的作用。通过热氧化在硅表面生长一层均匀的氧化层，作为硅与氮化硅的缓冲层，而且这层底氧层去除后，硅表面仍保持了较好的界面状态。

(2) 沉积氮化硅　采用CVD技术在二氧化硅的上面沉积氮化硅。

(3) 第三次光刻　用第三块光刻掩膜板进行光刻，光刻的目的是使除有源区部分上方的光刻胶之外，其他部分的光刻胶易于刻蚀。

(4) 刻蚀　当光刻胶被刻蚀之后，采用等离子体干法刻蚀技术将暴露在外面的氮化硅刻蚀掉。进而形成有源区。

4. P型场注入

(1) 光刻　在硅表面涂胶之后，采用步骤1所用的第一块光刻掩膜板进行光刻，其目的是使N型阱上方的光刻胶不易被刻蚀。

(2) 刻蚀　采用湿法刻蚀除去其他部分的光刻胶。

(3) 进行P杂质注入　其目的是提高N阱外非有源区表面的浓度，这样可以有效地防止由于铝引线的经过而带来的寄生MOS管。

5. 制备耗尽型MOS管

由于模拟集成电路中，有些设计需要采用耗尽型MOS管，这样在CMOS工艺工程中必须加一块光刻掩膜板，其目的是使非耗尽型MOS管部分的光刻胶不易被刻蚀，然后通过离子注入和退火、再分布工艺，改变耗尽型MOS管区有源区的表面浓度，使MOS管不需要栅电压就可以开启工作。

然后采用干氧-湿氧-干氧的方法使除有源区部分之外的硅表面生长一层较厚的二氧化硅层，防止寄生MOS管的形成。

再采用干法刻蚀技术除去所有的氮化硅，并将底氧化层也去除，在清洗以后进行栅氧化，生长一层高质量的氧化层。

最后进行阈值电压调整，所谓阈值电压调整就是在有源区的表面再进行一次离子注入，使阈值电压达到所需值。在栅氧化之后可分别采用步骤1和2所用的光刻掩膜板对PMOS管和NMOS管进行阈值电压调整，如果不进行阈值电压的调整就已经得到了满意的阈值电压，则调整工艺可去掉，视具体情况进行选择。

6. 制备多晶栅

(1) 沉积与掺杂　采用CVD技术在硅片表面沉积一层多晶硅薄膜，在沉积多晶硅薄膜的同时，在反应室中通入掺杂元素，通常采用多晶硅掺磷（N型掺杂）。

（2）光刻　在多晶硅表面涂胶，通过光刻，使多晶硅栅上方的光刻胶不易被刻蚀。

（3）刻蚀　采用干法刻蚀技术刻蚀掉暴露在外面的多晶硅，再除去所有的光刻胶，剩下的多晶硅就是最终的多晶硅栅。

7. 制备 NMOS 管的源漏区

（1）光刻　在硅表面涂上胶，然后利用光刻掩膜板进行光刻，其目的是使制备 PMOS 的区域和 NMOS 的衬底接触孔的区域上方的光刻胶不易被刻蚀。

（2）离子注入　在刻蚀掉易被刻蚀的光刻胶之后进行高浓度的砷离子注入，这样在 NMOS 管的源漏区和 PMOS 的衬底接触孔区形成重掺杂接触区，而 NMOS 管的沟道区由于多晶硅栅的屏蔽而不受到任何影响，这点也体现了硅栅的自对准工艺。

8. 制备 PMOS 管的源漏区

（1）光刻　在硅表面涂上胶，然后利用光刻掩膜板进行光刻，其目的是使制备 NMOS 的区域和 PMOS 的衬底接触孔的区域上方的光刻胶不易被刻蚀。

（2）离子注入　在刻蚀掉易被刻蚀的光刻胶之后进行高浓度的硼离子注入，这样在 PMOS 管的源漏区和 NMOS 的衬底接触孔区形成重掺杂接触区，而 PMOS 沟道区由于多晶硅栅的屏蔽而不受到任何影响。

在步骤 7 和 8 之后还要进行退火、再分布等工艺，最终形成 NMOS 和 PMOS 源漏区和各自的衬底接触孔。

9. 制备接触孔

（1）沉积与光刻　采用 CVD 技术在硅片表面沉积一层较厚的二氧化硅薄膜，然后在表面涂胶，再利用光刻掩膜板进行光刻，使接触孔区的胶易于被刻蚀。

（2）刻蚀　除去接触孔区的光刻胶，然后再采用湿法刻蚀工艺除去接触孔区的所有的二氧化硅。同时采用低温回流技术使硅片上台阶的陡度降低，形成缓坡台阶。其目的是改善金属引线的断条情况。

10. 制备第一层金属铝引线

通过溅镀的方法在硅表面沉积一层金属层，作为第一层金属引线材料，然后在金属表面涂上胶，再利用光刻掩膜板进行光刻，使引线隔离区的光刻胶易于被刻蚀，除去这部分光刻胶，再采用干法刻蚀技术其下方的金属铝。

11. 制备第一层金属铝与第二层金属铝之间的连接通孔

经过一系列的工艺加工，硅片表面已经是高低起伏，如不作特殊处理而直接沉积介电材料，则这种起伏将更大，使第二层金属加工在曝光聚焦上产生困难，因此，双层金属引线间的介电材料就要求具有平坦度，或者说，要利用这层材料将硅表面变平坦。

（1）平坦介电材料过程　目前采用的技术是：首先是采用 CVD 技术沉积一层二氧化硅，然后利用旋涂法再制作一层新的二氧化硅，最后再采用 CVD 技术沉积二氧化硅，完成平坦的介电材料制作过程。

（2）介电材料的产生　最重要的是中间的一层二氧化硅的产生，它并不是普通的二氧化硅，而是采用了液态的含有介电材料的有机溶剂，用旋涂法将这种溶剂涂布在硅片表面，利用溶剂的流动性来填补硅表面的凹处，然后经过热处理去除溶剂，留下的介电材料就是二氧化硅。

（3）连接通孔的制作　通过光刻和刻蚀工艺制备出第一层金属铝与第二层金属铝之间的连接通孔，目的是构造双层金属间的连接。

12. 制备第二层金属铝引线

这步工艺与步骤 10 相类似，制备第二层金属铝引线。

13. 钝化处理

在硅圆片的表面涂上钝化材料，一般采用磷硅玻璃。然后通过光刻和刻蚀工艺将 PAD 上的钝化刻蚀掉，作为与外界的连接点，而硅片的其他部分都是钝化层的保护。钝化层可以有效地防止外界对器件表面的影响，从而保证了器件及电路的稳定性。

11.2.2 隔离技术

集成电路中的隔离包括器件与器件之间的隔离，高压电路和低压电路之间的隔离等。下面就这两种隔离技术进行介绍。

1. 浅槽隔离技术

完整的电路是由分离的器件通过特定的电学通路连接起来的，因此在集成电路制造中必须能够把器件隔离开来，这些器件随后还要能够互连以形成所需要的特定的电路结构。隔离不好会造成漏电、击穿、闩锁效应等。因此隔离技术是集成电路制造中一项关键技术。

隔离区域的面积要尽量小；表面尽量平坦，台阶要小；制造过程中不增加缺陷（栅氧完整性，二极管漏电）；器件特性不变（短沟道效应）；工艺复杂度尽量要小，并和先前以及未来的工艺兼容。

1）局部氧化隔离技术（LOCOS）

（1）基本的 LOCOS 0.5μm 以上的 MOS 工艺器件之间的场氧（实现器件之间隔离用的氧化层）隔离一般采用 LOCOS 结构，它具有制作简单的特点，缺点是隔离区会形成鸟嘴，减小了有源区的有效长度。LOCOS 结构的制作过程是利用氮化硅薄膜掩蔽氧化层的特点，先在器件的有源区覆盖一层氮化硅，接着在暴露的隔离区场区通过湿氧氧化生长一层较厚的氧化层，最后去除氮化硅层，形成有源区，在有源区中制作器件。LOCOS 的工艺流程示意图如图 11-2 所示。

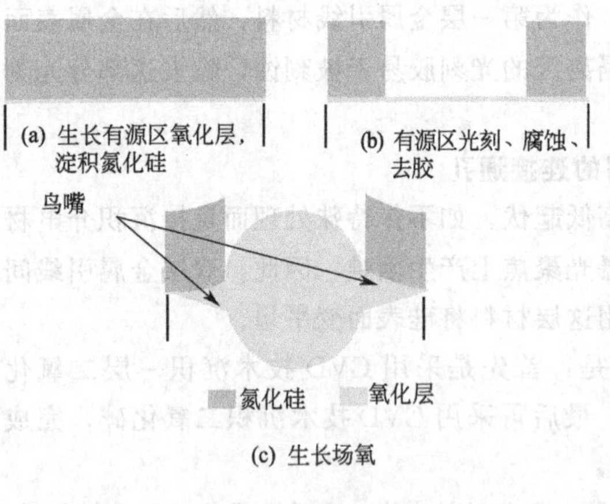

图 11-2 局部氧化隔离工艺流程图

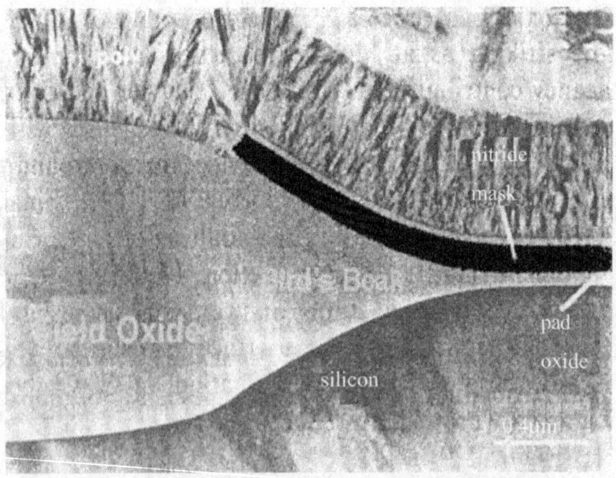

图 11-3 鸟嘴的扫描电子显微镜示意图

鸟嘴的尺寸可以通过增加氮化硅厚度和减少有源区氧化层厚度的方法来减小，但是这样做会增加应力，导致缺陷增加。从器件的角度分析，鸟嘴的存在具有两个重要的影响：

① 氧化层侵蚀导致器件的有效宽度减小，从而减小了晶体管的驱动电流；

② 场氧化导致场注入剂扩散到有效区域的边缘。

图 11-3 是鸟嘴的扫描电子显微镜（Scanning Electron Microscopy，SEM）示意图。

白带效应是指在氮化物的边缘下，硅表面上形成氮氧化合物的情况。白带效应是由 Si_3N_4 与周围高温高湿环境相互作用而引起的，二者相互作用的结果是生成 NH_3 并扩散到 Si-SiO_2 表面。这些氮化物在有源区周围呈现为白色的条带状，这会使后面形成的有源区中热氧化层击穿电压下降。

场氧减薄效应是指随着线宽的减小，隔离的区域也越来越小，没有足够的面积来使硅充分氧化，所以就造成场氧减薄。线宽越小，这种效应越明显。

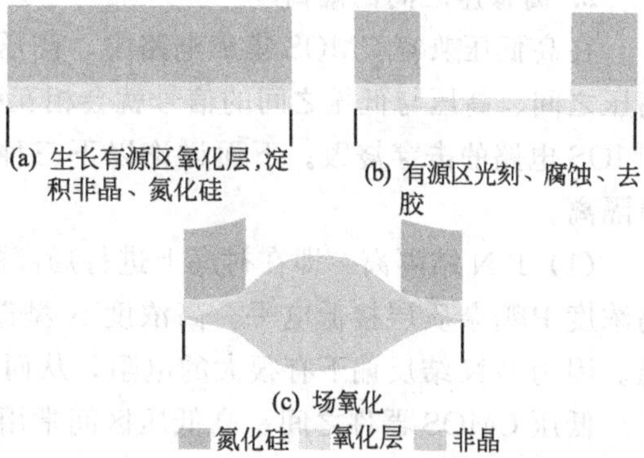

图 11-4　PBL 结构示意图

（2）改进的 LOCOS 结构　随着器件尺寸的缩小，沟道长度进一步缩小，LOCOS 结构影响了有源区长度，为了减小鸟嘴，出现了改进的 LOCOS 结构，即 PBL 和 PELOX 结构。

① PBL 隔离　PBL（Poly Buffer LOCOS，多晶衬垫 LOCOS）结构，如图 11-4 所示，是在掩蔽氧化层的氮化硅和衬底 SiO_2 之间加入一层薄多晶，这样减小了场氧生长时氮化硅薄膜的应力，也减小了鸟嘴。PBL 隔离技术，可以成功地运用在亚微米线宽的工艺上。

② PELOX 隔离　PELOX（Poly Encapsulated Locol Oxidation，多晶镶嵌 LOCOS）结构是在氮化硅层的顶部和侧部嵌入多晶或非晶薄膜，然后再生长场氧，它同样能减小鸟嘴，PELOX 隔离工艺流程如图 11-5 所示。

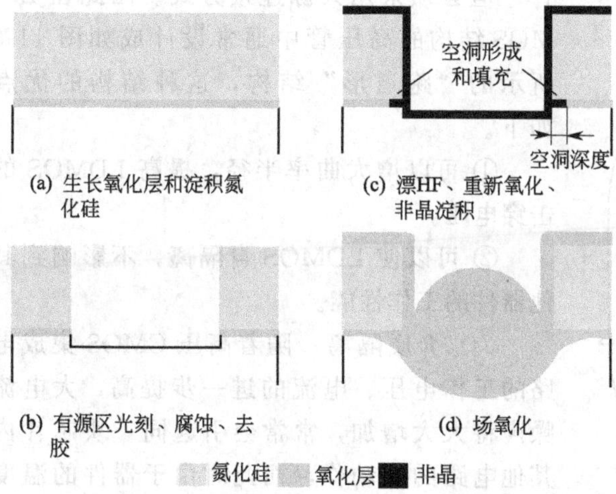

图 11-5　PELOX 隔离工艺流程图

此工艺可以延伸到 0.18μm，但是由于场氧减薄的效应，无法继续向更深亚微米工艺延伸。

2）STI 隔离技术　随着器件向深亚微米发展，改进的 LOCOS 结构仍有应力和鸟嘴问题，并存在场氧减薄效应，于是出现了 STI（Shallow Trench Isolation，浅沟槽隔离）隔离技术，在 0.25μm 及以下技术节点中，STI 隔离技术被广泛采用。

STI 隔离技术的基本流程是先淀积氮化硅，然后在隔离区腐蚀出一定深度的沟槽，再进行侧墙氧化，用 CVD 法在沟槽中淀积 SiO_2，最后通过 CMP 法平坦化，形成沟槽隔离区和有源区。

和 LOCOS 隔离技术相比，STI 隔离技术具有如下优点：

更有效的器件隔离的需要，尤其是对于 DRAM 器件而言；对晶体管隔离而言，表面积显著减小；超强的闩锁保护能力；对沟道没有侵蚀；与 CMP 技术兼容；有源区倾斜角度非常小；线宽减小后仍然可以使用；表面非常平坦，有利于下一步工艺的加工。它的缺点主要是工艺成本更贵，更复杂。但是和它的优点相比，成本的增加是可以接受的。因此，在0.25μm及以下的工艺，都使用STI隔离。

2. 高低压之间的隔离

在高低压兼容CMOS集成电路中，高压之间以及高低压之间的隔离非常重要，否则在高压之间、高压与低压之间的信号就会相互串扰，如果隔离不好，高压信号甚至会引起低压CMOS电路的击穿烧毁。下面讨论以下三种常用的隔离方法：P-N结隔离、自隔离以及介质隔离。

(1) P-N结隔离　即在衬底上进行局部的高浓度P型杂质和高浓度N型杂质深层扩散，高浓度P型杂质层接低电平，高浓度N型杂质层接高电平，这样就形成了一个反偏的P-N结。因为P-N结反偏下有很大的电阻，从而起到隔离作用。

低压CMOS器件之间、高低压区间常用P-N结来隔离。但这种隔离方法的缺点是在高温下隔离效果变差，使器件及电路的工作性能降低。

(2) 自隔离　MOS管具有自隔离特征。因为当MOS管导通时源区、漏区以及源漏区之间的沟道都被耗尽区所包围，而耗尽区与衬底之间形成了高阻区从而形成隔离；当MOS管截止时，漏极与衬底之间的P-N结处于反偏，故漏区上的高压又被耗尽区所隔离。在带有漂移区的高压偏置栅MOS管及弱化表面电场结构的LDMOS管常常采用这种方法进行隔离。

但这种自隔离方式存在着以下缺点。

① 高压管必须设计成环形结构，漏区在中间，并完全被栅区和源区包围。

② 自隔离可用于集成多个输出MOS管，但必须采用共源连接方式。因此在LDMOS结构的高压管中通常设计成如图11-6所示的“跑道形”结构，这种结构的优点如下。

① 可以增大曲率半径，提高LDMOS的击穿电压。

② 可以使LDMOS自隔离，不影响到其他器件的工作性能。

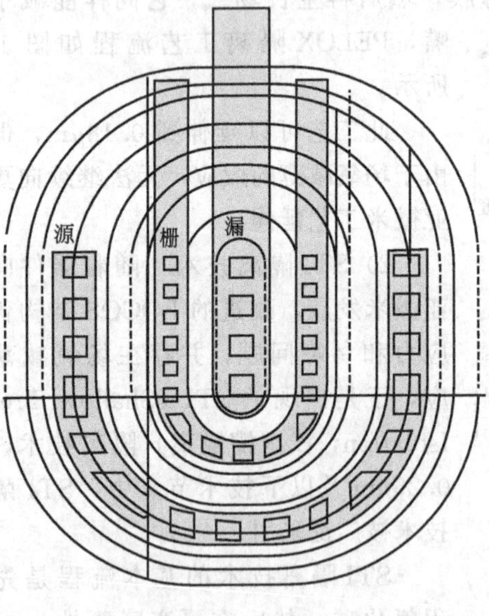

图11-6　跑道形高压管结构

(3) 介质隔离　随着高压CMOS集成电路的工作电压、电流的进一步提高，大电流噪声将大大增加，常常会引起同一块芯片内其他电路的误动作，而此时由于器件的温度较高，P-N结隔离一般难以达到理想的效果。而介质隔离在高温下仍可保持较好的隔离特性，可以大大改善整个CMOS集成电路的工作性能。介质隔离通常是硅片直接键合形成介质隔离或采用电解质隔离，这种隔离技术难度大，成本高。

在高低压兼容的CMOS工艺中，进行版图设计时高压区与低压区应明显隔离开，以免相互之间的串扰，现在常用而比较有效的方法是在高压区与低压区之间隔开一定的距离并设计两个保护环：一个为地环，另一个则为电源环，以满足隔离的需要。

11.3　CMOS 版图设计

集成电路整个设计过程中，版图（layout）设计是其中重要的一环。版图设计是把每个原件的电路表示转换成集合表示，同时，元件间连接的线网也被转换成几何连线图形。对于复杂的版图设计，一般把版图设计分成若干个子步骤进行划分，为了将处理问题的规模缩小，通常把整个电路划分成若干个模块。

11.3.1　版图设计方法

可以从不同角度对版图设计方法进行分类。如果按设计自动化程度来分，可将版图设计方法分成手工设计和自动设计两大类。如果按照对布局布线位置的限制和布局模块的限制来分，则可把设计方法分成全定制设计方法（Full-Custom Design Approach）和半定制设计方法（Semi-Custom Design Approach）两大类。

1. 全定制设计方法

全定制设计适用于对设计质量本身有着最严格要求的芯片，比如要求有最小信号延迟，最小芯片面积，最佳设计结果，而对相应在设计周期、设计成本上所付出的代价却可以在所不惜。这种设计方法主要以人工设计为主，计算机作为绘图与规则验证的工具而起辅助作用。对所得版图的每一部分，设计者将进行反复的比较、权衡、调整、修改。对元器件要有最佳尺寸；对拓扑结构要有最合理的布局；对连线要寻找到最短路径。这样精益求精，不断完善，以期把每个器件和内连接都安排得最紧凑、最适当。在获得最佳芯片性能的同时，也因为芯片面积最小而大大降低每片电路的生产成本，以低价位而占领市场。

2. 半定制设计方法

数字电路主要是由晶体管和连接线两大部分组成。晶体管除了数量多少有差别外，其基本构造都是相同的。不同的电路实际上应该说是由晶体管的不同连接方式产生的。设想这样的情况：假如先将一定数量的晶体管制作好，按一定的规则排成阵列，形成可称之为“母片”或“基片”的半成品，然后用不同的连线方式来形成不同的具体电路。由于半成品母片是事先做好并批量生产的，因此，这样的方法一定能大大加快专用电路的设计速度，降低设计成本。半定制的设计方法与名称正是由此而来。半定制主要有门阵列（Gate Array）和门海（Sea of Gate）两种形式。

11.3.2　版图设计技巧

（1）布局要合理

① 引出端分布是否便于使用或与其他相关电路兼容，是否符合管壳引出线排列要求。

② 特殊要求的单元是否安排合理，如 P 阱与 P 管漏源 P^+ 区离远一些。

③ 布局是否紧凑，以节约芯片面积，一般尽可能将各单元设计成方形。

④ 考虑到热场对器件工作的影响，应注意电路温度分布是否合理。

（2）单元配置恰当

① 芯片面积降低 10%，管芯成品率可提高 15%～20%。

② 多用并联形式，如或非门，少用串联形式，如与非门。

③ 大跨导管采用梳状或马蹄形，小跨导管采用条状图形，使图形排列尽可能规整。

(3) 布线合理

① 布线面积往往为其电路元器件总面积的几倍，在多层布线中尤为突出。

② 扩散条、多晶硅互连多为垂直方向，金属连线为水平方向，电源地线采用金属线，与其他金属线平行。

③ 长连线选用金属。

④ 多晶硅穿过Al线下面时，长度尽可能短，以降低寄生电容。

⑤ 注意U_{DD}、U_{SS}布线，连线要有适当的宽度。

⑥ 容易引起“串扰”的布线（主要为传送不同信号的连线），一定要远离，不可靠拢平行排列。

(4) 双层金属布线时的优化方案

① 全局电源线、地线和时钟线用第二层金属线。

② 电源支线和信号线用第一层金属线（两层金属之间用通孔连接）。

③ 尽可能使两层金属互相垂直，减小交叠部分的面积。

11.3.3 版图设计举例

下面根据一些CMOS工艺的实际设计电路，进一步了解版图设计。

1. 硅栅CMOS反相器的输入保护电路版图举例

CMOS电路通常采用电阻、二极管网络作保护电路，如图11-7(a)所示，其版图见图11-7(b)。

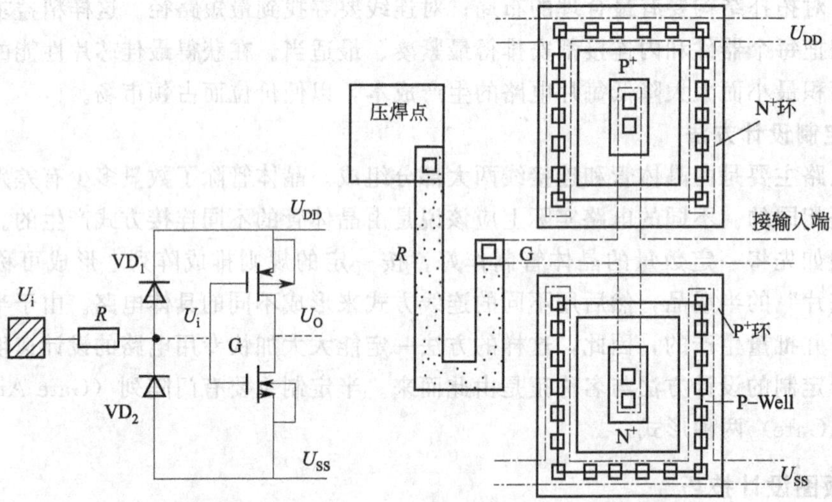

图11-7 硅栅CMOS反相器的输入保护电路

为实现良好的限流作用，一般R设计为400～800Ω之间；为保证二极管有一定的瞬间大电流泄放能力，其面积设计为500～800μm^2之间比较合适。此外，VD_1、VD_2分别加有隔离环，以抑制闩锁效应。

2. 铝栅工艺CMOS反相器版图举例

图11-8为铝栅CMOS反相器版图示意图。为了防止寄生沟道以及P管、N管的相互影响，采用了保护环或隔离环：对N沟道器件用P^+环包围起来，P沟道器件用N^+环隔离开，P^+、N^+环都以反偏形式接到地和电源上，消除两种沟道间漏电的可能。

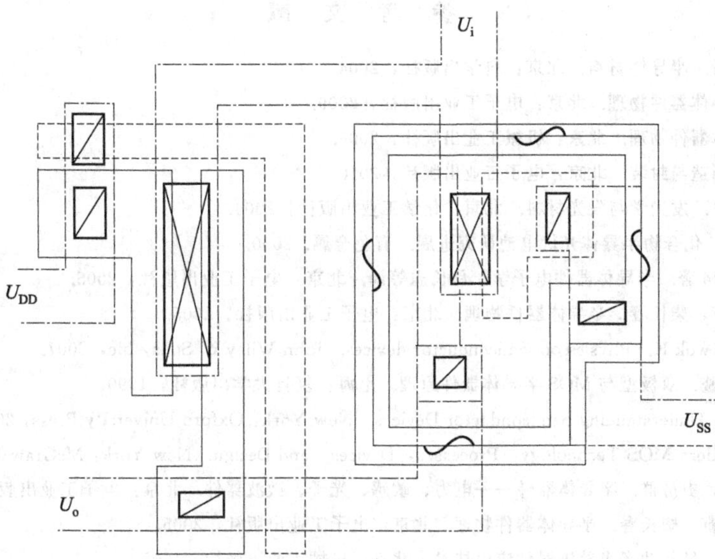

图 11-8　铝栅 CMOS 反相器版图示意图

习　题　11

1. 什么叫电子设计自动化 EDA？
2. MOS 集成电路制作都有哪些工艺？
3. CMOS 集成电路制作的主要工艺步骤是什么？
4. 隔离工艺都有哪些？

参考文献

[1] 杨树人，王宗昌．半导体材料．北京：科学出版社，2004.

[2] 刘树林等．半导体器件物理．北京：电子工业出版社，2009.

[3] 顾晓清．半导体器件物理．北京：机械工业出版社，2006.

[4] 杜中一．电子制造与封装．北京：电子工业出版社，2010.

[5] 徐叙瑢，苏勉曾．发光学与发光材料．北京：化学工业出版社，2004.

[6] 邓志杰，王 雁．化合物半导体光伏电池研究进展．有色金属．2000.

[7] [美]Warner R M 著．半导体器件电子学．吕长志等译．北京：电子工业出版社，2005.

[8] 刘树林，张华曹，柴长春．半导体器件物理．北京：电子工业出版社，2005.

[9] Sze S M，Ng Kwok K．Physics of semiconductor devices．John Wiley & Sons，Inc，2007.

[10] 黄均鼐，汤庭鳌．双极型与 MOS 半导体器件原理．上海：复旦大学出版社，1990.

[11] Dimitrijev，S．Understanding Semiconductor Devices．New York：Oxford University Press，2000.

[12] Ong D G．Modern MOS Technology：Processes，Devices，and Design．New York：McGraw-Hill，1984.

[13] 刘刚，余岳辉，史济群．半导体器件——电力、敏感、光子、微波器件．北京：电子工业出版社，2000.

[14] 刘树林，张华曹，柴长春．半导体器件物理．北京：电子工业出版社，2005.

[15] 何希才，尤克．最新功率半导体器件应用技术．北京：机械工业出版社，1995.

[16] [美]Donald A．Neamen 著．半导体物理与器件．第 3 版．赵毅强等译．北京：电子工业出版社，2005.

[17] Stephen J．Fonash．Solar Cell Device Physics．Academic Press，2010.

[18] Ruud E．I．Schropp，Miro Zeman．Amorphous and microcrystalline silicon solar cells．Kluwer Academic Publishers，1998.

[19] Shur，M．Introduction to Electronic Device．New York：Wiley，1996.

[20] 王庆宝，宿昌厚等．超大规模集成电路设计技术．北京：电子工业出版社，1996.

[21] 陈贵灿，邵志标，程军等．CMOS 集成电路设计．西安：西安交通大学出版社，2000.

[22] 潘松，赵敏笑．EDA 技术及其应用．北京：科学出版社，2007.

[23] Jan M．Rabaey．Digital Integrated Circuits．北京：清华大学出版社，1992.

[24] 刘婷婷，李俊．电子设计自动化（EDA）．北京：北京师范大学出版社，2007.

[25] 肖国令．微电子制造工艺技术．西安：西安电子科技大学出版社，2008.

[26] 康勇．工业纯水制备技术、设备及应用．北京：化学工业出版社，2008.

[27] 戴猷元．集成电路工艺中的化学品．北京：机械工业出版社，2007.

[28] 陈竹青．半导体工艺化学．天津：天津科学技术出版社，1983.

[29] 姜岩峰．微纳电子器件．北京：化学工业出版社，2005.